Planning for Vitality

中国城市规划学会学术成果

活力规划

孙施文 等 著
中国城市规划学会学术工作委员会 编

中国建筑工业出版社

目录

序论

孙施文

孙施文，中国城市规划学会常务理事、学术工作委员会主任委员，同济大学建筑与城市规划学院教授

为活力而规划

一

当我们说起“城市活力”或者“城乡活力”时，说的其实是城乡的生命力及其在各方面的活跃程度，所指涉到的包含着多种多样的内容，比如经济活力、社会活力、文化活力、社区活力、公共空间活力等等。也许，作为一个整体性的评价，我们可以说能够吸引更多的投资、更多的居民、更多的旅游者的城市，就是有活力的城市。但一旦要具体展开洞察个究竟，其所包含的内容及其意义可能就目不暇接、眼花缭乱了。

比如，我们讲经济活力，肯定不只是在讲经济总量的庞大，也不只是指经济的持续增长，这些好像都不是用“活力”来描述的;而更多是在说新产业、新经济、新产品、新企业等的层出不穷，这也就意味着，经济结构在变化，旧产品在被淘汰，原有的企业在关门，也有可能新产品、新企业才出现不久就逐渐消失了。正是这种新旧替代不停顿地出现，才被称为经济活力。当然，经济增长的量及其速度也会被提及，但往往是给这些活力要素做铺垫的。因此，活力是由创新和不断的优胜劣汰的过程所表现出来的。

而当我们说社会活力时，则肯定不是在说新旧替代了，但似乎包含的内容就更多了，而且还真的很难概括成某种统一的描述，除了“变动不居”。比如，它可以指社会结构的变化，不同社会群体的此消彼长或多种多样的相互作用；也可以指各种人群参与到多种多样和此起彼伏的社会活动中，共同推进着社会的进步；还可以指人们参与公共事务、频繁迁徙、不同文化交往交流的程度等等。

由此，我们看到，“活力”这个词看着词义是很明确的，但却蕴含着多种含义，尤其当与一些名词搭配后,更显得变幻多样。所以当我们使用“活力”这个词的时候，

尤其是将其与其他名词相组合的时候，最好是能够先交代清楚是说什么以及其内涵包括了什么，否则，尽管我们使用着同一个词，但叙说的却很有可能是风马牛不相及的。

二

本书所讨论的“活力”涉及城乡发展的各个方面，理所当然地包括了经济活力、社会活力、文化活力、空间活力等等内容，本书的各篇文章都会有具体的讨论和界定。

为了讨论的方便，我在这部分就以城市公共空间的活力作为话题来阐释一些我的想法。这样做，当然和我的专业视角有关，而且这个话题也是近年来社会关注度相当高的话题。尽管我在这里并不直接讨论社会活力、经济活力等内容，并不表示我对这部分内容的不关注，而是认为，在这样的短篇论述中，关注的内容太多太广泛，就会难以有效阐述，或者就不得不走向抽象的层面。而且，我还认为，对公共空间活力的讨论都会指涉到社会、经济方面，公共空间的活力也需要这些方面的共同作用才能蕴育。所以，只要通过一定的转换，有关城市公共空间活力的讨论，都可以运用到对社会活力、经济活力等方面的探讨之中。

对于公共空间，我这里的讨论只限于日常性的室外公共空间，如街道、广场、公园等，而不涉及如媒体、网络等作为舆论场的哈贝马斯似的公共领域，也不涉及如咖啡馆、茶馆等的室内场所以及纪念性的、典礼性的公共空间，因为空间活力的内涵和逻辑各不相同。

公共空间的活力，如有活力的街道、有活力的广场、有活力的公园等等，近年来不仅频频出现在专业文献或规划文本中，而且也是社会公众的关注热点，各类媒体不时地以此引发社会性的讨论，尽管其中对活力的理解也是各种各样的。

最为普遍的认识是，有活力的公共空间就是使用的人多。当然，没人使用的空间肯定是没有活力的，但只是使用的人多，就一定是有活力的吗？显然不是。上海人民广场地铁站的地下广场，每天有几十万人在这里经过，是最为拥挤且持续时间最长的公共场所，但我们从来不把它看成是有活力的公共场所；同样，某个网红店前整天都有人排队，也未必能带来街道的活力；现在很多城市都有大剧院，大剧院前的广场在演出开始前也人潮涌动，但我们也并不因此而认为这就是有活力的广场。

因此，当我们说一个公共空间有活力，也就意味着这里不仅长时间地有人使用，而且应该是持续地有不同的人使用；不同的人群因为不同的目的来到这里，在同一个场所进行着不同的活动；不同的活动之间有的有相互的关联性，或者是由某类活动引发了其他类型的活动，有些活动之间则可能是互不关联的。人群越多样、活动越多类，场所的活力通常越高。

三

有活力的公共空间，有的是因为在这个空间中有着特殊的意义，有些可能并不具有特殊性，而是在使用的过程中被赋予了意义。而在大多数情况下，有活力的公共空间，通常都依附在公共建筑周边，或者是有相当数量的人群居住的地方；而最有活力的室外公共空间，通常都是由多个公共建筑所围合或串接的公共空间。

也就是说，活力并不一定来自广场、街道等自身，更多的是与周边的设施、周边的功能使用相关联，如人们因公共建筑功能的使用，而赋予了室外公共空间的活力；或者是在较高密度的居住地区，人们进行室外活动时带动了室外公共空间的活跃。因此，周边的设施和功能与广场、街道等的组合，才共同造就了广场和街道的活力。当然，好的空间组织关系、好的广场和街道设计，有助于更长久地持续使用广场、街道，从而提升公共空间的活力。

因此，公共空间活力所评价的，绝不仅仅只是公共空间本身，而是对公共空间所在地区的各类功能关系以及建筑与空间的相互关系的评价。

从这样的角度讲，特定的公共空间是否有活力，在很大程度上取决于周边的功能使用，甚至可以说是周边功能外溢的结果——外溢绝不是同样功能的向外扩散，而是相关功能的延续。从另外一个角度来看，尽管周边都是公共建筑，但如果这些公共建筑内的活动具有内敛且耗时长的功能，则其外部的公共空间也较难形成有活力的场所。因此，构成该公共空间周边的各项要素同时也决定了该公共空间的可能活动，从而决定了其能否具有活力。

功夫在“诗”外，这话仍然是不错的。

四

当然，这并不是说，公共空间的活力，与其自身就没有关系。就此而言，有几项内容不得不予以更多地关注：

首先，要考虑是谁更多地使用这个公共空间。这多半和周边的功能有关，这些在周边工作或者生活的人群，是最为经常使用这个空间的人群。因此，他们的需求、所需要的主要设施配置及其使用方式等，就成为该空间组织的基础。一般情况下，公共空间使用具有马太效应，即有活力的公共空间更容易吸引更多人群的活动。

广场的流线组织、街道上不同商业的分布等，都与空间的使用方式有关，直接影响到人的通过和停留。汇聚多个公共建筑或商店出入口的广场，分布着密集而连续不断的不同商店出入口的街道，通常都是比较有活力的。建筑物的界面连续也许并不重要，面街或面向广场的出入口密度才是关键。

不管是广场还是街道，也包括绿地、公园里的路径，各种小品、花坛或植物布置、街道家具等的安排，既要考虑各种出入口之间的联系及相关设施的布置，也要考虑既要方便通行又能有停留的空间，通行便捷是所有公共空间都必须具备的，但要有活力就需要有适量的停留空间，其中需要能够容纳不同形式的使用活动，这些活动有的能聚拢一些人群，有的是各自分散的坐歇，相互之间互不取代。

广场、街道、公园绿地等，都需要考虑朝向问题。朝向不仅包括向阳面等，还包括风向等。尽管这是在选址时更应注意的，但在内部空间布置时也同样需要，尤其遇到位置已经确定但条件不太好的基地，就需要根据人们活动需求去创造使人们感觉更加舒适的环境。

当然，还有许多值得关注的内容，比如场所的安全性，各类座椅、小品、绿植、家具等的摆放方式及其长宽高矮尺寸等等，只有适应使用人群的需要，并使他们在使用过程中感受到舒适，才能吸引更多的人来使用。

五

由此可见，影响公共空间活力的因素既来自外部，也来自内部，而所有这一切的关键则是人们的使用。从人的活动和行为出发来思考公共空间的内外组织和设计，这是营造公共空间活力的基础。所有的规划和设计也同样以此为基础。

但是，把“活力”和“规划”并置在一起时，总是能够引发一些人的疑惑，因为总有人不由自主地将两者对立看待。但正如我们前面所说，活力其实就是生命力的表现。那么，如果把空间的活力作为空间营造质量的表征，把城市活力看成是城市发展质量的表征，那么，我们也同样可以说，规划就是要创造有活力的空间，就是要创造有活力的城市。为活力而规划，是规划的使命。

把规划和活力对立起来看待，也是事出多因。有些是起于误解，有些是错置，有些则是由于现代主义城市规划的表述而造成的。现在，很多人将城市活力，尤其是公共空间活力的再发现归功于简・雅各布斯，自有其一定的道理，但同时也从她那里继承了将活力与规划对立的观点，好像是规划谋杀了活力。果真如此吗?即使是现代主义城市规划对效率和秩序的追求，也不能不说是对另一种“活力”的追求，只是它们的内涵出现了转换而已。至于以过度纯净的功能分区来组织城市等等，究竟是规划之过还是具体工作中出现的问题，或许也是可以作深入探究的。

刘易斯・芒福德在与雅各布斯的争论时举过纽约中央公园的例子，来说明决定公共空间的活力并不是来自物质空间本身，而更多地取决于社会经济结构的变化。虽是起于各执一端、相互批判，但同样也是真理。

其实类似于这样的矛盾体还有很多，比如，城市的基建规模不断扩大、房价上涨等等，可以看成这个城市是有活力的，正是因为城市有活力，就会吸引更多的人进到城市之中，由此带来了新来者、年轻人的生活成本以及创业成本的高企，又会反过来制约创新型的活动，并影响到城市未来活力；一些城市更新地区“士绅化”改造，其实就是换一群人、用另一种活力替代了原来的居民和原先的活力；城市道路也是各有各用，有的可以车来车往、飞奔疾驶，有的照样人群熙攘、可停可歇……因此，规划师不能总惦记着用某一种“活力”来替代另一种。

不存在单一的“活力”，而需要根据具体的论题进行细分，需要面对具体的对象，需要放置在具体的场景中，从活力来源、活力的构成等等方面进行探讨。同样，就城市空间而言，也并不是哪儿都需要某种“活力”的：该安静之处且安静，该热闹之处且热闹，端看不同人群、不同生活方式、不同行为方式、不同功能地区等的需求，互不干扰、各得其所方为好。

六

为活力而规划，是规划的天职。每一代的规划人都在为城市的活力而工作，尽管他们对“活力”的内涵的理解有所不同。

即使对于现代早期规划设想，如霍华德的田园城市、勒・柯布西耶的光辉城市等，后人多为其创设性的、结构性的思想所吸引并将其转化为概要化的宏大叙事而流传。暂且不论他们追求现代城市更好发展的理想中蕴含着多少推动城市持续发展的设想，只说当今把活力更多聚焦到的社会交往方面，这些理论阐述中也有丰富的细节可以去追寻。比如，霍华德提炼的城市优点中首要的就是城市生活中的社会交往，因此，作为城、乡优点结合体的田园城市，其增长所要遵循的原则是“不降低或破坏，而是永远有助于提高城市社会机遇、美丽和方便”。柯布西耶错误地理解了霍华德田园城市的密度，而且认为只有大城市才有活力，因此期望通过城市内部的结构重组，来达到既克服当时的城市问题，又保持大城市所具有的生活品质。因此，在他关于现代城市的设想中，市中心的地面层，除了布置一些画廊、剧院以及咖啡馆等，所有建筑全部架空，从而将地面层全部释放给市民随意穿行使用。

克利斯朵夫·亚历山大曾经写过一篇文章——《城市并非树形》，其中用树形和半网格的数论语言来区分他所说的自然生成的城市和规划形成的城市，他的原意是说，自然生成的半网格城市才是最具活力的。文章发表后不久，就有学者指出，他文章中所列举的自然生成的城市大部分也是根据规划进行建设的结果。

也许，规划工作的核心是找问题、谋改进，批判性始终占据着主流，由此也就对规划的作用、成功的案例很少去做深究。成功是理所当然的，活力不足才是规划师需要去应对的。或者说，用活力来评判过去的案例时，更多说的是活力不足的情况，而很少提及那些成功的例子，更妄论宣传了。即使如怀特所进行的纽约中心城区广场研究（见《城市小空间的社会生活》），试图通过对被广泛使用的和欠缺活力的广场进行比对，找到提升城市空间活力的要素，但在书写的话语中，问题仍然是重点、失败仍然是重心。

也确实如此，现代城市规划，从诞生之日起，就是以解决城市问题、引领或者规范城市未来发展为出发点的，因此，对于现实的批判和寻找解决之道，不断推进着城市规划的发展，这也正是现代规划的活力之源。

现代规划作为一种公共干预，是在事物发展过程中施行的有限行为。它在对现实问题进行改进和适应未来变化需要的过程中发展壮大起来的。规划的演进具有鲜明的反身特性，即在实践中针对问题的不断学习、不断改进。

因此，认识城乡活力及其构成、认识影响各种活力的要素，发现活力欠缺产生的原因，借鉴有活力的成功案例，改进影响城乡活力的条件，激活推进城乡发展的整体活力，这既是城乡规划需要做的工作，也是推动城乡规划不断发展的重要工作，也是本文集所要探讨的核心内容。

七

本文集是由中国城市规划学会学术工作委员会组织、由学工委委员们参与的，围绕着“活力”这样一个主题所展开讨论的研究成果。尽管编入本文集的每篇文章的作者们对活力的概念和内涵有不同的理解，论述问题的空间尺度和视角也各不相同，但“为规划而认识活力、为活力而进行规划”的宗旨是一致的，由此也带来了多样、丰富的成果。

程遥、黄建中和王启轩的《区域活力网络的识别与塑造》，汪芳、任白霏和李一溪的《区域活力视角下京杭运河沿线城镇的时空变迁研究》和袁奇峰、魏成和吴军的《广佛同城，从市场驱动、政府补台到规划引领》三篇文章，都把区域活力作为研究的对象。

程遥等人的文章认为区域间的实际空间联系是反映区域活力的重要维度，因此，识别区域网络以及网络中各个节点之间的关联性至关重要。文章通过聚焦长三角的区域网络，以企业联系、公路货运联系、信息流联系等作为基本分析要素，揭示了该区域各城市间交往的密切程度；并提出，大城市应当根植于所在地域的发展路径，充分利用各城镇自组织作用下形成的社会经济联系网络，来不断提升区域网络的活力。

汪芳等的文章则从分析清末以来运河城镇人口密度、城镇节点组织形式的变化等入手，探讨了区域性的自然、政治和文化因素对这些城镇兴衰的影响，划分出不同区段的城镇发展的主导性作用因素，并在此基础上对重塑运河沿线城镇活力的分区域差异化政策提出了建议。

广州和佛山是相毗邻的，而且都是改革开放后经济高度活跃的城市，袁奇峰等的文章回顾了两个城市由市场自发驱动到两市政府对接的同城化发展历程，提出当前已经进入到粤港澳大湾区规划引领下的第三个阶段。在这个新的阶段中，广佛要从同城走向融合，并介绍了广佛融合发展试验区的规划设想。

李海涛和张菁的《景德镇城市活力观察》和孙秀睿、韦飚和张勤的《城市活力微观察》两篇文章，都以城市活力观察为题，尽管视角和对象有所不同，但探寻城市活力之源的心却是一致的。

李海涛和张菁的文章从文化复兴、产业振兴、社会变迁、空间生产等方面透视了近年来蓬勃发展的明星城市——景德镇，揭示了景德镇产业转型、创新创意、创新创业发展的影响因素及其所带来的变化，并提出生产空间与生活空间的融合、空间的高密度和多样性混合与拼贴是城市活力的重要支撑。

相对于李海涛和张菁的文章更多是从城市整体以及产业集群的角度来寻找城市活力之源，孙秀睿等人的文章从一家皮塑厂发展而来的占据户外休闲用品半壁江山的外向型企业的发展历程，解析了城市活力与企业发展之间的互动关系。文章概述了在城市发展的推动下，该企业所在地由工业生产用地，逐渐演变为创新型产业用地、产业发展单元、工业设计小镇的过程，充分体现了城市规划及规划部门转变管控方式，呵护活力、服务活力以及统筹资源整合活力、由点到面地弘扬活力的所作所为，由此充分展示出规划在城市地区活力营造过程中所发挥出的作用。

新城区不具有活力通常是被用来举证城市规划所创造的城市空间缺乏活力的实锤。尽管城市空间是需要养成的，用刚建成的城区来评价城市空间是否有活力未必合适，但尽可能、尽快地提高新城区的活力也始终是城市规划所探讨的内容。本文集中，王学海和李森的《从规划入手增强城市新区活力》，李健和张剑涛的《以嘉定为例探讨我国特大城市郊区新城产城融合发展路径》和周建军、田乃鲁和曹春《基于活力、生态和智慧的高质量商务区创新指标研究》三篇文章从不同角度进行了探索，尽管所涉及的内容主要还是从规划的意愿出发，是否具有实效仍待实践的检验。

王学海和李森的文章针对昆明呈贡新城核心区建设中出现的鬼城、空城现象，运用新城市主义的规划理念和手法，对新城区的空间结构、街区形式以及功能使用等进行了“二次规划”，意图通过提升新城核心区的活力来带动整个新城区的吸引力。文章对优化规划的进程和具体的策略方法进行了详尽的介绍，可以为深入的思考和实践运用提供借鉴。

李健和张剑涛的文章以上海嘉定新城为案例，针对我国城市转型升级发展中的产业发展状况以及城市建设的实际需要，从产业发展与城市功能相融合，以产业发展促进城市发展、以城市发展推进产业转型和升级，从而为城市整体活力的提升、提高新城的吸引力作出贡献。文章深入探讨了产城融合发展测度方法，针对不同地区的特征，提出了推进产城融合发展的思路。

周建军等人的文章针对新建商务区的高质量发展，从城市发展方向、建设目标的角度，提炼出与商务区建设的定位目标相一致的具体发展指标，在此基础上，提出对现有控制性详细规划中的控制指标进行修正，以更好地满足规划引导和管控的需求，为创造更具特色的高质量的商务区服务。

有关城市活力的讨论，在社区层面和城市更新范畴里是最为集中的。本文集中共有六篇文章与此相关。

袁媛、谭俊杰、沈睿熙和何灏宇的文章，《社区活力研究：内涵、评价和借鉴》，在梳理社区活力概念演变的基础上，提出主动应对外界变化的能力是社区活力定义的根本特征。通过对国外社区活力评价指标体系的归纳，结合中国社区发展和更新特征以及社会需求，构建了社区活力评价的研究框架，并以两个社区更新的案例来探讨社区活力评价对社区更新工作开展、实现可持续发展和社区提升能力的作用。

段德罡和张凡的《乡村活力路径》认为，有序社会秩序下的乡村整体活力体现在为村民营造人性化生存环境，具有应对潜在问题的响应机制，且具备稳定、可持续的发展动力。从现实的乡村振兴要求出发，文章提出的基本路径包括："和谐稳定奠定乡村活力基础"、"士绅阶层凝聚乡村活力主体"、"礼制宗法保障乡村活力运转"和"要素循环维持乡村活力发展"。

王旭和邹兵的文章，《试论不同城市更新模式对社区活力的影响》，提出，社区活力是指社区作为一定地域范围内的社会共同体，有机参与城市系统循环，并且在此过程中获得基本生存和持续发展的能力。在此基础上，文章通过对深圳的两个城市更新案例的分析，探讨了拆除重建和综合整治两类城市更新规划实施的结果，提出进一步提升城市更新地区的活力，规划和政策就需要在这些方面进行优化：引导多元更新、鼓励有机更新、强化公共空间营造与历史文化保护，保证更新中的不同群体的参与权利等。

张松和单瑞琦在《城市肌理保护更新与活力再生》一文中提出，城市活力即城市的旺盛生命力，城市自我发展的能力，是城市发展质量的主要标准。文章以上海老城厢地区的更新改造为案例，探讨了历史城区应该怎样去保护其反映城市性特点的传统肌理，包括如何通过风貌保护规划、城市设计引导和公共财政投入等方式实现有效管控，并重新激发城市活力；另一方面，在城市的未来发展进程中，历史城区应该承担怎样的功能或发挥怎样的作用，以保障原住居民为主体的居住功能能够得以延续，避免历史街区走上商业或旅游开发的旧路，落入士绅化陷阱。

杨宇振的《美好生活与空间规划：产权、微型公共空间与日常状态的转变》提出美好生活是一切实践的目标，为了达到这一目标，就需要在存量空间中寻找可能的激进变革，其中一种可能，就存在于产权置换、微型公共空间与日常生活状态的相互关系之中。文章认为，产权交易或转移机制对于城市空间形态的改变至关重要，空间规划与设计必须介入空间产权的界定，才有可能优化空间资源配置，改善和提升日常生活的质量，这也就要求城市规划与设计必须回应社会变化而调节自身的知识与技术构成。

刘奇志、何浩和程望杰的文章，《盘活风景区 促力健康游——武汉东湖风景名胜区规划的实践与思考》，介绍了另一种类型的城市更新。文章探讨了在正确认识风景区综合价值，处理好"保护与利用"、"城市与景区"、"控制与引导"关系的基础上，坚持以人为本理顺"城景共生"的协调关系，通过景点和相关设施的建设，既保护东湖风景区丰富的自然生态资源，又提供更多公共游憩空间，全面提升东湖风景区的活动能力，实现人与自然的和谐共处。

为提高城市活力和城市空间活力，城乡规划的手段和方法也面临着众多的改革需求。因此，从规划本身的内容和方法入手进行反思和探讨，也是一个常谈常新的话题。本文集共收录了八篇这方面的文章，其实前面的多篇文章也同样涉及这个话题。

吕传廷、徐增龙和陈旭佳的文章，《活力规划：财政能力支撑的可持续空间供给》，清理了财政与规划之间的关系，在回顾了我国财政制度改革的历程以及与城市建设的关系，提出，在财政能力的创造和自然、社会生态空间高质量目标实现之间如何建立支撑平衡关系，是空间规划供给侧改革的核心矛盾：有可持续的财政能力才能有可持续的城市活力，规划只有量力而行，城市才能行健致远。在这样的基础上，文章简要讨论了宏观层面规划和微观层面规划的改革方向，并对控制性详细层面（即文章中所说的微观法定规划）的改革提出了具体对策和策略。

王英和郑德高的《城市活力与多样性的核心空间要素研究》，在总结了国内外相关研究成果的基础上，提炼出了有关城市活力与多样性的 MADS（即混合、可达性、密度和尺度）分析和评价框架，并对其中的评价内容和规划要点进行了详细的阐述，从而为城市规划和设计工作的开展提供了思维导引和基础性的工具。

冷红和李雨濛《城市公共空间活力提升的气候设计途径》一文，提出空间的活力来自于交往和活动，由此，城市公共空间的气候环境特征及其对使用者舒适性，对于城市空间中人们的交往活动开展有着重要的影响。因此，通过运用气候适应性设计方法，通过物质层面的设计为公共空间提供舒适的气候环境，或者在特定的气候环境中，通过心理层面的设计改善人们在公共空间中的体验感，从而为城市公共空间活力的提升提供新的可能性。

胡淙涛和邹兵的《让空间更有趣味，让城市更有活力》，从公共空间活力的内涵与评价要素入手，结合国际成功案例，介绍了深圳“趣城计划”的系列城市设计活动开展的过程及其成果。强调通过“微小”的介入，带来公共空间趣味性和活力性的提升；通过自上而下的引导和自下而上的主动改造相结合，调动更多的社会资源参与其中，形成了提升空间活力的深圳实践样板。

黄建中和刘晟的《协商式规划在城市更新中的作用研究》一文，基于有活力的地区，通常都是被社会所共同认同、共同缔造的理念，为以上多篇文章中提及的公众全面参与提供了规划策略路径的总结。文章以上海市的城市更新为例，探讨了公共利益的形成过程，强调规划充分反映不同利益群体的社会诉求，平衡各方利益，通过充分的沟通和协商达成一致的认识。在城市更新过程中物质空间本身的更新固然重要，但不同群体的利益协调不仅是空间更新能否开展、能否持续的基础，而且也直接关系到更新的结果能否为公众所接受，能否更好地达到发展的目标。

张凡和段德罡的《从空间塑造到活力培育》，以杨陵乡村规划建设实践为例，探讨了以培育内生动力为要义，实现由政府主动投入、村民被动接受向政府辅助发展、村民带头发力转型的乡村规划建设路径。提出，在“重民智，扶民志，确保村民当家做主”、“强教育，重管理，构建现代乡村治理体系”的基础上，引导村民追求有品质的生活，提升乡村的精神文明水平，从而促成乡村活力的回归。

尽管对象不同，但王世福和黎子铭的文章，《从外部激活到动力内生——南粤古驿道活化利用的规划思考》，与张凡和段德罡所探讨的核心议题有相似之处，也就是内生活力培育的问题。文章回顾了南粤古驿道活化利用的规划和实施过程，对由省政府发起并持续督导下、依靠外部资源的投入所带来的沿线历史文化挖掘、本体遗存修复、乡村环境改善和经济收入增长进行了概括和总结，但依靠外部激活也带来了持续发展的问题，文章在分析了相关问题的基础上，提出了培育提升内生活力的一些策略，以促进进一步的思考和行动。

邹兵和周奕汐的文章，《基于人本思想和活力视角的城市街道空间规划设计》，则把街道空间看作是具备精神功能的人本场所，提出针对不同类型的场所提炼场所精神，采用不同的场所营造手法，有针对性地激发不同类型的活力。比如东门商业步行街，把重塑“深圳源点”的城市记忆和推动市场经济活动为重点；华强北路则在成片的商业空间之间，运用功能复合方式营造共享空间，激发出一系列社会活动；在南头古城，通过空间微更新，在异质空间组织中衍生出高密度、混合型的社会组织关系。

程遥
黄建中
王启轩

程遥，中国城市规划学会学术工作委员会秘书，同济大学建筑与城市规划学院助理教授
黄建中，中国城市规划学会学术工作委员会副主任委员兼秘书长、青年工作委员会副主任委员，同济大学建筑与城市规划学院教授
王启轩，同济大学建筑与城市规划学院博士研究生

区域活力网络的识别与塑造

自 20 世纪 70 年代开始，随着人文地理学从空间分析进入到社会研究阶段（Gauthier and Taaffe，2002），对“空间”概念的认识也逐渐偏重对其社会性的认识，对区域空间的研究开始关注各类活动所产生联系及其对空间的塑造，“网络空间”研究成为区域空间研究的新兴议题。在网络语境下，空间距离不再单纯由距离的远近来衡量，而是通过空间要素之间的关系紧密程度来衡量，这赋予了空间（及其背后所反映的空间要素关系）以动态和相对属性（Harvey，1990；Meentemeyer，1989；Jones，2009）。相应地，区域空间研究的关注点从中心体系、中心与腹地的关系，转向了区域网络以及网络中各个节点之间的关联性。

网络是多维度和空间不均衡的。一方面，不同测度下的网络对同一空间的表征存在差异；另一方面，网络在更多情况下，使得全球、国家、区域经济地理趋于极化而非均衡化。本文聚焦长三角的区域网络，通过企业联系、公路货运联系、信息流联系等不同维度，对该区域的活力网络进行识别。在此基础上，结合区域规划政策引导方向，探讨长三角城市群的空间规划取向。

1　企业联系下的长三角城市群网络分析

1.1　企业联系网络的计算方法

借鉴 Alderson 和 Beckfield（2004）的研究，假定企业内部跨地区（城市）组织而产生的联系可部分真实地反映城市之间的功能联系，据此而构建研究区域城市网络的模型。通过假设各类企业总部与分支机构存在前者与后者在生产、供应和销售等方面的关系，进而汇总总部—分支机构的空间关系数据，以建立区域内城市有向联系的网络模型。具体而言，定义 T_{ij} 为总部在 i 城市，分支机构在 j

城市的企业数量，则存在以 i 城市为原点指向 j 城市的联系流 T_{ij}。

通过筛选第三次全国经济普查（截至 2013 年 12 月）的企业信息，建立企业字段数据库，利用 SQL 语句筛选出所有的总公司—分公司关系，排除了诸如联通、移动、铁通等营业厅、加油站、银行支行以下（不包括支行）、邮政所等数量过于庞大、分布过密，且布局原则遵循均好性（或服务半径）的机构之后，每个时间点的企业关系组数为 5—7 万不等。通过网络查询和捕获地理坐标数据，得到并校正机构的地理空间信息，由此建立基于企业关系的、以县级政区为基本空间单元的城市联系网络；进而在 GIS 平台建立县级政区间的 O—D 连线，通过给每一段 O—D 线赋 T 值，最终实现城市网络关系表达的可视化。

1.2　企业联系视角下的长三角城市群网络

1.2.1　网络整体结构

根据数据分析，2013 年长三角地区网络联系的空间形态已经基本成形（图 1），包括苏北、浙南等长三角传统意义上的“边缘”地区在内，连入长三角城市网络的城镇节点也不在少数，城市区域内部“网络化空间格局”已经基本确立。长三角网络空间结构的形成伴随着城镇体系的关系重构。根据网络中心势等指标，长三角城市网络的权力正在趋向于集中，网络密化现象主要集中在南京—上海—杭州—宁波连线的“之”字形走廊上，尤以沪宁沿线最为明显（图 1）。即城市群空间的网络化进程并非均等，而是具有空间选择性和不平衡性。在沪—苏—锡—常等地区，高密度和近乎全覆盖的城市网络使得这些地区的城镇及其腹地已然连为一体，形成不可分割的“面域”空间。

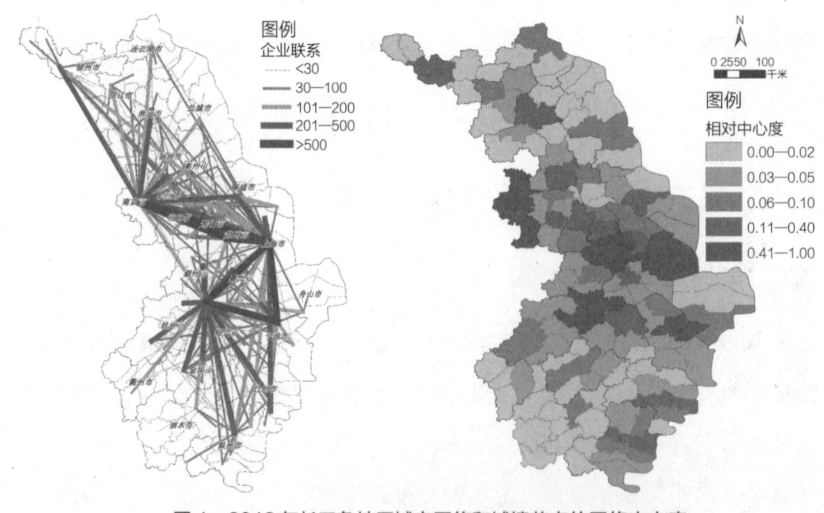

图 1　2013 年长三角地区城市网络和城镇节点的网络中心度

资料来源：根据企业数据整理绘制

1.2.2 中心城市的职能显著分异

区域城市网络的发展不仅推动了长三角新的空间秩序的建立，同时也推动形成了目前多层次、职能分异的中心体系。借鉴泰勒的“网络腹地”（Hinterworlds）计算方法，将城市 i 和所有其他城市间的联系度 T_{ij}（j=1，2，…k）与该城市自身的中心度 C_i 做回归分析，得出残差 R_i。如果残差 R_i 为正，意味着城市 i 与城市 j 间是强关联的（Over-linked），反之则为弱关联（Under-linked）（Taylor，2004）。那些与城市 i 保持强关联、且 T_{ij} 大于 T_{ji} 的城市，组成了该城市的网络腹地。

$$T_{ij}=a+bC_i(+R_i)$$

分别分析上海、南京和杭州三个城市基于企业联系的网络腹地[1]（图 2）。较为明显的趋势是上海通过集聚各类企业总部，正在区域经济网络中发挥越来越重要的管理和服务中心的职能。相应的，上海的网络腹地也在密实和扩展，并在空间上分化出“核心腹地”和“一般腹地”。总体上，上海的网络腹地空间组织仍与距离远近相关，即空间越近联系越紧密，如北部的苏锡常和南通市、南部的嘉兴市等均已在不同程度上融入了以上海为中心的都市圈；此外还存在宁波、温州等虽在空间上非连续，但在网络意义上与上海有着紧密功能联系的城市节点。这种空间关系的演变显然具有市场经济发展的“自组织”的特征。

相较上海在整个长三角城市区域形成了其网络腹地空间，从功能联系的角度，南京、杭州两个省会城市则越来越多地表现出省域内的中心城市的特质：就江浙沪研究范畴而言，其网络腹地基本集中在省内，而与省外城市的（相对）关联性趋于相对弱化（图 2）（程遥，张艺帅，赵民，2016）。

1.2.3 空间组织秩序呈现多元化

虽然网络空间秩序日益深入地影响了长三角城市群内部的空间组织，并引发了上述一系列的变化。然而，传统的“核心—边缘”或“中心—腹地”空间关系仍然存在，并与网络空间秩序共构形成了当前的长三角空间格局。以苏州和宁波为例，这两个城市的网络联系主要表现为与邻近地区或下辖县市的联系（图 3）。同时，苏州、宁波表现出了与上海极强的单向联系（以上海为源点、指向苏州或宁波）——在某种程度上，这些城市已经成为上海的直接功能腹地，共同构成上海全球城市区域（大都市圈）。

---

[1] 需要说明的是，“网络腹地”不具有排他性。如果腹地是若干中心城市对空间的划分（对于同一层级的中心城市 a 和 b，其腹地存在非此即彼的关系），那么网络腹地则旨在描述某节点在网络中联系相对紧密的空间单元（某个空间单元可能是城市 a 也可能是城市 b 的网络腹地），城市之间存在普遍的分享网络腹地现象。

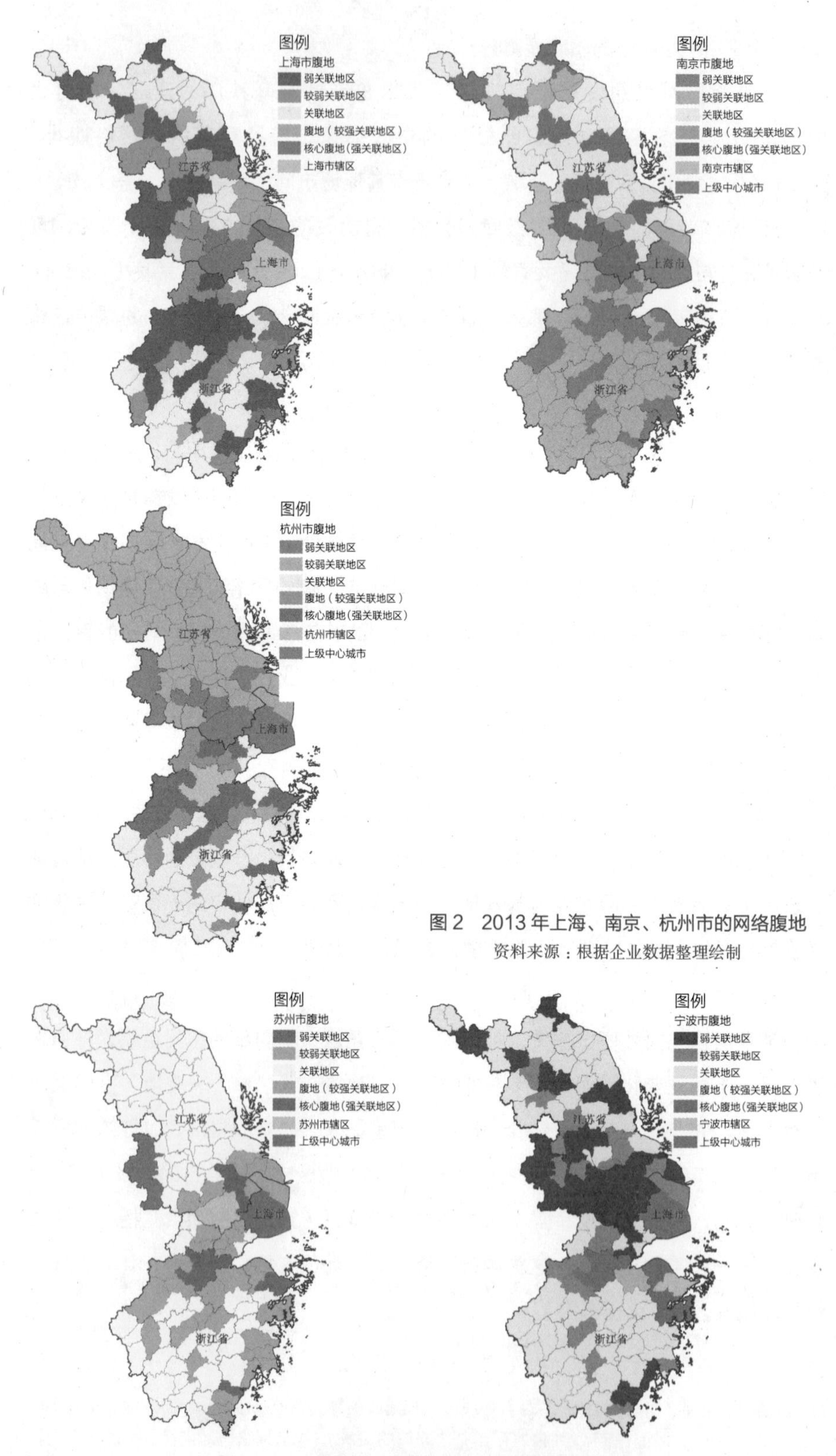

图 2　2013 年上海、南京、杭州市的网络腹地

资料来源：根据企业数据整理绘制

图 3　2013 年苏州、宁波市辖区的网络腹地变化

资料来源：根据企业数据整理绘制

2　公路货运联系视角下的长三角城市群网络分析

2.1　公路货运网络的计算方法

“菜鸟网络”（以下称“菜鸟”）是我国最大电商阿里巴巴打造的大数据物流服务平台，截止到 2017 年底，其在我国所占据的电商市场份额超过 80%。若将各类为企业、电商提供专业物流服务的快递、物流公司视为“第三方物流”，“菜鸟”则是为其旗下超过 1 万家第三方物流企业提供大数据物流服务的“第四方”数据平台，不仅汇聚各物流公司的数据和信息，同时也为它们提供更精确高效的运输、仓储信息服务。

选取“菜鸟”旗下“菜鸟运输市场”网站中各城际货运线路的“成交量”为基础数据（图 4）。研究步骤如下：①爬取网站中上海、江苏、浙江、安徽“三省一市”内城市间的各物流公司的公路货运线路（爬取时间为 2018 年 5 月 16 日），以及各线路的订单成交量（近 90 天订单成交数量）；②整理得到各城市间 6936 对不同公司的物流线路，总订单量达到 22.52 万笔；③借鉴城市网络分析方法，利用 GIS 平台将货物运输网络转化为长三角城市群 26 市间的空间联系，构建基于公路货运的城市网络。

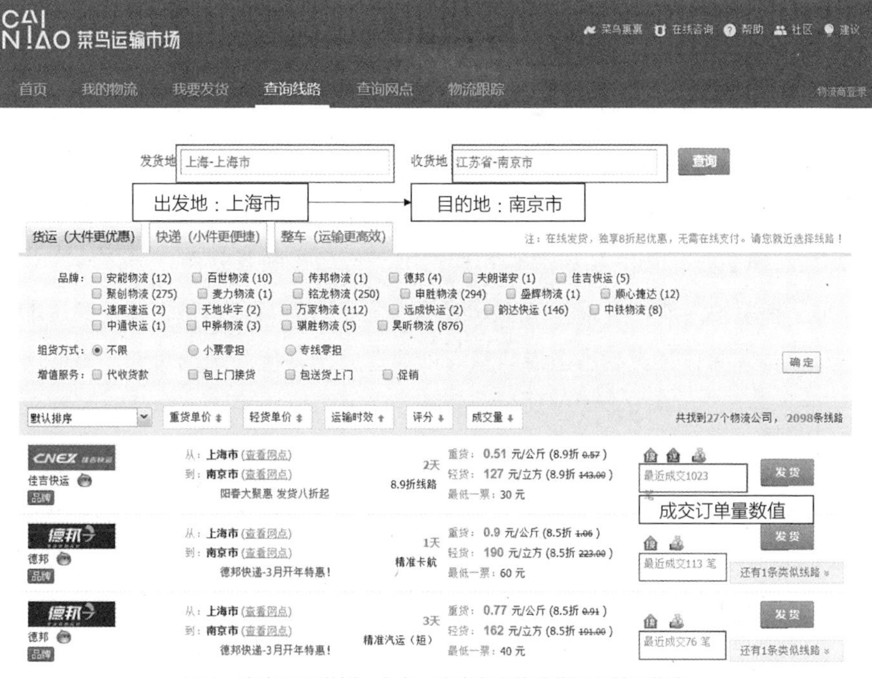

图 4　查询界面举例：上海—南京各条线路货运订单量收集

资料来源：笔者根据网站自绘

2.2 公路货运联系下的长三角城市群网络

2.2.1 网络基本特征

相比基于企业联系城市网络，货运网络的空间组织形制表现出显著的不同。网络中心显著南移，浙江由于产业结构、发达的商品经济等原因，公路货运联系较为紧密；反而，在企业联系网络中沪宁杭甬这一“之”字主要联系走廊的重要性有所下降，网络“面域化”特征不再凸显。沪宁轴线的江苏、安徽主要城市首位联系均指向上海，呈现以上海为中心辐射其他城市的状态；而浙江省城市除了和上海的联系更为紧密之外，省内城市的相互联系形成的网络亦很紧密，即在一定程度出现了面域化的特征（图 5）。根据公路货运联系数据，长三角已形成以上海、苏州、杭州、宁波、金华等城市为中心的货运城市网络，其中上海的城市群核心地位凸显。

从城市间“联系度”来说，长三角公路货运城市网络的“主干”呈“向心型”，即区域最大联系度上海—苏州（100）[1]、上海—宁波（76）、上海—杭州（61）、上海—金华（56）四组主干联系属于第一层级；而处在“Z 字形”区域廊道上的苏、杭、甬三市之间，及其与金华、无锡等城市间的货运联系处于第二、三层级，共同构成了长三角货运网络的核心地区；其他城市间，尤其是安徽部分城市与其他省份城市的联系都处在较低层级。从城市作为网络节点的“中心度”来说，区域最高中心度城市上海（100）在区域中的实际货运订单总量超过 7 万，是明显的核心，苏州（56）和宁波（52）是其他两个订单联系超过三万的城市；杭州、金华、无锡等城市货运订单总量也较高，值得注意的是南京（18）和合肥（11）两个省会城市的中心度并不高，要低于浙江绍兴、嘉兴等市。

从货运网络的整体结构特征可初步发现，不同省级单元城市间货运联系差异巨大。将各城市归并至所属省和直辖市，货运总联系方面，浙江地区总的“出度（出发地为浙江）”和中心度处于领先，而江苏地区的“入度（到达地为江苏）”排在首位，直辖市上海的指标则要远大于安徽各地的总和。省份间联系方面，超过 10% 的联系包括：从浙江至江苏，以及浙江内部的联系都达到了 16%，江苏内部及上海至江苏的联系分别达到 11%，浙江至上海的联系为 10%；而安徽与其他省份间出发、到达的货运联系份额最低（图 6）（王启轩，程遥，2019）。

---

[1] 考虑到联系度、中心度的绝对值不代表实际意义，因此，本文所提及的联系度、中心度皆采用标准值处理，取绝对值与区域内绝对值最大值的比例乘以 100。例如，上海—苏州的实际联系在区域最大，绝对值超过 1 万，标准化后取 100。

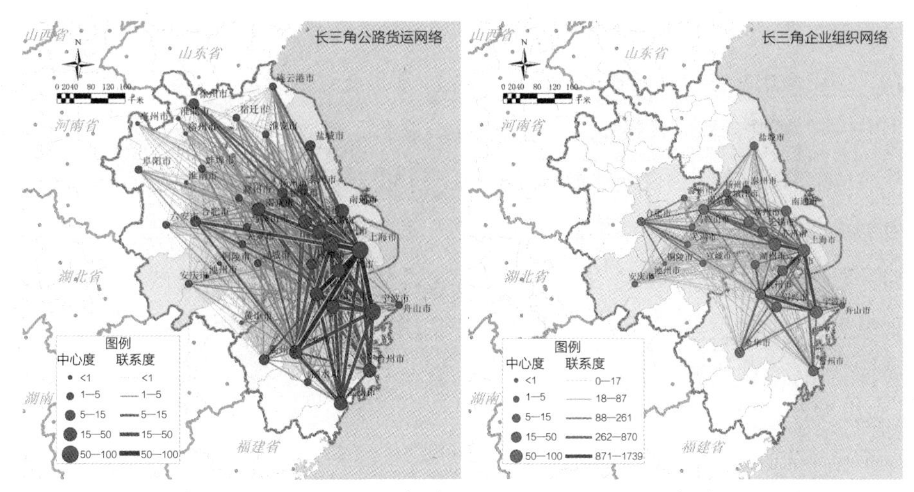

图 5　长三角 2018 年公路货运网络（左）与 2013 年企业组织网络（右）空间结构对比

资料来源：笔者自绘

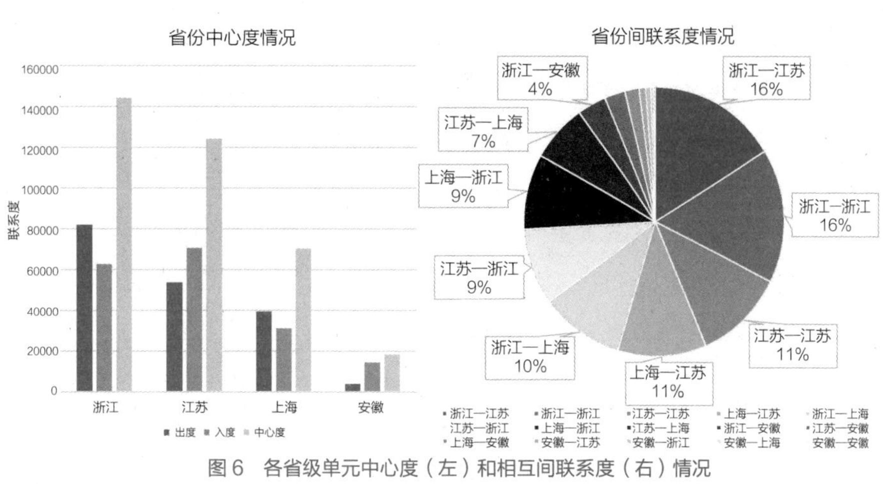

图 6　各省级单元中心度（左）和相互间联系度（右）情况

资料来源：笔者自绘

2.2.2　关联方向

货运联系中存在的"出发地—达到地"关系使基于此的城市网络具有方向性，一个城市有总货物出发量"出度"和总货物到达量"入度"。相关研究中关联方向指数方法已经在企业城市网络研究中得到运用（唐子来，等，2017），而本研究用"出度 / 入度"来表征某一城市的货运往来情况，该指标越大说明城市在区域货运网络中作为货运"出发地"的职能越强，反之则主要作为货运"目的地"，以此测度长三角各城市在公路货运网络中的类型（图 7）。

上海、宁波、金华、绍兴、泰州 5 个城市的"出度 / 入度"大于 1，其中金华和绍兴两地更是大于 2，表明这些城市在区域中是典型的货运输出型城市；而相反地，安徽诸多城市该数值都偏小，其中宣城、铜陵等市小于 0.1，说明其在区域货运网络主要以接收其他城市货物为主，是货运输入型城市。而研究城市的货运方向，必须考虑其总货运联系量（即中心度），总量较大的城市除其本身规模较大、“供—需”货物的能力较强外，一定程度上具备作为区域“货运枢纽”的职能，如货物的仓储、中转，以及外部材料再加工后运出等情况，不仅仅是单纯的货物“产地”或“消费地”，所以“出度”与“入度”差距不会太大。可以发现“出度 / 入度”数值大于 1 的城市，总货运联系量都比较大；而总量较小的城市，自身能够向外提供的货物少，又较为依赖大城市的货物，所以其大部分为“消费地”（王启轩，程遥，2019）。

2.2.3　主要城市联系特征

选取《长江三角洲城市群发展规划（2016—2020）》（以下简称“规划”）中上海、南京、杭州、合肥 4 个都市圈中心城市，以及上述分析中宁波、金华、苏州、无锡 4 个“总联系”较高的城市，观察 8 个城市公路货运的目的地布局。

首先分析沪、杭、宁、合 4 个中心城市的货运目的地（图 8）。上海至其他城市的货运联系值皆很高，有 14 个城市数值超过 1000，其中上海的“首位”目的地为苏州（正向联系为区域最大值，标准化为 100）；杭州、南京、合肥的“首位”目的地均为上海，其至上海联系依次减小，分别为 32、10、6。另外，在沪、杭、宁、合这四个城市中，首位“发货量”占各市“出度”的比例分别达 16.6%、18.4%、20.0%、20.9%，可见货运中心度越小越容易受到“首位”联系的大城市的影响，且在长三角其他中心城市均从属于上海这一区域核心。

比较宁波、金华、苏州、无锡 4 个重要城市的货运目的地（图 9）。首先，相比三个省会城市，这 4 个城市公路货运目的地中上海的占比都超过 21%，受上海影响明显更强；其次，甬、金、苏、锡四市的前十位货运目的地中，上海份额明

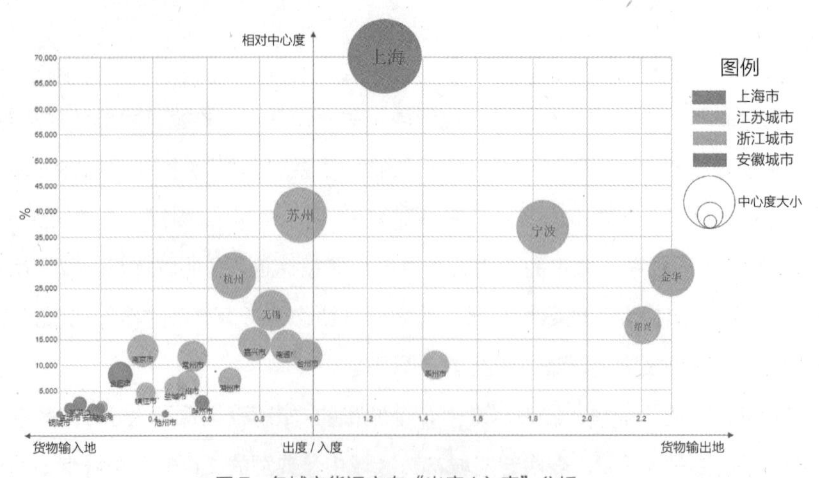

图 7　各城市货运方向“出度 / 入度”分析

资料来源：笔者自绘

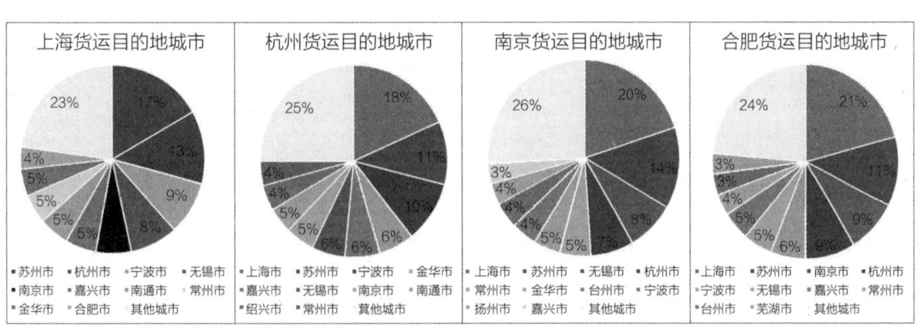

图8 沪、杭、宁、合货运目的地城市及联系占比
资料来源：笔者自绘

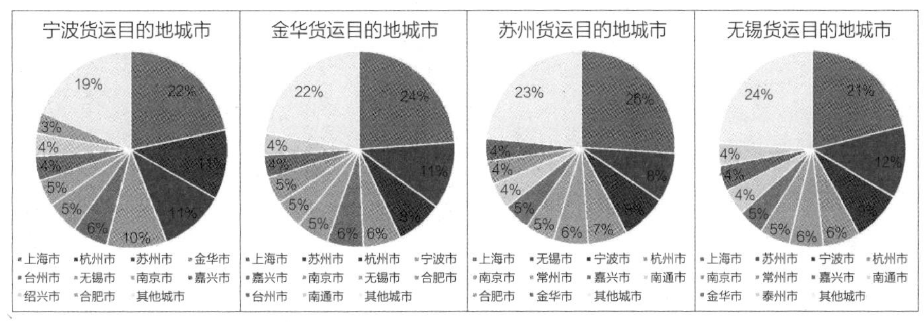

图9 甬、金、苏、锡货运目的地城市及联系占比
资料来源：笔者自绘

显较高的为苏州，宁波的“第二层级”目的地占比较多；另外，目的地排名在10名外的“其他城市”占比在这4个城市中呈依次升高的趋势。

3 信息流联系下的长三角城市群网络分析

3.1 信息流网络的计算方法

百度指数是以百度海量网民行为数据为基础的专业化数据分享平台。据流量监测网站StatCounter的数据显示，2016年上半年，中国百度搜索引擎使用率的占比高达77.11%。通常而言，人口规模大、经济产业联系越强的地区，其民众相互之间的搜索量也越大，百度指数基于某一城市的居民对另一个城市的搜索量，可较为真实地反映出城市民众对另一城市的关注程度（可称为“关注度”），模拟城市间的信息流。目前已有基于“百度指数”模拟城市间信息流的研究，可认为百度指数在一定程度上反映的是城市之间经济和社会等多方面的联系，折射出城市综合实力（熊丽芳，等，2013）。

从“百度指数”网站收集了“长三角城市群”规划范围内的26个城市两两之间的“百度指数·搜索指数（不包括受新闻等影响严重的媒体指数）”，数据统计时间与第 38 次《中国互联网络发展状况统计报告》统计时间保持一致，为 2016 年 1 月 1 日至 2016 年 6 月 30 日，选取此半年时间内用户搜索指数的平均值作为基础研究数据。参考之前学者的方法（熊丽芳，等，2013），将不同城市两两之间基于信息流的强弱用百度指数乘积的形式表示。算法如下：以“百度指数”数值表示，原始数据为城市 A 民众对城市 B 的关注度 A_b（及城市 B 民众对城市 A 的关注度 B_a）；城市 A 和 B 之间基于信息流的联系度强弱由两者乘积 R_{ab} 表征，城市 A 在这 26 个城市中的信息流总量为 X_a（类似企业视角“点度中心度”），则：

$$R_{ab}=A_b \times B_a$$

$$X_a=R_{ab}+R_{ac}+\cdots+R_{az}\text{（共 26 个城市）}$$

3.2 信息流视角下的长三角空间特征辨识

通过数据计算与分析，可得到信息流视角下“长三角”26 个城市间的城市网络联系度和各城市信息流总量，并绘制城市网络（图 10）。

3.2.1 网络基本特征

相比企业联系、公路货运为测度的城市网络，信息流视角下的城市网络结构受城市行政等级的影响相对较弱，信息流联系较高值主要出现在各主要城市与上海之间，表明信息流趋向城市群中心城市上海集聚；相对地，省会城市在信息流网络中的影响力和中心性则较企业组织视角下的城市网络显著下降。

究其原因，以信息流为测度的城市联系网络较少地受到行政地域限制，可较客观地反映某城市受区域中其他城市民众的关注程度，间接反映城市在社会经济

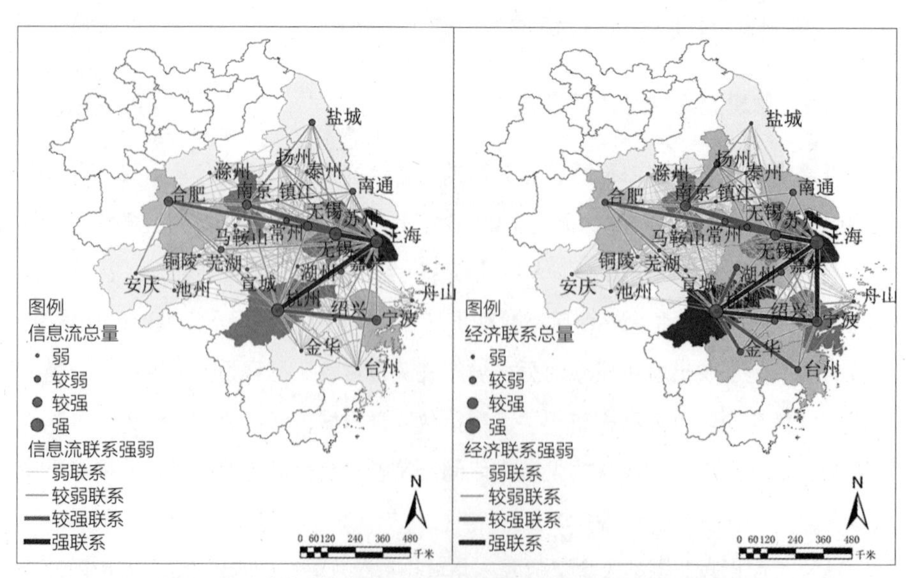

图 10　长三角企业经济联系（左）与信息流联系（右）城市网络对比

资料来源：笔者自绘

各方面施与网络其他城市的综合影响。在此情境下，信息流向城市网络顶端汇集，使得上海等核心城市与中小城市的信息连接不再拘泥于“区域核心城市—省会/区域次级中心—中小城市”的多层级模式进行，而是以“核心城市—中小城市”的扁平化“核心—边缘”网络进行高效连接。其结果是核心城市的影响力明显较大，网络结构与城市行政权力结构的关联性更低，区域核心城市有更高的话语权与综合影响力（王启轩，张艺帅，程遥，2018）。

3.2.2 围绕核心城市形成直接功能腹地

2017年，国务院关于上海市城市总体规划的批复文件（国函〔2017〕147号）明确指出“从长江三角洲区域整体协调发展的角度，充分发挥上海中心城市作用，加强与周边城市的分工协作，构建上海大都市圈，打造具有全球影响力的世界级城市群。”从信息流角度分析长三角各地级市与上海的联系，可以发现除上海自身外25市中有13个地级市首位联系城市都为上海，且苏州、无锡、常州等城市与上海的联系尤其紧密。换言之，上海的核心城市地位是以长三角其他城市与其紧密联系作为支撑。即作为长三角“一核”，上海不是孤立于其他都市圈存在，而是依托于苏锡常等其直接腹地，乃至整个长三角。

3.2.3 网络中的“核心—边缘”空间

在一定程度上信息网络的网络联系方向不仅更不受行政辖区的影响，且更为极化。在长三角城市群网络中，上海无疑是信息联系的核心枢纽，点度中心度排名第二的苏州也仅为上海的55.21%（表1）。2016年上海的信息流联系度总值占长三角全部城市联系度之和的19.59%。而除合肥、芜湖、盐城三市外，安徽、苏北、浙南等传统意义上的长三角边缘地区在信息流网络中边缘特征更为显著，虽然如前文，一些城市得益于特殊的地理位置，在公路货运等专业化网络中仍占据重要地位，但其在综合经济社会功能联系意义上融入长三角城市群仍任重道远。

长三角26市信息流网络的“相对点度中心度”排序表　　表1

排名	2	3	4	5	6	7	8	9	10	11	12	13
城市名称	苏州	杭州	南京	合肥	无锡	宁波	常州	扬州	南通	嘉兴	芜湖	盐城
相对信息流	55.21	55.10	47.31	33.02	28.69	25.82	17.11	14.47	13.96	11.38	11.35	10.66
14	15	16	17	18	19	20	21	22	23	24	25	26
镇江	台州	绍兴	泰州	湖州	安庆	金华	舟山	马鞍山	滁州	宣城	铜陵	池州
9.62	9.08	8.69	7.62	7.59	7.35	7.29	5.85	5.77	5.41	4.91	4.00	3.28

资料来源：笔者自绘

4　网络视角下的区域规划政策启示

4.1　开放动态的区域空间

城市网络为认识区域空间提供了一种新的视角——区域应被视为一个动态、开放的网络。从规划政策制定的角度，例如《长江三角洲城市群发展规划（2016—2020）》等区域规划对该城市群有一个清晰的界线划定；但从实际经济社会联系上，如池州、铜陵、宣城等在城市群规划范围以内的城市，与城市群其他城市的联系较弱，而在规划城市群范围外的温州、蚌埠等地则与城市群内其他城市联系更加紧密。而未来，随着交通、信息等技术的不断进步，以及该区域经济社会的发展，这一城市群的功能联系边界还将不断拓展和变化。

而在城市群以内，也应打破行政等级和辖区的思维限制。例如，上海与苏锡常在功能联系上早已融为一体，将“苏锡常”这一范畴单独剥离、使得上海成为“孤立”的城市群“核心”现实意义不大；而南京和马鞍山虽划入两个“都市圈”，但现实中无论从“地理”还是“网络”的区位视角判断，其联系均较为紧密；同时不同大城市对具有共同地理临近性的“腹地”有较大程度的“协同辐射”作用，如绍兴受到杭州、上海、宁波的影响均很大，是几大高等级城市的共同腹地。故在规划实践中应认识到，切莫以画地为牢的行政区划思维来定义“都市圈”、“腹地”等概念，出于交通、经济、文化联系等角度考虑，某一城市可以受不同层次空间组织逻辑的影响，也可以在不同范畴上属于多个都市圈。

4.2　规划取向分异的两个空间维度

长期以来，城市群与都市圈在概念界定和空间规划逻辑上并没有清晰的界线。一般而言，城市群是“在特定的地域范围内具有相当数量的不同性质、类型和等级规模的城市（包括小集镇），依托一定的自然环境条件，人口密度较大，生产高度技术化，土地利用集约化，以一个或两个特大城市和大城市作为地区经济发展的核心，借助于现代化的交通工具和综合运输网的通达性以及高度发达的信息网络，发生与发展着城市个体之间的内外联系，共同构成一个相对完整的城市群区”（姚士谋，等，1998）。而“都市圈”则是指“有一个或多个核心城镇以及与这个核心具有密切社会、经济联系，具有一体化倾向”的地区（张京祥，等，2001），所以理论上都市圈的空间尺度要较城市群更小一些。

区域网络视角下，都市圈和城市群最根本的区别并非在于空间尺度。这两个概念实际指向的是两个空间组织逻辑和空间规划诉求具有差异性的空间尺度——城市群更偏向于功能（网络）联系，而都市圈则兼具“功能联系”与“地理邻近”。

某种程度上，基于设施共建共享的“一体化”趋势和需求在都市圈层面更为显著。相应地，上海同时作为长三角城市群和上海都市圈的核心城市，其与城市群内其他城市的联系也指向了城市群和都市圈两个层面。一方面，作为长三角联系京津冀、珠三角等其他城市群网络的门户和枢纽，其服务对象覆盖区域乃至全国，成为城市群的中心城市，并与杭州、南京等其他城市群中心城市不断强化联系；另一方面，上海之所以能够成为城市群的核心节点，也得益于以其为核心的都市圈的功能支撑和资源整合。例如苏州、无锡、嘉兴、舟山等城市，其与上海的信息流联系都高于其与所在都市圈的中心城市及其他城市的联系，加之地理的邻近，通常被视为上海的腹地（赵渺希，唐子来，2010）。

4.3 塑造区域活力网络的规划取向

一定程度上，长三角的空间演变代表了我国若干先发城市群空间组织特征和演变趋势。随着城市群内部功能联系网络的形成，城市职能分工越来越趋向专业化，区域内的城市间形成了紧密不可分割的互补和相互支撑关系。因此，新的空间秩序与基于城镇等级的“点—轴—圈”空间体系最大的差异在于，城镇（包括核心城市、区域中心城市等）是其核心功能腹地（如都市圈）及所在区域（如城市群、城市区域等）的有机组成部分，而并非作为孤立的点存在和获得发展；即城市的能级更多取决于其网络能力而非传统意义上的人口规模、行政等级等。尤其是如北京、上海、广（州）深（圳）这样的核心城市，正是通过“根植”于所在地域，不断集聚和整合区域资源，扩展其网络腹地，才有效地提升了其在全国和全球城市体系中的竞争力。

有鉴于此，城市群或都市圈空间规划的本质要义是尊重和顺应市场力对流动空间的塑造，而不再是囿于行政区而谋划“省域城镇体系规划”、“市域城镇体系规划”或“都市圈规划”。在规划取向上，首先要辨析我国特大城市“根植”于所在地域的发展路径，顺应其对核心功能腹地的辐射需要，以“看得见的手”去优化和提升腹地的网络支撑能力，引导形成引领城市群发展的核心都市圈；其次要充分认知“都市圈”并非单纯的行政概念，而是城镇空间自组织作用下形成的经济社会紧密联系地区。因此，都市圈规划需跳出传统的“创意”及思维定式；要更多以实际空间联系为依据，引导城市地区的设施网络建设与共享，进而促进都市圈空间的形成和优化。在都市圈（或城市区域）内部，城市之间的关系则更多地建立在协作分工和优势互补基础上；对于单个城市而言，对其战略引导应聚焦其在城市群中的专业化特色（而非追求不切实际的区域中心地位），强化其与都市圈城市以及城市群核心城市的经济社会功能联系。

参考文献

[1] GAUTHIER H L, TAAFFE E J. Three 20th Century "Revolutions" in American Geography[J]. Urban Geography. 2002, 23 (6): 503-527.

[2] HARVEY D. Beween Space and Time: Reflections on the Geogaphical Imagination[J]. Annals of the Association of American Geogaraphers. 1990, 80 (3): 418-434.

[3] MEENTEMEYER V. Geographical Perspectives of Space, Time, and Scale[J]. Landscape Ecology. 1989, 3 (3-4): 163-173.

[4] JONES M. Phase Space: Geography, Relatonall Theinking, and Eyond[J]. Progress in Human Geography. 2009, 33 (4): 487-506.

[5] ALDERSON A S, BECKFIELD J. Power and Position in the World City System [J]. American Journal of Sociology. 2004, 109 (4): 811-851.

[6] PETER J TAYLOR. World City Network: A Global Urban Analysis [M]. London; New York: Routledge. 2004.

[7] 程遥，张艺帅，赵民．长三角城市群的空间组织特征与规划取向探讨——基于企业联系的实证研究 [J]. 城市规划学刊，2016 (04): 22-29.

[8] 王启轩，程遥．公路货运物流视角下的长三角一体化网络探究 [J]. 城乡规划，2019（录用待刊）.

[9] 熊丽芳，甄峰，王波，等．基于百度指数的长三角核心区城市网络特征研究 [J]. 经济地理，2013，33 (07): 67-73.

[10] 王启轩，张艺帅，程遥．信息流视角下长三角城市群空间组织辨析及其规划启示——基于百度指数的城市网络辨析 [J]. 城市规划学刊，2018 (03): 105-112.

[11] 姚士谋，陈爽，陈振光．关于城市群基本概念的新认识 [J]. 现代城市研究．1998 (06): 15-17+61.

[12] 赵渺希，唐子来．基于网络关联的长三角区域腹地划分 [J]. 经济地理．2010，30 (03): 371-376.

[13] 张京祥，邹军，吴君焰，等．论都市圈地域空间的组织 [J]. 城市规划．2001 (05): 19-23.

汪芳
任白霏
李一溪

汪芳，中国城市规划学会学术工作委员会委员，北京大学建筑与景观设计学院教授、NSFC-DFG（中德）城镇化与地方性合作小组中方组长
任白霏，北京大学建筑与景观设计学院硕士研究生
李一溪，密歇根大学安娜堡分校硕士研究生

区域活力视角下京杭运河沿线城镇的时空变迁研究*

京杭大运河沿岸城镇承载着运河的政治、经济与文化活动，是运河文明成果创造与传播的主要地区，集中体现了大运河文明中人口城镇化、城镇功能商贸化特征[1]。本研究基于区域活力历时性演变的视角，分析清代以来京杭大运河沿线城镇的人口密度变化与城镇网络组织演变，探讨运河沿线城镇分段发展策略。

1 城镇活力的相关研究

1.1 人的活动与城镇活力

人口的迁入，给城市带来经济发展动力，也为城市空间带来活力[2]。简·雅各布斯（Jane Jacobs）认为城市是属于人的城市，将城市的生气与活力与人的活动联系起来[3]。中国历史上也是如此，对金朝至民国的北京历史人口地理的研究发现，“人口内聚迁移是导致各时期北京人口短期迅速膨胀并长期增长的根本原因”[4]。近年来，有学者将城市活力的指标进行更为综合性的整理与扩展，金延杰等[5]对全国50个城市进行了经济活力指数的定量研究；雷舒砚[6]从经济、社会、生态、环境等4个方面建立城市活力综合评价指标体系。城市活力的内涵不断得到丰富，但人的活动及其表现形式一直是衡量城市活力的重要组成部分。

* NSFC-DFG中德合作研究小组项目（中德科学中心，编号GZ1457）。

1.2 区域活力的城镇历时性

城镇在区域活力的体现方式除了人口密度等人的活动表现形式，也包括城镇间的组织形式。并且，城镇发展并不是独立的，且具有较强的历史延续性，施坚雅（G. W. Skinner）认为，区域城镇的资料与信息在空间中展现后，其性质构成及变化特征才会充分表现出来[7]。陆希刚[8]将江南地区城镇发展时间划分为明中期、清前期、清中期几个阶段，在对其人口密度与城镇规模的研究中发现，这一时期江南地区城镇作为商业中心存在，其流通职能远远大于生产职能。覃丽君、金晓斌等人[9]通过对近 600 年来长江三角洲地区的城镇体系的研究发现，明清时期，南京与苏州由于漕运之便，是区内规模最大的城镇。民国后，上海凭借其海上交通便利，逐渐发展成为区域核心城镇，其核心地位随着长江三角洲地区的发展逐渐增强。曹珂等对古代西南地区城镇群的空间关系及其演进变化过程进行全面的梳理，并揭示城镇发展的内在动因，发现该地区城市群经历了从山川地理中的文明聚合，到权力经营下的格局显现，再到经济繁荣后现代意识的萌芽的历程[10]。近年来有研究把城市活力分为国家、城市等两个尺度进行分析，突破之前的将城市活力研究局限于城区尺度。同时在研究方法上，国土尺度应用城市灯光数据[11]，城区尺度上通过热力图、POI 等数据，对区域活力城市群进行活力值的判定与比较[12]。

1.3 京杭运河的相关研究

在京杭大运河发展过程中，沿岸先后孕育了一批城镇聚落。这些城镇体现了大运河文明的特色与本质，其兴衰历程构成中国古代城镇发展的独特脉络。对于京杭运河的研究主要集中在以下几个方面：沿岸城镇群遗产方面，王建国等[13]对运河杭州段制定了基于历史廊道的城市设计原则，任云兰[14]提出构建京津冀运河遗产整体保护；生态环境方面，俞孔坚等[15]提出构建运河生态基础设施；水利水运方面，韩巍巍等[16]进行了京杭运河山东段全线通航可行性分析；沿岸城镇旅游开发方面，杨建军等[17]、金平斌等[18]以京杭运河杭州段为例，梳理其旅游资源和旅游功能等。

随着以“京杭运河”为主体的中国大运河申报世界遗产的成功，需要在对单个运河城镇的已有研究基础上，深入对运河城镇整体的分析以及城镇间的关联性研究。本文以区域活力的视角，将城镇变迁和人口联系起来，并侧重对运河城镇的整体研究，从人口密度与城镇节点组织形式等两个方面分析运河城镇的兴衰特征。探讨自然因素、政治因素与文化因素在运河沿岸城镇活力发展中的作用，从而对运河沿岸城镇活力延续的差异化发展策略提出建议。

2 京杭运河沿线城镇的变迁特征

清末是中国城镇出现近代化特征的时期，城镇经济开始朝着工业化转型发展。通过对该时期京杭运河城镇人口密度变化分析，可以对近代化以来其城镇兴衰与活力演变有深刻的认识。此外，清末国家社会变革与水患同作，黄河在 1841 年、1842 年、1843 年、1851 年发生了 4 次大的溃决，并于 1855 年黄河发生重大改道，向北夺山东大清河入渤海，因此，对该阶段城镇组织形式进行分析，能更为深入地理解运河水系沿线城镇活力演变机制。接下来，将从城镇人口、城镇节点组织形式分析沿线城镇变迁。由于民国时期获取人口数据困难，将根据《中国人口史》[19] 统计京杭运河流经的城镇在黄河北徙前后的 1820 年、1953 年的人口密度；城镇网络节点数据则是应用 1820 年、1911 年的数据。

2.1 京杭运河沿岸城镇兴衰

根据京杭运河流经的城镇在 1820 年、1953 年的人口密度，发现这段时期京杭运河沿岸城镇发展具有如下特点（图 1）。

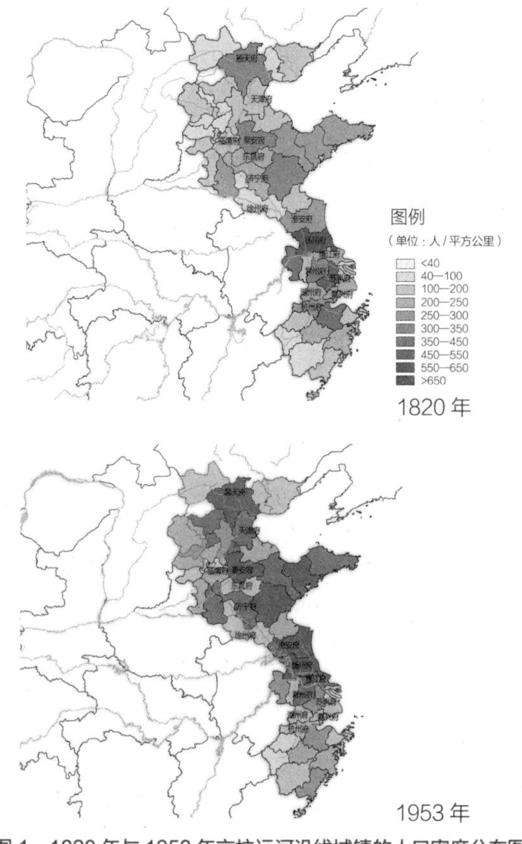

图 1 1820 年与 1953 年京杭运河沿线城镇的人口密度分布图

（1）北段：从 1820 年到 1953 年，顺天府及周边地区人口快速发展，作为当时的政治中心所在、京杭运河的起点，京杭运河成为其从南方输入物资的交通要道。

（2）中段：1820 年，中部地区京杭运河流经的城镇，如临清府、东昌府、济州府，人口密度普遍低于山东东部的沿海地区。但同时京杭运河的修建带动了沿岸城镇的发展，尤其是与黄河、淮河的交汇处城市，如淮安、徐州等，由于其重要的地理位置与频繁的水灾，受到了政府的极大重视，通过设立地方行政单元、调集劳工等而快速建立起城镇。在黄河北徙之后，到了 1953 年，这些因为运河而发展建立起来的城镇人口增长速度仍然慢于沿海地区。

（3）南段：1820 年，作为京杭运河的终点的苏杭地区，人口密度很高，然而到了 1953 年，这一地区的人口密度却普遍下降。这其中有战争因素的影响，但是京杭运河的衰败也是不可忽视的原因。京杭运河的维护需要投入大量的人力物力，而随着清末与民国时期的政治局势频繁变化、社会动荡，京杭运河因疏于治理而逐渐淤塞、衰败，苏杭地区也失去了其在京杭运河终点的优越地位，从而增长速度放缓。

2.2　京杭运河沿岸城镇节点组织形式演变

京杭运河的修建对于沿岸城镇发展具有双刃剑作用。明清时期，商贾逐渐繁荣，城镇的兴起不再仅仅因为自给自足的农业，而更加得益于外向型经济，而京杭运河作为当时重要的交通要道，对沿岸城镇的兴起有重要作用。然而，在自然水系（尤其是黄河）的强烈影响下，京杭运河对沿岸城镇的促进作用难以维持，在一些地区甚至产生消极影响。清咸丰五年（1855 年）黄河的迁徙对沿线城镇的组织结构影响巨大。运用 Arc GIS 对黄河迁徙前后的京杭运河沿岸城镇进行节点网络分析。京杭运河流经直隶、山东、江苏、浙江 4 个省份（今北京、天津、河北、山东、江苏、浙江 6 个省份），包括 69 个府，贯通海河、黄河、淮河、长江、钱塘江五大水系，这 69 个府在发展中受到运河水系的影响。选取这 69 个府作为研究对象，建立节点网络图，考虑人口密度进行权重叠加。自然水系及京杭运河作为联通网络，将坡度（Slope）、距离河流距离（Distance）、水系网络距离（Net-distance）作为成本因素，利用线性函数作为成本函数，得到节点之间的成本距离 A（公式 1）。

$$A_i=\sum_j w_j f(Slope_{ij},\ Distance_{ij},\ Net\text{-}distance_{ij})$$

公式 1　基于自然水系及京杭运河的城镇节点的成本距离公式

其中 A_i 为到第 i 个城镇节点的距离，i=1，2，…，59；W_j 为成本距离系数，j=1，2，…，59，P_j 为人口密度，人口密度越高的城市，成本距离系数越小，即认为各节点到这一节点的成本距离越小（公式 1）。

$$w_j=1-p_j/\sum_j p_j$$

公式 2　考虑人口密度的成本距离系数计算公式

利用公式 2 构建成本距离网络，取成本距离小于 1000 公里的连接放入网络。对比黄河改道前后运河直接流经的府在网络中与其他各府的连接数，能发现运河城镇成本距离网络连接的差异化演变特征（表 1）。

2.2.1　宏观尺度：南北联通转向南北分离

从图 2 可以看出，1820 年的节点网络图南北联系较为紧密，京杭运河的南北联通作用显著。连接海河与黄河水系的运河段流经的临清与济宁，连接黄河与淮河水系的运河段流经的淮安，都在网络中具有重要的地位。这也一定程度上可以解释：尽管中段地带位于水灾频发区，但是京杭运河的修建仍然带动了沿岸城镇的发展，临清、济宁、淮安凭借其重要的地理位置，成为政府重点关注的地区，设置漕运督查使，调用大量劳工维护漕运通畅。而到了 1911 年，由于黄河北徙，黄河与海河水系地区城镇在北部较为独立地成为一个体系，江淮地区城镇在南部较为独立地成为一个体系，而黄淮之间的距离较远，南北联通的网络结构转变为南北分离发展的态势。

黄河改道前后的成本距离网络连接数对比　　表 1

	黄河改道前连接数	黄河改道后连接数
顺天府	13	14
天津府	12	14
河间府	5	13
临清府	12	17
东昌府	12	12
泰安府	12	15
济宁府	12	9
徐州府	10	—
淮安府	16	12
扬州府	16	15
镇江府	15	20
常州府	13	20
苏州府	13	19
嘉兴府	13	19
湖州府	13	19
杭州府	13	18

注：由于黄河改道后，黄河、运河不再流经徐州，故没有将徐州计入成本距离分析。

2.2.2 中观尺度：分段差异化演变

（1）北段地区：双中心发展

从 1820 年到 1911 年，北段地区网络主要以顺天府、天津府为中心节点（图 2）。顺天府为都城，京杭运河的修建为顺天府的经济发展、物资供应提供了极大的便利条件。而天津是海河、南运河和北运河三河交汇的地方，北运河直抵都城，而南运河一路南下，这里就成为南下、北上、东入海河的重要战略要地，也成为京杭运河南北漕运的中转码头。到了 1911 年，由于黄河的北徙，北段地区与南部的联系减弱，以顺天府、天津府为中心节点，连接河间、顺德、保定等府的区域网络也发展起来。

（2）中段地区：联系功能下降

1820 年中段地区的济宁、淮安等府，在沟通南北网络上具有重要作用，是南北向网络的交汇处（图 2）。然而到了 1911 年，南北网络分离发展，这些城市的联系功能也随之减弱，人口增速也逐渐下降，有的城市如临清甚至随着京杭运河的衰败，而出现人口负增长。

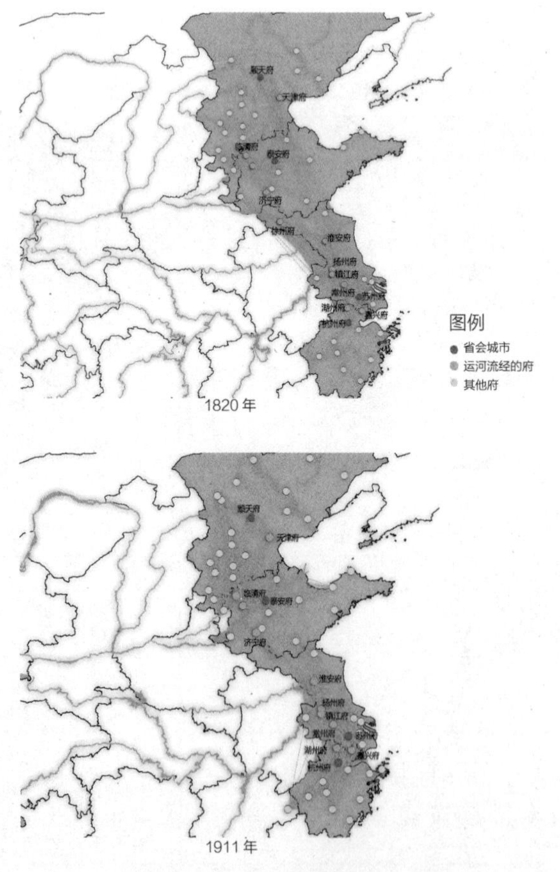

图 2　1820 年与 1911 年京杭运河沿岸城镇的节点网络分析

（3）南段地区：内部网络联系紧密

1820 年南段地区网络集中于扬州、镇江等府，南段重心整体靠北一些。而之后南北网络的分离发展，南段地区逐渐形成了相对独立的区域网络，重心也向南转移至镇江、常州、苏州等府（图 2）。

3 京杭运河城镇活力的影响因素

3.1 自然因素：旱涝灾害对沿岸城镇的影响

水系的自然灾害是影响周边城镇的重要因素。据古籍记载，从顺治九年（1652 年）到光绪十四年（1888 年），京杭运河水系共发生 30 次水灾[20]，主要分布在徐州府、淮安府、扬州府、临清府一带（图 3），这些城市尽管享受到京杭运河修建带来的地理位置的便利，却也因为灾害频发，而人口密度相对其他京杭运河沿岸地区较低。清咸丰五年（1855 年）黄河改道山东后，灾害频繁，人口压力更趋沉重，是当时国内主要的人口迁出区之一。在清政府移民政策的指导下，从咸丰十年（1860 年）开始，地广人稀、土地肥沃、大量荒地开垦的东北地区逐渐废除封禁政策，代之以开放荒地、充实边防为主的移民开垦政策，由此揭开了山东人民“闯关东”的序幕。

3.2 政治因素：人工治理对沿岸城镇的影响

京杭运河的修建作为政府主导的跨区域规划建设项目，其中的政治考虑是不可忽视的：一是京杭运河连接了北部政治中心和南方富庶地区，它是整个国家实

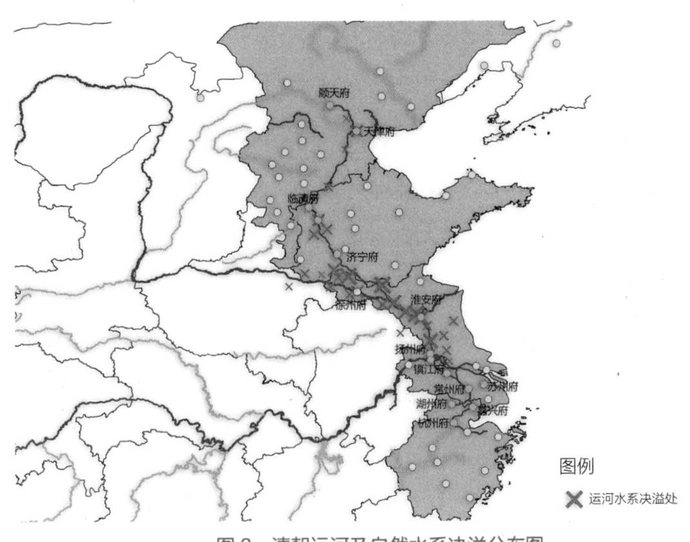

图 3 清朝运河及自然水系决溢分布图

施南粮北运，解决都城、戍边的粮食供给和国家存储的重要措施；再次，京杭运河加强了中央对地方的控制，是封建国家巩固政权、维护统治的需要。

而自然水系，尤其是黄河对运河的联系与扰动，也受到了人工治理的影响。明清时期对黄河的治理，主要集中在两个方面：一是着力防范、堵塞黄河在河南、山东至苏北一线决口，使之免于侵害山东段运河，这一定程度上缓解了黄河河患，且修建水利设施需要大量人力投入与地方管理，因此带动了沿岸城镇如临清、济宁、淮安的发展[21]；二是着力治理清口及黄河下游河道，使淮扬运河免于黄河侵害。然而由于北方的重要地位，治河者重北轻南，以保运道为主，逐渐酝酿成为南疏北堵的局面。南岸人工开渠，分疏入淮；北岸加强堤防，逼其南流，导致黄淮之间的徐州府、淮安府水灾频繁，人民苦不堪言，这也是为何顺天府的经济发展超过了山东、苏北地区。

3.3 文化因素：沿岸城镇的文化发展与传播

京杭运河上的商业运输促进了南北文化的交流。①漕帮文化：晋商和徽商作为明、清两代运河上最主要的商帮团体，沿线各城镇密集的山陕会馆和徽宁会馆等即是证明；②生活风俗：商业的往来还往往导致移民的发生，改变一个地方生活习俗。以济宁为例，大量安徽、江苏、浙江、湖北商人、手工业者在此定居经商生产，这反映到城镇的建设上就是江南风格的宅第园林大量涌现，济宁成为运河上的一座重要园林城市[22]；③水神信仰：如天后宫妈祖信仰在运河沿线的传播；金龙四大王信仰兴起于江南，兴盛于江北运河两岸，而后又复传播于江南，即是与运河密切相关的宗教文化传播的例证。

4 京杭运河不同区域活力延续的建议

京杭运河沿岸城镇发展受到自然、政治、文化因素的影响，具有不同的发展模式。北段地区为政治集中型，尽管这一地区降水量少，自然水系并不十分丰富，统治者仍旧大力推动，耗费巨大人力物力修建京杭运河，保证其物资供应；中段地区为政治牵引型，沿岸城镇受到黄河和淮河灾害的影响，为保证运河畅通，政府在沿岸城镇部署河道总督署、漕运总督官署等，并加强治水，调动大量劳工修建水利设施，一定程度上缓解了黄淮河患，带动了地区人口增长和经济发展，另一方面，京杭运河的维护耗费巨大，带动作用难以持续；南段地区为自然生长型，水系网络丰富，在运河衰败后仍能自成网络。因此，京杭运河无需全段恢复，要根据京杭运河区域本身的自然条件，分段区别处理城镇发展与运河的关系（图4）。

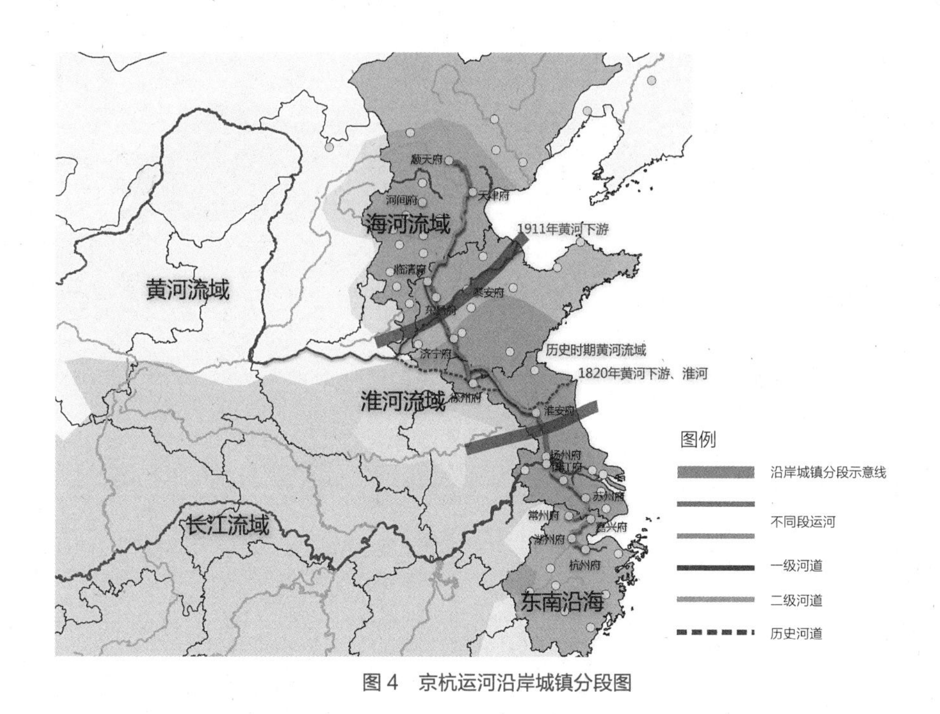

图 4　京杭运河沿岸城镇分段图

（1）北段地区：运河水系水体废墟的遗产保护

包括海河流域，清直隶、鲁北地区，顺天府至东昌府，是京杭运河受到政治因素影响最强的地区，历史上京杭运河为地区输送了重要物资，促进了地区经济繁荣，也促进了南北文化交流。然而如今其他运输方式已经基本替代京杭运河，因此在自然水系并不丰富的北段，无需耗费巨大人力财力恢复运河，而更应该注重京杭运河的文化性，进行运河水系水体废墟的遗产保护。

（2）中段地区：发扬古人治水的生态智慧

包括历史上的黄淮流域，清鲁南、苏北地区，济宁府至淮安府，是黄河和淮河水灾频发区，而城镇的兴起往往与为了维持漕运而设置的地方行政管理单位，及修建与维护水利设施所需劳工数量巨大有关。因此在规划发展中，应注重保持城镇与水系关系的和谐稳定，保护沿岸生态，传承古人治水的智慧。

（3）南段地区：传承世代沿袭的水文化

包括长江流域及东南沿海，清苏杭地区，扬州府至杭州府，是水网密集区，当地居民世代的生活风俗都与水密切相关，沿水而生的商贾贸易自古便存在着。京杭运河的修建进一步开阔了地区水系，带动了商业与经济发展，也进一步带动了水文化的发展，留下了许多与水、与运河紧密相连的诗词歌赋、宗教文化、园林建筑。因此在规划发展中要传承与发扬世代沿袭的水文化，建设真正的水镇。

参考文献

[1] 刘士林，耿波，李正爱．中国脐带：大运河城市群叙事 [M]. 沈阳：辽宁人民出版社，2008.

[2] 刘晏伶，冯健．中国人口迁移特征及其影响因素——基于第六次人口普查数据的分析 [J]. 人文地理，2014，29（02）：129-137.

[3] Jacobs J. The Death and Life of Great American Cities[M]. Vintage Books，1961.

[4] 韩光辉．北京历史人口地理 [M]. 北京：北京大学出版社，1996：147-148.

[5] 金延杰．中国城市经济活力评价 [J]. 地理科学，2007（01）：9-16.

[6] 雷舒砚，徐邓耀，李峥荣．四川省各市的城市活力综合评价与分析 [J]. 经济论坛，2017（09）：26-29.

[7] 施坚雅．中华帝国晚期的城市 [M]. 北京：中华书局，2000.

[8] 陆希刚．明清时期江南城镇的空间分布 [J]. 城市规划学刊，2006（03）：29-35.

[9] 覃丽君，金晓斌，蒋宇超，等．近六百年来长江三角洲地区城镇空间与城镇体系格局演变分析 [J]. 地理研究，2019，38（05）：1045-1062.

[10] 肖竞，曹珂．古代西南地区城镇群空间演进历程及动力机制研究 [J]. 城市发展研究，2014，21（10）：18-27.

[11] 李翔，陈振杰，吴洁璇，等．基于夜间灯光数据和空间回归模型的城市常住人口格网化方法研究 [J]. 地球信息科学学报，2017，19（10）：1298-1305.

[12] 刘劲松．中国人口地理研究进展 [J]. 地理学报，2014，69（08）：1177-1189.

[13] 王建国，杨俊宴．历史廊道地区总体城市设计的基本原理与方法探索——京杭大运河杭州段案例 [J]. 城市规划，2017，41（08）：65-74.

[14] 任云兰．整合历史文化遗产资源促进京津冀旅游产业协同发展 [J]. 城市发展研究，2016，23（12）：19-22.

[15] 俞孔坚，李迪华，李伟．论大运河区域生态基础设施战略和实施途径 [J]. 地理科学进展，2004（01）：1-12.

[16] 韩巍巍，刘晓玲，袁和平．京杭运河山东段全线通航可行性分析 [J]. 水运工程，2016（S1）：98-102.

[17] 杨建军，徐国良．杭州运河沿河地带城市再开发规划研究 [J]. 城市规划，2001（02）：77-80.

[18] 金平斌，沈红心．京杭运河（杭州段）旅游资源及其旅游功能开发研究 [J]. 浙江大学学报（理学版），2002（01）：115-120.

[19] 葛剑雄，中国人口史 [M]. 上海：复旦大学出版社，2001.

[20] 吴小伦．明清时期黄河水患的时空分布及对区域经济影响——以黄淮平原为中心的再考察 [J]. 郑州大学学报：（哲学社会科学版），2016，49（3）：113-119.

[21] 邹逸麟．黄淮海平原历史地理 [M]. 合肥：安徽教育出版社，1993.

[22] 孙竞昊．明朝前期济宁崛起的历史背景和区域环境述略 [A]. 明史研究论丛（第十辑）[C]. 中国社会科学院历史研究所明史研究室，2012：12.

袁奇峰
魏成
吴军

袁奇峰，中国城市规划学会常务理事、学术工作委员会委员、乡村规划与建设学术委员会副主任委员，华南理工大学建筑学院教授、博导
魏成，华南理工大学建筑学院教授
吴军，广州市城市规划勘测设计研究院，所长、高级工程师

广佛同城，从市场驱动、政府补台到规划引领
——“广佛高质量融合发展试验区”的建构

广州、佛山历来是一个完整的“经济地理单元”，两市总面积1.12万平方公里，占全省面积的6.2%，占珠江三角洲经济区总面积的26.8%。2018年两市共有常住人口2281万人，GDP加起来达到3.3万亿元人民币，合计超过上海、北京、深圳、香港。目前也是珠江三角洲区域一体化进程中相邻城市间“同城化”的标杆，一直走在全国前沿。

所谓“同城化”是发生在相邻大城市之间“区域一体化”的一种类型，即不同城市行政辖区之间基础设施的高度互联互通，人流和物流成本大幅度降低；市场要素自由流动不受城市行政区约束，产业资源也可以自由配置并实现分工协作；市民同城生活，社会事务、公共服务和社会保障互联共享。

广佛同城有一个显著特点那就是市场先行。早在两市政府自2009年开始联手推动基础设施互联互通前，两地的生产要素往来已经十分密切了。20世纪佛山乡镇企业的快速崛起离不开来自广州国企的“星期天工程师”的技术支持；广州的大型批发市场早在20世纪90年代就已经扩散到了佛山；2000年后广州的汽车制造，给佛山到来了发达的汽配产业。广佛两地生产要素流动十分频繁，有力地保证了两市充满活力的同城化。

1 市场自发驱动下的广佛同城化1.0版

广州、佛山两市地域相连、风俗相通、语言同根、文化同源，在历史上两个城市就是一个整体。广州、佛山在秦朝都曾经属于南海郡。清代，番禺和南海县衙都在省城广州（Canton），隔双门底（现北京路）分治东、西城区。现在的南（海）、

番（禺）、顺（德）、花（都）等“县域经济体”在历史上从来都是省城广州传统的郊区。南海县衙在现在广州中山六路一带，辖省城西部及以西的广大农村地区。南海辖下的佛山镇已经有 60 万人口，陶瓷、纺织、铸造、制药业空前繁荣，集聚了 18 个省的会馆和 23 间洋行，其繁荣程度堪比省会广州。

鸦片战争后，由于香港的崛起使其原有的广州—澳门“双中心”发生转换，澳门逐步被香港所取代，广州港由海上丝绸之路的端点变为香港与内地转运码头，但是作为省城，广州的工商业、金融及交通还是得到了大幅度的提升，共同支撑起新的“省—港”双中心格局。1923 年，广州设立市政体制，大规模推动城市现代化，拆墙筑路扩张商业街区，南海各镇丝织、制陶、制药等商贾趁机将商铺开到广州西关的十八甫，广佛之间形成了“前店后厂”的产业格局。1932 年番禺、南海两个县政府才从“省城”广州市区搬离，其中南海县政府迁到了佛山镇。

和珠江三角洲东岸深圳、东莞依赖香港转移的“三来一补”加工贸易企业（来料加工、来料装配、来样加工和补偿贸易）不同，20 世纪 80 年代小珠江三角洲南（海）、番（禺）、顺（德）等县充分利用与广州毗连的优势，利用广州巨大的市场规模、计划经济时代培育起来的国营工业基础、大量刚刚涌现的个体批发市场和来自国营工厂的“星期天工程师”，在商品稀缺时代共同催生了以乡镇企业为特色的内生型经济发展模式。广东“四小虎”（南海市、顺德市、东莞市和中山市），佛山据有其二，并长期在全国“百强县”中名列前茅。

广佛同城化从来不是政府、企业和知识精英阶层认知的结果，而是来自市场和民间自发的共识。南海大沥镇能够成为铝合金名镇，占有全国铝型材 30% 的市场份额；顺德北滘镇的美的空调能够成为千亿级的家电产业巨头，就是具有商品经济头脑的乡镇企业家和来自广州的“星期天工程师”在 20 世纪 80 年代共同开启的。只要中央政府鼓励民营企业发展，地方政府允许技术和产业资源跨行政区的自由扩散和转移，在“行政有界、经济无疆”的时代，城乡之间人员、技术和资源要素的流动就会自然达至均衡（图 1）。

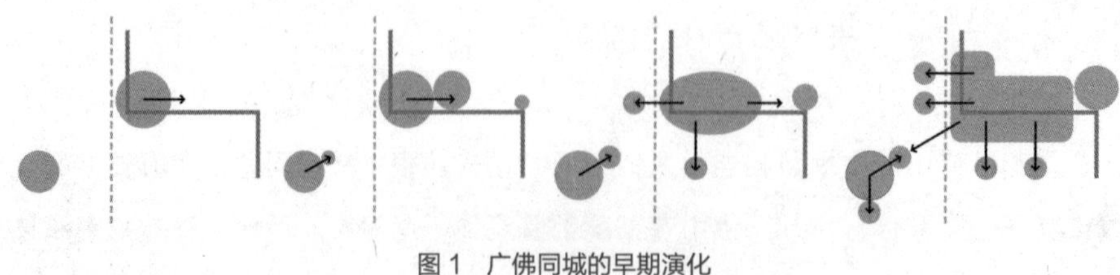

图 1　广佛同城的早期演化

资料来源：笔者自绘

1.1 阶段一：改革开放初期

广州是省会城市，当时的城市建成区主要是荔湾、越秀、东山几个老城区以及海珠西北角，黄埔、芳村和海珠的大部分建成区都是工业区。由于受到行政区域的限制，城市主要发展方向是向东沿江拓展，当时员村是工业组团、黄埔是临港组团。

这个时期，佛山地区行政公署设在南海县城——禅城，负责管辖中山、斗门、顺德、南海、三水、高鹤、新会、台山、开平、恩平 10 个县和江门市。

1.2 阶段二：20 世纪 80 年代，各自发展

改革开放伊始，国家重新定位中央政府和地方政府的关系，将经济发展的主动权逐级下放，鼓励地方政府之间的发展竞赛，以启动经济发展。

广东率先以行政分权促进市场改革，20 世纪 80 年代开始，通过地（区行政公署）改（地级）市、新设（地级）市、县改（地级）市逐渐将全省划为 21 个“地级市”管辖区域，全面实行了“（地级）市带县”体制。

“地改市”增加了发展主体、鼓励竞争，构筑了一个颇具活力的发展环境。不断地设立新的城市，把公务员派下去，把招商引资的队伍搞起来，这样发展竞赛就开始了，而各个局部增长换来了整体 GDP 的增长。“分权以促竞争、竞争以促改革、改革以促发展”，各行政主体之间背对背展开竞争。各级发展主体为招商引资而竞相让利，廉价投入了大量集体建设用地，通过降低成本招商引资。

另一方面，分权竞争与城市经营的结果导致了严重的“行政区经济”——国家把基本公共服务交给地方政府，市、县成为一级财政单元，通过改善基础设施和公共服务竞赛招商引资，争夺经济要素。财政资源的有限性决定了地方政府提供的公共服务必然限于行政边界内。

1984 年，佛山地区“撤地设市”，在驻地——佛山镇设立市政府辖区。南海县政府则从佛山市区迁出，在市区东北部的桂城紧邻市区建设新的行政办公区。南海各街镇充分利用与广州直接接壤的区位优势“六个轮子一起转”，抓住一切可能的机会发展经济，通过“村村点火、户户冒烟”的方式推动了农村社区工业化的大发展。

顺德县虽然远离广州，但是其乡镇企业充分利用了广州“星期天工程师”的技术和智力优势，在商品稀缺时代成功推动了经济的高速发展，除了家具名镇乐从，境内几乎所有成功的专业镇都分布在广州通向珠海的 105 国道上。

而广州城市仍然继续向东沿珠江带状延伸，并于1984年底在黄埔成立经济技术开发区；1984年版总体规划相应的提出城市全力向西，形成沿江发展的“组团城市”结构的空间布局设想。广州将围绕建成区的郊区县拆分为天河区、白云区、海珠区和芳村区。为举办1986年第六次全国运动会，广州决定在原天河机场旧址建设天河体育中心，这一决策使得城市发展重心开始由老城向东部新设立的天河区转移。

1.3 阶段三：20世纪90年代，建成区毗连发展

20世纪90年代初期，随着一系列跨河桥梁的建设，番禺市洛溪新城建设启动，开始承接广州居住功能外溢。1992年以后，顺德、南海、三水、高明先后撤县设市，由佛山代管。佛山市域面积3800平方公里，而作为市区的禅城区面积不到78平方公里，不如顺德、南海的一个镇，难怪有人说佛山是中国市区面积最小的地级市。更为严峻的是，随着治理尺度的不断下移，过度竞争导致行政管理壁垒繁多，“行政区经济”的负外部性也日益显著：基础设施割裂，不惜以邻为壑；市场区域分割，导致“诸侯经济”格局。

南海市在推动中心城区建设的同时，开始主动承接广州城市功能的溢出。广州的商贸批发业开始向南海的盐步、黄岐一带外溢，沿和广州芳村大道连在一起的广佛公路形成了绵延的批发市场集群。由于当时市民的交通工具刚刚从自行车转变为摩托车，通过珠江大桥和广州老城荔湾区的中山八路相连，房地产商适时打出的“中山九路”广告，在心理上将广州中山八路延续到南海。

1993年广州地铁一号线开工，大规模的旧城改造、居民搬迁安置导致城区楼价高企。而紧邻广州西部的黄岐，早已准备好发展针对广州居民的房地产业，新建楼盘都按照居住小区模式建造，环境很好，公共设施配套水平也不低，还直接用采用广州人熟悉的“沙面新城”、“白天鹅花园”等这样的名字。这样的产品、区位，自然成为当时广州老城区被拆迁居民和随着市场经济新崛起的“拆迁户”和“万元户”们改善型置业的首选之地，导致了早期大规模的跨市通勤，也带来了广州批发市场向南海的扩散。

进入20世纪90年代，广州开始受到城市发展用地不足的限制，1996年的总体规划提出依托老城，拓展东翼和北翼三大组团的设想。除了持续向东，城市开始越过当时的老白云机场向北拓展，北部流溪河水源保护地开始面临威胁。这一时期广州的部分功能开始突破中心城区行政区划的限制向周边地区扩散。

1996年，广州市白云区石井街鸦岗村的村民就与一河之隔的南海市和顺镇的村庄和村民就看到了同城化的机会，共同通过集资和贷款建造了连接广、佛的广和大桥，通过收取过桥费盈利。双方各分负担约2.4亿元建设费用，其中鸦岗村

村集体经济组织投入和村民个人集资获得4800万，其余则在政府的支持下通过组织投资公司向农村信用社贷了7200万元。虽然后来通过政府采购实现了桥梁的公共化改造，但是村民们至今仍然拥有桥梁的名誉产权和过桥费的分红。

受东莞和中山两个县升级为地级市的鼓舞，南海、番禺和顺德市政府在推动城市经济发展的同时，积极筹备建立“地级市”建制。顺德首先争取到了自己的长途电话区号，以至于佛山市政府与下辖的顺德市通电话竟然要以长途计费。顺德和南海还分别从省里获得了地级市才有的汽车牌号编码。佛山市属各辖区之间共有43个公路收费站，最近的相距不到两公里，是全国收费站密度最高的地区之一。

1999年9月1日，广东省委、省政府确定顺德为率先基本实现现代化试点市，给予顺德地级市管理权限。除公检法系统及党组织继续归佛山管辖之外，顺德的其他序列都直接对省里负责。随后，在省政府及直属部门下发的文件中，广东“各地级市及顺德市”已成为文件抬头的一种固定模式。

2 相向而行的广佛城市空间发展战略

2000年后适逢国际产业转移出现新的变化，中国也开始进入产业重型化的阶段。国家适时提出“大中小城市协调发展”的方针，使得大城市发展获得了前所未有的新机遇，但是也使得中心城市局促的空间资源和巨大的发展机会之间的矛盾激化。为趋利避害，打破行政区划壁垒，优化配置城市内部各种资源要素，“撤（县级）市设（地级市辖）区”遂成为广东省的政策选择。

2.1 广州的战略拓展

2000年，广州为优化行政区空间布局，率先将代管的番禺、花都两个县级市“撤市设区”，广州市辖区面积由原来的1443.6平方公里扩展到3718.5平方公里。解决了广州城市发展的政策门槛，使广州有可能从传统的“云山珠水”的小山小水式的自然格局跃升为具有“山、城、田、海”特色的大山大海自然格局，使广州真正成为一个滨海城市。“东进、南拓”成为空间发展的主要方向，由于广州西部没有足够的可开发的土地资源，导致“西联”佛山的战略缺乏动力。

广州是广东省会，作为全省的中心城市拥有强大的经济基础。1999年，市中心老八区的GDP占全市的70%，番禺市和花都市分别只占13.13%和6.83%。2000年，为适应城市行政区划调整，广州确定了“拉开结构、建设新区、保护名城”的城市发展战略，采取了“南拓北优，东进西联”的空间方案。以东进解决城市发展与保护问题，以南拓巩固中心城市地位，极大地拓展了城市经营的空间范围（图2）。

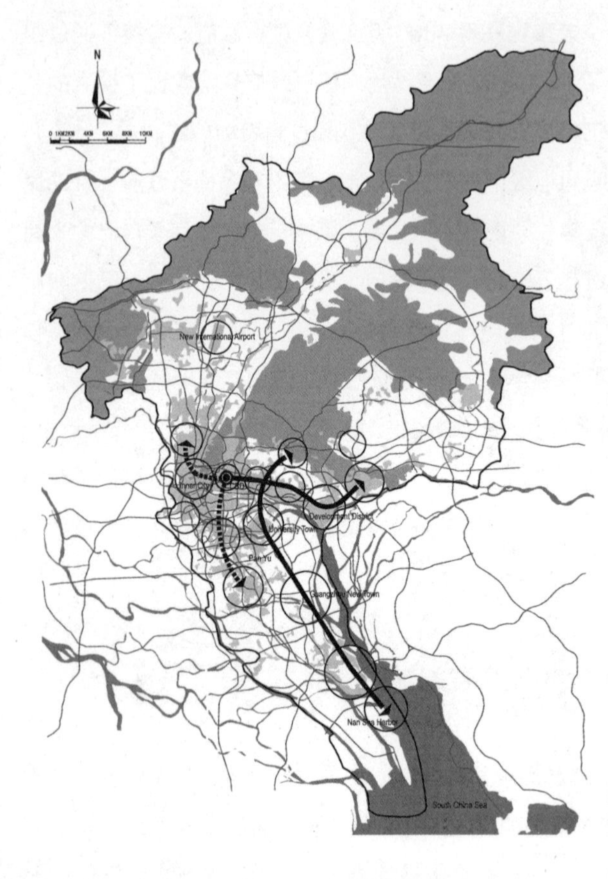

图 2　广州城市发展战略结构解析
资料来源：笔者自绘

东进轴：通过珠江新城建设，成功为城市金融与商贸服务业的发展创造了一片新天。解决了通过城市更新“在老城中建设新城市”，破坏历史文化名城的尴尬。而东部的广州经济技术开发区在 2005 年设立萝岗区后，2015 年再按照 2000 年战略规划一开始的设想，与原黄埔区合并，真正实现了从开发区向产业新城的转变。

南拓有两条轴：其一是从广州中心城区到番禺市桥镇的“南部转移轴”，其功能在于疏解中心区人口与功能；其二则是尺度达到 70 公里，直指伶仃洋的“南拓轴”，北起广州科学城、串联广州国际会展中心、大学城、创新城、广州新城、南沙新区、南沙港。应该说这些新片区要发展的都是为了提升城市竞争力的关键性新兴产业。

但是广州市的“南拓”实质上也是对原番禺县级市行政区土地和空间资源的“劫夺”和分割。2005 年，在原番禺市行政区划出一部分土地设立南沙区，以建设港口和发展临港工业。市级政府直接介入番禺区的战略性增量空间资源经营，将大学城、广州新城（亚运城）、广州（高铁）南站等地区的土地开发权直接划给广州市土地开发中心收储。2013 年，广州又进一步将番禺水道以南的榄核、大岗、灵山和鱼窝头镇全部划入南沙区。

广州“撤市设区”大大缓解了城市发展的空间压力，也改变了两个县级市原来的“农村社区工业化”的道路。十多年来中心城市功能区急剧外拓，采取了典型的“自上而下”配置空间资源的方式，南北跨度达到 120 公里，东西跨度达到 50 公里，为城市产业发展提供了丰富的土地储备。

2005 年设立南沙区、萝岗区，用行政区划固化战略拓展的成果。2013 年广州再将下属的增城市、从化市改区，城市的财政边界扩张到 7473.4 平方公里。广州通过行政区划的整合带来了城市空间配置（规划）权的上移，通过治理尺度上移，统筹了辖区的空间配置权，重构空间格局，原来的独立县城也逐渐演化为城市的功能区，和新设的城市功能区共同形成都市区功能组团。

经历了 20 世纪 90 年代珠江三角洲普遍繁荣带来的相对地位下降，2000 年后广州开始了“再工业化”的努力，把握住经济全球化的机会，在历史性城区外围实现了“一心、两区、三张牌”。一心，就是建设珠江新城，形成了广州的中央商务区（CBD）；两区，指设立南沙区、萝岗区（2016 年与黄埔区合并），用行政区巩固了南拓、东进的战略成果；三张牌，则是通过举办亚运会、建设大学城和引进汽车产业推动城市经济发展。2000 年广州 GDP 才 2494.74 亿元人民币，2018 年按可比价格计算已经达到 22859.36 亿元人民币，名义增长率达到 817.04%。

2.2 佛山的战略整合

佛山市域面积 3800 平方公里，但城市中心区面积不到 78 平方公里。1985 年，佛山市区（原城区、石湾区、市直部门）因为拥有国营工业，其城市综合实力远高于顺德、南海、三水和高明。但是 1994 年，南海和顺德的村镇集体企业、民营企业和合资企业发展强劲，城市综合实力已经分别超过佛山市区。佛山市中心城区的石湾是传统的陶瓷工业区，与南海市南庄镇仅一水之隔，结果石湾的国营陶瓷企业在市场竞争中彻底输给了“偷师”的南庄乡镇企业。由于地级市与下辖各县级市长期以来实行“财政分权、分灶吃饭”的制度，2002 年底，佛山市区的 GDP 仅占市域的 11%，原南海、顺德两市的 GDP 分别占全市的 38% 和 37%，南海、顺德两市经济总量分别是佛山市中心城区禅城的 3 倍，使得“地级市”作为中心城市有名无实。

2002 年，为打造广东“第三大城市”，一次性将南海、顺德、高明、三水等四个县级市“撤市设区”，变为地级佛山市的辖区。但是广州和佛山在市域行政区划调整后，各自走了一条完全不同的道路。

2002 年 6 月，时任省领导提出“佛山是我省的第三大城市，在经济发展上有良好的基础，资本原始积累阶段已基本结束，完全有条件进一步加强资本的整合，加快率先基本实现现代化的步伐。在我省从经济大省向经济强省的跨越中，佛山要成为一支重要力量，要像 20 世纪 80 年代那样在全省起带动作用。省委、省政府对佛山寄予厚望，佛山一定要成为一匹‘黑马’。广州、深圳这两年进步很大，GDP 在全国城市里面分别排第三、四位，但在他们后面，除了天津外，还有苏州、杭州等一批城市咄咄逼人。我们希望佛山尽快赶上。珠江三角洲城市群的交通网建设，首先要考虑佛山，要加快佛山的发展。总的来说，佛山的基础很好，现在的关键问题就是要加强整合和上水平”（龙建刚，佛山整合内幕，《新快报》2003 年 1 月 30 日）。

佛山中心城区弱，郊区县市强，行政区划调整完成后就面临着“小马拉大车”的格局。南海、顺德对“撤市设区”普遍有抵触情感，对“大佛山”认同感不足，整合较难。为此，佛山市领导提出了务实的思路：“佛山区划调整的特点是强强联合，各区仍然以发展为主旋律。发展需要整合资源，需要权力，需要管理的新思维，因此区划调整后许多权力不仅要向区里放，还要向镇一级放，而市一级主要是加强管理。要把简政放权工作做好，做到位，形成市级和五个区级的良性互动，才能把佛山做大做强。”

一方面，佛山行政区划调整后采用了“2+5”组团空间战略，两个百万人口的城市中心区（禅桂中心区、大良容桂组团），加上 5 个 30—50 万人口规模的城区（西南组团、狮山小塘组团、黄岐盐步大沥松岗组团、西江组团、龙江九江沙头组团）。用免费高速公路——佛山一环将其串联起来。另外，在顺德北部的乐从镇境内划出一块土地建设新的城市中心区——东平新城（现已经改为佛山新城）（图 3）。

另一方面，在市区关系上却进一步强化了 5 个区的“县域经济”格局。顺德市改区至今，仍然是以专业镇为主体的城镇群格局，而两个百万人口规模的中心城区之一的“大良—容桂百万人口中心城区”搞了十多年还是两个各自不到 50 万人的小城市。另外一个中心城区——禅城、桂城组团其实还在按各自的逻辑发展，倒是禅城也随着市政府进一步的行政分权变成了另外一个独立的县级经济体。

2003 年佛山将下辖的 4 个县级市改为辖区，花了大量资源在禅城区“强中心”，却一直没有解决城市中心区的核心地位问题，原因就是佛山辖下的 5 个区都已经成为广佛大都市区的功能区，除了行政事务去禅城区以外，大部分的经济活动都在包括广州辖区在内的大都市区的分工协作中展开。

在一个完整的协作体系中，一定是强者恒强、赢者通吃，要培育新的产业和服务高地不能单单靠行政的力量，必须要有新的或创造出新的需求，另外还需要政府政策、公共财政的支持和创新性的规划概念。佛山“2+5”的“5”个战略组团中，南海区属的大沥组团、狮山工业区组团和三水区属的西南组团，因为在同一个区级政府管辖之下，其规划和发展成效是最为成功的。

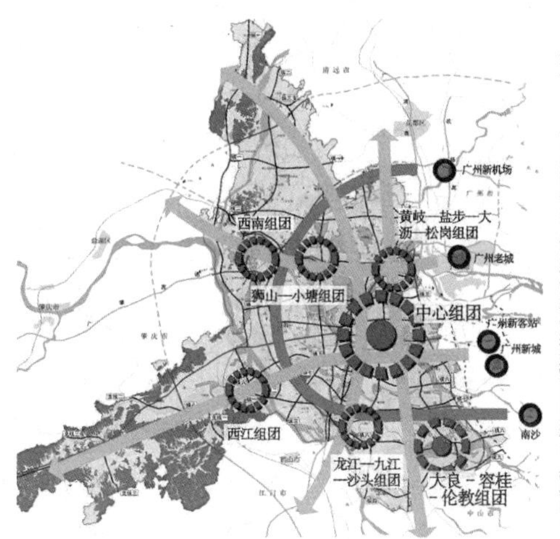

图 3　佛山“2+5”市域发展战略结构（2003 年）
资料来源：《佛山市城市总体发展战略规划（2003 年）》

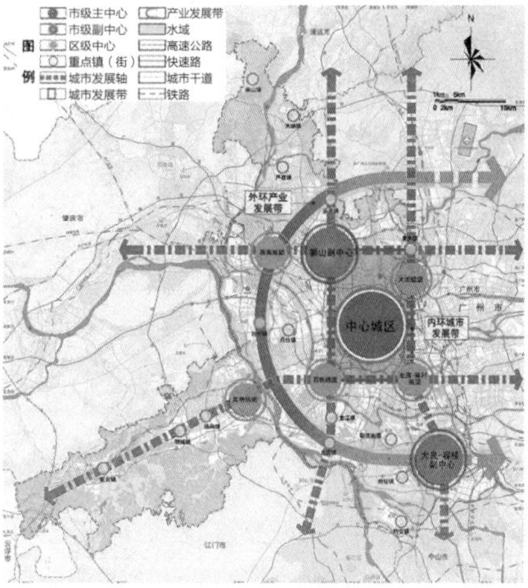

图 4　佛山“1+2+5”市域发展战略结构（2011 年）
资料来源：《佛山市城市总体规划（2011—2020 年）》

《佛山市城市总体规划（2011—2020 年）》突出“强中心”战略，将城市发展战略调整为“1+2+5+X”，其中的“1”就是佛山全市的“中心城区”——含禅城区、南海区的桂城街道和罗村街道、顺德区的乐从镇北部地区（佛山新城）面积为 361.66 平方公里；确立了“一老三新”的城市中心区中心体系——核心是有着千年祖庙、底蕴深厚的禅城老城区（祖庙商业文化中心），往西走是禅西新城，往东北走是千灯湖金融服务中心，往南走是佛山新城中心，分别承担文化、产业、金融服务、商务服务功能，错位发展以共同撑起“强中心”（图 4）。

事实上，由于靠近省城广州，佛山市域自身至今未能形成“核心—边缘”空间模式，中心城区禅城从南海县城变成佛山市政府驻地三十多年了，至今还不是真正意义上的中心城市。佛山市域内部包括禅城在内的各区的关系是扁平化的，很多中心城市功能其实一直由广州承担。难怪北京大学周一星教授说，“佛山并不是一个真正意义上的城市，只是行政区划调整的产物，是人为划定的城市”（图 5）。

市政府集中财力建设佛山新城（原东平新城），禅城区政府极力推进祖庙（东华里）片区旧城改造建设文化中心、建设位于南庄的绿岛湖新城和禅西新城，南海区则全力打造位于千灯湖的“广东省金融高新技术服务区”。因为远离广州中心城区，佛山新城、禅西新城并没有被市场认同；而南海凭一区之力在广佛交界处打造的千灯湖片区却因为临近广州而获得了市场的积极认同，所引入的产业、跨国公司，均围绕广东省金融高新技术服务区的定位进行。目前，千灯湖板块已是“一老三新”中发展最成熟、板块价值最高的板块。这个结果多少有些吊诡，所以佛山市干脆把佛山新城的开发权也放回顺德区。

2003年战略确定的百万人口的“大良—容桂中心城区”，由于两个镇融合进展不快，目前还是两个50万人口的独立城镇，隔河相望；而狮山工业区发展迅速，整合了六个半镇成为广东省土地规模和GDP最大的镇，也是佛山高新技术开发区的核心园区。这两个片区就是“1+2+5+X”城市发展战略中的“2”。

地铁联通加快了广佛同城化的一体化进程——市场经济背景下，经济要素的自由流动让自上而下、金字塔形的市、县、镇关系逐渐演化为扁平化、网络化的功能区关系。在一个高度竞争的体系内，简单的扩大行政区划也难以解决协调发展的问题，“扩容提质”在现实中多少有些尴尬。但是佛山市政府因势利导形成的市—区关系却令人惊喜，从行政区划整合前的“一个市区＋四个县级市”衍化为“五个高度分权的辖区”，市级政府别开生面地呈现出“都市区政府”的治理模型，在中国应该是独一份。通过在大都市区一体化进程中放手县域经济发展，极大地促进了市域经济的高速发展。2000年佛山GDP仅1415.12亿元人民币，2018年按可比价格计算已经达到9935.88亿元人民币，名义增长率也达到了602.12%。

3 两市政府对接下的广佛同城化2.0版

2003年，学界提出建设“广佛都市圈”，佛山也提出“东承”战略，以呼应广州2000年的“西联”战略，但是一直没有成效（图5）。2008年，南海区委、区政府主动提出单边向广州开放跨境道路收费站、放开自来水和电信市场的“小三通”行动。佛山市政府积极介入。最终通过省人大提案，在时任省委领导、省政府的协调下广佛两市同意放弃跨境道路收费，2008年10月1日两市在全省率先实现了机动车年票互认，同城化终于获得实质性推动。

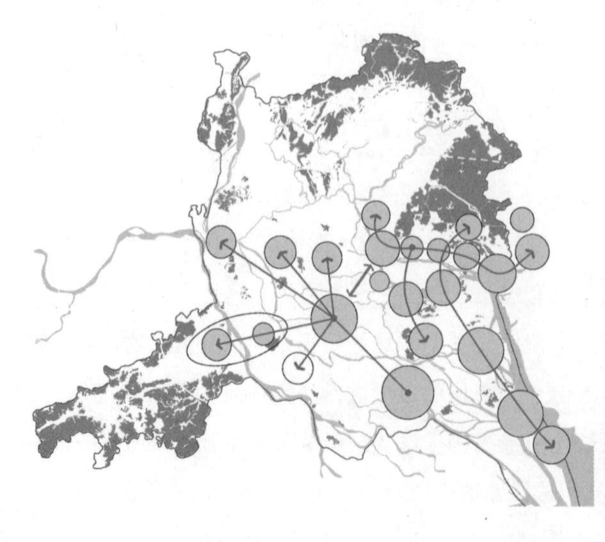

图5 广佛两市规划空间结构拼合图（2003年）
资料来源：笔者自绘

3.1 市级政府联席会议推动广佛同城化发展

2008年12月国务院出台的《珠江三角洲地区改革发展规划纲要》提出："强化广州佛山同城效应，携领珠江三角洲地区打造布局合理、功能完善、联系紧密的城市群。以广州佛山同城化为示范，以交通基础设施一体化为切入点，积极稳妥地构建城市规划统筹协调、基础设施共建共享、产业发展合作共赢、公共事务协作管理的一体化发展格局，提升整体竞争力。到2012年实现基础设施一体化，初步实现区域经济一体化。到2020年，实现区域经济一体化和基本公共服务均等化。”2009年3月，《广州市佛山市同城化建设合作框架协议》及两市城市规划、交通基础设施、产业协作、环境保护等4个对接协议正式签署，对未来两市在交通、产业和空间结构一体化等组多方面提供了政策指引，标志着官方认可的“广佛同城”正式启动。

2008年以来，以广佛两市市级政府联席会议、区级政府积极推动的同城化合作取得一定成效，但是行政边界如同一堵“看不见的墙”。两市围绕跨境的一系列协调规划反映出地方政府对于同城化还是一种“事务主义”的心态。限于设施对接及北部小范围，合作层次、广度大有空间；南海区、顺德区较主动，以获取广州更多的地价外溢；但区、镇作为同城发展单元，难以解决跨区域人口集聚化与公共资源稀缺性的矛盾；“西联”从来不是广州主要战略方向，因为没有更大的利益驱动。跨境节点式的协调规划显然难以实现广佛同城化的目标。

3.2 基础设施互联互通

2010年11月，广佛地铁首段（佛山魁奇路—广州西塱）正式开通，成为国内首条全地下城际轨道交通线路，广佛居民往来进入地铁时代，极大地促进了两市间日常通勤。

机场、港口以及广州新客站沿着广佛边界布局，整合了两市区域性水陆空交通。广佛、广三、广佛肇、珠江三角洲二环、珠江三角洲三环等高快公路成为连接两市的重要货运通道。广佛地铁、城际公交服务不断对接完善，广佛同城化在基础设施对接取得了显著的成效，但基础设施的互联互通仍满足不了日益增长的市场需求。

2010年广佛地铁正式开通运营，极大地促进了两市间“日”常通勤。《广佛两市轨道交通衔接规划》，预计未来佛山共计10条地铁线与广州地铁线网中的13条地铁线实现无缝对接（图6、图7）。

随着两市交通的一体化和网络化，广佛两市之间的联系已经由过去通过公路

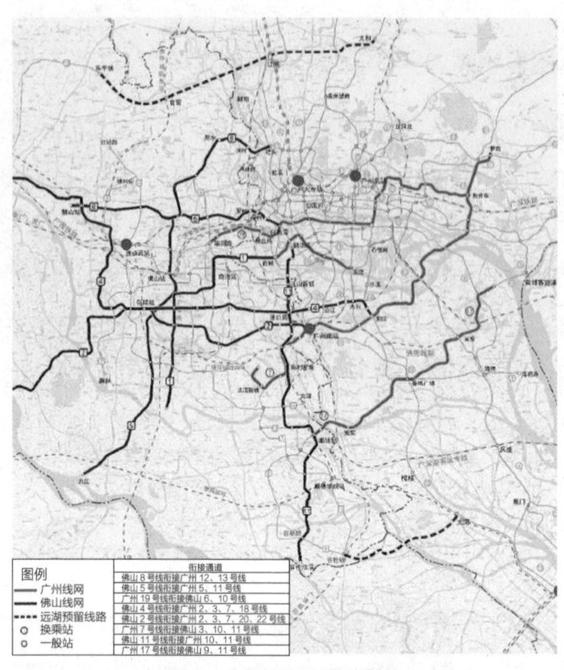

图6　广佛地铁的互联互通

资料来源：《广佛两市轨道交通衔接规划》

规划节点		线路	覆盖区域
1	已通车	广佛线	金融高新区、千灯湖、祖庙、佛山新城
		广佛肇城际	广州、佛山西站、狮山、三水
2	在建即将通车	佛山2号线一期	南庄、张搓、石湾、陈村
		佛山3号线	狮山、城北、季华六路、乐行、北滘大良
		广佛环线	广州南站、佛山西站、广州北站及白云机场
		广州7号线顺德段	北滘新城、陈村
3	下轮建设重点	佛山4号线	三水西南、狮山、绿岛湖、季华路、三山新城
		佛山11号线	三山新城、陈村、北滘、大沥、容桂
		佛山9号线	容桂
		佛山13号线	大良、容桂、伦敦
		佛山3号线二期	西樵、高明
		广州28号线	佛山西站、大沥、黄岐
4	中远期规划	佛山5号线	大沥、桂丹路、禅城、龙江、九江
		佛山6号线	乐从、奇搓、桂城、大沥、黄岐
5	远期规划	佛山7、8、10、12、14号线	—

图7　广佛两地联通的地铁线路一览表

资料来源：《广佛两市轨道交通衔接规划》

系统“两两轴向联系”向城市道路系统“网络联通”转变。道路连通推进了城际公交服务不断对接完善，广佛快巴，广州羊城通和佛山交通卡互融，以及年票等机制都推动了交通一体化和同城化。进一步推动人流、物流和资本的自由流动，重构区位和产业分工。

3.3　产业要素跨界配置

通过对两市各行业相对全国平均水平在 2001—2012 年间的变动做相关分析，广佛两市工业行业的相关性较高（R^2=0.423）。广州在金融保险、商务会展、中介服务、文化教育等现代服务业上发达，汽车、石化、电子信息和机械制造等重化工业方面优势突出。而佛山重工业与轻工业相差无几，并以电子信息、家电家具、陶瓷建材、纺织服装等工业为主。广佛两市产业结构高度互补，广州 2018 年第三产业占 GDP 的比重达到 71.75%，而佛山第二产业比重达到了 56.5%。广州三次产业呈现“三二一”的特征，佛山则是“二三一”的特征，具备产业深度协作的潜力。

多年来，两市之间的市场要素早已跨越市域边界流动，佛山积极承接广州商贸服务的外溢，形成了南海大沥的“商贸黄金走廊”；顺德大量的专业镇沿 105 国道分布；南海狮山、三水乐平工业园都强调与广州机场、高铁站联系的方便。在前期同城化的市场驱动下，两市之间的商贸、金融、制造等已展开了初步的产业协作，主要表现在：①“广州金融前端、佛山金融后台”的金融协作格局已经形成；②佛山积极承接广州商贸服务的外溢，形成了南海大沥的“商贸黄金走廊”；③围绕日系汽车形成了“广州整车，佛山汽配”的格局；④佛山的家电、家具和家居产品与广州有着千丝万缕的协作关系。

目前两市的产业协作仍较为有限，产业协作的深度与广度上有较大的提升空间，需要两市政府在战略层面共同谋划与破除产业协作的高度与瓶颈。

3.4　广佛同城生活日渐丰富

通过遥感影像提取出 1995—2018 年广佛城市核心区的时空演化过程，两市中心区土地利用逐渐集聚、连绵。随着广佛两市交通设施互通、生活服务开放，促进了芳村—桂城、中山八—盐步、金沙洲—里水在商贸活动、生活等方面的同城化，空间日益连绵；广佛合作载体，从最初的黄岐“中山九路”，到广佛线、海八路贯通的千灯湖（广东金融高新区），沿着广佛边界、由北向南迁移的空间对接趋势；两市市域共同形成了相对完整的“核心—边缘”的圈层式城市空间形态，两市建成区已基本上连为一体化的大都会区（图 8）。

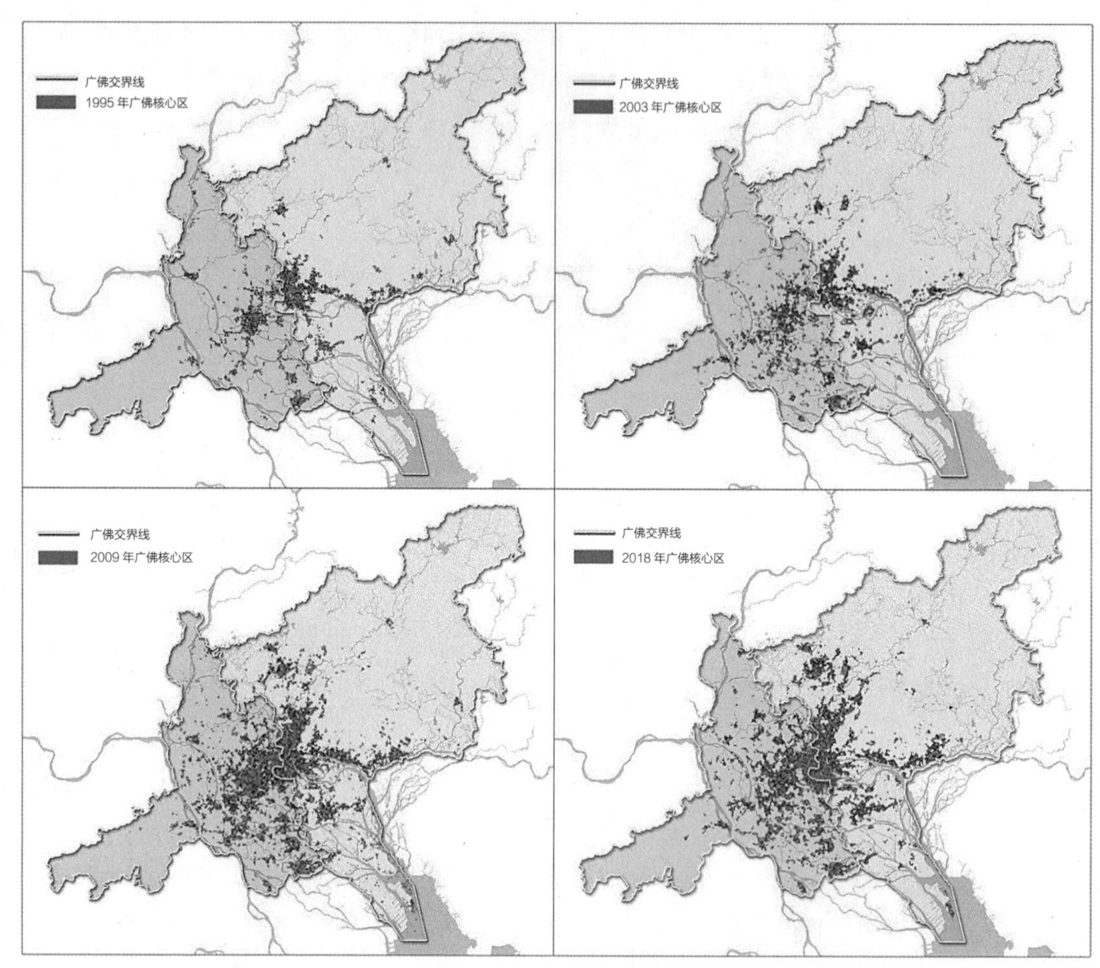

图 8　广佛建设用地空间分布演变图

资料来源：百度地图慧眼、广东省城乡规划设计研究院

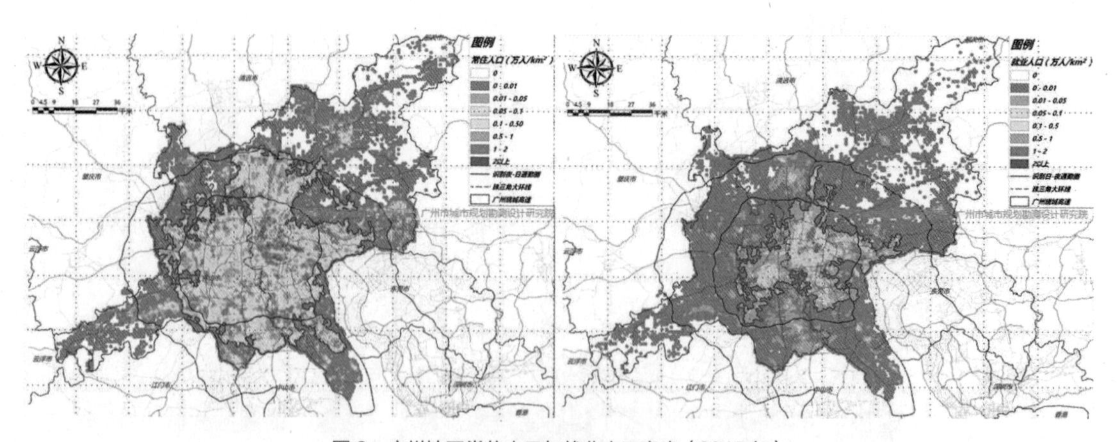

图 9　广州地区常住人口与就业人口密度（2017 年）

资料来源：广州市城市规划勘测设计研究院

广州市城市规划勘测设计研究院利用手机信令数据识别广佛地区常住人口的分布，发现广、佛的常住都市圈已经高度一体化，融为同一圈层；其次，两市的常住都市圈范围已经突破广州绕城高速这一空间边界，尤其是广州市在北部的花都、东部的黄埔、南部的南沙等地已经有明显的扩张；相比常住都市圈，就业人口所表征的就业都市圈更加集聚于广州绕城高速之内，呈现出明显的“核心—边缘”格局（图 9）。

广佛跨城通勤伴随着广佛同城化的发展而日渐频密。当前，广佛深层次融合为都市圈核心，初步实现的交通网络化同城化，加速了城际间经济要素自由流动，带动了周边协同发展。根据百度地图慧眼与广东省城乡规划设计研究院住房政策研究中心联合 2019 年发布的《飞越城际的候鸟：广佛肇清都市圈跨城职住新生态》，广佛双向流动高达 45 万人，其中以居住在佛山、工作在广州的流向占 62.2%。

从区县的视角来看，佛广通勤的候鸟聚集居住在佛山南海区（18.33 万）、顺德区（5.47 万）、禅城区（2.72 万），主要就业流向广州市中心城区、白云区、番禺区；而广佛通勤的候鸟居住地则集中在广州白云区（3.7 万）、番禺区（2.8 万）、荔湾区（2.8 万），工作流向佛山市南海区、顺德区，职住起讫点表现出高度的空间距离相关性，沿行政边界呈带状分布。

广佛两市建设用地的空间连绵日益壮大，特别是跨界地区两市通勤人口的同城化需求十分强烈，但两市城市规划体系与公服配置标准等差异明显，跨界公共服务的一体化配置上有待破冰。广佛同城化使得佛山南海等地可以迅速获得广州土地溢价收益，但佛山以镇街为主的发展单元，难以提供较高的跨界公服（需要仰赖广州）；金沙洲板块跨界通勤人口仰赖广州医疗设施；广州荔湾五眼桥—佛山南海大沥镇滘口片区有较大规模的跨界居住，但跨界地区公共服务设施配置仍不均衡（图 10）。

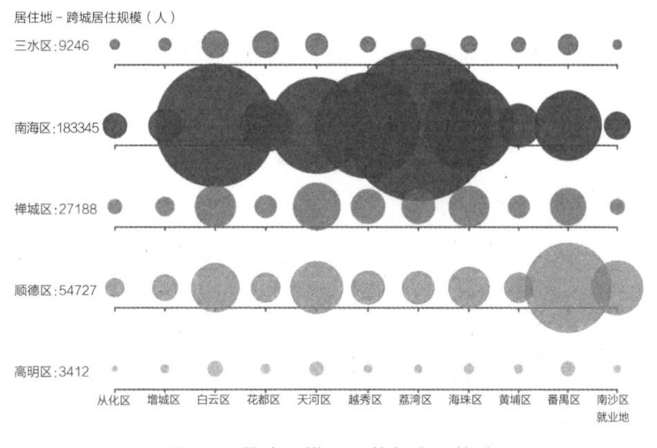

图 10 佛广通勤—职住起讫区统计

资料来源：百度地图、广东省城乡规划设计研究院

回顾“广佛同城”的历程，市场是区域一体化最大的推力，而障碍恰恰是割裂的行政区经济。如何从长期形成的强调城市间行政区经济的“竞争”，转变到推动各城市在竞争中有合作的“竞合”，进而演化到区域协调发展的“协同”，确实需要一个学习的过程。而如何进一步通过推动一体化获取区域协调发展的红利，是珠江三角洲目前转型升级中一个无法回避的重大课题。

4 粤港澳大湾区下的广佛同城化 3.0 版

4.1 粤港澳大湾区建设启动

2017 年 3 月 5 日在第十二届全国人民代表大会第五次会议上，李克强总理《政府工作报告》中提出，要推动内地与港澳深化合作，研究制定粤港澳大湾区城市群发展规划，发挥港澳独特优势，提升在国家经济发展和对外开放中的地位与功能。7 月 1 日，粤港澳三地更联合签署《深化粤港澳合作，推进大湾区建设框架协议》，提出共同将“粤港澳大湾区”建设成为国际一流湾区和世界级城市群（图 11）。

2019 年 2 月 18 日中共中央、国务院在香港发布《粤港澳大湾区发展规划纲要》。明确“粤港澳大湾区包括香港特别行政区、澳门特别行政区和广东省广州市、深圳市、珠海市、佛山市、惠州市、东莞市、中山市、江门市、肇庆市（以下称珠三角九市），总面积 5.6 万平方公里，2017 年末总人口约 7000 万人。是我国开放程度最高、经济活力最强的区域之一，在国家发展大局中具有重要战略地位。”

“打造粤港澳大湾区，建设世界级城市群，有利于丰富‘一国两制’实践内涵，进一步密切内地与港澳交流合作，为港澳经济社会发展以及港澳同胞到内地发展提供更多机会，保持港澳长期繁荣稳定；有利于贯彻落实新发展理念，深入推进供给侧结构性改革，加快培育发展新动能、实现创新驱动发展，为我国经济创新力和竞争力不断增强提供支撑；有利于进一步深化改革、扩大开放，建立与国际接轨的开放型经济新体制，建设高水平参与国际经济合作新平台；有利于推进‘一带一路’建设，通过区域双向开放，构筑丝绸之路经济带和 21 世纪海上丝绸之路对接融汇的重要支撑区。”总结起来，湾区战略的主要任务：一是助力港澳发展，二是推动科技创新，三是支撑“一带一路”开放倡议。

《粤港澳大湾区发展规划纲要》明确提出通过“极点带动、轴带支撑、辐射周边，推动大中小城市合理分工、功能互补，进一步提高区域发展协调性，促进城乡融合发展，构建结构科学、集约高效的大湾区发展格局……发挥香港—深圳、广州—

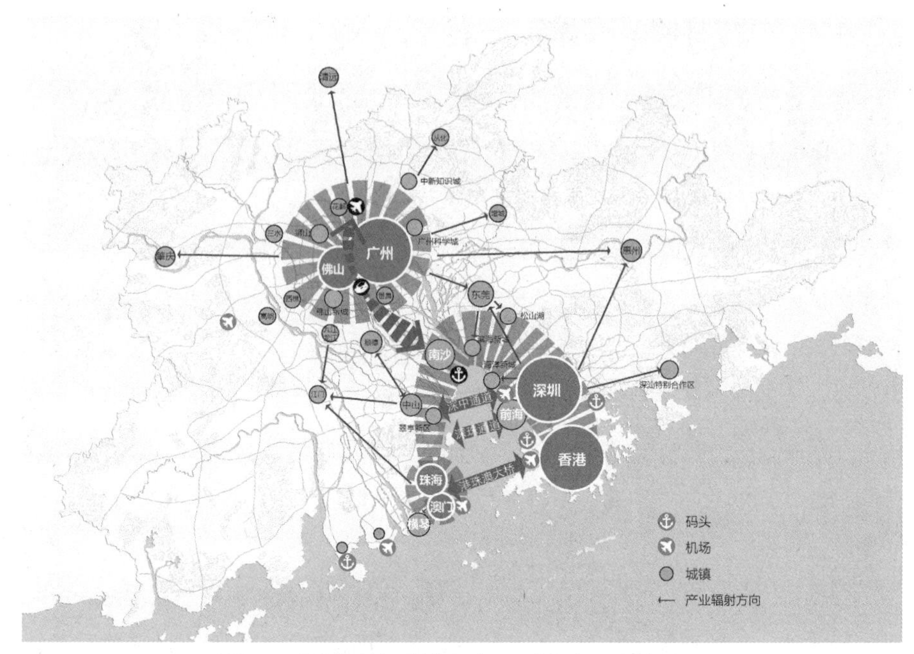

图 11　粤港澳大湾区结构示意：三个极点一两大都市区

资料来源：笔者自绘

佛山、澳门—珠海强强联合的引领带动作用，深化港深、澳珠合作，加快广佛同城化建设，提升整体实力和全球影响力，引领粤港澳大湾区深度参与国际合作。”广州—佛山作为大湾区三大极点之一，赋予广佛融合、极点带动的全新战略使命（图 11）。

2017 年粤港澳大湾区 11 城 GDP 之和已经达到了 10.22 万亿元，折合美元达 15145 亿美元。与港深极点（6701 万美元 GDP、1991 万人口）、广佛极点（5097 万美元 GDP、2216 万人口）巨大的经济和人口体量相比，澳珠极点（879 万美元 GDP、242 万人口）偏小。未来大珠江三角洲地区将形成“一个湾区、两个大都市区、三个极点”的总体空间结构。其中，两个大都市区就是“广佛大都市区”，和以港深为核心的“环伶仃洋大都市区”——由于港珠澳大桥、深中通道的相继建成和开工，香港、深圳凭借国际金融中心和创新城市建设的成就和巨大的城市购买力，已经强劲介入珠江三角洲西岸珠海、中山、江门等地的产业发展和房地产开发。

另一方面，“大湾区”概念的推出将广佛、深港争夺腹地——“扩大城市朋友圈”的竞争白热化了。在这样的背景下，“广佛同城”终于成为广州、佛山两市政府打造“广佛极点”，提升各自城市在湾区发展竞争中的一张王牌。

4.2　共建广佛极点超级城市

随着粤港澳大湾区新的提出和广佛两市为增强区域竞争力的考量，两市合作开始往深度去谋划，广州、佛山同城化建设历经九年探索，目标更加清晰和坚定——打造珠三角城市群核心区的世界级“超级城市”（图 12）。

广州市第十一次党代会上正式提出“广佛要谋划推进更高层次的同城化，提升集聚资源要素能力，携手参与全球产业分工。两市要着力构建政产学研用协同创新体系，加强智能装备、汽车制造、生物制药等产业合作，打造‘超级城市’，共同参与全球竞争，参与全球产业分工和全球产业要素配置。”并已经着手和佛山合作开展“广佛同城合作试验区”的规划建设，探讨基础设施、公共服务共建、共享、共管之道。广佛共建“超级城市”成为新的时代“广佛同城”的升级版，一些区级间合作项目也开始启动。

广州作为省会城市所建设的海陆空三大区域性基础设施（南沙深水港、广州高铁新客站、新白云国际机场）沿着广佛边界布局，对两市水陆空区域性交通给予了整合，进一步将广州和佛山两个城市紧紧地拉在一起。

广佛、广三、广佛肇、珠江三角洲二环、珠江三角洲三环等高快公路成为连接两市的重要货运通道。广佛地铁、城际公交服务不断对接完善，广佛快巴，广州羊城通和佛山交通卡互融，以及年票等机制都推动了交通一体化和同城化。随着两市交通的一体化和网络化，广佛两市之间的联系已经由过去通过公路系统“两两轴向联系”向城市道路系统“网络联通”转变，结果推动了资本的自由迅速流动，重构了都市区的区位和产业分工。

广佛同城开始自发发展，广州的商贸、居住功能开始突破行政区划的限制，沿中山八路向佛山扩散，呈现**市场要素自发流动。**

广佛作为国内同城化先行典范地区，十余年来着眼市场所需，以项目为载体，在交通同网、服务共享、环境共治、产业协同等方面取得了丰硕成果。

以市级政府联席会议为主、以项目为载体的同城化合作方式取得一定成效。但总体上还是**市场推动、政府补台。**

在国内都市圈一体化发展和湾区建设的新形势下，尤其在城市跨边界共建合作平台的新趋势下，广佛同城既大有可为，又需主动作为。

广佛两市有 197 公里边界接壤，边界地区成为引领下一个十年的同城的先发地区。

开启广佛港澳合作新模式，从同城对接走向广佛融合，**“整合存量，形成增量”**，探索**“制度共建、要素共享”。**

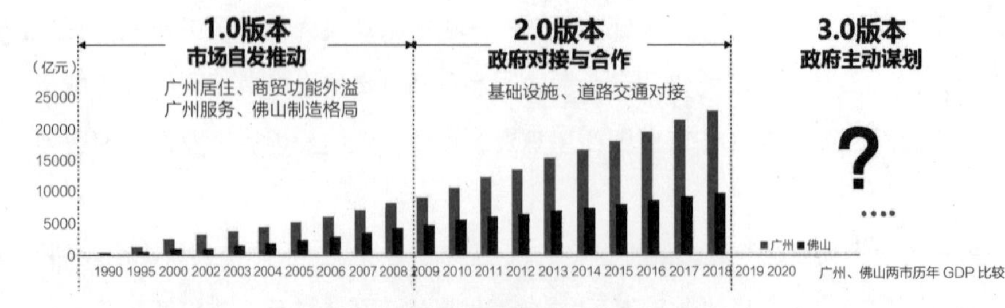

图 12　广佛同城化，从 1.0 到 3.0 版

资料来源：笔者自绘

广佛两市共同形成了完整的“核心—边缘”的圈层式城市空间形态，两市建成区已经基本上连为一体化的大都会区；产业区沿着珠江三角洲二环高速公路布局，串联了东侧萝岗、北面花都汽车城、西部狮山工业园、南部南沙和容桂组团多个巨型工业园区和主要的经济重镇；而西樵山、白云山和莲花山三个风景名胜区镶嵌在西、北、东三面（图 13）。

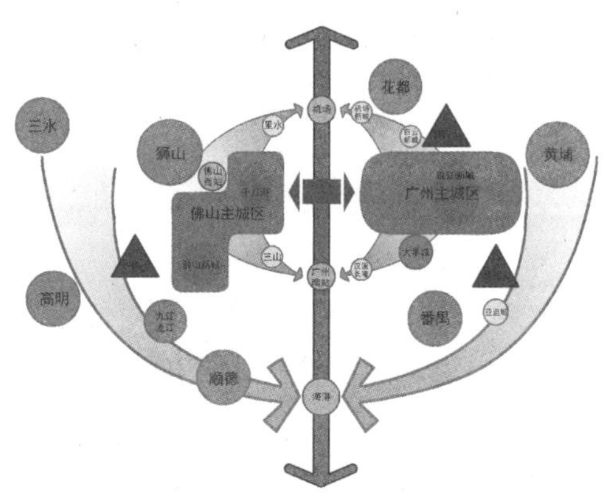

（*a*）重大基础设施互联

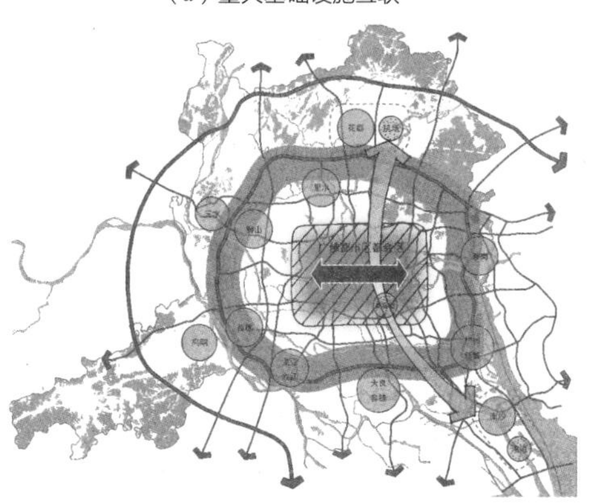

（*b*）核心—边缘结构

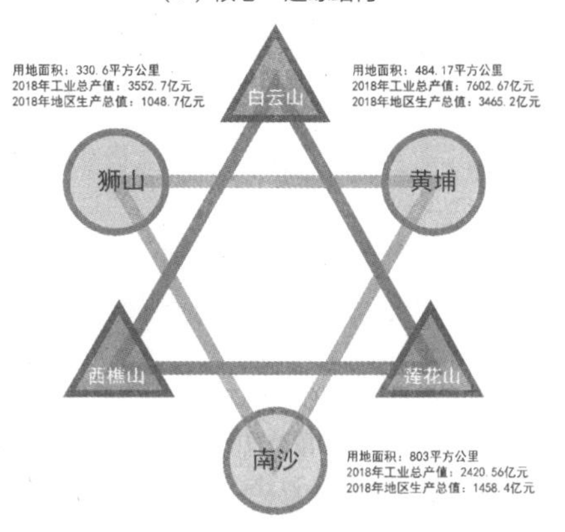

（*c*）产业空间结构

图 13　广佛同城化空间重构

资源来源：笔者自绘

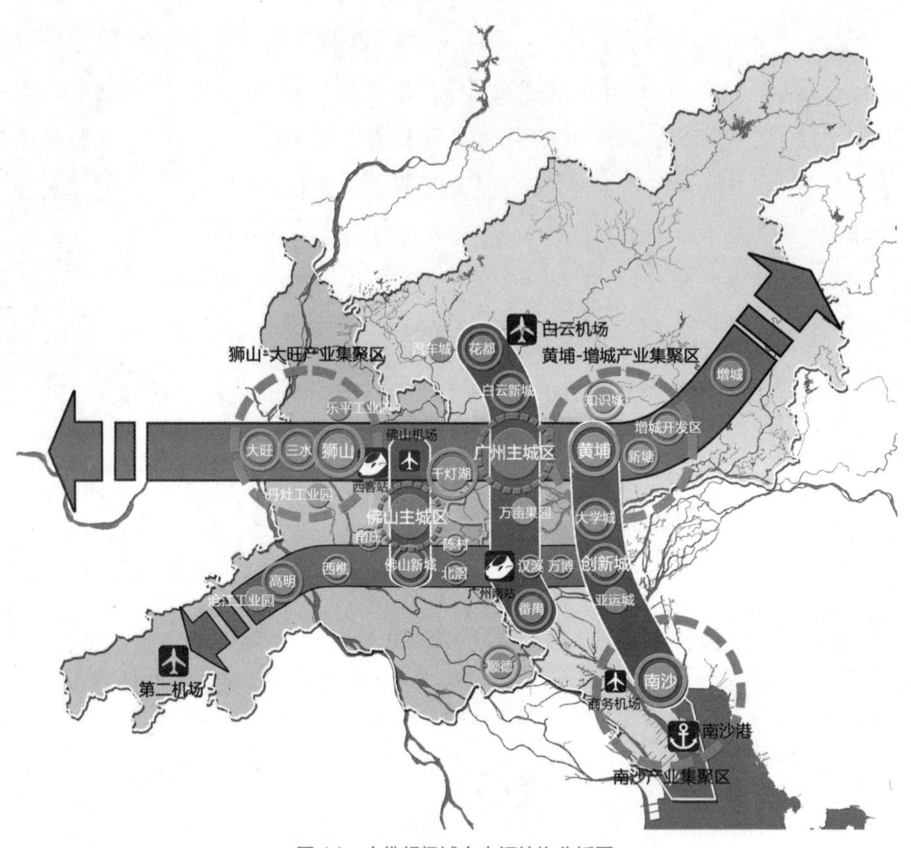

图 14　广佛超级城市空间结构分析图
资料来源：笔者自绘

广佛同城已形成以同城化联席会议为核心的合作机制，在不改变原有行政架构下，能较为合理推进同城化协调，在珠三角乃至全国有示范作用。特点是：①对话机制，重在协调；②市级决策为主，主推市级项目，并由市部门实施；③项目库为载体。

从“广佛同城化”到共同建设“超级城市”，区域一体化要求城市政府的治理方式从自己擅长的强调竞争的“行政区经济”，转化到通过竞合进而协调。首先要解决的是基础设施互通互联，才能保障市场要素自由流动；只有实现了公共服务的共建共享，才能方便同城生活；而生态环境共同维系，则是同城化的应有之义。近年来，随着广佛年票互认、地铁互通，设施开始进一步对接，产业错位发展，广佛同城化由“设施同城”、“经济同城”逐步走向了“生活同城”（图 14）。

广佛同城是在市场驱动下，由政府主导、多层级政府共同参与推动的，但现有机制已难以适应同城深度融合的新需求，一方面是重项目建设，在政策、机制等软件配套方面相对滞后；另一方面是自上而下决策为主，对“区”的发展诉求难以体现，上下沟通效率低，且第三方机构及企业参与十分有限。

4.3 广佛高质量发展融合试验区的建构

2019 年 5 月 13 日，广佛同城化党政联席会议上两市签署了《共建广佛高质量发展融合试验区备忘录》，旨在进一步落实《粤港澳大湾区发展规划纲要》，发挥广佛极点带动作用，以试验区为示范，提升广佛基础设施互联互通、产业融合发展、生态文明共建、公共服务共享水平，引领广佛同城化实现更高水平、更有效率、更加公平、更可持续发展。

我们和广州市城市规划勘测设计研究院合作完成的《广佛高质量发展融合试验区（简称“广佛融合试验区”）规划》是 2018 年 12 月底两市签署的《深化广佛同城化战略合作框架协议》中明确的重大合作项目，旨在贯彻落实新发展理念，坚持高质量发展要求，以共同规划、共同投资、协同管理、协同建设的建设原则推进。广佛两市以更实合作举措促进广佛同城化高质量发展，合力共建广佛高质量发展融合试验区和广佛同城化合作示范区等发展平台。试验区将围绕广佛 197 公里边界线，推动形成“1+4”融合发展格局。其中，“1”是指广州南站—佛山三龙湾—荔湾海龙片区，该片区为广佛融合发展先导区。该片区要最大程度集中广佛优势资源，先行开发、加快启动、重点建设，对标南沙、前海、横琴，将其打造成为支撑广佛极核重大发展平台、新时代全国同城化发展示范区。“4”是指荔湾芳村—南海沥桂、南沙榄核—顺德德胜新区、白云石门—南海里水、花都—三水片区，稳步有序推进融合发展。

为促进试验区落地见效，两市在《备忘录》中提出加快成立建设工作领导小组，负责统筹推进试验区建设工作。与此同步，两市还将按商定比例共同出资设立试验区开发建设公司，作为投资建设主体进行开发建设，负责试验区土地开发、基础设施建设、投融资、招商引资等工作，并探索共同出资设立试验区开发建设基金，撬动社会资本，激发投资活力。两市拟选取以广州南站为中心的 11 平方公里范围规划建设启动区，先行开发。

4.3.1 广佛，从同城到融合

两市政府在合作条件成熟的交界地区共建试验区，一是新时期引领广佛从同城合作到融合共建发展的历史使命，有利于更好发挥广州、佛山独特优势，促进要素自由流动和优化配置；二是两市落实《规划纲要》战略要求和省委工作部署的政治责任，有利于深化与香港、澳门更紧密合作，促进广佛港澳优势互补、共同发展，有利于调整优化广佛两市城市布局和空间结构，加快构建“一核一带一区”区域发展新格局；三是新时期广佛践行高质量发展理念的重要抓手，有利于携手在对港对澳、土地、科技创新、合作机制体制等方面争取省级乃至国家级政策扶持，为粤港澳大湾区城市协同发展和国内都市圈一体化发展探路。

（1）华南高铁枢纽，是湾区双向开放支点和广佛融合一体发展粘合剂

广州南站是全国高铁核心枢纽，日常每天客流量超 60 万人次，是湾区与内地联系的交通门户。此外，南站处于广佛交界的独特地理位置，是广佛融合一体发展的强力粘合剂。广佛高质量发展融合试验区作为广州南站周边土地相连的广佛跨界合作区域，依托南站具有湾区联系世界、辐射内地的双向开放优势，经济腹地广大；而内部“高铁 + 城际 + 地铁”多重交通叠加，助推试验区纳入轨道时代湾区半小时生活圈核心版图，具有区域要素集聚和扩散优势。

（2）土地资源充裕、平台众多，融合其势已成

南站周边半径 10—15 公里的试验区范围内，初步统计约有 41% 左右的用地适合整合开发，合作空间充裕，国土空间承载能力强。其中符合规划的尚未开发用地约为 46.4 平方公里（广州 20.8 平方公里、佛山 25.6 平方公里），占比 13.5%，是近期项目快速启动的重要保障，主要集中在番禺的石壁 – 钟村街道、佛山桂城街道西部、北滘镇北部；低效存量用地约为 95.2 平方公里（广州 51.2 平方公里、佛山 44 平方公里），占比 27.7%。同时，广州南站位于广深港澳创新走廊和珠西先进装备制造产业带的交汇点，周边已经汇集了大学城、汉溪长隆、三龙湾、中德工业服务区、机器人谷等众多重大平台。随着平台规模壮大和东西向轨道支撑，南站周边广佛区域东西联动一体趋势已显现，融合其时已至、其势已成。

（3）生态本底良好，有力支撑生态文明建设和高质量发展

试验区生态环境优美，拥有生态用地约 102.6 平方公里（广州 52.2 平方公里、佛山 50.4 平方公里），占比 30%，包括两市范围的农林生态用地约 89.1 平方公里和现状水体 23.5 平方公里。主要有芳村花博园、陈村花卉世界、三山森林公园等大型集中生态区以及番禺与佛山交界的生态控制带，这些作为试验区宝贵的绿色生态资源，需要两市创新机制共同保育。

（4）广佛港澳同宗同源，具有合作的文化认同性

试验区所在地区是广府文化特别是“南番顺”文化的发祥地。近 50% 的港人祖籍在珠三角，22% 来自南番顺，与广佛同宗同源。港澳对本地区具有较强文化认同感，是广佛港澳合作的一大文化优势。从更大范围，南站高铁网辐射的粤语区覆盖人口近 1 亿人，地区文化认同将是广佛高质量发展融合试验区发展的强力支撑。

4.3.2 广佛融合先导区功能导向

规划确定了先导区“一轴、一极、多节点”的空间结构。其中，“一轴”为东西向的广佛创新主轴；“一极”为依托广州南站和三山新城，打造综合服务枢纽和

都市第三极；“多节点”为中德工业服务区、机器人谷、海龙科创园等多个创新产业平台节点。规划确定了三大发展功能导向：

（1）产业新高地，构建广佛创新主轴，共建广佛港澳青年“双创”高地

围绕粤港澳大湾区建设具有全球影响力的国际科技创新中心战略定位，在先导区着重构建协同创新共同体。通过一体化基础设施与服务网络，依托广佛环线、广州 7 号线和佛山 2 号线、4 号线、广明高速等交通支撑，高效串联既有产业和服务平台，整合形成广佛科技创新主轴，既东联广深科技走廊，又西接珠西先进制造产业带，助推广佛南部融入湾区创新体系。依托南站，广佛港澳能便捷利用穗港澳科技研究资源和创新人才优势，并能借力佛山雄厚的制造业基础和市场需求优势，在面向制造业的科技研究与创新转化方面进行优势互补，形成完整创新产业链。在先导区重点围绕广佛—港澳科技成果转化，构筑广佛港澳青年“双创”新高地。立足创新产业化需求，围绕高铁交通枢纽，进一步配套会展、产品展示、人才集聚等功能平台。

（2）都市新引擎，打造湾区综合服务枢纽，构筑广佛都会区第三极

紧紧围绕粤港澳大湾区建设宜居宜业宜游的优质生活圈的战略定位，发挥好人口、产业规模效应，加强与港澳在科技、产业、旅游、医疗等方面合作，强化广佛南部城市服务，实现试验区从“园区”型科创主轴向“综合城区”转变，打造面向港澳居民和南番顺的广佛都市区第三极城市服务枢纽，与广州主城区、佛山中心城区这两极共同组成广佛都市区的服务核心（图 15）。

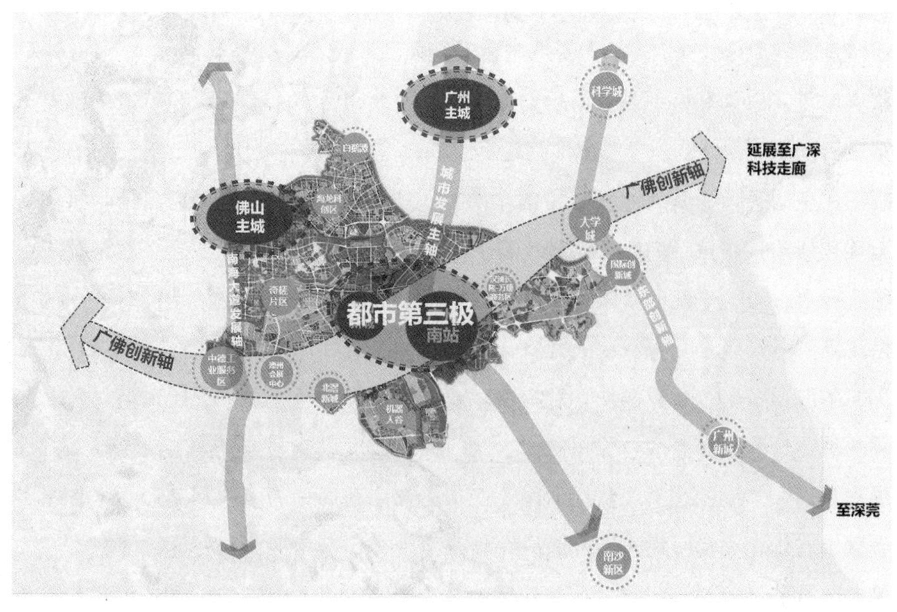

图 15 广佛高质量融合发展先导区空间结构

资料来源：笔者自绘

（3）文化新纽带，以粤文化为纽带，构筑粤乡粤韵第一站

广佛港澳文化同根同源，相互具有较强的身份认同，是广佛港澳合作的强力粘合剂。广州南站作为对接港澳与内地粤语区的第一站，也是轨道时代外界认知广府的"第一站"。

围绕南站建设的广佛融合发展先导区，应着眼于"港澳所需、广佛所能"，聚焦区域文化认同这一优势，重点争取粤港澳政务中心、港澳内地招商中心、岭南文化旅游中心、湾区媒体交流中心等项目。

4.3.3 创新体制和政策机制

（1）两市携手争取国家级融合发展平台政策

争取国家支持试验区对港对澳合作的先行先试政策。加强与港澳在协同科技创新、共建合作平台等方面合作；争取支撑创新的要素流动便利政策和相关财税、法律的保障政策；探索共建广佛港澳优质生活圈，争取在就业、教育、医疗等方面提供便利，逐步实现对接港澳相关保障。

两市共同向国家、省申请新的政策支持。重点在建设用地规模和指标动态跨市共享、生态用地跨市平衡共育等方面争取国家、省级政策支持；支持探索国内生产总值的核算和分配政策、管理权限和投资运行机制。

（2）争取广佛已有创新政策的叠加运行

目前广州与佛山均享受省、部合作试点"三旧改造"优惠政策，均可按省政府令实行集体建设用地流转，执行省的留用地入市政策，但差异政策体现在旧厂房"工改居"和旧城镇改造上，广州必须公开出让，佛山允许协议出让。

佛山南海区作为自然资源部农村土地制度改革试点、顺德区作为 2018 年广东省高质量发展体制机制改革创新实验区，率先获得了多个国家级和省级的创新政策支持，覆盖"计划指标—土地整备—土地供应"等多个环节，重点在土地规模、指标、空间等方面保障存量地区连片整备，加速村级工业园改造。目前，试验区土地创新政策覆盖不均，近期建议将南海、顺德承担的国家级和省级改革试点中已经开展、较为成熟的政策，在广佛融合试验区封闭运行，在区域实行统一的土地政策，高效盘活用地。

争取自贸区的政策叠加。对标横琴新区、河套深港科技创新合作区，探索跨界一体化合作区创新的合作机制体制，争取自贸区政策，以及促进广佛港澳四地要素集聚和流动的相关政策。中国（广东）自由贸易试验区广州南沙新区片区在金融、土地、财税、司法等方面具有特殊政策，积极争取将自贸区政策叠加在广佛融合试验区封闭运行，支持试验区对港澳有更优惠开放措施，营造国际化、市场化和法治化营商环境。

（3）探索构建试验区管理运营体制机制

搭建和理顺两市内部管理运营机制体制。借鉴三龙湾“市统筹、区建设、齐分享”的管理模式以及“三专、三不变”的管理架构，在试验区内理顺两市发展平台管理机制体制。

从更高层面创新试验区两市合作机制体制。国内外平台一体化发展案例揭示，跨行政边界合作要实现要素自由流动和高效配置，关键是要在平台机构、一体规划、政策机制等方面进行创新。建议在两市各自平台基础上，进一步开展“三个一”的合作机制体制探索：共建“一个平台”，通过具有更高权限、独立决策的管理平台和运营机构，保障地区发展行动的统一、高效与高质；共编“一体规划”，以“同编、同审、同实施”代替规划协调整合，作为指导地区法定纲领文件；共创“一套机制”，明确国内生产总值、财税等相关利益共享机制；探索产业共同招商、资源配置的利益增效机制。

那么广佛同城在未来需要做哪些呢？首先是要克服有规划无计划的现状，进一步加强两地的基础设施互联互通。在交通方面广佛线的全线贯通大大促进了广佛两地的交流。但是目前两城间的交通依然存在障碍。比如快速公交的数量不够，两地公共交通的接驳依然存在阻碍。这些都意味着广佛的互联互通工作尚需加强。

未来，广佛同城化的大方向应该是两地公共服务的共建共享，例如社保、医保乃至学区的互认等等。如果未来广佛两地能在这些重要的公共服务领域实现同城化，广佛同城才可以说走出了决定性的一大步。两地可以广佛高质量发展融合试验区为突破口，如果在这块处女地上能够推动公共服务共建共享，尝试在体制机制层面的同城化创新，未来大有可期！

李海涛
张菁

李海涛，中国城市规划设计研究院上海分院总规划师、教授级高级城市规划师
张菁，中国城市规划设计研究院副总工程师、教授级高级城市规划师

景德镇城市活力观察

景德镇是千年瓷都，明代就成为中国乃至世界的陶瓷生产中心。但在 20 世纪 90 年代后期随着原有国营瓷厂的改制停产和其他陶瓷生产地的崛起，景德镇的陶瓷产业影响力逐步衰减，甚至一度消失在大众视野之外。近年来，这个曾经极度辉煌的千年瓷都，似乎又焕发出新的光辉，成为新的“网红”城市，吸引着成千上万陶瓷艺术的朝圣者，形成了独特的“景漂”、“景归”现象。据景德镇官方报道，景德镇目前约有 3 万名“景漂”和 2 万名余名“景归”[i]，另据《景德镇统计年鉴 2018》数据，2017 年市区流动人口约有 10.21 万人；相对于仅有 47.5 万户籍人口的城市而言，这是很大的数字。而且，景德镇近年来旅游接待人次快速增长，2018 年达到 6735.02 万人次[ii]。这些数据反映了景德镇城市的吸引力和活力。那么，这背后的原因是什么？本文试图从文化、产业、社会和空间四个维度，对此进行分析，并力图寻找可供借鉴的经验。

1　文化、产业和社会维度

1.1　文化维度

景德镇底蕴深厚、传承千年不曾中断的陶瓷文化，是城市魅力的核心。宋真宗景德元年（1004 年）因昌南镇烧造瓷器贡于朝有名，置景德镇[iii]。自元代以来，景德镇逐步成为世界著名的陶瓷产业中心；明清两代直接服务于皇家的御窑厂的建立，极大地带动了陶瓷产业发展，使景德镇积聚了全国最高端的陶瓷资源，形成了最大规模的产业集群，成为中国陶瓷技艺的最高代表（刘善庆，2016），奠定了在世界范围内的声望地位。

多元丰富的陶瓷历史文化遗存和教育科研文化展示机构，构筑了城市陶瓷

文化传承、交流、吸引人群集聚的城市环境。在历史文化遗存方面，一千多年辉煌的制陶历史留下了极为丰富的物质文化遗存。景德镇是国家首批 24 座历史文化名城之一，拥有湖田窑等大量负有盛名的古窑址、陶瓷作坊群遗址，成为历史研究和慕古追思的重要实物载体。在文化机构方面，建立起了完整的陶瓷研究、教育、展示、交流体系。1949 年之后国家在景德镇建立了部、省、市三级陶瓷研究所，设置了陶瓷大学、工艺美术学校等 4 所陶瓷教育机构，开办了中国陶瓷博物馆、御窑博物馆等多所公共博物馆，另外依托各类企业和社会组织还设有近百家陶瓷制瓷技艺和文化艺术研究社团机构，并且自 2004 年开始连续召开了 15 届国际陶瓷博览会，形成了浓厚的陶瓷科研、教育、展示、交流的文化氛围。

景德镇因瓷而兴，长期的制陶历史使得陶瓷文化浸润到几乎每个景德镇人。刘善庆统计，景德镇明代陶业工人 1—2.5 万人，清代 10 余万人，1935 年 10 万余人，近些年一直保持在 10 万以上的从业人员（刘善庆，2016）。陶瓷从业人员比例如此之高，使得绝大部分景德镇家庭都有人从事陶瓷产业，对陶瓷文化和知识非常熟悉，形成了活力十足、生机勃勃的陶瓷文化氛围。

景德镇城市文化中具有开放包容的文化基因。景德镇陶瓷产业的繁荣得益于外来工匠的不断融入。随着两宋战乱、宋元战乱、元明战乱，北方战事的频繁使得大量制瓷工匠纷纷南下来到景德镇，加入到制瓷大军中来。北方的汝、定、钧等名窑的工匠带来了先进的制瓷技术，使得景德镇得以迅速积累起大量足以支撑其陶瓷工业快速发展的人力资本，成为中国制陶业的中心（刘善庆，2016）。明朝后期景德镇周边都昌、祁门、鄱阳、抚州、南昌等地的人口汇集到景德镇陶瓷行业谋生，提供了大量的劳动力。“匠从八方来，器成天下走”是景德镇作为移民手工业城市的真实写照。这个由各地移民组成的城市，具有移民城市共有的包容性特点，从不排斥外来的陶瓷业者，因此大量的来自世界各地的“景漂”在这里能够如鱼得水，促进了城市的活力。

2018 年 12 月 3 日在景德镇召开的全国“双修”工作现场会上，一位“景漂”代表的发言就指出，景德镇的吸引力不仅来自于陶瓷产业基础，也来自于悠久的陶瓷历史、浓厚的陶瓷文化氛围和对外来人的开放包容。

悠久辉煌的制瓷历史带来的高声望、大量的历史文化遗存、丰富多元的文化科研教育展示机构、浸润到几乎每个景德镇人的活态传承的陶瓷文化和开放包容的城市文化基因，使得景德镇的文化魅力在新时代重新彰显出来，逐渐成为陶瓷艺术家及爱好者不断集聚、文化机构扎堆入驻、世界陶瓷文化交流的重镇。2014 年，景德镇被联合国教科文组织授予“世界手工艺与民间艺术之都”。陶瓷是中国本土传统文化中的代表性器物，陶瓷文化和产业的兴盛代表了本土文化的一种复兴。在这个意义上，景德镇可以称为本土文化复兴的典范城市。

1.2 产业维度

近四十年来随着快速工业化和现代化的推进，中国很多传统手工业城镇，或者因为传统产业无法适应时代变迁而逐步走向没落，或者转向新的产业而弱化甚至放弃原有产业。景德镇则走出了一条不同的道路，传承千年陶瓷产业，如今再度复兴。

景德镇陶瓷特色产业集群堪称存世最久的特色产业集群。集群形成时期是汉代—南宋，集群大发展时期是元—明—清前中期，集群转型时期是鸦片战争至今。从明朝至清中期，景德镇一直是世界瓷业中心（刘善庆，2016）。受到国力衰退、战乱等影响，从清晚期到 1949 年，是景德镇陶瓷产业较为衰落的时期。1949—1995 年，景德镇陶瓷产业得到国家大力扶持，进入到以十几个国有大型陶瓷厂为主体，以大规模、机械化生产为主导，以部、省、市三级陶瓷研究所为技术支撑的发展阶段。按照国家通盘部署，景德镇主导产品以出口细瓷为主。至今，景德镇的主导产品仍然是以日用陶瓷和陈设艺术陶瓷为主，高技术陶瓷、建筑卫生陶瓷等为辅（表 1）。1995 年之后，随着国有瓷厂大规模改制，原有大型瓷厂陆续停产。与此同时，大批下岗工人为了谋生，进入 20 世纪 80 年代逐渐发展起来的个体作坊和私营企业进行生产。当前，民营陶瓷企业和作坊再度复兴，成为今天景德镇陶瓷产业的主体，国有陶瓷生产企业屈指可数（刘善庆，2016；方李莉，2000；《景德镇陶瓷史》现当代卷）。

从景德镇陶瓷产业链条来看，主要可以分为原料—制坯—彩绘—烧制—销售五大环节。原料主要包括瓷坯原料和釉料，以及其他辅料，目前主要是在工厂中规模化生产，再销售给制瓷企业和作坊。制坯主要是利用瓷土制作成各种器物造型，分为机械化和手工制坯两种方式。彩绘主要是利用各种颜色釉料进行上色或者图案绘制，分为人工绘制和贴花（用粘贴法将花纸上的彩色图案移至陶瓷坯体或釉面，便于快速生产）两种方式。烧制是指将上釉后的瓷坯在高温下焙烧，目前以

2016 年景德镇陶瓷产业产值情况　　单位：亿元　　表 1

	陈设艺术瓷	日用陶瓷	建筑卫生陶瓷	高技术陶瓷	其他	合计
产值	133.2	100.3	71.7	50.3	11.2	366.7
比例	36.3%	27.4%	19.6%	13.7%	3.1%	100%

资料来源：根据 2017 年 12 月国家统计局景德镇调查队李寿木等所著《江西景德镇着力打造“大陶瓷”格局》一文整理

气窑为主，电窑、柴窑为辅。大中型企业一般拥有全部五大环节或者至少四个环节，机械化程度较高，但部分企业也同时拥有高端的手工制瓷产品，如陶瓷工业园名坊园内的很多企业，就兼具手工制瓷和机械化制瓷。小微企业、作坊、工作室，多以手工或者半手工半机械制作为主，往往只承担部分环节，其他环节需要其他企业或者作坊来完成，形成上下游相互协作的产业集群。如部分作坊专注于白坯生产，部分作坊负责在白坯上进行彩绘，瓷坯可以在公共窑炉进行搭烧（多个作坊的瓷坯一起烧制）。这种大规模集群协作式生产组织模式至迟在明代就已经形成（方李莉，2000；刘善庆，2016），在计划经济时代结束后又重新复兴，并呈现出旺盛的生命力。

按照国家统计局景德镇调查队李寿木等人的数据，2016 年，景德镇规模以上陶瓷生产企业户数为 83 户，中小型陶瓷企业和作坊约 4558 户，陶瓷店铺约 5448 户，陶瓷网店约万家，陶瓷生产窑炉 3000 余座，陶瓷从业人员约为 11.87 万人（李寿木，等，2017）。在计划经济的大厂时代，陶瓷产品的研发主要是依托三级陶瓷研究所和十几个国有大厂的技术部门，每年的新产品种类有限。而当前，陶瓷产品的研发实际上是分散在数千个大大小小的企业、工作室和作坊之中的，其中既有以机械化、大规模生产为主的大型陶瓷企业，更大量的则是以手工或者半手工制瓷为主的中小微企业和作坊。大量的主体不断地试错、创新，各类创意产品层出不穷，整体上形成活力十足的陶瓷创意产业集群。

景德镇陶瓷产业的再度复兴，可以从需求变化和技术变化两个方面进行解释。

在需求方面，随着人民生活水平的逐步提高，生活艺术化和艺术生活化成为大势所趋（方李莉，2000），对高档日用陶瓷、艺术陶瓷的需求越来越大，而这正是景德镇一直以来最为擅长、最具历史声望的产品领域。费孝通早就指出，美好生活，就是艺术化的生活（方李莉，2000）。人民群众对美好生活的向往，引发对手工制瓷、高档日用瓷、艺术陶瓷的需求，要求更加多元化、个性化、艺术化的陶瓷产品供给。需求的变化，导致产品供给需要从工业化时代的大规模、批量化、标准化生产，转向新时代的个性化、定制化、小批量的生产。小企业、工作室和手工作坊非常适合这种更具弹性的生产模式。同时，文化、知识、创意、技术在产品中的价值越来越大，对从业者的要求也越来越高。根据田晓露对景德镇民窑业变迁的观察，传统手工艺的现代化发展与经营者的文化程度越来越密切，文化程度越高的经营者越容易把控市场的走向，且拥有更广阔的市场（田晓露，2016）。所以，大批艺术家、陶瓷专业大学生和爱好者进入景德镇陶瓷产业，带来了新的活力。

在技术方面，气窑的引进推广和信息化技术的发展支撑了上述生产方式的转变。一是 1993 年之后气窑（梭式窑）的引进，使得小规模、个体化生产成为可能。

与传统的煤窑或者油窑相比，气窑具有体积小、成本低、清洁等优势，小的民营企业就可以自己建立，工作室、手工作坊或者自己购买，或者可以很容易就近找到气窑以便搭烧自己的产品。二是信息化带来的“陶瓷 + 互联网”的新商业模式、“线下体验 + 网络营销”的营销方式，使得个性化、特色化的产品可以获得更多的顾客，小企业和作坊也可以通过实体店体验和互联网营销直面全球客户、获得更多订单、灵活生产；这种模式同时也带来更激烈的竞争，迫使从业者不断创新，也出现了一批“网红”，吸引更多人前来体验，形成良性的循环累积。

在景德镇民营陶瓷业再度兴起的 20 世纪 80 年代至 21 世纪，由于缺乏资金，大多数作坊只能采取手工制瓷或者半手工制瓷的方式，以当时国内外需求较大的仿古瓷和陈设艺术瓷为主要特色，这为传统工艺的传承打下了较好的基础。在 2005 年以后，随着需求变化和技术变化，景德镇依托既有的完整产业链基础，形成了更加艺术化、更具创意的日用陶瓷、艺术陶瓷产品生产集群。世界各地的艺术家和美术类专业学生，都喜欢到景德镇进行艺术创作。主要原因在于，这里陶瓷生产的每一道工序都有成熟的匠人，可以买到各种现成的材料，即便不懂完整的工序，只要懂设计，最后烧制也很容易找到烧窑的老师傅（好奇心日报，2017）。因此这里也就成为陶瓷创意人群的集聚地，成为越来越具有活力和吸引力的艺术和创意城市。

悠久的陶瓷文化和具有艺术创意的陶瓷产品、各类“网红”也吸引了大量游客。景德镇的游客数量从 2013 年的 2242.45 万人次增加到 2018 年的 6735.02 万人次，增长了两倍；境外游客从 2013 年 32.1 万人次也增加了一倍，2017 年达到 63.65 万人次[iv]。这些游客为景德镇带来了巨大的活力，同时在游览过程中加深了对陶瓷的了解，增加了对景德镇陶瓷产品的粘性，使得景德镇从陶瓷的生产地转变为陶瓷生产与消费兼具的城市。

总之，随着社会需求变化和技术变化，景德镇陶瓷产业形成了以大量民营企业、作坊为主体，以高档日用陶瓷和艺术陶瓷为主要产品，以文化创意和手工制瓷为特色的产业集群，使景德镇越来越具有吸引力和活力。

1.3 社会维度

随着社会经济的快速发展，人们开始越来越多地追求精神和文化生活。2001 年中国人均 GDP 突破 1000 美元，2011 年突破 5000 美元，2018 年已经接近 10000 美元。随着人均 GDP 的提升，人均可支配收入、消费支出包括用于文化消费的支出都在上升（表 2）。总体上，我国的居民消费呈现出从注重量的满足向追求质的提升、从有形物质产品向更多服务消费、从模仿型排浪式消费向个性化多样化消费等一系列转变。2013—2016 年，全国居民人均文化消费从 576.7 元增长至 800 元，人均绝对值增量 223.3 元，年均增长率 11.53%。其中，全国城镇人均文化消费从 945.7 元增长至 1268.7 元，人均绝对值增量 323 元，年均增长率 10.27%；全国农村居民人均文化消费从 174.8 元增长至 251.8 元，人均绝对值增量 77 元，年均增长率 13.86%[v]。人们不再满足于一般的标准化生产的陶瓷产品，对具有文化内涵、设计创意的日用陶瓷、艺术陶瓷，对手工制作的、个性化的陶瓷的需求日益增长。而景德镇在 1995 年之后形成的大量手工制瓷作坊和企业，顺应这一需求，蓬勃生长，吸引了越来越多艺术家、爱好者、青年学生的加入。

成为艺术自由职业者成为越来越多年轻人的梦想和选择。这些自由职业者拥有更多个人化的技艺和知识，不再受雇于企业或单位。一方面实现了劳动力和生产资料的一体化，可以按照自己的兴趣爱好、技术专长和市场需求进行创作和生产；另一方面实现了生产和生活的一体化，工作室、作坊往往兼做生活空间，可以自主安排自己的时间和空间。这种自主性，是很多年轻人极为看重的。

全社会对自由职业者的接纳和认可程度越来越高，也是很多受过良好教育的大中专学生投身景德镇、开办自己的工作室或者作坊进行陶瓷创业的重要原因。政府也针对性出台支持措施。2017 年 10 月，景德镇市政府专门成立景德镇市招才引智局、景漂景归人才服务局，为吸引"景漂"、"景归"人才提供服务。2018 年 5 月，景德镇政府专门出台政策，对人才入驻、举办学术交流和艺术展览等提供资金和政策支持[vi]。

近年来景德镇陶瓷产业从业人口结构变化是非常明显的。在 20 世纪 90 年代至 21 世纪在景德镇从事陶瓷产业的，还是国营厂下岗职工和来自于周边市县的

中国人均 GDP 与城镇居民收入与消费支出增长情况　表 2

指标\年份	2000	2001	2005	2006	2010	2011	2012	2013	2014	2015	2016	2017	2018
人均 GDP（美元）	959	1053	1753	2099	4560	5633	6337	7077	7683	8069	8117	8826	9769
城镇居民人均可支配收入（元）	6280	6860	10493	11759	19109	21810	24565	26467	28844	31195	33616	36396	39251
城镇居民人均消费支出（元）	4998	5309	7943	8697	13471	15161	16674	18488	19968	21392	23079	24445	26112
其中教育文化娱乐消费支出（元）	628	690	1097	1203	1628	1852	2034	1988	2142	2383	2638	2847	2974

注：2012 年及之前的各类人均消费支出的统计口径不同于之后的年份。
资料来源：根据 2001—2017 年《中国统计年鉴》以及国家统计局 2018 年公报数据整理

农民工为主，更多的是为了谋生而从事这一行业。如今，越来越多的艺术家、大专院校毕业生、陶瓷爱好者加入进来，已经不是单纯的谋生，更多是真正的爱好。据景德镇有关部门统计，当前“景漂”中，外籍艺术家1200人左右，国内艺术家3600人左右，毕业后从事创作的学生5500人左右，陶瓷爱好者及其他从事陶瓷制作和辅助工作的人员1万人左右[vii]。在约12万陶瓷从业人员中，“景漂”如果按照3万人计算的话，则占到1/4。从生产的角度，外来艺术家、爱好者、青年学生带来新的艺术和设计理念以及营销技术，与本地既有的传承千年的传统工艺、工匠精神相结合，优势互补，取长补短，形成多元化的陶瓷产品；从社会结构的角度，外来者带来了不同的文化，增添了社会的异质性和活力。

当前，景德镇陶瓷从业人员形成了由知识技术精英、企业家、创业者、普通员工共同组成的人才结构梯队。知识技术精英包括各级大师和非物质文化遗产传承人（2016年景德镇拥有各级陶瓷大师325名，各级非遗传承人367名[viii]），来自世界各地的艺术家，以及大学和研究机构的高级科研技术人员等，他们具有较高的技艺、知识水平和影响力。企业家组织陶瓷生产和销售，有不少知识技术精英同时也开办自己的企业或者工作室，成为企业家。创业者是指小微企业、手工作坊的创办者，既有早期的国有工厂下岗员工和外来务工人员，也有近年来越来越多的大中专学生、陶艺爱好者，他们往往掌握了一定的制瓷技艺或者营销技术，具有一定的创新精神。普通员工里面，有原来国企的工人、外来农民工和刚毕业大中专学生等，这是数量最为庞大的一个群体，其中既有熟练的工匠，也有刚入行的新手，他们构成了“创意阶层”和“创意人才生态体系”（佛罗里达，2010），是陶瓷产业发展的坚实基础。

总之，中国社会经济的发展使得文化消费需求日益增长，对景德镇的手工陶瓷、高档日用陶瓷、艺术陶瓷的发展起到刺激作用，艺术家、陶瓷爱好者和青年学生等自由职业者依托景德镇既有陶瓷产业集群获得自主发展的机会，大量外来“景漂”给景德镇带来异质性与活力，并与原有的本地从业人员共同形成了不同层次的人才梯队。

2 空间维度

2.1 高密度

景德镇陶瓷产业空间分布相对集中。从全市域来看，陶瓷产业分布主要集中在市区和浮梁县（表3）。根据现场调查，陶瓷产业主要分布在中心城区的老城区（1990年左右的建成区）、高新区、陶瓷工业园、三宝瓷谷、陶瓷大学湘湖校区。

其中，现代化、规模化的陶瓷生产企业主要集中在陶瓷工业园和高新区两个新产业园区；小微企业和工作室、作坊群主要位于老城区（珠山区和昌江区的核心区）的部分老瓷厂、城中村和三宝瓷谷；陶瓷市场主要位于老城区的市中心、中国陶瓷城、中国瓷园、新都陶瓷园、古玩市场和部分老瓷厂中（图 1、图 2）。

2016 年，景德镇中心城区建设用地面积约为 92 平方公里[ix]。如果前面提到的陶瓷产业从业者、“景漂”、艺术家、创业学生、企业与作坊、店铺 95% 位于中心城区，则景德镇中心城区每平方公里的陶瓷产业从业者约 1226 人，“景漂” 约 310 人，其中艺术家约 50 人，创业学生约 56 人；陶瓷企业和作坊约 48 个，店铺约 56 个。由于绝大部分 “景漂” 和小微企业、作坊、工作室集中在老城区约 30 平方公里的建设用地上，所以上述密度还要大幅提高，达到一个相当高的密度。

高密度意味着更频繁、更方便的接触和交流。这使得陶瓷技艺、知识和信息更容易传播，陶瓷从业者在互相学习、竞争、协作的过程中不断提高，有助于形成产业集群活力。高密度的艺术家、“景漂” 等具有异质性的活跃人群和年轻人群，也大大提升了城市的活力。

2017 年主要陶瓷及相关产品在各区县分布情况　　表 3

产品类型		单位	全市	市区	乐平	浮梁
日用陶瓷	日用陶瓷	万件	180000	140000	—	40000
	其中出口瓷	万件	28000	23000	—	5000
建筑卫生陶瓷	墙地砖	万平方米	826.6	—	—	826.6
	卫生瓷	万件	2.1	2.1	—	—
工业瓷		吨	4200	2200	—	2000
电瓷		吨	3510	3510	—	—
陶瓷原材料等	匣钵	吨	9600	9600	—	—
	瓷土	万吨	5	5	—	—
	矿石	吨	8000	8000	—	—
	石膏粉	吨	5400	5400	—	—
	轻质碳酸钙	吨	2800	2100	400	300
	花纸	万张	1950	1650	—	300
	黄金水	万瓶	1.9	1.9	—	—
	白金水	万瓶	0.6	0.6	—	—
	电光水	万瓶	7.8	7.8	—	—
	瓷用颜料	吨	175	175	—	—
陶瓷设备		台	38	38	—	—
		吨	910	910	—	—

资料来源：《景德镇统计年鉴 2018》

图 1　景德镇中心城区（含浮梁）陶瓷产业空间分布示意图

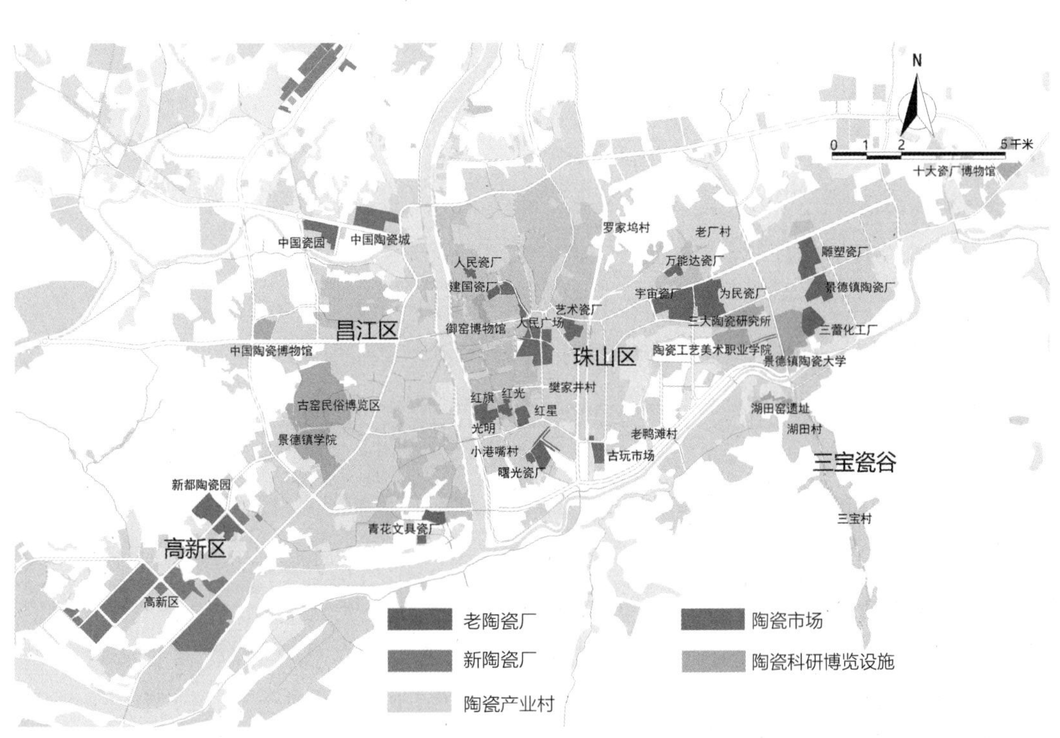

图 2　景德镇老城区陶瓷产业空间分布

2.2 空间多样性

陶瓷产业和从业者的多样性，对应的是空间的多样性。从陶瓷产业空间的类型来看，有现代化的园区，如高新区和陶瓷工业园区；有计划经济时代建立的十几个老旧工厂，其中宇宙瓷厂、雕塑瓷厂已成为著名的文创园区，为民瓷厂仍在正常生产，其他瓷厂也或多或少保有陶瓷生产、销售功能；有位于市中心人民广场周边的多个大型陶瓷商场和批发市场，也有位于城郊的批发市场如中国陶瓷城、新都陶瓷园等；有陶瓷大学、学院和职业技术学校；有众多的博物馆、艺术馆和展览景区；还有从事陶瓷产业的城中村与城边村，如樊家井、老鸭滩、罗家坞、老厂和湖田、三宝等。这些多样性的空间，承载了从现代化企业到手工作坊、从生产到消费、从知识技术精英到普通员工的不同空间需求。

多样纷纭的空间，可以从品质与成本的角度分为 4 类，即低成本低品质空间和低成本高品质空间，高成本高品质空间和高成本低品质空间。笔者根据 58 同城网上的店铺租金来判断成本的高低，以现场体验判断品质高低。

低成本低品质空间主要包括未经改造的旧厂房和城中村两类。旧厂房中，雕塑瓷厂是著名的陶瓷文创园区，拥有数百家手工作坊和店铺，目前已经能够吸引众多游客，但环境品质一般，没有经过大的改造，主要是厂房的分割出租，租金较低，因此创业者众多。还有其他不少老厂如红旗、红光、红星、光明、曙光等瓷厂，也有众多作坊和小微企业入驻。在景德镇有大量的城中村，部分城中村包括樊家井、老鸭滩、罗家坞和老厂村等发展为陶瓷产业村，有很多陶瓷作坊（图 3）。其中樊家井是全国著名的仿古瓷集散地（方李莉，2000；田晓露，2016），老鸭滩是著名的瓷板生产地（用于瓷板画）。这些未经大规模改造的老厂房和城中村，租金低，环境品质也不高，容纳了大量手工作坊、初创企业和“景漂”，实际上起到了孵化器和众创基地的作用。

低成本高品质空间目前主要有三宝瓷谷（图 4）。这里是城边村，租金相对较低，具有优美的山水环境，政府帮助改善了基础设施，形成低成本、高品质的陶瓷产业空间，吸引了很多艺术家在此集聚并开办工作室，成为一个“网红”地。此外，陶溪川内免费租赁给创业者销售创意产品的“邑空间”和周末市集空间，也是低成本高品质的空间。

高成本高品质空间主要包括陶溪川、莲社北路、陶艺街等。陶溪川是老的宇宙瓷厂改建而成，具有非常高的空间品质。这里租金相对较高，可以作为高成本高品质空间的代表（图 5）。位于市中心的联社北路、位于景德镇陶瓷学院科技艺术学院附近的陶艺街，聚集了很多陶艺名家的店铺，租金和空间品质都相对较高。

高成本低品质空间主要包括市中心的一些商场和批发市场。由于位于市中心，这里租金较高，但空间品质较为一般（图 6、表 4）。

雕塑瓷厂

老鸭滩村

樊家井村

老雅滩村中瓷板画作坊

图 3　景德镇低成本低品质空间

陶溪川中心广场

陶溪川中央美院陶瓷艺术研究院

陶溪川的周末创意集市

陶溪川邑空间

图 5　景德镇陶溪川

图 4　三宝瓷谷某陶瓷企业

图 6　景德镇市中心的国际商贸广场

陶瓷产业空间的成本与品质分类表 表 4

	低品质	高品质
低成本	雕塑瓷厂为代表的老瓷厂；樊家井、老鸭滩、罗家坞和老厂村等城中村	三宝瓷谷等
高成本	市中心人民广场周边的商场、批发市场等	陶溪川、莲社北路、陶艺街等

注：根据现场调研情况分类。

2.3 动态变化

陶瓷产业空间的成本与品质受社会需求和产业变革的影响，一直处于动态的变化过程中。

在 20 世纪 90 年代至 21 世纪，除了两个工业园区，其余陶瓷产业空间基本处于自由蔓延和自发集聚阶段，以低品质低成本空间为主。国有瓷厂倒闭和职工下岗导致社会就业压力大，城中村、旧厂房因为成本低、距离近、空间适合作坊生产,而成为这一时期手工陶瓷业的重要空间载体。这一阶段对空间使用较为粗放，没有秩序，不过却给了民营陶瓷产业以发展空间，为之后的产业勃兴奠定了基础。其缺点在于，城市空间品质低下，无法吸引和留住高级人才。这一时期，陶瓷大学大量的毕业生到外地就业,很少愿意留在景德镇工作。在访谈中景德镇领导提到，空间的低品质甚至影响到景德镇另一支柱产业——直升机产业，因为城市环境品质不佳导致无法留住人才，甚至有搬迁的动议。

2010 年之后是政府加强城市环境建设干预、不断改善城市空间品质的阶段。通过近些年的城市改造更新工作，增加了高品质高成本和高品质低成本的空间选择，形成了多元化的空间供给。如 2012 年开始启动宇宙瓷厂的改造，2016 年启动城市修补生态修复工作，打造了陶溪川等城市新的高品质空间，成为国际陶瓷文化交流、集聚青年创客、吸引游客关注的城市新地标。这些高品质空间的塑造，适应了社会需求变化。一是越来越多的艺术家、青年创业者、游客，他们对高品质城市空间的需求越来越强烈；根据访谈，很多年轻的“景漂”，尽管工作室或者作坊设在低成本的旧厂房或者城中村，但是居住却更愿意选择在附近的现代化居住小区，这是不同于原来的农民工的选择。二是作为国际文化交流重镇，景德镇正致力于打造“与世界对话的城市”，也需要一些高品质的城市空间来吸引国际艺术家和游客，展示中国形象[x]。与此同时，对于低成本低品质空间，景德镇也没有急于铲除，而是保留、修补，以扶持低成本创业（图 7）。即使是陶溪川这样高品质高成本的空间载体，也保留了“邑空间”和周末集市免费提供给创业者出售自己的创意产品，成为一个高品质低成本空间。

不断改善的城市环境取得了较好的效果。近年来不仅“景漂”越来越多，也出现了很多“景归”——景德镇外出人员的回归创业。据统计最近两年景德镇的“景归”数量近 2 万人，其中，陶瓷文化领域有近 1 万人[xi]（表 5）。

成本与品质的组合可以表达为如图 8 的关系，很明显上面的曲线才是城市合理的选择。总体上，随着社会和产业的不断发展，对城市空间品质的要求越来越高。与此同时，低成本空间仍然是产业发展重要的空间载体。因此，兼顾低成本与高品质，不断创造较低成本、较高品质的空间应该是城市规划建设永恒的目标。

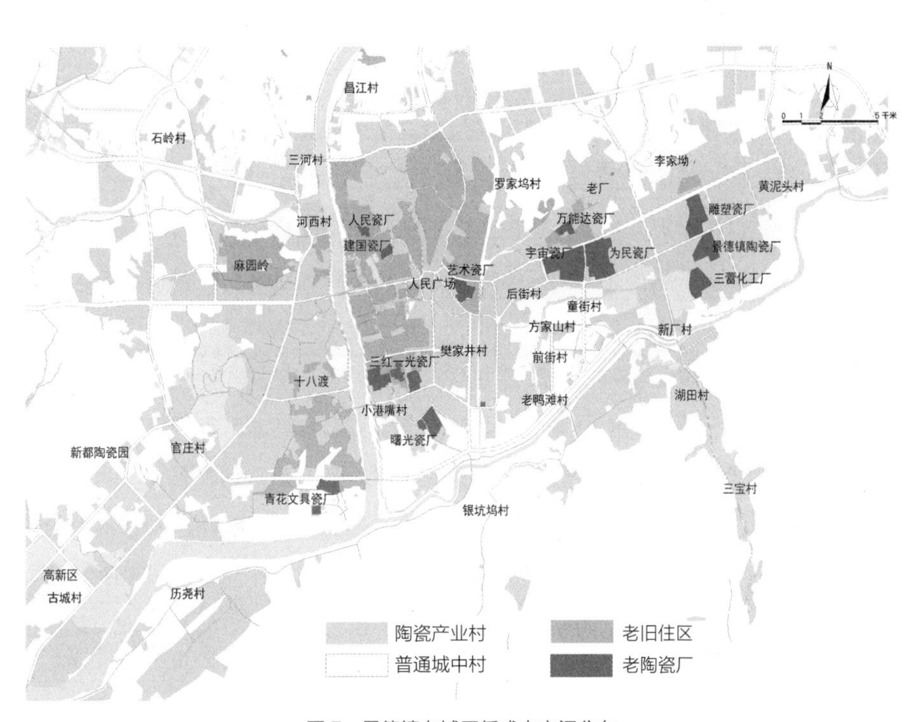

图 7　景德镇老城区低成本空间分布

不同人群的改善诉求　　表 5

景漂类型	改善诉求
国外外来艺术家	更多地加强市政建设，提高市政服务水平和契约精神，建设现代景德镇
外来艺术家	提高服务水平和环境水平，强化服务质量，为外来艺术家提供完善服务
大师	提高引进艺术家门槛，提高瓷土价格，实现瓷都经济可持续发展
年轻学生	希望政府给出相应政策，降低贷款门槛，改善创业环境，给年轻人多参展机会

资料来源：清华大学承担的江西省委宣传部课题《景德镇基于遗产资源的文化创意街区与城市休闲功能区建设研究》

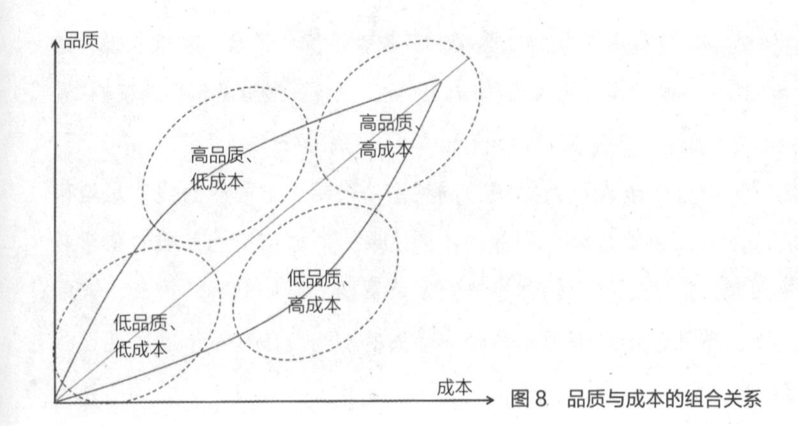

图 8　品质与成本的组合关系

2.4　混合与拼贴

历史上的景德镇一直是生产空间与生活空间一体化组织的。在古代，基本是围窑建作坊、依托作坊居住的模式，工匠们的生产、生活空间是一体的。在 1949 年后“十大瓷厂”时期，基本也是围绕工厂布置宿舍和家属区，如位于东郊的宇宙瓷厂、为民瓷厂、景德镇陶瓷厂、万能达瓷厂、陶瓷机械厂等就在工厂旁边设立生活区，形成产业社区。

今天，景德镇与其他城市一样，随着住房商品化程度提高，企业不再提供住房，生产与生活空间出现分离的趋势。尤其是陶瓷工业园、高新区等远离市中心的地方，出现了明显的通勤现象。这也是自工业革命以来世界性的现象，不同于之前的生产生活空间一体化。生产与生活空间的分离避免了污染，但这种分离也带来了一些问题，如通勤带来的时间耗费、能源消耗、社会疏离、空间活力不足等问题。因此，很多进入后工业社会的城市，逐渐开始追求生产生活空间一体化、职住更加平衡的功能混合社区。

景德镇老城区（20 世纪 90 年代的建成区）以手工和半手工制瓷为主的陶瓷产业社区，也部分地实现了这种混合社区。在城市发展过程中，大量的城中村、旧厂房与新建设的城市居住小区并置、拼贴在一起，形成了复杂多样、强烈对比的空间肌理（图 9）。与新城区相比，这些地区虽然不免有些杂乱，但不同于现代化居住小区、园区为主导地区的规整有序但又失之于一眼可以望穿的单调乏味，这里的空间复杂、多样、丰富、有机，能够容纳多样、异质的人群和需求，并成为生产生活融合的产业社区。

以城中村为例，很多城中村宅基地上的农民房，在民营陶瓷业兴起之后，成为很多创业者开办作坊的重要选择。与居住小区相比，一是成本低；二是更适合手工作坊拉坯、晒坯等生产；三是管制较松，如设置窑炉受到的限制较少、对外来人口

图 9　景德镇雕塑瓷厂及周边地区空间肌理（中间为雕塑瓷厂）

管理和房屋建设管理比较宽松等。因此不少城中村成为陶瓷生产作坊的集聚地，并逐步发展成专业化的陶瓷产业村，如樊家井、老鸭滩、老厂、三宝村等在业内已经非常有名。三宝村是城边村，不少农民住宅改造成艺术家的工作室和生活居所。樊家井、老鸭滩、老厂、罗家坞等城中村都各自聚集了数百甚至上千户店铺和作坊，部分就业者在店铺、作坊楼上居住，部分就业者在村庄周边地区居住小区居住。

原国企改制之后的旧工厂也以低成本、适合设置作坊尤其是窑炉而继续成为重要的陶瓷生产空间。这里基础设施齐全，继续生产方便；周边多是工厂原来的生活区，所以不少原厂职工也会在这里开办作坊或者帮人打工。如雕塑瓷厂，改制后原有厂房分割出租，并在 2005 年之后因为境外艺术家的介入（乐天陶社）逐渐成为著名的陶瓷创意工坊和店铺集聚地，拥有数百个手工作坊和来自各地的手工艺人（包括国外艺术家）。雕塑瓷厂周边除了原有的瓷厂生活区，也有新的居住小区和城中村可供居住选择。

作为老城区，城中村和旧工厂周边的学校、医院、商店等生活必需的各类服务设施已经比较齐全，在步行可及范围内可以满足几乎所有生活需求。

城中村和旧厂区被新的、现代化的城市建设所包围，镶嵌于方格路网、现代居住小区、工业园区等形成的城市框架中。陶瓷产业村和旧厂区成为多个分散的小就业中心（相较于城市中心而言就业少得多），围绕这些小中心是生活区，整体上形成多个生产生活融合、交织的产业社区。这是景德镇老城区的空间组织模式，是看似杂乱表象背后的空间秩序，也是城市活力的空间支撑。

3 结语

笔者询问过很多“景漂”留在景德镇的原因。他们认为景德镇做陶瓷的产业要素非常齐全，从原料、辅料、模具、公共窑炉到熟练工匠和销售渠道，都很容易获得；这里的陶瓷文化氛围浓厚，陶瓷文化机构、展会众多，交流学习机会多、成长快；城市开放包容不排外；老厂房、城中村、园区很多，很容易租到合适的房子开办工作室或者作坊，租金也不高；房价较低（笔者认识的不少“景漂”，在景德镇都已经买房）。从中可以窥见，城市文化魅力越来越成为吸引具有创新创意能力的年轻一代的重要因素；齐全的产业要素是重要基础；社会的开放包容和低成本空间对吸引创新创业者至关重要。从笔者对景德镇的观察来看，城市活力离不开文化、产业、社会和空间等方面的复合作用，文化复兴、产业振兴、社会变迁、空间生产都是关键因素。

中央城市工作会议提出，要统筹改革、科技、文化三大动力。文化如何成为城市发展的动力？就景德镇而言，一是文化资源成为产业发展要素，推动陶瓷产业在新时代获得振兴；二是文化具有魅力，魅力吸聚人才，人才推动发展，这是新时期的发展动力逻辑。文化复兴与产业振兴相辅相成，在这里获得了很好的结合。

社会变迁是理解景德镇城市活力的重要维度。随着人均可支配收入的提高，人民对美好生活的向往，“生活的艺术化和艺术的生活化”的趋势，使得景德镇手工制瓷技艺得以焕发新的生命力，艺术家、青年学生和爱好者等“景漂”与地方传统技艺的传承者得以集聚、优势互补，提升了社会活力。

就空间的生产而言，成本与品质的动态平衡非常关键。在成本与品质的四种组合中，低品质低成本空间起到支撑低成本创业的基础作用，高品质高成本空间是必要的引领，高品质低成本是城市应该竭力追求的，低品质高成本是需要尽量避免的。总体上，随着社会和产业的不断发展，对空间品质的要求越来越高，政府需要及时回应这一需求。与此同时，也不能操之过急，过早过快消除低成本低品质空间，造成成本大幅提升，影响产业集群的可持续发展。

在景德镇，生产空间与生活空间的融合是城市活力的重要支撑。这与当代创新空间研究中的功能混合社区不谋而合。城中村、旧厂区，这些作为生产和就业地的异质性空间与其他现代城市空间拼贴、融合在一起，承载了多样化的社会需求和异质性的人群，使城市成为多样、丰富、活力的复杂有机体。

列斐伏尔指出，“既然每一种生产方式都有自身的独特空间，从一种生产方式转到另一种生产方式就必然伴随着新空间的生产。”在新时代，文化、产业、社会的变迁必然要求与之相匹配的新空间。这一进程仍在进行当中，还需要更多的观察和总结。

注释

i 详见 2019 年 1 月 28 日《景德镇日报》：引智留才要在“留”上下功夫，http：//szb.jdz-news.com.cn/html/2019-01/28/content_75499.htm。

ii 数据来源于《景德镇市 2018 年国民经济和社会发展统计公报》，http：//www.jdz.gov.cn/jrcd/20190506/a2a9ff41-87ad-4450-b171-b94ccd3866aa.html?from=singlemessage。

iii 详见景德镇市地方志编纂委员会编制的《景德镇市志》（第一卷）P5，北京：中国文史出版社 .1991，http：//dfz.jdz.gov.cn/opt/bigFileUpload/BigFileUpLoadStorage/trs/attach/jdzsqw/P020151106433190871247.pdf。

iv 数据来源于《景德镇统计年鉴 2018》。

v 数据来源于国家发展和改革委员会《2017 年中国居民消费发展报告》，详见国家发展和改革委员会网站 http：//www.ndrc.gov.cn/fzgggz/hgjj/201805/t20180524_887071.html。

vi 详见江西之窗（2018.05.17）《景德镇出台“人才新政”助力全面发展》，http：//www.shoushennet.com/hgol/con_10178.html。

vii 详见景德镇新闻网（2017.04.06）《景德镇举行“景漂”影响力人物代表座谈会》，https：//jdzol.kuaizhan.com/9/61/p4206165517a8e1。

viii 数据来源于李寿木、雷劲松、周密的《江西景德镇着力打造“大陶瓷”格局》一文。

ix 根据《景德镇市城市综合交通规划（2017-2030）》的数据，景德镇中心城区（含浮梁）。

x 详见 2018 年 5 月 14 日《景德镇日报》刊登的景德镇市委书记钟志生在全省旅游产业发展大会上的发言：打造一座与世界对话的城市，http：//www.jdz.gov.cn/jrcd/20180514/b3a0bd74-e6dd-4097-8db6-cf21414f20e2.html。

xi 同 1。

参考文献

[1] 方李莉．传统与变迁一：景德镇新旧民窑业田野考察 [M]. 南昌：江西人民出版社，2000.

[2] 方李莉．血脉的传承——景德镇新兴民窑业田野考察笔记 [J]. 文艺研究，2000(02)：105-125.

[3] 理查德・佛罗里达．创意阶层的崛起 [M]. 司徒爱勤，译．北京：中信出版社，2010.

[4] 好奇心日报．一个香港陶艺师在景德镇办了 12 年陶社，她试图建立的规则基本没什么用 [R/OL].2017-09-05.http：//mini.eastday.com/a/170905170916247-3.html.

[5] 景德镇市地方志编纂委员会．景德镇市志（第一卷）[M]. 北京：中国文史出版社，1991.

[6] 刘善庆．景德镇陶瓷特色产业集群的历史变迁与演化分析 [M]. 北京：社会科学文献出版社，2016.

[7] 李寿木，雷劲松，周密．江西景德镇着力打造"大陶瓷"格局 [J]. 中国国情国力，2017（12）：69-72.

[8] 田晓露．全球化背景下传统陶瓷手工艺人的选择——景德镇樊家井仿古瓷集散地追踪研究 [D]. 中国艺术研究院，2016.

[9] 钟健华，陈雨前．景德镇陶瓷史：现当代卷 [M]. 南昌：江西人民出版社，2016.

[10] 张陆明．景德镇市城乡建设志 [M]. 南昌：江西科学技术出版社，2000.

[11] 中国城市规划设计研究院，北京清华同衡规划设计研究院有限公司，景德镇市城市规划设计院．景德镇市生态修复城市修补规划 [R].2018.

孙秀睿
韦飚
张勤

孙秀睿，杭州市城市规划设计研究院七所所长、高级规划师
韦飚，浙江大学城市学院教授
张勤，中国城市规划学会学术工作委员会副主任委员、区域规划与城市经济学术委员会副主任委员，杭州市规划和自然资源局副局长

城市活力微观察

——从一个杭州企业的蜕变看城市活力的源头和规划的作用

1 城市活力的认识

城市活力体现的是城市经济社会文化繁荣与发展。“活力”是城市最基础的价值取向。不同的历史时期，城市活力的能动与目标不尽相同，但基本表现形式都体现在城市要素的多样性和活跃程度上，核心是城市发展的可持续性。在中国特色社会主义进入新时代这一特定时期，活力是建设美丽中国的基本要素，活力是实现民族复兴、构建美好生活必不可少的重要保障。

1.1 城市活力的维度

城市活力体现在人的经济活动和社会活动上，这些活动必须有具体的城市空间来承载。900 年前，清明上河图展现了北宋都城汴京的繁华场景，流动的物资运输、繁忙的商业交易、各式交往人群，无不与活动空间有关。城市活力有三个维度。不仅包括城市经济活力、社会活力，而且包括能够承载并活跃经济社会活动的“活力空间”。

经济活动是城市发展的首要驱动力量，直接影响着城市的繁荣程度。城市的社会活力是指城市人通过社会活动所产生的活力。社会活动越频繁、越多样，则社会活力越强。绝大多数的经济活动和社会活动都需要有相应的空间场所。空间的大小疏密决定了人群的集聚程度，而空间的人群构成又影响着活力的强弱指数。

城市的经济活力、社会活力、空间活力相互关联、相辅相成。经济活力的增长可以促进社会活动，从而激发社会活力；社会活力的增强可以刺激经济行为，从而激发经济活力；而空间又是经济活动和社会活动的载体，合理的空间尺度和

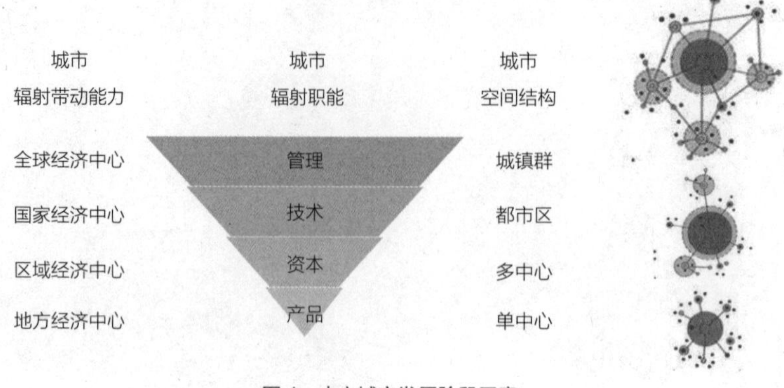

图 1 中心城市发展阶段示意

适宜的空间功能将有利于激发经济活力和社会活力，反而言之，经济活力与社会活力的提升又必然带动空间活力的提升。

1.2 城市活力的演变

传统农业社会受耕作半径的限制，人口分散、空间分布相对均衡。城镇规模小、职能单一，主要职能是政治统治、宗教祭祀、军事防御、物质交换等，经济活动处于次要地位，城市活力较弱、相互之间关联不大。

工业化提升了人类社会创造财富的能力和人口的增长速度，促进人口向城市集中，催生了以生产活动空间集聚为特征的现代城市，推动了城市成为人类经济活动的中心。由于产业规模和产业分工的不同，城市与城市之间产生比较大的阶差，中心城市地位愈发凸显。城市作为经济中心，经历产品扩散、资本扩散、技术扩散、管理扩散等发展阶段，随着发展阶段的递进，中心城市在城市网络里的辐射和带动作用逐步增强。

城市职能分基本职能与非基本职能，基本职能主要服务本市以外地区，决定了城市的性质、规模和辐射能力，是城市能级的核心体现。基本职能强、城市活力强；基本职能弱、城市活力弱，基本职能层次越高，对应的发展阶段越高、城市的辐射带动能力越强（图 1）。

2 杭州城市活力提升的可持续路径

“钱塘自古繁华”，诠释了杭州两千多年的城市活力史。“杭州是历史文化名城，也是创新活力之城”，习近平在 2015 年安塔利亚峰会中这样向世界介绍杭州。杭州的城市活力的不断延续，源自于政治地位、交通条件和文脉传承。它是经济社会的微观个体活动的积累和叠加。作为区域经济中心的现代城市，工商企业的成

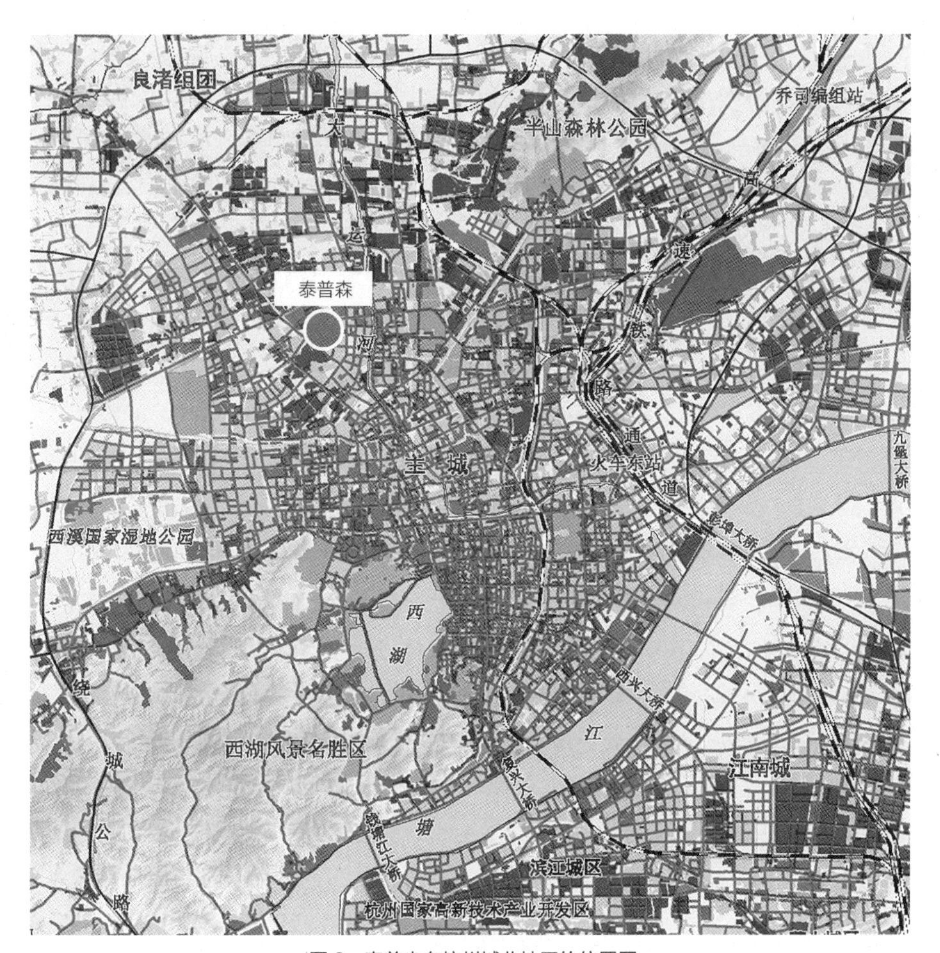

图 2 泰普森在杭州城北地区的位置图

长尤为重要。当今杭州倍受瞩目的创新活力就是源自于以阿里巴巴为代表的一大批信息经济企业的成长和集聚。

本文力图从位于杭州城北的“浙江泰普森（控股）集团有限公司”（下文简称“泰普森”）的发展壮大历程，解析城市活力与企业发展的关系，以及规划能够发挥的作用（图 2）。

2.1 泰普森的成长历程

泰普森始创于 1991 年，最初为康达皮塑厂。经二十多年的发展，公司已经成长为一家集专业设计、开发、生产、经营、出口户外休闲用品的多元化外向型企业，在中国、美国、欧洲等地拥有员工近 7000 人，是中国最具规模的户外休闲用品提供商。2008 年汶川地震和 2010 年玉树地震，该公司积极为灾区捐款捐物，并承担了重要的救灾帐篷生产任务，2008 年 5 月时任国家主席胡锦涛亲临公司考察帐篷生产情况。

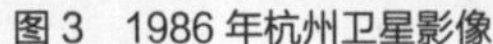
图 3　1986 年杭州卫星影像

图 4　1997 年杭州卫星影像

企业发展历程可以分为三个阶段：快速成长期（1991—2001 年）、扩张发展期（2002—2008 年）和转型提升期（2008 年至今）。

2.1.1　快速成长期

20 世纪 90 年代，杭州正处于快速工业化阶段，根据杭州市第三轮城市总体规划（1981—2000 年），杭州市区建成区规模将在 20 年内增加 27.5%[1]（图 3、图 4）。创业成长期的泰普森同样表现为明显的规模扩张趋势，1999 年公司获得自营进出口权、2000 年公司销售额达 8 亿人民币，线性的规模扩张恰好顺应城市的发展趋势，城市活力提升的主要表现为扩大产品输出能力和创造就业机会。

2.1.2　扩张发展期

20 世纪 90 年代末，随着城市化进程加剧，城市特别是中心城市吸引了大量的人口集聚，同时物质水平的提高也带动了人民群众对生活标准的要求提高。1998 年，全国推进“房改”，房地产业开始进入城市经济领域，“退二进三”成为社会发展主旋律。

进入 21 世纪，杭州在实施“跨江发展”的同时，老城区的“退二进三”同步展开，泰普森所在的大城北是杭州传统的工业集聚地、也是“退二进三”的重要区域。2000—2010 年间，城北地区的居住用地开发规模约占主城区的 40%，同期公共设施增量占主城区不到 30%，居住与公建增量比例超过 10 ∶ 1，“退二进居”成为“退二进三”的主要表现方式（图 5）。

“退二进居”导致工业企业被迫外迁，实体经济受到严重冲击，泰普森也面临着同样的困境。一方面，企业的订单和产能大幅增长；另一方面，企业在规划中已“被搬迁”，泰普森于 2002 年将生产制造基地迁往同属杭州都市区的湖州

---

[1] 1980 年底，市区建成区面积 102 平方千米，其中城市建成区 53 平方千米，西湖风景区 49 平方千米，由于人口的增加和工业的发展，城市用地已达饱和状态。为使城市布局趋于合理，人均用场采用国家标准的低限值，市区建成区面积近期规划 111 平方千米，其中城市建成区 62 平方千米；远期规划 139 平方千米，其中城市建成区 90 平方千米，西湖风景区面积仍为 49 平方千米。

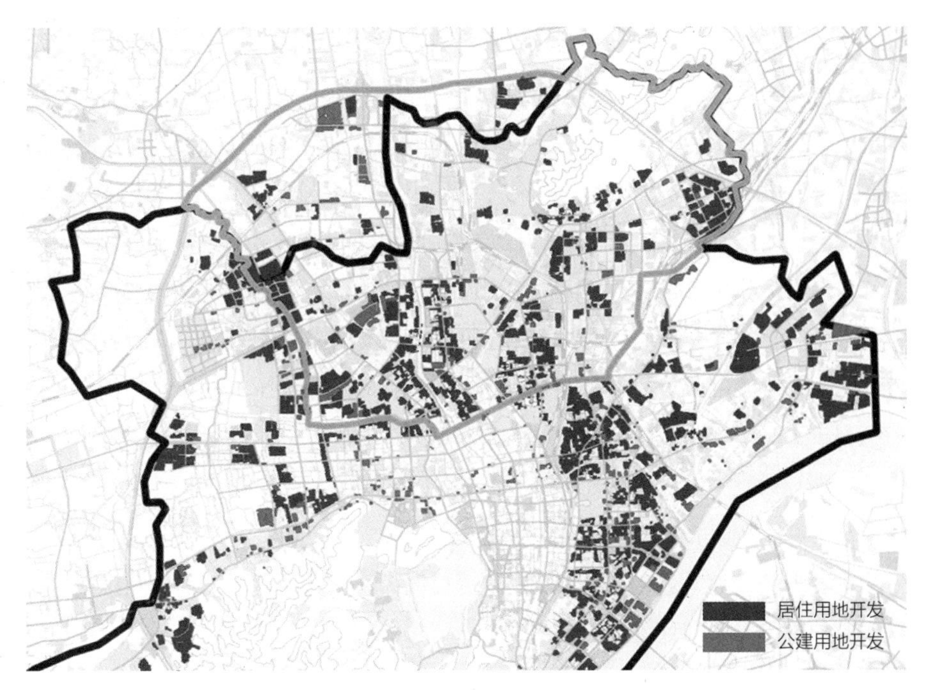

图 5　2000—2010 年杭州城北地区开发对比图

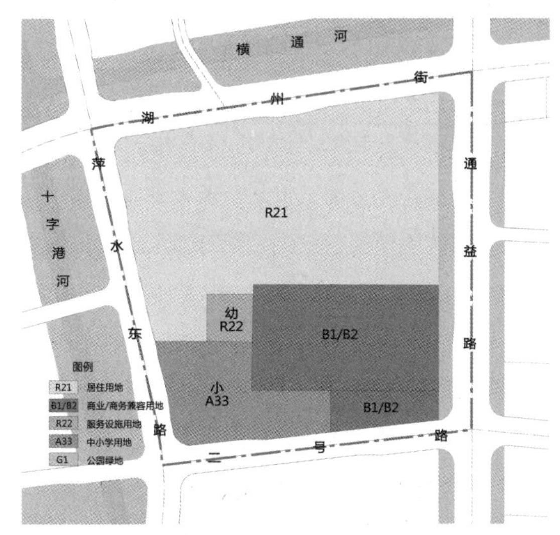

图 6　2007 年版控规用地图

市德清县。偶然的是，企业所在的地块规划为小学和幼儿园用地（图 6），周边居住用地大规模开发的过程中，企业土地迟迟未被政府征收，企业的工业属性得以保留。

2.1.3　转型提升期

由于城市对地块未来开发的不确定性，泰普森将现状的厂房作为集团的总部和研发基地进行过渡性利用，是其从单一生产转向产业链上游延伸的开始。研发基地为企业的产品注入了新的生命力、为企业在行业内地位的提升发挥了积极的作用，尝到甜头的企业进一步提升研发基地功能，通过引进同行业文创类小微企业进行孵化培育，形成行业的研发中心。

2015 年泰普森被中华人民共和国工业和信息化部评定为“国家级工业设计中心”。企业的精益化生产全面展开，信息化与工业化“两化融合”紧密跟进，“机器换人”扎实推进，为城市活力注入了技术力量，同时满足杭州进入全面信息化时代的发展需求。转型提升期的泰普森为城市活力作出的贡献不仅是提供“人”的要素、“物”的要素、“资金”的要素，更加体现在“信息”要素的提供。目前，泰普森以休闲产品为主，能够自行研发、设计、生产一万多种产品，2018 年公司销售额接近 50 亿人民币。其中户外家具、渔具、打猎用品连续 10 年出口全国排名第一，国际市场占有率 50% 左右，是国内出口种类覆盖率最大、规模最大的行业龙头。

2.1.4 企业与城市发展的内在关系

泰普森的发展可以说是顺应了时代发展的内在规律，在不同的历史时期，其功能体系布局、空间需求特征、产城互动关系有着不同的表现和诉求。在企业的扩张发展阶段，受自身发展需求和城市“退二进居”的双重动因影响，企业被迫形将生产车间外迁、原生产空间回归研发和总部，恰恰吻合了中心城市发展阶段的进阶——即中心城市掌握研发、销售等产业链高端环节，形成技术辐射能力；低端生产环节向中心城市外围低成本空间转移。

从企业角度来看，产研分离的布局模式有效突破了杭州主城区的用地限制，实现自身的生产规模扩大；同时，企业在杭州主城区保留研发设计环节，保证了研发、设计人员仍享受中心城市更加完备的配套服务、更加有效的行业交流机会，迸发出更强的科研能力。

从城市角度来看，产研分离缓解了杭州主城区工业用地供应不足的问题，既能保留优质企业作为后续发展的活力核心点，也能为其他更具民生、经济等价值的商业、居住、生态等功能提供空间支撑；同时，在主城区保留的研发设计环节，能够通过技能培训、人才交流、资本投资等方式，与城市其他产业功能进行交流和合作，持续激发城市活力。

从都市区角度来看，通过产业链和创新链的不同环节，促使都市区内不同城市进行紧密分工合作，依托产业发展构建活力网络，加速城市间的技术合作、资本流动，不仅为外围县市创造就业岗位和财政收入，也为都市区中心城市保留了更多的活力核心点。

2.2 规划引导城市活力的提升

在泰普森提高研发基地的利用效率和服务能级、打造研发中心时，必须调整既有规划才能实现。2014 年，企业向规划管理部门提出申请，要求保留土地的产业功能、打造空间高复合利用的研发中心。

在此时期，规划部门正在对杭州的城市发展和有机更新进行谋划。2012 年开展对大城北地区转型发展的研究，对原有规划进行评估后认为，单纯的“退二进居”模式难以真正提升城市的活力和辐射能力，经济活力特别是产业链高端环节对中心城市的辐射能力进阶至关重要。通过对泰普森的详细评估，认为企业的发展符合经济活动的基本规律、企业的转型是真正意义上的产业升级，通过适度的规划创新，完全可以将个体企业的生长与城市活力和能级提升变成相互促进的共同体。

2.2.1 用地管理创新

2014 年底，杭州为了促进实体经济的发展，提出创新型产业用地（M1）的概念，是基于产业链分工的角度对传统工业用地（M1）的细化和提升。该类用地主要的功能是九大类新兴产业的研发和设计环节，对周边城市环境毫无影响，对其投资强度和产出效益的要求远高于一般工业用地。

泰普森研发基地的现实功能和进一步的提升方向与之完全吻合。因此，在 2015 年版控规中将泰普森地块的用地调整为杭州第一宗创新型产业用地（M1），不仅保留了企业的用地空间，还进一步提升了空间的利用效率，为企业做大做强研发功能提供充足的保障。

一方面，解决了企业的生存空间，从进退两难到高质量发展，企业得以继续扎根城市、服务城市；另一方面，城市保留了企业的研发功能，掌握了企业的核心价值，使得“国家级工业设计中心”的殊荣没有旁落到德清。得益于“国家级工业设计中心”的认定，反过来为工业设计产业单元的设立创造了有利的条件。

2.2.2 区域功能联动

企业与城市共生。企业需要与城市，特别是相邻区域形成良好的互动。杭州在城市有机更新的过程中，通过设立规模适宜、以工业和创新型产业用地为主体的产业单元，完善的产业配套设施，引导产业空间与周边空间的融通和界面友好，建立宽松的管理机制和充满活力的企业发展环境，发挥集聚和规模效益，提高土地利用效率，实现产业转型升级和“产城”有机融合。

在“产业发展单元”的发展理念下，2017 年，规划部门进一步创新，将东侧的 LOFT49 文化创意园（省级工业设计中心）[1] 地块确定为创新型产业用地（M1），同时将北侧原规划——实际未开发——的居住用地也调整为创新型产业用地（M1），

---

[1] 2002 年，LOFT49 文化创意园开创杭州文创产业园先河，成为全省第一个文创基地，园区内有孙云的“内建筑”、潘杰的“光彩空间”、陶艺大师戴雨享的“雨窑陶艺”、中国美术学院著名画家常青的画廊等设计、摄影艺术大师的工作室。

共同打造成为杭州第一个获批的产业发展单元（图 7）。泰普森和 LOFT49 都得到了有效的保留和提升，共同打造为工业设计小镇，将产业和创意设计融合，集聚高端人才和科研项目、搭建创新创业平台载体，为实体经济的发展提供智慧动力。

从区域层面来看，一方面，工业设计小镇位于运河西岸地区，工业设计产业的保留丰富了这一区域“产城融合”的“产业”内涵；另一方面，工业设计小镇东侧是运河沿岸的桥西历史街区和西岸国际艺术园区，西侧紧挨运河中央公园，串联了运河旅游空间和运动休闲功能，完善了从大运河到工业设计小镇，再到运河中央公园这一轴线的时代风貌，实现了由古至今的渐进，增强了城市活力（图 8）。

2.2.3 城市景观协调

随着泰普森所在区域的城市有机更新，周围的城市用地逐渐开发成形，泰普森与紧邻的 LOFT49 正在演变成城市空间形态的一块景观“洼地”（图 9），用地获批后，泰普森率先改造了沿东侧城市主干路（萍水东路）的城市界面（图 10），按照规划要求，拆除围墙，把企业的场地空间约 5000 平方米改造成绿化和休闲活动场地向社会开放，并根据其自身特色将建筑外观改造成与具有高度工业元素的城市景观，形成了一处“网红”打卡地。

从规划方案来看，联动开发的产业发展单元对区域整体的空间品质有了极大的重塑和提升，包括开放街区打造、建筑整体更新，LOFT49 文化创意园以保留原有历史文化精髓为前提，整个发展单元通过优化整合城市空间布局，达到空间利用的社会效益最大化。在相对有限的空间中营造“开放式企业街区”，通过拆除企业与企业之间的围墙，通过各自后退空间，打造为重点景观人行道，形成特色的开放空间廊道。同时，构建快速便捷的内外联系步行通道，将园区内部与周边景观资源进行有机连接（图 11、图 12）。通过居住、办公、文化、商业等多种功能的互融互动，有效激发了新的城市活力。

2.2.4 城市活力提升

以泰普森和 LOFT49 文化创意园为核心的工业设计产业发展单元整体能为城市增加就业岗位 5000 个，极大地改善了周边大量居住用地的就业需求；能向周边生活的市民提供 15000 平方米的开放活动空间、3000 平方米建筑面积的文化和体育休闲设施，有效提升了小区域内的城市活力。

3 小结

让“社会充满活力”是十九大制定的“到 2035 年中国基本实现社会主义现代化”核心目标的基本体现，中国的城镇化率早已超过 50%，生产生活场景更多的

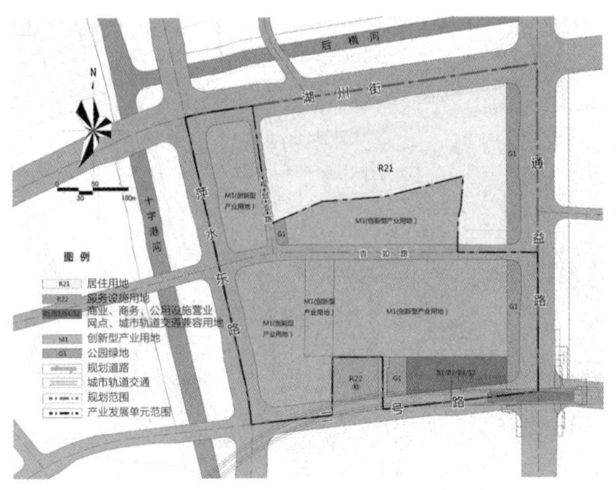

图 7　2017 年产业发展单元用地调整

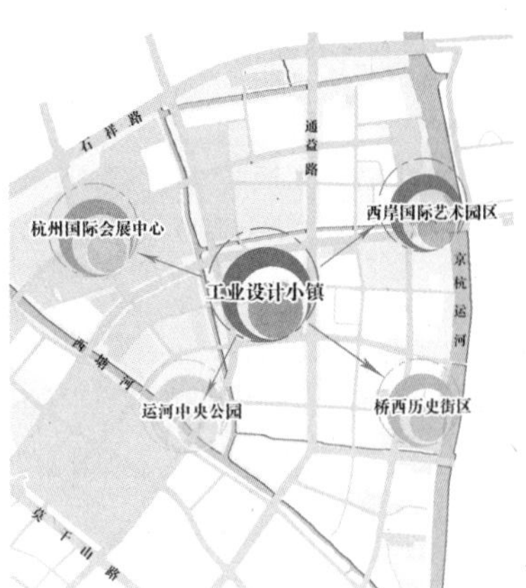

图 8　产业发展单元周边区域关系图

图 9　泰普森与 LOFT49 城市空间形态示意图

图 10　泰普森改造前后实景对比

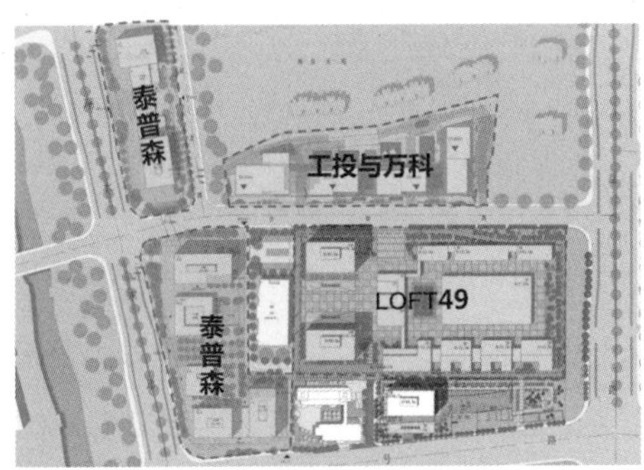

图 11　产业发展单元设计平面图

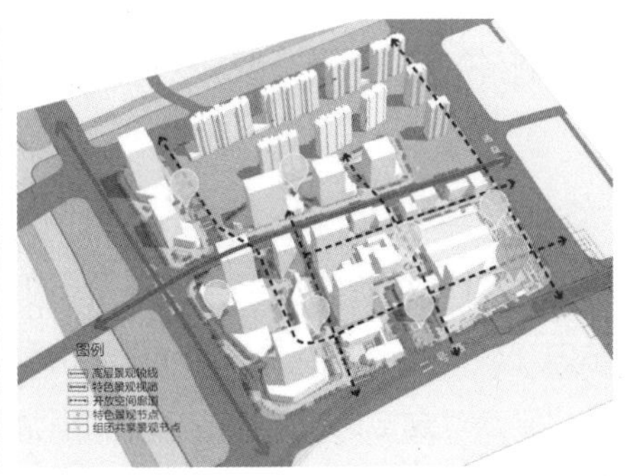

图 12　产业发展单元开放街区示意图

集聚在城市地区，城市活力对人类生活具有重要意义。如何激发城市活力是规划从业者的责任命题，如何发挥引领和引导作用是规划渐进的探索过程。

3.1　认识规律才能呵护活力

中心城市发展阶段的进阶是城市追求的目标、也是发展的必然，在这一进程中，科技的进步会带来活跃的经济活动、其中产生的诉求也是多样化的。这种多样化的诉求存在着符合社会经济发展的客观规律，规划工作者要擅于认识和发现规律，才能准确地把握到其中的活力元素，从根本上呵护和促进活力的发育。

3.2　统筹资源才能整合活力

城市的活力是由点状个体要素构成的，个体的作用是重要的、也是有相对局限性的，在点状的活力提升中要从区域的角度进行整合引导，从多元、集聚、融合的维度推动城市整体的活力提升。

3.3　企业参与才能实现活力

城市的活力蕴藏在城市的个体活动中，规划发挥的是引领和引导作用，个体的成长才是城市活力汇聚的关键因素。只有让以企业为代表的经济个体不断产生提升的意识和动力、深度参与到城市的活力建设中来，才能实现城市活力的不断提升。

3.4　管控转型才能服务活力

不同的城市发展阶段，规划的调控理念和管理方式也显著不同。规划对城市活力的作用并不一定总是积极的、正向的，在过去很长一段时间里，规划都是以“管”为主，存在着“照章办事”、死扣规范，对城市的限制大于引导，严重阻碍了活力的产生。在面对经济活动诉求越来越多样化的今天，规划的管控方式也应随着发展的转变而转变，从重“管制”向重“引导”和重“服务”转变，主动体现规划对于激发城市活力的作用，从而真正实现“规划引领”。

3.5　由点及面才能弘扬活力

在新的时代背景下，杭州规划工作者探索了一条适合泰普森进一步发挥经济活力、从而促进城市活力的路径。杭州处于相同发展阶段的企业还有许多，规划部门正在对全市的产业发展单元和小微企业园进行布局谋划，通过对泰普森成功经验的推广和应用，系统性地谋求助推城市活力提升的解决方案。

长三角地区是中国未来参与国际高端竞争的核心平台，作为其中心城市之一的杭州尤其要注重自身的辐射带动能力，不断提升城市活力，实现高质量发展。伴随着城市内部空间的动态更新，功能多样化在提供城市的更新动力、创造富有生机活力的城市社会经济生态中扮演着关键角色，产业功能集中体现了城市经济活力和社会活力，更应该认识到，产业更新是一个动态过程，那么，城市规划管理工作也应该与之相适应，规划工作者要见微知著，迅速、准确地发现变化的迹象和其中存在的客观规律，及时作出空间管理策略的应对和调适。

王学海
李森

王学海，中国城市规划学会学术工作委员会委员、历史文化名城保护规划学术委员会委员、山地城乡规划学术委员会委员，上海千年城市规划工程设计股份有限公司总规划师，教授级城市规划师，注册城乡规划师

李森，上海千年城市规划工程设计股份有限公司，规划所副所长，城市规划师

从规划入手增强城市新区活力

——昆明呈贡新城核心区城市规划探索

2003 年，按照昆明区域规划确定的滇池周边“一湖四城”的发展战略，位于滇池东岸的呈贡成为这一新规划中最大的新城，计划建设成全省的交通枢纽中心、昆明市的行政中心和新兴产业中心，以及“现代化科教创新新城”。在呈贡另辟新城，一定程度上，可以缓解昆明主城区的人口和交通压力，也可以成为带动经济增长的新节点，同时推动城市加快发展。

呈贡新城在 2005 年正式动工，实施过程却并不那么顺利，在建设过程中，呈贡新城的规划屡次受到媒体的诘问，2010 年 2 月呈贡新城被英国《金融时报》作为中国新城建设中的“空城”问题样本；2013 年，美国《外交政策》杂志发表了美国摄影记者马修·尼德豪泽拍摄的呈贡照片，使其再陷“鬼城”舆论旋涡。从城市规划专业角度上看，呈贡新城建设的问题远没有那么可怕，新城的规划强调一步到位，但建设却得按部就班开展，而城市活力的形成和集聚则更应该是平波缓进，非一时之功。

呈贡新城配套的缺失与人气的淡薄却让规划部门有口难辩，规划蓝图与实际建成之间漫长的时空距离，磨损着新城规划宏伟的光环，如何增强城市新区活力，其实还真离不开规划在深层结构的布局。昆明呈贡新城的核心区城市规划优化，就是从城市规划入手增强城市新区活力的一次探索，而且这次探索集合了中央到地方不同层面的政策支持、国外专家与国内专家的智联，其过程可以成为新城建设中城市活力规划的典型实例。

1 呈贡新城的规划历程

1.1 呈贡新城的提出

2003 年 5 月，云南省委、省政府在昆明召开昆明城市规划与建设现场办公会，提出了建设现代新昆明的重大战略决策，明确“一湖四环”、“一湖四片”的现代新昆明的战略构想，呈贡县的龙城镇、洛羊镇、斗南镇、吴家营乡、大渔乡的 160 平方公里区域被确定为现代新昆明的东城区，后又称为呈贡新城，2006 年 9 月后改称为呈贡新区。

1.2 呈贡新城的总体规划

2003 年初，呈贡新城管理委员会还没有正式成立，相关的管理机构也没有正常运行，为加快规划工作的推进，昆明市规划局派驻呈贡的工作组联合对呈贡新城建设积极主动的鲁能集团，邀请了加拿大的 EDA 建筑设计有限公司、美国的珀金斯－伊士曼建筑设计公司、澳大利亚的 ANS 国际建筑设计与顾问有限公司三家世界知名设计公司对呈贡新城的总体规划进行方案国际征集，通过借“外脑”生智，最大限度利用国际最优秀的规划资源，为高起点建设新城打下良好的基础（图 1）。

2003 年 8 月，在三家国际设计机构方案基础上，由昆明市规划设计研究院完成了呈贡新区总体规划编制，新区规划控制面积 160 平方公里，城市建设用地 107 平方公里，总人口 95 万人。呈贡新区发展定位为现代新昆明的行政文化教育中心、社会服务中心、国际物流中心、会展中心、新兴产业中心；现代新昆明的鲜花之城、山水之城、文化之城、生态之城及最适合人类居住的现代新城，呈贡新区范围以昆玉高速公路划分东西，以中央公园划分南北，并按不同功能划分为 7 个片区：吴家营片区、核心区、雨花片区、雨花东南片区、斗南片区、乌龙片区和昆明呈贡信息产业园（图 2）。

1.3 呈贡新城的规划体系建立

从 2004 年 8 月完成总体规划审批到 2007 年底，呈贡新区按照国内严密规划体系的要求，在总体规划的指导下，邀请了十多家国内外著名的规划设计公司和数十位国际规划大师，同步开展了呈贡新城的各专项规划、分区规划、各分区控制性详细规划以及新城整体城市设计，在三年时间中完成了呈贡新城分区规划、8 个片区的控制性详细规划，以及城市综合交通、新城道路竖向、排水系统工程、给水系统工程、电力系统工程、综合电信系统工程、燃气系统工程、再生水工程、景观风貌、绿地系统专项等 10 个专项规划。呈贡新城系统地建立了总体规划、分区规划、城市设计、控制性详细规划、专项规划的完备规划体系。

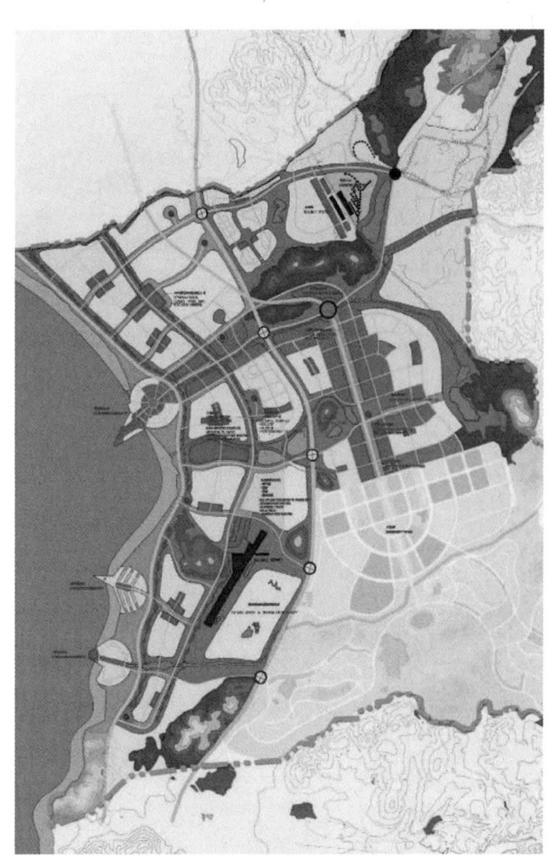
图 1　加拿大 EDA 呈贡新城概念总体规划图

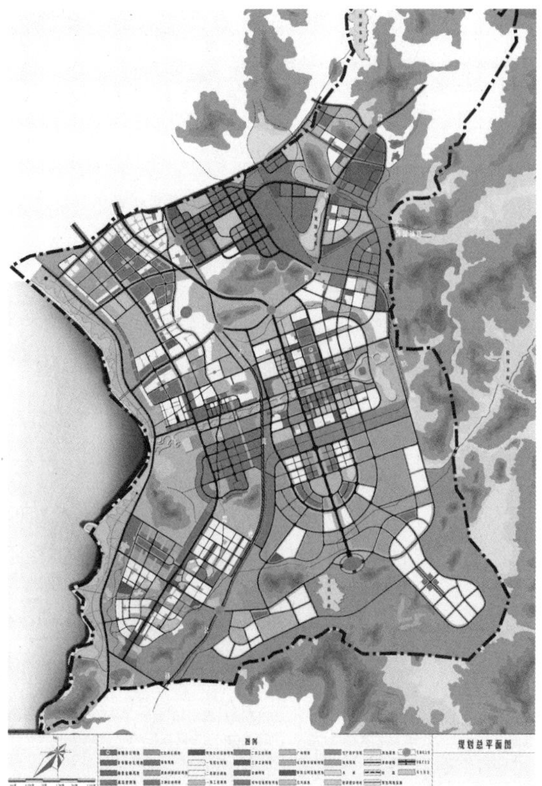
图 2 《呈贡县城总体规划修编（2004—2020）》土地利用规划图

2 呈贡新城建设实施

2.1 分散的“战场”

2003 年至 2010 年间，呈贡新区严格按照总体规划的布局开展建设，而教育、行政、商业、工业产业等新城功能分区相对独立，分属不同部门的教育、行政、交通、产业、服务配套等基础配套项目纷纷落地，尤其为解决现状用地上 8 万人安置问题（基本都要求就近回迁），分散规划建设 14 个回迁安置区，一场在近 200 平方公里范围内展开的宏伟蓝图，规划看到的是一幅恢弘的全景，而初期实施阶段却只能看到一个个不相连接的片段。新区开发碎片、孤岛化现象非常显著。

2.2 分头实施的主体

呈贡新城建设模式，是以政府主导的快速城市化典型，建设初期以基础设施建设为主要目标，以政府基础投入作为城市建设的乘数效应来推进城镇化，城市经营、市场活力成为次级别的预期目标，同时，基于快速出效果、片面考核要求，政府各职能部门按照总体的设想，分年度计划、分片区投入实施，导致前期建设更为分散，新城建设未形成“簇群发展”、合力建设的局面。经过初步调查，呈贡新城前十年服务设施建设总量，基本能满足城市拓展需求，但分散到各片区则出现各种设施“匮乏”，新城大量的基础投入未能实现预期的“热度”，大众对呈贡新城“冷遇”，进一步导致了资本市场和民间资本对新城投资滞后，阻碍了呈贡新区快速发展建设。

2.3 第一批呈贡新区居民

早在 2000 年初，昆明市为解决中心职能过度集聚、发展空间受限等问题，决定在主城之外建立大学城，并作为云南省重点建设项目工程之一，先于呈贡新城开展建设。呈贡新城的建设推动了大学城的实施——大学城新址确定在呈贡新城南部，并成为呈贡新城建设的优先项目。2007 年，呈贡大学城部分校区建设完成，迎来了第一批 1600 多名大学新生，成为呈贡新区第一批居民。而大学城因为远离中心城区，新城城市发展处于建设初始阶段，城市设施配套严重不足，与主城联系仅有几条主要交通干道和公交路线。因城市交通与服务设施配套不完善，呈贡大学城成为“文化孤岛”，十几所大学的分散建设也没有形成大学城建立时共享公共设施的预想，大学城里的第一批新生一直到毕业都封闭在孤立的校舍中，“用自己的温度焐热着呈贡新区的土地”。

2.4 拆迁安置

因当地拆迁居民就近安置的要求，8 万人安置区成为 14 片分散的居住区，呈贡新城人气不足的问题也未能在拆迁安置中得以弥补，同时分散安置也面临服务配套设施不足的问题；此外，在安置住房小区建设中，当地政府主要以失地农民安置住房建设为平台开展招商引资工作，吸引开发商投资，由于土地直接成本达 120 万元 / 亩左右，再分摊安置房建设成本，导致投资成本较高，加之当时房地产市场低迷，给招商引资带来很大困难。相互的影响使得呈贡新区的拆迁改造速度一直滞后。

2.5 问题暴露

160 平方公里的城市建设是一个漫长的历程，整体的规划建设效果不可能一蹴而就，而由于原先严格功能分区、主干道路宽敞的规划理念缺陷，加之建设主体与开发时序上未能形成统一合力，服务配套建设未能满足先建设区域，在建设过程中进一步被放大，导致新城缺乏人气和活力，多种问题的集聚爆发，使呈贡新城面临"鬼城"、"空城"质疑，进一步加剧招商引资困难，阻碍呈贡新城开发建设。

3 城市规划开出的药方

3.1 城市规划体系与实施的困境

受我国城市规划体系的普遍规律，以及呈贡新区的实际情况影响，呈贡新城的城市规划体系没有关于城市活力营造的相关内容。关于城市活力，英国学者伊恩・本特利在《建筑环境共鸣设计》一书中提出，"能够适应多种不同用途的场所提供给使用者的选择机会比限制他们于单一固定功能场所要多，能够提供这种选择机会的环境具有一种我们称为活力的特性"，而呈贡新城建设发展建立在"零空白"的基础上，缺乏传统城市发展的"脉络基因"，支撑居民活动的各类公共服务设施在"超大街区"规划模式下是缺乏细化布局的，在建设初期尤显匮乏，与之相关的"空城"、"鬼城"引起了社会各界的广泛关注，也对城市长久、持续性的开发建设产生了深远的影响。

3.2 新城市主义的核心理论

新城市主义亦称新都市主义（New Urbanism），起源于 20 世纪 80 年代，是针对郊区无序蔓延带来的城市问题而形成的一个新的城市规划及设计理论，1993

年在美国亚历山德里亚召开的第一届新城市主义大会标志着新城市主义运动的正式确立和理论体系的成熟。其核心人物是彼得·卡尔索普（Peter Calthorpe）。

新城市主义重视区域规划，强调从区域整体的高度审视和解决问题；以人为中心，强调建成环境的宜人性以及对步行生活的支持；公共价值重于私人价值；尊重历史与自然，强调规划设计与自然、人文、历史环境的和谐性。新城市主义倡导 TND（Traditional Neighborhood Development）传统邻里开发、TOD（Transit—oriented Development）交通导向开发的两种模式。

TND 模式偏重于社区邻里层面规划设计：5 分钟的步行邻里组成社区的基本单元；优先考虑公共空间；强调邻里社区居住、工作、购物、就学、宗教活动与娱乐均衡混合；精密交通网络，邻里内部交通注重步行交通，街道断面设计人性化；足够的建筑密度，以提高土地与基础设施的利用率，从而相对降低市政开发成本，增强社区活力；尊重传统的建筑风格。

TOD 模式强调邻里与轨道交通融合的区域发展，注重公交系统建设。不同邻里社区间（区域间）利用公交系统；每个邻里间可以方便步行，使用自行车、滑板作为日常交通工具；到公交站点步行 5 分钟。

3.3 新城市主义在呈贡新城的植入

2010 年，呈贡新区与美国能源基金会开展合作，呈贡新区开启了“小街区、窄马路、密路网”规划实践探索之路。2012 年，呈贡新区成为国家住房和城乡建设部绿色低碳城区建设的试点。美国能源基金会邀请了美国著名的城市规划专家、新城市主义的代表人物之一彼得·卡尔索普参与指导呈贡低碳建设示范区的规划，其核心理念是围绕重要公共交通节点建立各级城市中心，建设集工作、商业、文化、教育、居住等为一身的“混合功能”的空间，分散出行目的地，增加短距离绿色出行比例，从而打造富有活力的低碳新区。

3.4 呈贡新城核心区成为试点

国内专家和美国能源基金会经过对呈贡新区详细调研，选取呈贡新城核心区作为低碳生态合作首期示范试点，呈贡新城核心区包括吴家营、雨花两个片区，总面积约 12 平方公里，是集文化、教育、行政、居住、商业、城市公共空间为一体的综合功能空间。呈贡新城核心区向南紧邻大学城，向北与昆明主城产业区相连，向西则与滇池湖滨的生态旅游区相通，是建设呈贡新城的关键核心和新城各功能区的枢纽，其建设低碳生态试点项目对呈贡探索面向管理的低碳生态规划模式、促进新区可持续发展具有积极的意义（图 3）。

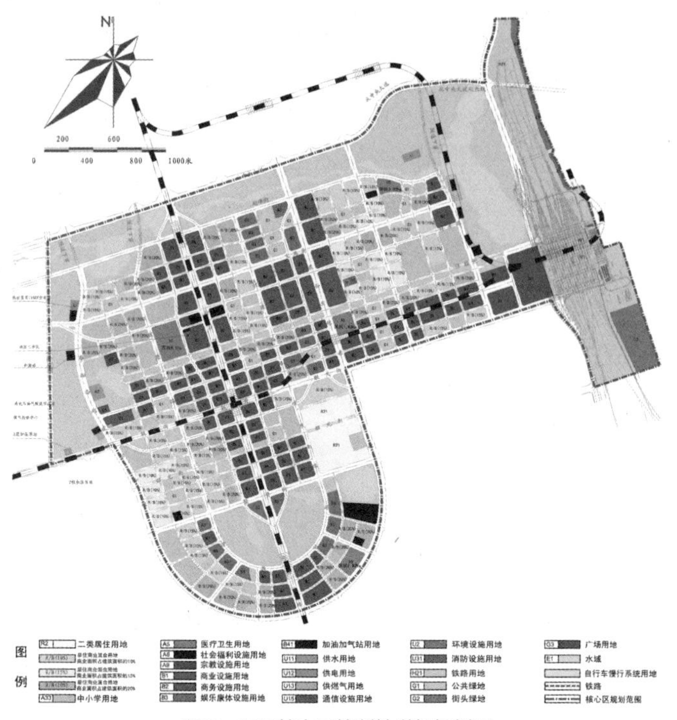

图 3　呈贡核心区控制性详细规划图

4　呈贡新城核心区控制性详细规划的优化

4.1　规划理念

呈贡新城核心区控制性详细规划优化核心理念，由卡尔索普事务所为主的国际团队与昆明市规划部门合作，基于彼得·卡尔索普的“新城市主义”理论，结合低碳生态社区的建设目标，从紧凑型空间引导功能复合利用、绿色交通引导低碳出行、多元景观引导城市特色塑造、节能减排引导低碳生态建设 4 个方面上，对原核心区控制性详细规划进行优化调整，构建“功能复合利用的活力区、交通内外通达便捷的宜居区、景观特色鲜明的核心商务区、绿色集约发展的实践区”。

4.2　TOD 开发设想

呈贡核心区主要由十字形轨道交通连接其他城市地区，依托轨道站点建设 6 个城市中心，围绕公交枢纽建立多个片区中心和社区中心，将商业、住宅、办公楼、公园和公共建筑设置在步行可达的公交站点的范围内（图 4—图 6）。

地面公交系统分公交专用道与常规公交两级构建，300 米公交站点覆盖率达 96.8%，形成轨道交通、快速公交系统、常规公交、公共自行车多模式互补的公共交通系统，实现低碳出行。

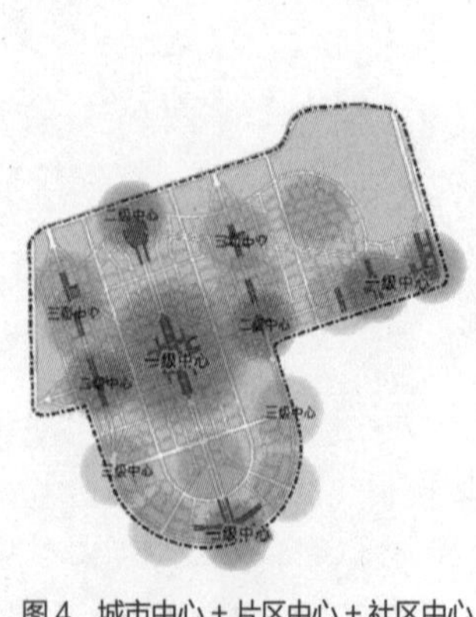
图 4　城市中心 + 片区中心 + 社区中心

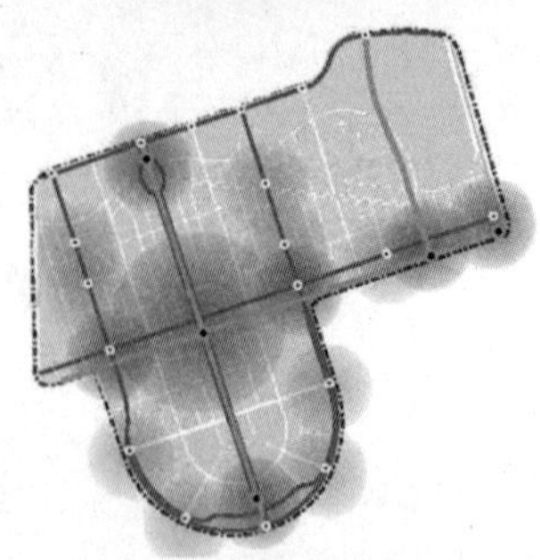
图 5　公交服务区域

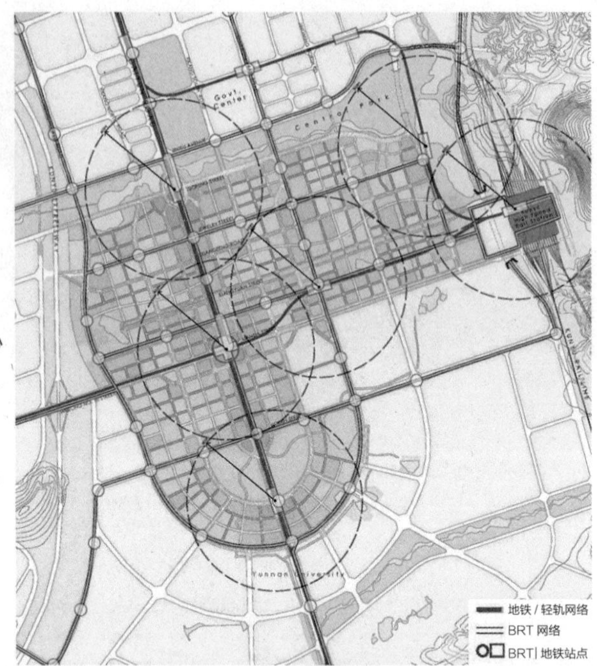

图 6　公交网络

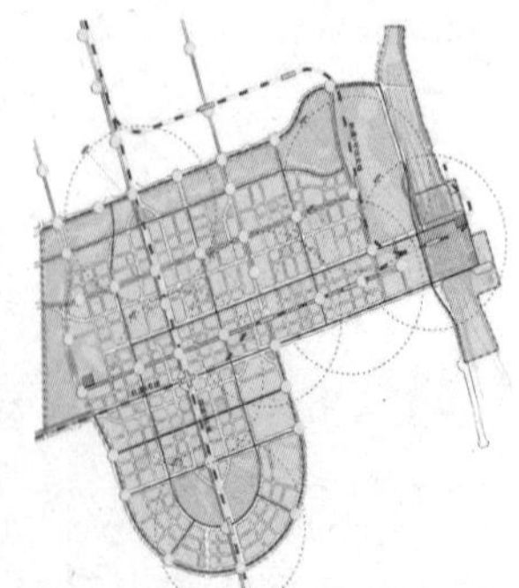
图 7　轨道交通布局图

图 8　公交站点布局图

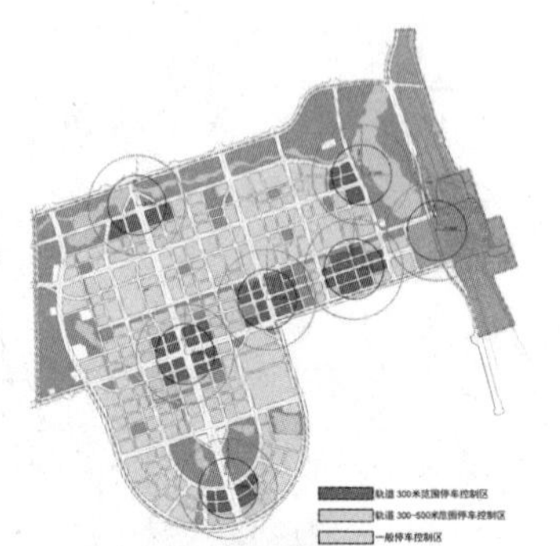
图 9　停车调控规划图

对机动车交通高度重视（忽视机动车交通会导致规划决策实施困难）、合理疏导，核心区“三横三纵”主干道路体系采用控制流向（北部两条主干道甚至规划成单行线），确保机动车交通快速通行；区内的细密支路网则可容纳大量的机动车交通，避免传统路网主干道交叉口严重拥挤堵塞的问题，方便各地块的交通出行（图 7、图 8）。

静态交通则根据用地功能、交通需求特征差异，划定严格控制区、过渡控制区和一般控制区，公交发达地块限制停车位数量。轨道 300 米范围内，划定严格控制区，商务办公、商业设施、酒店宾馆的机动车停车位按规划技术管理规定 0.5 倍进行控制；轨道站点 300—500 米范围内，划定过渡控制区，商务办公、商业设施、酒店宾馆的机动车停车位按规划技术管理规定的 0.75 倍进行控制；一般控制区按规划技术管理规定执行。通过机动车停车位的数量控制，引导机动车理性使用（图 9）。

4.3 路网尺度

采取窄道路（支路）—高密度—小街区的路网格局，在现状的主次干道之间，取消次干道等级，增加 2—3 条生活性道路，增加路网密度、均衡道路负荷，路网间距由原来的 400—500 米，缩小到 150 米左右，使得道路密度从原来规划的 6 公里 / 平方公里增加到了 12 公里 / 平方公里，增加非机动车道以及步行系统，提供绿色出行环境（图 10—图 12）。

4.4 小面积用地地块

在小街区、密路网的道路框架基础上，采用街区制布局，在原控规基础上，细分用地地块，将用地分解形成 100 米 ×100 米左右的小尺度街坊，打通居民生活空间，促进市民交流，促进低碳交通发展。

这些小型街区配合其他规划策略有利于建设类似于传统城市中心区的活力街坊，政策管控到位的话，还有利于城市运营，控制城市用地的稳步供给，使得城市健康发展（图 13、图 14）。

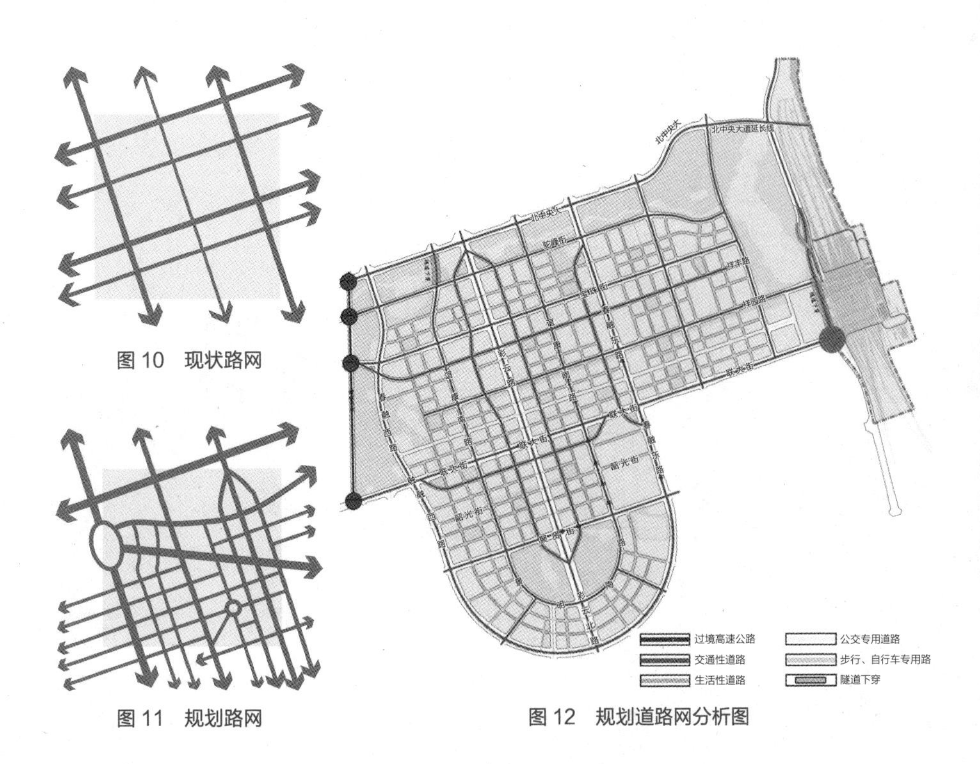

图 10　现状路网

图 11　规划路网

图 12　规划道路网分析图

4.5　混合功能

按照 800 米步行可达距离，建设公园、文化、教育、医疗、市政等公共配套设施，形成多个功能复合的社区中心，满足人们日常生活所需（图 15、图 16）。

在主要公交站点 400 米半径范围内采用土地混合开发模式，设置服务业、零售商业、娱乐休闲及住宅等功能，将人们日常所需的服务适当聚集（图 17、图 18）。

规划对地下步行系统、商业街、地下停车场的总体布局、范围等内容作出引导，并在图则中就地下空间的退界、通道设置等作出细化要求，将地下空间开发作为实现土地资源集约化的重要途径（图 19）。

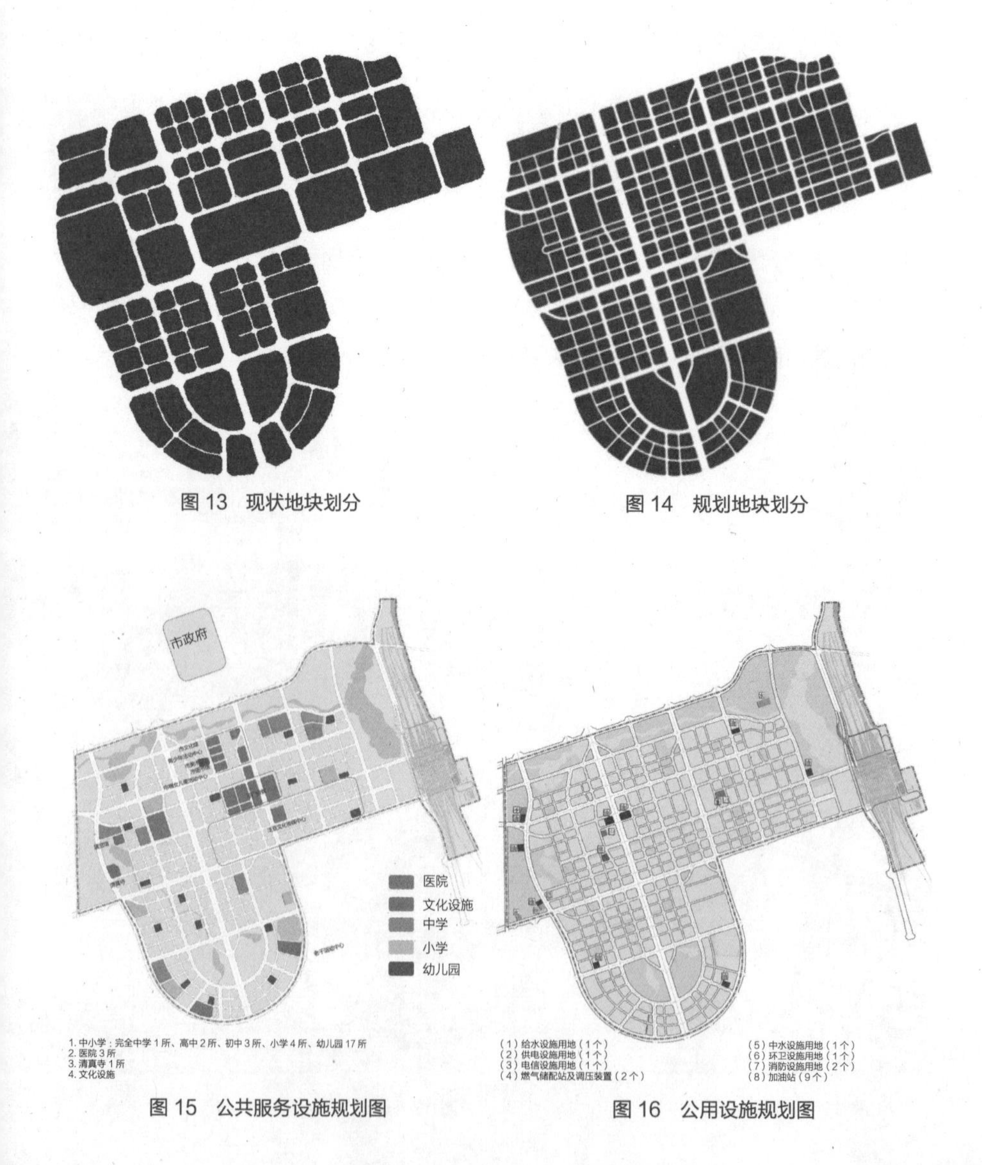

图 13　现状地块划分

图 14　规划地块划分

图 15　公共服务设施规划图

图 16　公用设施规划图

4.6 连续临街面

通过临街面商业建筑贴线率 70%、居住建筑贴线率 60% 的控制，用街道两侧建筑来限定步行空间，形成连续的街墙，沿街不间断的商业服务用房，将人流吸引到沿街建筑及步行道上，避免因公共服务设施庭院、围栏等的建设，导致街道出现单调乏味的空间，并在临街建筑配套服务设施，为行人提供便捷可达的服务，增强城市活力（图 20、图 21）。

4.7 高质量建筑与城市设计

小尺度地块为建筑的灵活布局提供了可能，避免过大尺度地块单一开发形成的单调空间。为了更好地实施规划，联合规划设计团队还进行了城市设计深化，

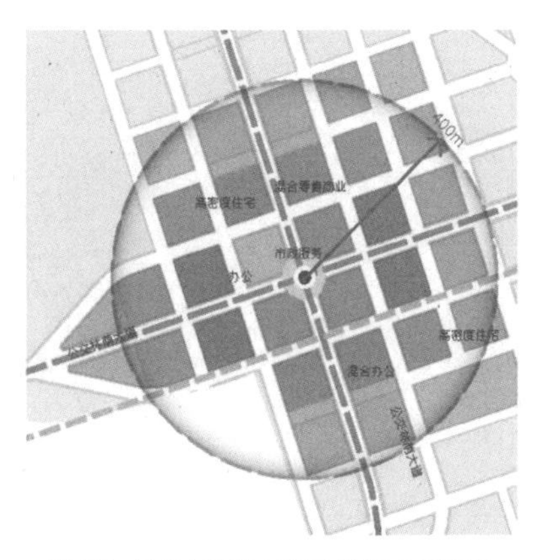

图 17　地铁站周边用地功能混合示意图

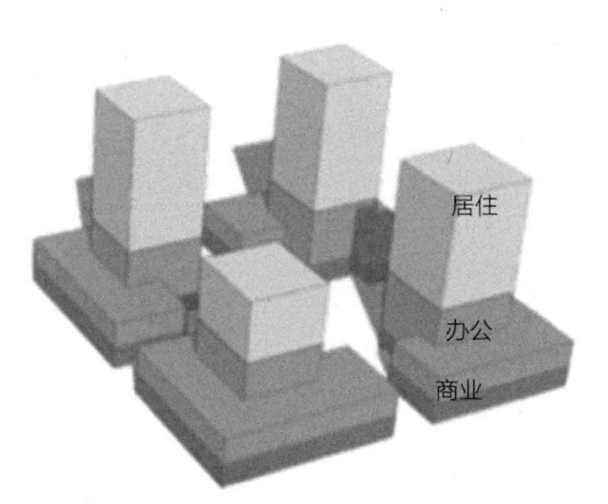

图 18　地铁站周边建筑功能混合示意图

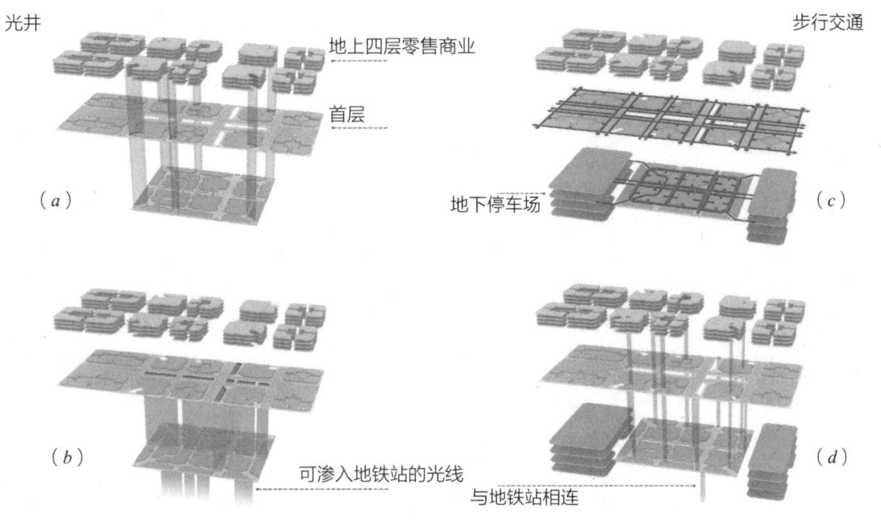

图 19　地铁站周边地下空间开发引导示意图

贴线率 = 建筑沿街紧贴建筑最小退线长度 / 街道总长度

图 20 沿街建筑贴线率计算示意图

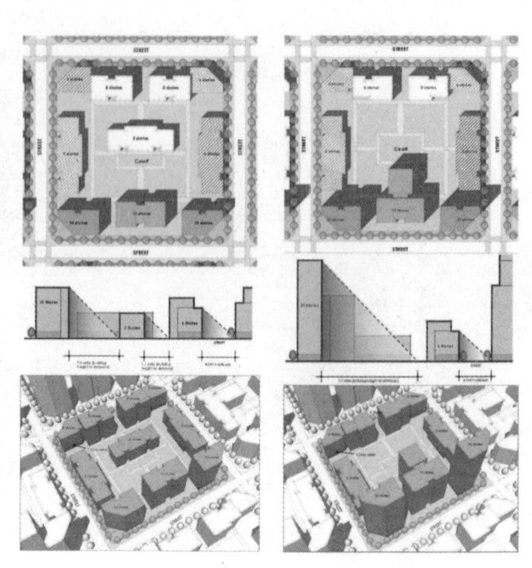

图 21 临街面覆盖率与贴线率建筑布局示意图

图 22 节能建筑设计效果图

图 23 呈贡核心区城市设计夜景效果图

对小尺度地块开发提供了不同的建设空间组合模式，规划在编制过程中同步开展的城市设计专题研究，确保了控规指标的科学性和合理性（图 22）。

在规划设计深化时，还围绕绿色生态节能理念，研究了绿色建筑在小街区地块实施的可能性，明确将环保设计，以及节能技术应用到每一座新建筑中，建设节能建筑和低碳社区（图 23）。

5 呈贡新城核心区控制性详细规划的政策保障及实施阻力

5.1 国家层面的支持

可持续发展是当今世界城市发展的重要方向，近几年来，中国把环境保护定为基本国策，我国《“十三五”控制温室气体排放工作方案》中提出“推动开展 1000 个左右低碳社区试点，组织创建 100 个国家低碳示范社区”，呈贡低碳社区规划应时应势而为，得到了国家层面的重视并被列为“低碳建设示范社区”，使呈贡新城的新城市主义在政策和国外技术运用上，得到了坚实的保障。

5.2 地方政策的落实

呈贡新城核心区城市规划优化，被誉为是“新城市主义”规划思维在中国实施落地的首例，昆明市在已经拥有较为完备的城市规划建设管理条例、办法的前提下，为保证呈贡新城核心区“新城市主义”理论顺利实施落地，专门出台了《昆明呈贡新城核心区规划建设实施规定》，作为控规补充内容，在呈贡核心区的建筑退线、开发强度、机动车出入口距离等指标上给予了特殊的标准，为呈贡新区实现科学、高效的规划管理提供了强有力的保障。

5.3 影响实施的因素

呈贡新城在“新城市主义”介入之前，是遵循 2006 年版的控制性详细规划开发建设的，部分新城建设已然成为现状，宽阔的城市主干道，显然不符合新城市主义理论的要求，新修城市主干道面临着改造，出于经济、社会舆论、可实施性的考量，在具体实践中，采用了单向而分路的调整，除此之外，“新城市主义”在呈贡新城的实施，还面临着经济、文化、市场、技术等方面的影响，如：大型开发商青睐大而完整的地块，按照他们自己的产品模式要求取消规划的支路，或修改整体道路格局；城市居民对功能混合社区的理解和认识，仍有待提高；社会舆论尤其是媒体，对城市规划的消费式解读，增加了城市规划管理实施的压力，这些因素都将在规划实施过程中不断地干扰甚至阻扰规划实施。

6 呈贡新城核心区控制性详细规划的实施情况

呈贡新城核心区控制性详细规划自批准以来，在市规划行政主管部门的坚持下稳步推行，已按照规划执行实施了相当数量的地块。按规划执行审批6年多，虽然有时面临强势开发集团的压力、拆迁安置的困难，但是呈贡核心区规划的总体框架、路网格局、建设理念都得到较为完整的实施。

6.1 实施效果

通过近6年时间精细打造，呈贡核心区"小街区、窄马路、密路网"布局核心区域初见雏形；核心城区路网密度达到了纽约、芝加哥、巴塞罗那等城市核心区的水平。随着2013年、2016年地铁1号线、3号线相继开通，地铁4号线预计于2020年试运行；以及昆明高铁站——昆明南站（呈贡）的建设完工，投入运营；至2018年，呈贡新城开通公交线路97条，基本实现建成区范围公共交通全覆盖，城市居民出行更加高效、绿色、便捷。公共交通为引领的出行结构基本实现，新区功能空间格局进一步优化，地铁沿线商业设施、地下停车场逐步开展建设（图24、图25）。

与此同时，呈贡新区政府围绕小街区开展了15分钟便民生活服务区建设，并持续推进智慧城市、5G网络试点建设；2018年全区绿化覆盖率达48.01%，城市绿地率达43%，人均绿地面积达22.52平方米，各项绿化指标均位列全市首位，"低碳生态宜居城市"品质进一步增强。

TOD的新城市主义理念的价值逐渐显现，地铁沿线的物业从2017年开始受到投资者的高度重视，以春融街、联大街、驼峰街地铁站为中心的周边商圈都呈现繁华的态势，2018年呈贡房价进入万元时代，越来越多的居民选择在呈贡投资、就业、居住，呈贡正由"鬼城"变为居民和资本集聚的新城。

图24 呈贡核心区宝珠街密路网建设情况

图25 呈贡核心区韶光街密路网建设情况

6.2 目前呈贡新城的热潮

随着呈贡高铁时代的到来，呈贡新城开发建设步伐进一步加快，2019年呈贡土地储备452.35亩，目前在建楼盘超过20个，国内知名地产纷纷聚焦呈贡，根据政府计划，未来三年，呈贡将建设十大文体设施、六大公园，大批中小学名校即将落户新城，呈贡三甲医院继续增加，教育、医疗水平将居全省第一。产业上继引入了微软、谷歌两大国际知名科技企业后，呈贡又成功引进华为、中兴、浪潮、大唐等国内著名高科技企业区域总部落地，2019年的呈贡正在开始新一轮的开发建设热潮。

6.3 呈贡新城的人口集聚趋势

在开发建设初期，呈贡人口集聚主要通过行政干预完成，人口主要由学生、政府单位职工、安置居民构成。近年来，呈贡新城围绕昆明以建设区域性国际中心城市为目标，着力培育信息产业、花卉产业、金融产业、大健康产业、文化旅游产业，高素质人群、主力消费人群、就业人群数量逐步增加。2013年呈贡新城常住人口约35万人，至2018年，呈贡新城常住人口约42万人。

根据昆明市2017年公布人口增长目标，到2020年，昆明市常住人口将达到850万人，昆明主城（包括呈贡新城）将每年新增30万人以上，从发展容量上看，呈贡新城是最可能的新增人口主要承接地，结合呈贡新城投资、居住、就业环境日趋改善，预计在未来10年内，呈贡不仅是昆明市经济增长和人口增长最快的区域，也将是整个云南甚至中国的发展热点。

6.4 影响呈贡新城城市活力的因素

2016年以来，呈贡新城的发展取得了令人瞩目的成就，但任何城市的发展都离不开宏观大环境的发展，尤其呈贡属于新城开发，新城城市活力对大环境变化更为敏感，宏观经济环境决定了新城获取外界生产发展要素的规模，从而也决定了新城经济活力和热度。此外，产业是支撑地方经济社会可持续发展的主动脉。产业发育程度是决定呈贡新城保持长久活力的决定性因素，呈贡新区的规划蓝图，对信息、花卉、金融、大健康、文化旅游等产业进行了深入的布局，目前呈贡新区快速起步发展的产业活力，成为呈贡城市活力的新动因。

城市交通是社会经济的骨骼构建，呈贡交通体系建设是新城社会经济运行的基本保障，目前呈贡建成的“轨道交通+BRT+常规公交”一体化公共交通系统，实现呈贡与昆明主城“同城效应”和外部高效连接，保障了呈贡新城快速发展。

影响城市活力的因素涉及方方面面，就目前而言，宏观环境、产业培育和城市交通是呈贡快速发展的主要因素，呈贡新城核心规划尚未产生显著的促进作用，但就城市长期运营和保持长久活力上来看，以人为本的城市空间塑造，对营造城市社会生活非常关键。呈贡新城核心区积极推进“小街坊”路网模式，让小街区装大功能，混合开发实现工作与住宅的平衡，避免呈贡新城“卧城”的现象重演，同时让城市交通回归人本尺度，体现城市的人文关怀，让新城更加宜人、更具活力。这些基于人性本能的城市生活需求，在信息化快速发展的未来将愈发显得重要。

6.5　呈贡核心区在未来呈贡新城中的地位

呈贡新城虽然房价涨了，成为资本和市民关注的热点，但其功能分区明显的组团式发展格局并未改变。呈贡核心区的顺利实施可以将目前分散的各功能区组合成完整的新城，强大而富有吸引力的新城核心区既可以充分地服务呈贡新城，完善新城的功能布局，也可以极大地创造就业机会，吸纳主城迁移人口和外来新增人口，真正实现呈贡新城建设的目标。

随着呈贡核心区规划建设逐步推行，以新城市主义为代表的低碳新城区逐渐浮现于世人眼前，未来随着呈贡核心区建设进一步推进，呈贡核心区将成为呈贡新城的城市服务核心，绿色宜业宜居区，低碳生态示范区，具有活力、高效、独具特色的高品质城市中心。

6.6　核心区规划起到的作用

呈贡核心区规划通过对新城市主义理论的运用，探索低碳为核心的呈贡新城土地功能、空间形态、交通组织规划设计新模式，规划对呈贡新城开发建设起到了以下几方面的作用。

（1）提出 TOD 交通系统建设理念，引导呈贡新城建立公共交通为先导的交通体系，倡导绿色交通出行，避免“宽马路”、机动车为主导的传统城市规划建设模式，促进新区社会经济高效发展。

（2）植入“小街区、密路网”模式，将被封闭在大街区内的部分道路和绿地开放出来，塑造宜人的街道空间尺度，促进城市活力，同时避免城市主干道交通流汇集造成拥堵，减小中心区道路红线宽度，提升土地开发价值。

（3）功能空间重塑，通过轨道站点、公交枢纽、社区中心三个层级体系塑造，重塑公共服务要素配置，补齐服务设施短板。

（4）制定建设实施保障措施，根据新理念、新实践的具体要求，制定相应的规划建设管理条例，保障核心区规划建设顺利落实。

（5）遏制了大型地块单一尺度、单一体量、单一形象的单调乏味开发模式，为新城核心区形成丰富多彩的城市魅力空间预留了宝贵的空间，为下一步城市设计、建筑设计留出了充分的施展余地。

近年来，呈贡新城社会经济呈现高速发展趋势，各项社会事业稳步推进，一个生机勃勃、充满活力的现代化新城正大踏步地崛起在云贵高原滇池之滨。呈贡核心区的建设实施对新城的形象提升、环境营造、服务设施配套、功能载体提升起到了重要作用，核心区道路交通、文化、教育、行政、商业、医疗、市政公用、公共服务等设施日趋完善，群众生活水平、生活质量显著提高，依据“新城市主义”理念的核心区控制性详细规划的开展，对呈贡城市活力的塑造，将随着规划实施的逐步推进，越来越显示其卓越的前瞻性。

李健
张剑涛

李健，上海社会科学院城市与人口发展研究所研究员
张剑涛，中国城市规划学会学术工作委员会委员，上海社会科学院城市与区域发展研究中心客座研究员

以嘉定为例探讨我国特大城市郊区新城产城融合发展路径

20 世纪 90 年代以来，以开发区为平台的产业发展模式促进了长三角地区区域经济快速发展。但开发区与城市之间的空间分割造成基础设施、公共服务、社会分割、生态环保等问题，亟待通过产城融合发展的理念予以解决。产城融合是指产业与城市融合发展，以城市为基础，承载产业空间和发展产业经济，以产业为保障，驱动城市更新和完善服务配套。在当前城乡协调发展的进程中，产城融合是我国城市转型升级背景下相对于产城分离提出的一种新的发展思路，要求产业发展与城市功能融合、空间整合，以产促城、以城兴产。产城融合有极强的空间内涵，不同维度、不同尺度下的考察会产生不同结果，要根据实际情况统筹城镇、产业布局，实现城市各组成部分多尺度、多层次、多内涵发展。

改革开放以来的发展进程中，上海一直存在就业在中心城区、居住在郊区和居住在新城核心区、就业在工业区的情况，造成中心城区与郊区、新城与工业区之间巨大的通勤压力。因此，在上海新一轮城市总体规划中，产城融合发展成为规划重点，提出多个层面的要求。针对中心城区，提出“促进非核心功能疏解和就业岗位布局调整，实现产城融合”。在新城地区，“重点加强公共服务和资源配置，促进产城融合，引导人口向新城、核心镇和中心镇集中。推进跨区域综合交通设施与公共服务设施对接和共享”。此外，“鼓励新市镇依托区位、交通、风貌和产业优势，坚持因地制宜，突出特色鲜明、产城融合，以促进城乡一体化发展”。本文以上海市嘉定区为案例，重点探讨我国特大城市郊区新城产城融合发展的多种类型和推进思路，以为同类地区的产城融合发展提供一些启示。

1　嘉定区人口分布与产业布局现状

1.1　嘉定区多空间尺度下的人口布局

1.1.1　嘉定区城镇体系的分析

在嘉定区“十三五”规划文本中，提出构建“14850”4 个层次的新型城镇体系。“1”即一个嘉定新城，包括嘉定新城主城区、安亭镇、南翔镇和江桥镇，建设成为协同嘉昆太区域、对接上海市中心的综合性功能城区。“4”即 4 个新市镇，包括外冈镇、工业区北区（朱桥）、徐行镇、华亭镇，建设成为功能完善、错位发展、特色鲜明的城镇。“8”即 8 个撤制镇（集镇），包括黄渡、封浜、方泰、戬浜、娄塘、曹王、老华亭、望新，建设成为规模适度、有一定服务功能的集镇。“50”即 50 个左右中心村（行政村），建设成为生活环境优美、富有江南特色的美丽乡村。根据《上海市嘉定区总体规划暨土地利用总体规划（2017—2035 年）》，2035 年基本建成产城全面融合的世界级汽车产业中心，高科技新兴产业为支撑的上海科创中心重要承载区，生态人文宜居的长三角综合性节点城市。同时，按照上海新一轮城市规划安排，嘉定区规划形成一个新城（嘉定新城）、三个中心镇（安亭镇、南翔镇和江桥镇）、三个一般镇（外冈镇、徐行镇和华亭镇），另外真新街道属于中心城范围。

在本文的研究体系中，将延续“新城—重点镇—一般镇”的城镇体系结构，但对城镇体系的范围有一定调整（表 1）。

（1）嘉定新城主城。在嘉定区经济社会发展中，嘉定新城主城作为区域主体功能定位的重要空间承载平台，重点培育文化休闲、商业商务、科技创新功能，强化市级副中心功能。嘉定新城主城包括新成路街道、嘉定镇街道、工业区南区、菊园街道、马陆镇。

（2）重点镇。包括南翔、安亭、江桥（江桥与真新街道融合发展）、工业区北区。南翔镇重点承担区域经济、社会与文化功能，未来融入嘉定新城。安亭镇主要发展现代汽车文化、延伸汽车制造和休闲产业链，塑造本土文化符号以及相应产业，建设安亭特色小镇，打造世界汽车产业中心。江桥镇与真新街道主动承接市中心城区的功能外溢，以文化、商贸、总部经济为主要导向。工业区北区发挥国家级科研院所集聚和新型工业化产业示范的优势，打造创新辐射能力强、开放度高的自主创新产业地区。

（3）一般镇。包括外冈镇、徐行镇和华亭镇。主要是积极发挥第一产业规模化优势，优化农业结构。加强与太仓、昆山的规划衔接，建设外冈郊野公园、嘉浏郊野公园，共建区域生态绿肺（表 1）。

嘉定区多空间尺度下的人口空间布局情况　　单位：万人　　表 1

		现状常住人口[1]	“十三五”期末规划人口	2013 年底就业人口[2]
嘉定新城主城		50.2	50—70	25.08
重点镇	南翔镇	20.5	40—50	15.05
	江桥 + 真新	39.7		10.45
	安亭镇	30.2	20—25	20.71
	工业区北区	16.9	15—20	12.46
一般镇	外冈镇	9.0	—	5.24
	徐行镇	8.2	—	4.95
	华亭镇	4.0	—	2.63

注：一代表数据缺失。
资料来源：笔者根据统计资料整理

1.1.2　三大城镇圈的分析

嘉定区有三个城镇圈，包括嘉定新城城镇圈、安亭—白鹤—花桥综合发展型城镇圈、南翔—江桥城镇圈。三个城镇圈具有不同的发展基础和特征，其中安亭—白鹤—花桥更是跨省和跨区县城镇圈。

（1）嘉定新城城镇圈。嘉定新城城镇圈是综合发展型城镇圈，以嘉定新城为核心，统筹周边的嘉定老城、华亭镇、徐行镇、外冈镇、嘉定新城（马陆）等地区，规划人口约 83 万人。2017 年底，现状人口规模为 80.8 万人；2013 年从业人员为 52.61 万人。

（2）安亭—白鹤—花桥城镇圈。安亭—白鹤—花桥城镇圈是综合发展型城镇圈，由安亭镇和青浦区的白鹤镇、昆山市的花桥镇组成，以安亭镇为核心，辐射带动其他两镇。2017 年底，安亭镇部分人口规模为 28.8 万人，白鹤镇常住人口为 9.23 万人，花桥镇常住人口为 14.2 万人；2013 年，安亭镇从业人员为 20.71 万人，白鹤镇从业人员规模为 3.17 万人，花桥镇从业人员规模为 11.03 万人。

（3）南翔—江桥城镇圈。南翔—江桥城镇圈是整合提升型城镇圈，由江桥镇、南翔镇组成，规划人口 48 万。2017 年底，南翔—江桥城镇圈人口规模为 49.8 万人；2013 年从业人员规模为 23.25 万人。

1.1.3　“一核三区”的分析

嘉定新城包括嘉定新城核心区、安亭镇、南翔镇以及江桥镇，规划建设成为协同嘉昆太区域、对接上海市中心的综合性功能城区，空间结构为“一核三区”的组合式新城，包括一个区域级综合服务核心和三大组合式新城功能区（表 2）。

---

[1] 2017 年底人口现状由“2018 年 1 月 8 日嘉定公安要情摘报十二月份实有人口动态数据分析”整理计算所得。之后各乡镇的现状人口都来源于此。

[2] 2013 年嘉定区第三次经济普查数据，之后各乡镇关于从业人员的统计都来源于此。

嘉定新城“一核三区”的规划空间范围 表 2

名称	规划空间范围
嘉定新城核心区	嘉定街道、菊园街道、新成路街道、工业区南区、马陆镇
北部片区（科技城自主创新产业化示范区）	嘉定工业区北区、朱桥镇、娄塘
安亭片区（国际汽车城产城融合示范区）	安亭镇、国际汽车城
南江片区（北虹桥商务示范区）	南翔镇、江桥镇、真新街道

资料来源：嘉定区城乡建设和管理“十三五”规划纲要

（1）嘉定新城核心区。嘉定新城核心功能区（包括新城及老城主要区域），承担全区政治、经济、文化及社会服务等主要功能。2017 年底，嘉定新城核心区现状人口为 50.2 万人，未来规划人口为 50 万—70 万人；2013 年就业人口为 25.08 万人。

（2）科技城自主创新产业化示范区。科技城自主创新产业承载区发挥国家级科研院所集聚和新型工业化产业示范优势，打造创新辐射能力强、开放度高的自主创新产业地区。科技城自主创新产业承载区 2017 年底常住人口达到 23.8 万人，规划人口 15 万—20 万人；2013 年工业区北区（科技城自主创新产业化示范区）从业人口 5.15 万人。

（3）国际汽车城产城融合示范区。国际汽车城产城融合示范区，以发展科技研发和高端制造为主的科创中心。2017 年底常住人口为 30.2 万人，到 2020 年规划人口为 20 万—25 万人；2013 年安亭和国际汽车城从业人口为 20.71 万人。

（4）北虹桥商务示范区。北虹桥综合商务区，主动承接市中心城区的功能外溢，以文化、商贸、总部经济为主要导向，成为上海西部创新创业的先行区。2017 年底北虹桥商务示范区人口规模为 56.6 万人，规划人口规模为 40 万—45 万人；2013 年，从业人员规模为 25.5 万人。

1.2 嘉定区产业区空间布局

1.2.1 产业区块整体格局

作为上海最早启动工业化进程的区县之一，嘉定产业区在“一核四区”城市新框架下，深入推进“两高四新”产业发展，目前形成以国家级张江高新区嘉定园为引领，嘉定工业园、嘉定汽车产业园、徐行工业园这三个市级工业园为支撑，以南翔智地、中广国际产业园区等为集聚亮点，构建分工合理的园区发展体系。

新城核心区立足于长三角城市群，加快总部集聚商务区建设，强化辐射和服务长三角功能。老城地区加快推进西门历史文化风貌区、法华里项目等重点地块改造工作。科技城自主创新产业化示范区提升创新载体能级，持续提高科技服务水平，完善创新创业生态体系。国际汽车城产城融合示范区聚焦新能源汽车全产业链，积极推进环同济创智城、安亭新镇等区域建设。北虹桥商务示范区联动虹桥商务区，推进北虹桥科技园建设，大力发展总部经济、文化创意产业等。嘉北生态涵养区立足于生态建设，大力发展绿色生态产业，着力打造绿色生态空间，构建嘉昆太区域共建共享的“绿色花园”。

1.2.2 工业区块分布情况

目前，嘉定区尚有198工业仓储用地约33.8平方公里、195工业仓储用地约32.3平方公里、104工业仓储用地约30.5平方公里[1]。其中华亭镇、南翔镇、外冈镇、安亭镇、工业区（北区）、徐行镇、江桥镇和马陆镇198工业仓储用地较多。

嘉定区共有11个104工业区块（包括5个公告园区），分别是上海嘉定工业园、嘉定试点园区、黄渡工业园区、南翔工业园区、徐行工业园区；两个产业基地，即安亭汽车产业基地、汽车配套工业园区；4个工业地块，分别是华亭城镇工业用地、外冈城镇工业用地、南翔城镇工业用地和江桥城镇工业用地（表3）。

2 嘉定区产城融合发展存在的主要问题

2.1 人口布局问题

从城镇体系看，嘉定新城主城区人口规模和用地规模都在规划控制范围之内，但规划预留人口增长20万，土地增量规模不足10平方公里。相比之下现有住房面积占规划面积的55.9%。如果住宅依据规划继续建设，势必将吸引多至40万新增人口进入嘉定新城主城区。在重点镇中，人口规模和用地规模基本都超过规划范围，南翔、江桥和真新街道住房规模也基本达到上限，但安亭镇目前住房面积仅达到规划面积的48.68%，与规划的人口规模和用地规模不协调。三个一般镇中，

[1] 198工业仓储用地、195工业仓储用地、104工业仓储用地详见《上海市工业区转型升级“十三五”规划》。104工业仓储用地是指上海全市现有的104个规划工业区块，分为公告开发区、产业基地、城镇工业地块三类，规划面积分别为494.5平方公里、179.4平方公里、115.5平方公里，总计790平方公里。195工业仓储用地是指规划产业区外、城市集中建设区以内的现状工业用地，上海全市共有195平方公里。198工业仓储用地是指规划产业区外、城市集中建设区以外的现状工业用地，上海全市共有198平方公里。

嘉定区现状工业用地分布情况 表 3

镇街	198 工业仓储用地（公顷）	195 工业仓储用地（公顷）	104 工业仓储用地（公顷）
华亭镇	417	31	35
南翔镇	320	610	205
嘉定镇街道	0	11	0
外冈镇	305	59	299
安亭镇	678	682	1101
工业区北区	222	57	746
工业区南区	21	177	151
徐行镇	549	88	92
新成路街道	1	57	0
江桥镇	337	481	123
真新街道	11	39	0
菊园街道	46	192	0
马陆镇	472	747	301
合计	33.8 平方公里	32.3 平方公里	30.5 平方公里
	96.6 平方公里		

资料来源：笔者根据统计资料整理

人口规模和用地规模都还有增长空间，其中外冈镇现状住房规模基本达到规划规模，未来增长空间不大，徐行和华亭两镇住房面积仍然有较大增长空间。

从城镇圈角度考察，三大城镇圈现状人口规模都基本已经达到规划人口规模。如嘉定新城城镇圈规划人口 83 万，现状人口规模 80.8 万。安亭—白鹤—花桥城镇圈中的安亭部门规划人口 29 万，现状人口规模为 28.8 万。而南翔—江桥城镇圈规划人口约 48 万，现状人口规模已经到 49.8 万人。三大城镇圈人口布局都已经超出规划。

“一核三区”中，除“一核”新城片区的人口和建设用地处于规划控制范围，其余“三区”均超出规划控制范围。并且，“一核三区”的住宅建设量还有很大余地。如果住宅建设按规划继续进行，势必吸引大量人口涌入，进而为人口控制增加难度，也会对城市建设用地的存量开发产生影响。因此，要探讨“一核三区”的规划人口规模是否有必要进行调整，特别是通过在嘉定区进行人口总量平衡，包括减少乡镇人口总量指标，增加新城人口总量指标。

2.2 产业布局问题

总体上，嘉定区的 104 产业区块与“14850”城镇体系的分布格局较为匹配，主要的工业区块都分布在嘉定新城以及安亭镇、南翔镇、江桥镇、工业区北区 4 个重点镇，另外有华亭城镇工业用地和外冈城镇工业用地分别位于华亭和外冈两个一般镇，而黄渡工业园区和徐行工业园区分别位于黄渡和曹王两个撤制镇（表 4）。

从街镇完成情况看，安亭镇和嘉定工业区累计完成工业总产值为 2466.6 亿元，占全区属地工业产值的 67.2%。此外，马陆镇、外冈镇、南翔镇、江桥镇和徐行镇工业总产值也都超过 100 亿。华亭、菊园分别为 65.1 亿元和 33.2 亿元。从产出效率看，嘉定镇街道、安亭镇和嘉定工业区遥遥领先。但是包括南翔镇、马陆镇、江桥镇、徐行镇、外冈镇等镇产出效率偏低，未来更多产业园区要进入 195 和 198 调整地块的范围内。根据规划，南翔、江桥、安亭、马陆四镇将会有大量工业用地转为 195 地块的研发用地、住宅用地、公共服务用地和公共绿地为主，嘉定镇街道地处核心区，同属 195 地块。

在商贸服务、餐饮住宿、休闲娱乐等现代服务业领域，在嘉定新城主城区及南翔镇、江桥镇、安亭镇、工业区北区（包括朱桥）等重点镇目前发展能级不够，辐射与服务区域的动力不足，需要扩大服务半径，推动城乡一体化发展。

随着嘉定区 195、198 工业用地减量化工作的逐步推进，各镇、工业园区通过淘汰劣势、盘活资源，初步实现了产业的“瘦身增效”，通过优化土地、厂房等要素资源的配置，也有效突破园区在发展空间上的瓶颈制约，保障优质项目的落地。但随着减量化工作进入攻坚阶段，减量化的企业效益较好，向园区集中动力不足，甚至被迫迁往异地，造成部分镇和工业园区财税收入受到影响。

2017 年嘉定区属地工业总产值完成情况　　表 4

	全部工业地块（公顷）	工业总产值（亿元）	单位面积产出（亿元 / 公顷）
嘉定区	9663	3668.5	0.38
新成路街道	58	—	—
真新街道	50	1.4	0.03
菊园新区	238	33.2	0.14
嘉定镇街道	11	18.6	1.69
南翔镇	1135	180.3	0.16
安亭镇	2461	1290	0.52
马陆镇	1520	387.7	0.26
徐行镇	729	136.4	0.19
华亭镇	483	65.1	0.13
外冈镇	663	230.5	0.35
江桥镇	941	148.7	0.16
嘉定工业区	1374	1176.6	0.86

资料来源：嘉定区统计局，2017 年嘉定区工业经济运行情况分析

2.3 交通组织问题

目前，全区共有公交线路 107 条，其中国有公交企业嘉定公交公司运营线路 77 条、运营车辆 641 辆。全区公交线网密度 1.3 公里 / 平方公里，集中建成区为 2.1 公里 / 平方公里。全区公交站点 500 米覆盖率 64%，集中建成区 78%。公交服务水平达全市平均水平。

轨道交通方面，目前已开通轨道交通 11 号线和轨道交通 13 号线，其中 11 号线花桥段开通运营实现了跨省延伸，14 号线建设正在推进。运营车站数达到 13 个，运营里程达到 35.6 公里，日均客运量占公共交通客运量近一半的比重。但由于线路单一，交通压力较大，加之常规公交缺乏骨干型公交线路，公交线路运输容量较小、速度较低，嘉定区公共交通整体服务能力较为薄弱。

3 产城融合发展内涵与嘉定区测度分析

3.1 产城融合发展内涵与测度

3.1.1 产城融合发展的内涵

产城融合的概念自诞生以来就一直是学术界的研究热点之一。目前对于产城融合的概念虽然没有形成统一的认识，但许多学者对产城融合的概念进行了界定。刘明（2011）认为产城融合本质就是产业和城镇协调发展，良性互动。林华（2011）认为产城融合应该是居住与就业的融合，核心是使产业结构符合城市发展的定位。许建（2012）认为产城融合最终表现为城镇核心功能提升、人口结构优化、城乡一体化发展、社会人文生态协调发展。刘瑾（2012）将产城融合界定为以产促城、以城兴产、产城融合，是建设以生态环境为依托、现代产业体系为驱动、生产性和生活服务融合、多元功能复合共生的发展模式。

本文认为，产城融合本质上反映的是一种城市协调、可持续发展的理念。“融合”把产业和城市看作良性互动的有机整体，从而实现协同发展，使得产业依附于城市，城市更好地服务于产业。从过去产城不融合的原因分析，包括三个方面。①产业化发展方面。产城融合的目标是产业和城市之间的互促、协调发展，就是二者之间要相互匹配。目前，一些城市郊区新城中规划设计的产业入驻门槛低，无法吸引劳动力来就业，无法形成良性的产业互动。高新科技企业可以提升郊区新城整体产业发展水平，带动新城的产业升级，提升产城融合的程度。②城市化建设方面。由于过分强调工业集聚和土地利用统一，以前工业园区规划和新城总体规划是分别独立编制，空间形态和主要功能各不相同，从规划上二者之间的联系并不紧密。

在空间布局方面混乱，在工业用地方面主要以工业和仓储用地为主，缺乏居住用地和公共设施用地，造成各工业园区用地分配不合理。③配套基础设施欠缺。以生产制造为主的工业园区基本没有考虑商业、学校及医院等必要的生活服务设施，内部市政、交通基础设施等也都是按照工业生产规划设计的，难以满足居民日常生活需要，导致园区乃至新城只有产业发展，却没有人口数量提升。另外，联系新城和工业园区的公共交通车辆和发车密度都偏低，交通不便使得许多企业员工不愿意住在新城，新城缺乏人气。

3.1.2 产城融合发展的测度

从目前产城融合发展的测度方法看，多以构建指标体系的方式，应用主成分分析、熵值法、层次分析法等进行综合测算，分别进行产业发展、基础配套、居住环境、休闲设施、交通与房价等多个维度的测度。这些方法复杂而数据又多为不可得数据，特别是在工业园区、新城等尺度下很难实现。因此本文参考上海城市总体规划中考虑的“职住平衡法”测度。

职住平衡的基本内涵是指在某一给定地域范围内，居民中劳动者的数量和就业岗位数量大致相等，大部分居民可以就近工作。通勤交通采用步行、自行车或者其他的非机动车方式。即使是使用机动车，出行距离和时间也比较短，限定在一个合理范围内。这样就有利于减少机动车尤其是小汽车的使用，从而减少交通拥堵和空气污染。

职住平衡能够使就业者居住在离他们工作地更近的地方，其通勤交通也会变得更短。这一理念提出来之后，得到很多城市规划师的认可，但由于城市规划只能在土地利用上贯彻这一理念，而住房和就业岗位分配是在市场中进行的，市场既无法保证居住在当地的居民可以得到当地的就业岗位，也无法保证在当地工作就可以购买当地住房。所以即使规划从用地角度做到了平衡，市场分配的最后结果也可能是部分居民实现了就地平衡，而另一部分实现不了。

城市实际发展过程中职住是否平衡以及在多大程度上平衡，需要进行测量。测量包括两个方面：数量的平衡和质量的平衡。数量平衡是指在给定的地域范围内就业岗位的数量和居住单元的数量是否相等，一般被称为平衡度的测量。质量平衡是指在给定地域范围内居住并工作的劳动者数量所占比重，称为自足性测量。从本文的研究数据来源看，宏观层面上进行平衡度测量，而在具体嘉定工业区案例分析中，进行自足性测量。

3.2 嘉定产城融合测度与分析

根据前文对平衡度的定义，其测量一般采用就业—居住比率，也即给定地域范围内的就业岗位数量与家庭数量之比。本文参考上海新一轮总体规划中关于职住平衡指数的计算方法，即：

$$\beta=n\times P_{ui}/P_{ri}$$

其中 β 为职住平衡指数，P_{ui} 为第三次经济普查从业人员数量，P_{ri} 为 2017 年底常住人口规模，n 为带眷系数调整值。在上海市新一轮城市总体规划中，n 取值 2.25，该数值为国外参考值。但中国家庭多为双职工家庭，根据中国家庭就业结构本研究认为 2.25 偏高，在本文中取值 1.5。当 β 比值处于 0.8—1.2 之间时，就认为该地域是平衡的。

根据上述公式，嘉定区职住平衡度测度为 0.9，在全市 16 个区比较中位居中游水平，为职住平衡度较好的区之一。反观中心城区黄浦区、徐汇区、静安区都超过 1.2，就业功能偏重而居住功能偏轻。长宁区为 1.14，而普陀、虹口、杨浦分别只有 0.61、0.78 和 0.48，浦东新区仅为 0.71，闵行区、宝山区分别为 0.58 和 0.45。在郊区各区中只有金山区达到 0.81，松江区、青浦区和奉贤区分别为 0.78、0.75 和 0.74。上海市职住平衡度呈现中心城区最高、远郊区较高，而中心城区外缘和近郊区最低的 U 形结构，这都与中心城区外缘和近郊区在近些年专注于房地产开发，吸引大量居住人口进入有直接关系。

3.2.1 基于城镇体系的产城融合测度

从“新城—重点镇—一般镇”城镇体系角度考察，嘉定区基于职住平衡的产城融合度存在新城主城片区偏低、临近上海中心城区的江桥—真新街道重点镇偏低的情况，这与这些地区的主要功能是居住有直接关系。

而南翔镇、工业区北区、安亭镇三个重点镇职住平衡度分别为 1.10、1.11 和 1.03，都处于职住较为平衡的范围内，但职住平衡度值偏高。三个一般镇职住平衡度分别为 0.87、0.91 和 0.99，也都处于职住较为平衡的范围内（表 5）。

基于城镇体系尺度的职住平衡度测度　　表 5

	2017 年常住人口规模（万人）	2013 年第三次经济普查从业人员（万人）	职住平衡度
嘉定新城	50.2	25.08	0.75
南翔镇	20.5	15.05	1.10
江桥镇	29.3	8.2	0.42
真新街道	10.4	2.25	0.32
工业区北区	16.9	12.46	1.11
安亭镇	30.2	20.71	1.03
外冈镇	9	5.24	0.87
徐行镇	8.2	4.95	0.91
华亭镇	4	2.63	0.99

资料来源：笔者根据统计资料整理

3.2.2 基于三大城镇圈的产城融合测度

在对三大城镇圈的考察中，同样表现出较大差异性。嘉定新城城镇圈和安亭—白鹤—花桥城镇圈实现了较好职住平衡，分别为 0.98 和 1.0，表明可以进行较好的域内城镇合作共建。但在南翔—江桥城镇圈中，职住平衡度只有 0.7（表 6）。

3.2.3 基于“一核三区”的产城融合测度

在“一核三区”空间尺度下，国际汽车城产城融合示范区实现了较好的职住平衡度，分别达到 1.0 和 1.03。而嘉定新城核心区和科技城自主创新产业化示范区、北虹桥商务示范区明显就业不够，职住平衡度只有 0.75、0.32 和 0.68，居住功能明显强于就业功能（表 7）。

3.2.4 基于嘉定工业区案例的分析

正如前文所言，职住平衡在城市规划或者政府工作角度只能实现量的控制，但住房和就业岗位分配是在市场进行的，无法保证居住在当地的居民得到当地就业岗位，更无法保证在当地工作就可以购买当地住房。所以职住平衡的测算只能是相对的平衡，真正的职住平衡应该是自足性测度。根据 2013 年的第三次经济普查数据，嘉定工业区职住平衡测度为 1.11，在各乡镇街道比较中位列第一。本文希望通过更详细的资料进行自足性测度，以更好地研究嘉定区职住平衡发展的模式。

根据 2018 年 10 月份的调查统计，至 9 月底嘉定工业区常住总人口规模为 17.02 万人，包括常住户籍人口 6.85 万人和常住外来人口 10.17 万人。工业区就

基于城镇圈尺度的职住平衡度测度　　表 6

	2017 年常住人口规模（万人）	2013 年第三次经济普查从业人员（万人）	职住平衡度
嘉定新城城镇圈	80.8	52.61	0.98
安亭—白鹤—花桥城镇圈	52.23	34.91	1.00
南翔—江桥城镇圈	49.8	23.25	0.70

资料来源：笔者根据统计资料整理

基于“一核三区”尺度的职住平衡度测度　　表 7

	2017 年常住人口规模（万人）	2013 年第三次经济普查从业人员（万人）	职住平衡度
嘉定新城核心区	50.2	25.08	0.75
科技城自主创新产业化示范区	23.8	5.15	0.32
国际汽车城产城融合示范区	30.2	20.71	1.03
北虹桥商务示范区	56.6	25.5	0.68

资料来源：笔者根据统计资料整理

业人口为 10.50 万人，最新的职住平衡度指数为 0.93，较 2013 年的数据降低。主要原因一是从业人口进一步减少，二是工业区居住配套也更加完善，吸引更多常住人口居住在工业区地块。在就业人口统计中有上海市户籍的有 4.5 万人，外地户籍有 6.0 万人，分别占总量的 43% 和 57%。规模以上企业就业人口分行业统计包括工业 5.58 万人、零售批发 4175 人、住宿餐饮 97 人及其他从业人员，合计 6.7 万人（表 8）。

根据 2018 年 10 月份进行的嘉定工业区就业人口居住地的抽样调查显示，在 229 份调查中，居住在工业区的只有 80 人，居住在嘉定其他街镇的 121 人。这样在工业区的自足性测度为 52.35%，在嘉定区的自足性测度为 79.2%。这样的得分远低于职住平衡度的得分。结合嘉定工业区现有房屋总数情况，主要原因在于市场性就业、购房出现了较高偏差。

进一步通过对 167 份从业人员调查统计，分析影响他们如果选择在工业区居住最关心的环境要素，活动广场，体育馆、图书馆等文化类场馆，公园，绿地，老年活动中心，文化活动室，中小学，医院，公共厕所，菜市场，福利机构，社区学校，生活服务点，养老机构，幼儿园等分列前列（图 1）。

对嘉定工业区就业人口居住地的抽样调查　　表 8

居住地区	样本人数（人）	所占比例（%）
工业区	80	34.9
嘉定其他街镇	121	52.8
市中心	12	5.2
其他郊区	5	2.2
太仓、昆山	11	4.8
合计	229	约 100

数据来源：笔者根据统计资料整理

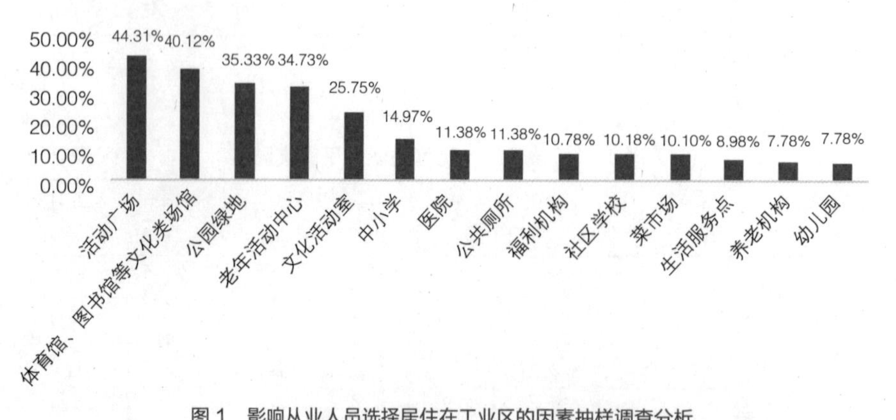

图 1　影响从业人员选择居住在工业区的因素抽样调查分析

数据来源：笔者根据调查统计资料整理

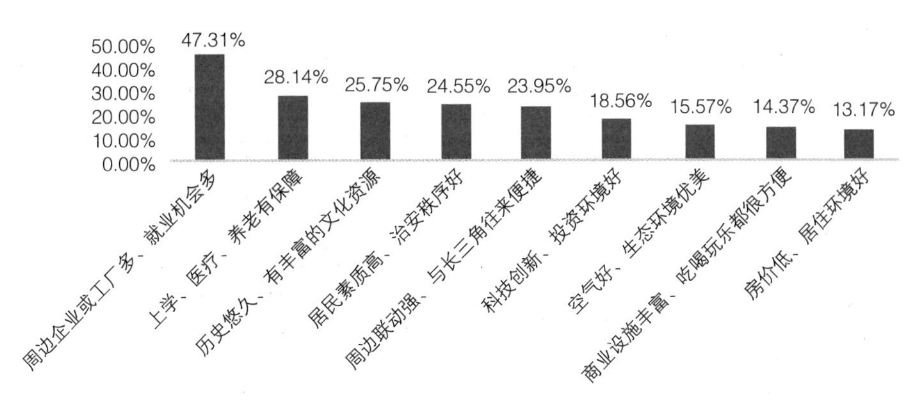

图 2 影响从业人员选择工作在工业区的因素抽样调查分析

资料来源：笔者根据调查统计资料整理

通过对 167 份从业人员的调查统计，分析影响他们如果选择在工业区工作最关心的环境要素，周边企业多就业机会多，上学、医疗、养老有保障，历史悠久、有丰富的文化资源，居民素质高、治安秩序好，区域周边联动强、与长三角往来便捷，科技创新、投资环境好，空气好、生态环境优美，商业设施丰富、吃喝玩乐都方便，房价低、居住环境好分列前列（图 2）。

4 嘉定区产城融合发展的推进思路

4.1 嘉定区产城融合发展类型区分

从嘉定区产城融合发展整体情况看，职住平衡度处于较好水平。但区域仍然存在显著的差异性（表 9）。

（1）居住功能强于产业功能。包括嘉定镇街道、新成路街道，以及邻近上海市中心城区的江桥镇、真新街道职住平衡度普遍不超过 0.5，表现出明显居住功能强于产业功能的特征。未来产城融合发展的重点应该是增加就业岗位，特别是通过城市更新改造和功能转型升级，不断强化产业功能。

（2）居住功能与产业功能相协调。包括嘉定工业区、菊园街道、南翔镇、马陆镇以及安亭镇，职住平衡度得分基本超过 1.0。产城融合未来发展主要方向包括产业功能升级、园区和街镇更新改造同步推进，强调“产、城”同步升级。

（3）居住功能略强于产业功能。包括外冈镇、徐行镇和华亭镇三个一般镇，职住平衡度得分超过 0.8。未来产城融合发展的重点是增加就业岗位，同时强化生活配套服务等工作，提升居住区品质。

嘉定区各街道乡镇职住平衡度测度　表 9

	2017 年常住人口规模（万人）	2013 年第三次经济普查从业人员（万人）	职住平衡度
嘉定区	171.2	96.58	0.85
江桥镇	29.3	8.2	0.42
安亭镇	30.2	20.71	1.03
马陆镇	20.8	15.14	1.09
南翔镇	20.5	15.05	1.10
嘉定工业区	16.9	12.46	1.11
真新街道	10.4	2.25	0.32
外冈镇	9	5.24	0.87
菊园新区	8.2	5.73	1.05
徐行镇	8.2	4.95	0.91
嘉定镇街道	7.3	2.43	0.50
新成路街道	6.4	1.79	0.42
华亭镇	4	2.63	0.99

数据来源：笔者根据统计资料整理

4.2　提升嘉定产城融合发展的思路

4.2.1　优化人口空间布局

从人口布局看，嘉定区仍然具有布局优化的巨大空间。参考规划人口规模及规划用地规模，以规划规模定人、以地定人，嘉定新城主城区未来人口增长空间为 18 万—20 万人左右。4 个重点镇中，南翔和江桥镇现状人口规模都已经超过规划人口规模及用地规划测算的人口规模。工业区北区和安亭镇两个重点镇以产业发展为主，现状人口规模都已经超过规划人口规模，但根据用地规划都还有一定的增长空间。在三个一般镇中，外冈镇现状人口规模基本上符合规划人口规模和以地测算的人口规模，未来增长空间不大。徐行镇现状人口规模与用地规模已经基本匹配，增长空间不大。华亭镇现状人口规模已经超过规划用地规模测算的人口规模，未来已无增长空间。

由此可见，未来人口布局调整应该是以嘉定新城主城区、工业区北区及安亭镇为主要增长集聚空间。按照既有人口规模和土地规划，其他重点镇和三个一般镇人口增长的空间都已经不大，但参考目前 4 个重点镇的职住平衡度测算，南翔镇和工业区北区仍然具有一定的常住人口增长空间。因此，作为重点镇以及区域经济社会发展的枢纽，南翔镇和工业区北区仍应该具有一定人口规模增长空间，

对嘉定区不同区块人口增长空间的测算　　表 10

	2017 年常住人口规模（万人）	规划人口规模（万人）	以地定人规模（万人）	职住平衡度
嘉定新城	50.2	50—70	68	0.75
南翔镇	20.5	40—50	52	1.10
江桥镇	29.3			0.42
真新街道	10.4			0.32
工业区北区	16.9	15—20	20	1.11
安亭镇	30.2	20—25	35	1.03
外冈镇	9	—	9.6	0.87
徐行镇	8.2	—	8.5	0.91
华亭镇	4	—	2	0.99

注：以地定人规模确定为城市建设用地 100 平方米 / 人；在嘉定工业区和安亭镇中，根据居住、产业和配套用地大约各 1/3 的宜居经验标准确定城镇用地面积。

数据来源：笔者根据统计资料整理

需要在城镇规划、人口规划及土地规划方面予以相应的规划修编，以适应嘉定区经济社会发展的内在需求（表 10）。

4.2.2 完善产业能级体系

从嘉定区产业体系看，2017 年三次产业结构比例为 0.2 ∶ 57.3 ∶ 42.5，表现出明显的强工业型特征，也导致嘉定区更多工作岗位布局在嘉定新城核心区外围的工业区、安亭镇。而服务业发展的不足，一方面导致产业能级不高，产业体系存在较大缺陷，另一方面体现在产城融合发展的职住平衡度方面就是就业岗位和就业人口在嘉定新城核心区、江桥镇（含真新街道）明显不足。集中体现也就是一方面嘉兴新城主城区人口规模不够，另一方面现代服务业提供的就业岗位不够。另外在南翔、工业区北区、安亭这三个重点镇，尽管职住平衡度实现了较好水平，但是产业结构也是以工业为主，服务业产业发展滞后，使得这些重点镇在带动周边地区发展方面动力不足，覆盖范围不广。

因此，嘉定区未来亟待持续完善产业体系发展，特别是提升现代服务业发展在嘉定新城主城区、4 个重点镇的发展和布局，包括金融产业、现代商贸与商业、总部经济、专业服务、科技服务、现代物流等生产性服务业的发展和集聚。从目前其他区县发展的经验看，推进服务业集聚区建设仍然是较为成功的经验安排。此外，包括南翔镇、马陆镇、江桥镇、徐行镇、外冈镇等工业产出效率偏低的镇区，未来更多产业园区要进入 195 和 198 调整地块的范围之内，保留的 104 地块要结合产业升级，提升产出效率和效益，不断优化产业平台建设。对于有特色资源乡镇，要结合特色小镇开发以及乡村振兴战略等，突出产业发展对镇域经济的整体带动，包括如乡村旅游产业、文化创意产业、特色农业产业的发展及乡村创新与创业平台建设等。

4.2.3　加强区域发展联系

目前嘉定还处于产业区处处开花的状态，随着嘉定响应市政府产业地块调整的政策，未来产业园区调整将会出现很大变化，从未来调整的方式看，应该包括三类：①工业园区继续做大型，主要是安亭镇、嘉定工业区两大工业组团；②工业区保持一定规模并且持续推进向服务业园区转型，包括南翔镇、马陆镇以及江桥镇，未来发展以 195 地块为主；③工业园区减量较多并且持续向生态绿地园区转型，包括外冈镇、徐行镇以及华亭镇，土地转型主要是以 198 地块为主，但外冈镇仍然保持较大规模工业用地。

由此可见，未来嘉定区城镇功能分工体系将会日益明晰。嘉定新城主城区以及南翔镇、江桥镇、安亭镇将会突出现代服务业的发展，强化对区域的综合生活服务和生产服务功能。嘉定工业区、安亭镇、马陆镇、南翔镇、江桥镇以及外冈镇保持一定规模的工业产业。徐行镇、华亭镇将日益融入嘉定新城主城片区和其他重点镇的功能整合中，弱化产业功能而注重城镇生活服务特别是居住功能。

因此嘉定区未来发展中要不断强化各乡镇、功能区之间基于功能分工的互相支撑联系。在交通方面，要强化公共交通联系，破除过境交通和高（快）速路网对区域切割，特别是利用立体交通包括发展轻轨线、地面公交以及地铁，推动新城主城片区、产业区、各乡镇的快速联系。除工业区北区（朱桥）外，南密北疏的高（快）速路网整体格局尚未覆盖外冈、徐行和华亭三个新市镇，随着嘉安高速（S22）、沪崇高速（S7）规划建设，有望改善上述格局。在制度方面，要破解乡镇各自发展局面，创新财政、土地、GDP 等多领域的分配机制，基于服务业、工业、商贸服务、居住、农业等发展重点领域实现功能分工，实现临近区域城镇合作共建，推进多种形式的产城融合。

4.2.4　推动国土空间规划

从前文研究看，城市规划、土地规划、产业规划、人口规划等不协调是造成产城不融合的主要原因。因此需要通过多规合一、多规融合等工作，真正推动经济、社会、人口、空间、交通、服务等工作综合统筹，在实践工作中保持方向一致，而新一轮的国土空间规划正好提供了这样的机遇。

第一，包括城镇体系在内的空间组织结构问题需要解决。在嘉定现有工作中，不同部门特别是发展和改革委员会、规划和土地管理局关于新城主城区范围确定、重点镇选择、撤制镇与工业区的合并等问题都存在不一致情况。未来需要在工作中明确工作边界和工作内容，通过国土空间规划推动多部门规划口径一致以及工作平台一致，保障不同政府部门工作的顺畅对接。

第二，以国土空间规划推动产业规划、城镇规划、土地利用规划、人口规划、房地产规划、综合交通规划、社会事业规划等领域综合协同、融合匹配。在嘉定多规融合匹配的过程中，围绕国土空间规划综合框架，依托国民经济和社会发展五年规划，明确经济社会发展方向，确定城镇和工业区的功能定位和发展内容。以城镇规划、土地利用规划实现空间组织和落地，合理安排经济社会发展的内容；在城镇规划、土地利用规划基础上协同制订房地产规划、人口发展规划，以功能和空间定地，以地定人，以功能和空间定房及以房定人。在此基础之上推进综合交通规划、社会事业规划配套跟进，特别是根据城镇功能定位、产业布局、人口发展规划和布局，来制订区域公共交通组织和社会事业配套服务。通过以上工作逻辑，最终实现多个规划的统一协调、综合推进。

参考文献

[1] 许建，刘璇．推动产城融合，促进城市转型发展——以浦东新区总体规划修编为例 [J]. 上海城市规划，2012（01）：13-17.

[2] 刘明，朱去鹏．产城融合建设天府新区的文化视角初探 [J]. 四川省干部函授学院学报，2011（04）：20-22.

[3] 李文彬，陈浩．产城融合内涵解析与规划建议 [J]. 城市规划学刊，2012（07）：99-103.

[4] 林华．关于上海新城“产城融合”的研究——以青浦新城为例 [J]. 上海城市规划，2011（05）：30-36.

[5] 卫金兰，邵俊岗．新城建设中产城融合评价指标体系构建与分析 [J]. 2014（15）：45-46.

[6] 贺传皎，王旭，李江．产城融合目标下的产业园区规划编制方法探讨——以深圳市为例 [J]. 城市规划，2017，41（4）：27-32.

[7] 丛海彬，邹德玲，刘程军．新型城镇化背景下产城融合的时空格局分析——来自中国 285 个地级市的实际考察 [J]. 经济地理，2017，37（07）：46-55.

[8] 李文彬，顾姝，马晓明．产业主导型地区深度产城融合的演化方向探讨——以上海国际汽车城为例 [J]. 城市规划学刊，2017（08）：57-62.

[9] 杨思莹，李政，孙广召．产业发展、城市扩张与创新型城市建设——基于产城融合的视角 [J]. 江西财经大学学报，2019（01）：21-33.

周建军
田乃鲁
曹春

周建军，中国城市规划学会学术工作委员会委员，浙江舟山群岛新区总规划师，教授级高级规划师
田乃鲁，浙江省舟山市自然资源和规划局，博士，副处长
曹春，上海同济城市规划设计研究院规划设计七所所长

基于活力、生态和智慧的高质量商务区创新指标研究
——以舟山群岛新区小干岛中央商务区控规为例

1 引言

指标体系是实现控制性详细规划管控目标的核心依据，也可以说控制性详细规划编制的核心是建立规划控制的综合指标体系。我国自从实行控制性详细规划制度以来，已经 30 年有余，目前已经形成了一套较为完整的控制性详细规划指标，这些规划指标在指导城市开发过程中，发挥了很好的作用，但也存在着不少的问题，主要体现在以下两个方面：①指标体系范式化，不能满足不同地区发展的特色需求；②指标以刚性为主，对城市空间、环境、风貌控制和引导效果仍显不足。因此，需要通过控制性详细规划指标体系的创新，来更好地落实规划意图，加强对城市建设的管控和引导。

小干岛中央商务区位于浙江舟山群岛新区舟山本岛南侧，是中国（浙江）自由贸易试验区的核心板块之一，也是舟山群岛新区“海上花园城”建设示范岛。在国务院批复的《浙江舟山群岛新区发展规划》中定位为“海上金融商务区”，未来将打造舟山群岛新区总部经济核心集聚区。本文以小干岛中央商务区控制性详细规划为案例，通过对创新型控制性详细规划指标体系的研究，以活力、生态和智慧为导向，构建贴合小干岛中央商务区自身发展诉求的控规指标体系，探索控制性详细规划的管控和引导新形式，以期为舟山乃至全国海岛型城市商务区的控制性详细规划创新提供示范和借鉴。

2 小干岛中央商务区创新指标构建

2.1 指标体系的总体框架

充分借鉴国内外相关城市特色指标体系建设的创新经验，按照“目标 >> 路径 >> 指标”的总体架构，确立小干岛中央商务区创新指标体系的构建。其中，目标层代表着舟山国家新区对小干岛中央商务区建设的总体要求，以及对国家战略导向的响应。路径层从系统的观点对小干岛中央商务区的总体目标进行分析，然后根据实现的路径按层次和阶段加以界定。指标层通过对实现路径的分析，找出不同层次的关系，创新和遴选出有代表性的指标。

2.2 指标体系的总体目标

选取国际知名城市的先进价值观，作为舟山小干岛中央商务区规划建设的目标借鉴：①全球城市的价值借鉴——纽约、伦敦、首尔等国际城市的远景战略，将“地域特色、环境生态、智慧城市、全球责任”列为城市发展重点方向；②国际花园城市的价值借鉴——新加坡、英国纽卡斯尔等国际花园城市规划将“生态安全、品质环境、活力宜居、绿色低碳”作为城市建设主要目标；③国际滨海 / 滨湖韧性城市的价值借鉴——纽约、伦敦、芝加哥、鹿特丹等滨海 / 滨湖韧性城市建设则普遍关注“灾害管理、基础应对、适应规划”。

综合以上特色国际化城市的价值导向，结合小干岛中央商务区自身特色和需求的解析，将“自贸商务岛”和“海上花园城”两大目标定位分解为“宜居、活力、生态、安全、特色、智慧”六个维度的总体目标，其中安全、宜居，构建起千岛中央商务区的城市发展基础；活力、生态，构建起千岛中央商务区的城市发展品质；特色、智慧，指明了千岛中央商务区的城市未来方向。同时，为进一步明确目标的指导作用，又将六个维度的总体目标分别进一步细化，结合小干岛中央商务区建设需求形成各自领域的细化目标，共形成 17 个细化目标。

2.3 指标体系的路径构建

由于 17 个细化目标在涉及问题的专业、类型、层次等方面各不相同，因此也需要通过不同的方式实现路径的构建，包括：①交叉定位法，即针对目标关键要素进行不同维度的路径制定，如针对“功能布局合理”这一目标，抓住“土地”这个核心要素，分别从“使用控制”和“容量控制”两个维度进行路径制定，从而实现对城市功能布局的准确把握；②层次递进法，即针对目标关键要素进行多个递进层次的路径制定，如针对“公共服务健全”这一目标，抓住“公共设施”

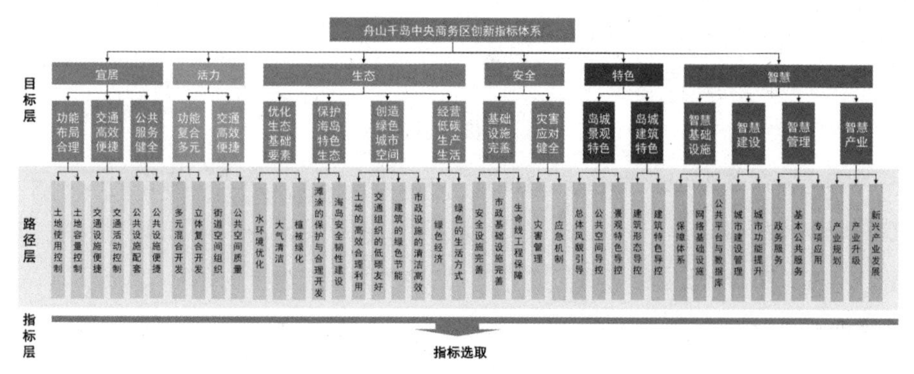

图 1　千岛中央商务区创新指标体系的总体框架

核心要素，首先在数量和内容上确认“配套”建设，其次再进一步从设施服务的“便捷”性上进行考量，从而保证公共服务的质量；③关键要素法，即当目标的实现直接与多个关键要素密切关联时，则针对各个关键要素进行路径的制定，例如，针对“优化生态基础要素”这一目标，抓住小干岛中央商务区的“水环境优化”、“大气清洁”和“植被绿化”是关键；④系统构建法，即针对一般性目标的系统构建，尽量针对目标形成完善的系统路径，例如，要实现“岛城景观特色”，应该构建从总体到单个关键要素控制的路径系统，在总体层面提出“总体风貌引导”，而在具体要素层面则关键是做好“公共空间导控”和“景观特色导控”。依据以上构建思路，结合 17 个细化目标，构建 42 个实现路径（图 1）。

2.4　指标体系的指标选取

首先，对包括现有控规指标、相关研究、实践指标，以及本次规划其他专题、专项建议的指标等进行初步筛选，初步构建本专题研究的指标库。其次，以小干岛中央商务区创新指标体系中 42 个路径为标的，对指标库进行归类整理和进一步筛选，形成 42 个单路径次级指标库。从价值导向、指标的可测度及可操作度、指标的常规性，以及路径落实的完整度等几个方面对 42 个单路径次级指标库分别进行遴选，同时兼顾路径间同类指标的合并。

对现行控规指标的遴选：对比现行控规指标，本次创新指标的遴选可以总结为以下几种情况：①指标保留，即对符合本次规划需求、积极有效的指标予以保留；②指标变更，即对指标项合理但控制方式不足的指标进行适当变更，使之符合本次创新指标体系构建的总体需求；③指标替换，即部分经实践证明存在更有效的指标的，对原有指标进行替换，提高本次创新指标体系的效用和可操作性；④指标删减，即对不符合本次规划价值或指向不明的指标予以删除，强调本次创新指标体系的特色和指标落实的精准性。以上指标调整措施基本涵盖了现有控规指标体系的核心指标内容，延续了现有控规指标的基本逻辑，是本次创新指标体系构建过程中保持稳定的重要基石。

同时，结合“宜居”、“活力”、“生态”、“安全”、“特色”、“智慧”六大总体目标和路径，在现行控规指标所遴选的指标基础上，进一步进行增加和补充，并优先选取相关实践已使用并已取得良好反馈的指标，凸显本次规划的价值导向和特色意图，引导控规创新最终形成千岛中央商务区创新指标体系的 107 个具体指标（表 1）。

现行控规指标遴选和新增创新性指标　　表 1

目标层		路径层	已选现行控规指标	新增创新指标与选择理由	
总体目标	细化目标	落实路径		新增创新指标	遴选理由
宜居	功能布局合理	土地使用控制	用地性质、用地面积、用地边界	—	从三维空间控制、空间布局的密度与人居环境质量保障等视角完善相关指标
		土地容量控制	建筑总量、居住人口总量、容积率、绿地率、空地率、停车位、人均建设用地指标	基准高度绿容比	
	交通高效便捷	交通设施便捷	道路交通设施	500 米范围内有公交站点的居住区比例	对交通设施布局的合理性进行总体把控
		交通活动控制	禁止开口路段地块出入口	—	
	公共服务健全	公共设施配套	基础教育设施、社会服务设施	—	分别从量化指标和服务质量指标两方面保障公共服务的便捷
		公共服务便捷	—	人均公共建筑面积 500 米范围内有基本服务功能覆盖的居住区比例	
活力	功能复合多元	多元混合开发	—	功能混合使用的街坊比例、不同街坊的住宅与办公 / 服务 / 工作场所的建筑面积比例、土地利用集约度、就业住房平衡指数	充分借鉴当前城市设计中关于城市复合多元发展的经验，积极控制和引导混合开发和地下空间的合理利用和联合建设
		立体复合开发	地下空间规模	地下空间功能与布局、地下空间地块联建、地下空间层数及深度、地下空间退界	

续表

目标层		路径层	已选现行控规指标	新增创新指标与选择理由	
总体目标	细化目标	落实路径		新增创新指标	遴选理由
活力	公共空间活力	街道空间组织	建筑控制线、街道界面	街道类型及分布、街道空间与设施控制、贴线率	充分借鉴当前城市设计中关于城市公共空间活力营造的经验，从要素的量化和感受指标两个维度对公共空间质量进行控制和引导
		公共空间质量	—	500米以内可到达公共空间的居住区面积比例、公共空间休闲座椅数量、公共空间建筑业态丰富度、绿化的可见度、水的可见度	
生态	优化生态基础要素	水环境优化	—	水面率、水质变化监测、污水集中处理率	充分借鉴当前生态城市建设研究和实践成果，从水、大气和植被三大生态要素的保护和优化角度进行指标遴选
		大气清洁	—	空气AQI优良率、主要大气污染物排放量、空气负氧离子浓度	
		植被绿化	—	乡土植物指数	
	保护海岛特色生态	滩涂的保护与合理开发	—	滩涂保留范围划定、滩涂生态环境监测	针对小干岛中央商务区海岛特色，从滩涂保护与合理开发、海岛安全韧性建设的海绵城市和海水入侵角度进行指标遴选
		海岛安全韧性建设	—	年径流总量控制率、单位面积控制容积、海水入侵监测、应对海平面上升与风暴潮能力	
	创造绿色城市空间	土地的高效合理利用	—	宜人的街区尺度	充分借鉴当前生态城市建设研究和实践成果，完善绿色城市空间建设的相关指标
		交通组织的低碳友好	—	道路路网密度、慢行路网密度、公交站300米服务半径区域覆盖率	
		建筑的绿色节能	—	新建建筑达到绿色建筑星级以上标准的比例、新建建筑节能率	
		市政设施的清洁高效	垃圾回收利用率	可再生能源利用率、分布式能源覆盖比例、非传统水资源利用率	

续表

目标层		路径层	已选现行控规指标	新增创新指标与选择理由	
总体目标	细化目标	落实路径		新增创新指标	遴选理由
生态	经营低碳生产生活	绿色经济	单位 GDP 能耗、单位 GDP 水耗、单位 GDP 国内主要污染物排放量、单位 GDP 二氧化碳排放量	重大项目生态评估准入制度	从生态低碳角度，进一步完善相关指标
		绿色生活方式	日人均生活耗水量、日人均垃圾量	绿色出行比例、公交出行覆盖率	
安全	基础设施完善	安全设施完善	城市安全设施	—	引入城市生命线工程安全系数指标，提高生命线工程的整体质量保障
		市政基础设施完善	市政基础设施	—	
		生命线工程保障	—	生命线工程安全系数	
	灾害应对健全	灾害管理	—	地震设防级别、灾害预警管理系统	完善城市安全层面的软件建设指标
		应急机制	—	应急机制及措施	
特色	岛城景观特色	总体风貌引导	—	整体风格、空间意向	充分借鉴当前城市设计中关于城市景观风貌特色控制的经验，完善对小干岛中央商务区景观、特色要素的控制和引导
		公共空间导控	公共空间系统、公共空间节点、公共空间廊道	—	
		景观特色导控	景观意向、铺装材料、滨水岸线形式	夜景灯光	
	岛城建筑特色	建筑形态导控	建筑空间组合、基准高度 + 建筑限高	天际线	强化对小干岛中央商务区天际线的控制和引导，凸显海岛城市空间特色
		建筑特色导控	建筑风格	—	
智慧	智慧基础设施	保障体系	—	专门负责智慧城市的组织机构创建、政策法规完善度、运行管理有效程度	
		网络基础设施	—	无线与有线网络覆盖率	
		公共平台与数据库	—	城市公共信息平台建设	

续表

<table>
<tr><th colspan="2">目标层</th><th>路径层</th><th rowspan="2">已选现行控规指标</th><th colspan="2">新增创新指标与选择理由</th></tr>
<tr><th>总体目标</th><th>细化目标</th><th>落实路径</th><th>新增创新指标</th><th>遴选理由</th></tr>
<tr><td rowspan="8">智慧</td><td rowspan="2">智慧建设</td><td>城市建设管理</td><td>—</td><td>规划管理效率</td><td rowspan="8">借鉴住房和城乡建设部颁布的《国家智慧城市（区、镇）试点指标体系（试行）》（建办科〔2012〕42号），结合千岛中央商务区智慧城区建设的特点和需求进行指标遴选</td></tr>
<tr><td>城市功能提升</td><td>—</td><td>地下综合管廊建设与管理完善度、智能电网完善度、其他公用设施智能系统完善度</td></tr>
<tr><td rowspan="3">智慧管理</td><td>政务服务</td><td>—</td><td>网上办事服务平台搭建</td></tr>
<tr><td>基本公共服务</td><td>—</td><td>各类公共服务覆盖率</td></tr>
<tr><td>专项应用</td><td>—</td><td>各类专项应用完善度</td></tr>
<tr><td rowspan="3">智慧产业</td><td>产业规划</td><td>—</td><td>创新投入资金量</td></tr>
<tr><td>产业升级</td><td>—</td><td>产业要素聚集度、传统产业改造比率</td></tr>
<tr><td>新兴产业发展</td><td>—</td><td>高新技术产业水平、现代服务业占比</td></tr>
</table>

3 主要创新指标

3.1 “绿容比”指标

具体定义为：绿容比 = 绿地率 / 容积率 = 绿地总面积 / 总建筑面积。绿容比指标在小干岛中央商务区总体层面和建设组团层面的引入，能对商务区全岛和各组团城市环境进行有效控制，是实现人均绿地指标的技术保障，具有指导意义和政策含义，体现出千岛中央商务区的城市的环境标准和建设发展目标。

3.2 “年径流总量控制率”和“单位面积控制容积”指标

具体定义为：①年径流总量控制率：是指通过自然和人工强化的渗透、集蓄、利用、蒸发、蒸腾等方式，规划范围内累计全年得到控制（不外排）的雨量占全年总降雨量的比例；②年径流总量控制率 = 100%-（全年外排雨量 / 全年总降雨量）× 100%。单位面积控制容积：是根据规划的年径流总量控制率目标，结合千岛中央商务区各组团的海绵城市建设条件，计算得到单位面积应消纳的设计降雨量产生的径流量。

海绵城市建设过程中，“年径流总量控制率”及对应的“设计降雨量”属于目标层面的指标，在全岛层面进行目标控制；建设组团层面，可以转化为“单位面积控制容积”作为综合控制指标。实施过程中，建设组团层面的单位面积控制容积指标又可以分解为“下沉式绿地率”、“透水铺装率”、“绿色屋顶率”等指标，需要进行模型模拟或专业试算分解，才能确定各项指标，从而得以落实。

3.3 “空地率”指标替换建筑密度

具体定义为：空地率 = 开敞空间总面积 / 地块面积 =（地块面积 – 建筑正投影总面积）/ 地块面积 = 1– 建筑密度。建筑密度控制的本意，是在地块内实现一定数量的开敞空间，但其表达方式上，却是控制建筑覆盖面积的比例。这样很容易引发歧义，将该指标与建筑布局形态的控制混为一谈。而空地率的定义直接表达了其控制意图，定义明确、目标清晰，便于理解和把握。

3.4 建筑高度变更为“基准高度 + 建筑限高”

具体定义为：基准高度，指街坊和地块内 70% 以上建筑的高度区间（以建筑正投影面积计算）；建筑限高，指街坊和地块内建筑单体的高度上限。对一般性建筑采取基准高度控制的方式（即该区块内 70% 以上建筑的高度需在该区间内），并对 30% 以下突破基准高度的建筑给定建筑限高值，形成统一和谐的建筑组群。

目前控规工作中常用的指标是建筑高度，虽然在一定程度上能反映规划的空间意图，但由于未设定重要片区与节点建筑高度低限，实际建成效果往往与城市设计和城市空间风貌的规划意图有较大差距。因此，针对小千岛中央商务区“多层高密小街区”的建设目标，对街坊和地块的建筑高度控制进行精准控制和引导，采取一般建筑“基准高度分区 + 建筑限高”、地标建筑“建筑限高”相结合的控制方式，完善千岛中央商务区城市空间的三维控制体系，更有效地实现空间控制意图，塑造统一中又有变化的海岛天际线。

3.5 “综合开发用地”指标

具体定义为：在规划实施阶段具有一定管理弹性的用地，可以包含相互间没有不利影响的两类或两类以上功能用途。考虑到规划刚性和市场的弹性的协调，更好地指导实施开发，在规划中对不同用地类型进行分类控制，分为“市场主导开发类用地”、“公益主导开发类用地”和“限制开发类用地”三类，给予不同的控制弹性（图 2、表 2）。其中，对市场主导开发类用地，将采用“综合开发用地”的性质、以建设组团为单位进行总量控制，强调功能混合，留有市场弹性；公益主导开发类用地和限制开发类用地则采用国标用地分类标准进行细化和落实，充分保障必要的刚性。

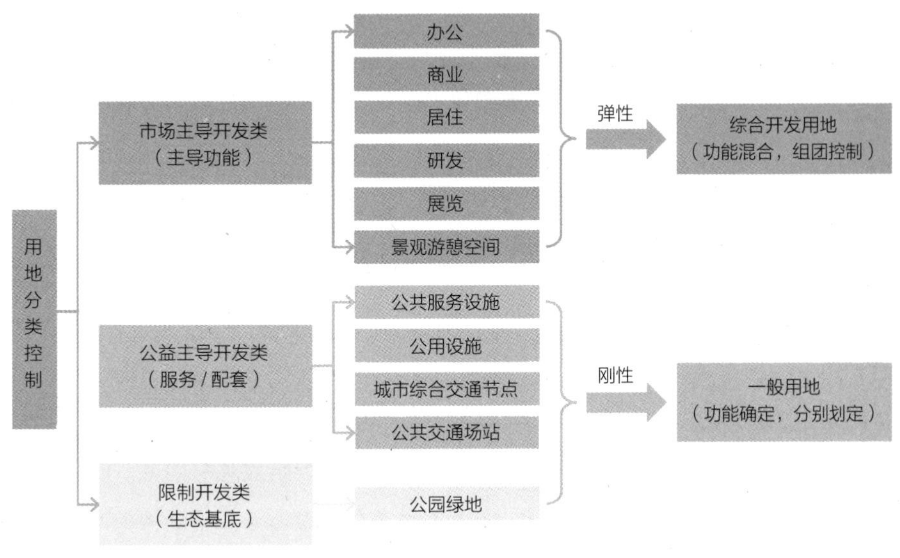

图 2　用地分类控制示意图

小干岛中央商务区用地分类一览表　　表 2

开发属性	用地代码	用地分类	功能用途说明
市场主导开发类	Z1	一类综合开发用地	文化设施、商业、商务
	Z2	二类综合开发用地	商务、商业、住宅、娱乐康体
	Z3	三类综合开发用地	商务、商业、住宅
	Z4	四类综合开发用地	商务、商业、住宅、娱乐康体
	Z5	五类综合开发用地	住宅、商业、娱乐康体
	Z6	六类综合开发用地	住宅、商业、商务、娱乐康体
	Z7	七类综合开发用地	绿地与广场、娱乐康体、体育、商业
公益性主导开发类	A1	行政办公用地	综合管理中心
	A2	文化设施用地	演艺中心、博物馆、图书馆、文化活动中心
	A33	中小学用地	小学、九年一贯制学校
	A4	体育用地	体育场馆
	A51	医院用地	综合医院
	S1	城市道路用地	城市道路

续表

开发属性	用地代码	用地分类	功能用途说明
公益性主导开发类	S2B1	城市轨道交通用地	城市轨道交通
	S41	公共交通场站用地	公交首末站
	S4B1	交通混合开发用地	轨道交通与商业综合开发
	U12	供电用地	变电站
	U15	通信用地	邮政支局、通信汇聚机房
	U16	广播电视用地	广播电视一级机房
	U22	环卫用地	环卫中心
	U31	消防用地	消防站
	B41	加油加气站用地	加油加气站
限制开发类	G1	公园绿地	公园绿地

4 结语

本文针对当前控制性详细规划中存在着的范式化、低效化等问题，以舟山群岛小干岛中央商务区为例，探索了控规指标体系的构建方法和规划管控方式，并通过对现有控规指标的遴选和创新指标的增加，使其更具地方特色，能更好地满足规划管控和引导的需求，更有效地指导城市开发。目前，小干岛中央商务区正在开发和建设中，新的控规指标体系和管控方式在实际应用中也面临着种种的考验，因此后续将不断地针对规划实施过程中的问题，对该指标体系进行调整和完善，并通过规划管理制度的创新和配套制度的建设，实现更为有效和精准的规划管控和引导。

（参加本课题研究的主创人员还有上海同济城市规划设计研究院杨虎、房静坤、陈亚辉，一并致谢。）

袁媛 谭俊杰 沈睿熙 何灏宇

袁媛，中国城市规划学会青年工作委员会副主任委员、学术工作委员会委员，中国地理学会城市地理专业委员会副主任委员，中山大学地理科学与规划学院教授、博士生导师，中山大学城市化研究院副院长，注册城乡规划师

谭俊杰，中山大学地理科学与规划学院博士研究生

沈睿熙、何灏宇，中山大学地理科学与规划学院硕士研究生

社区活力研究：内涵、评价和借鉴
——基于社区更新的视角 *

1　引言

中共十九大报告指出："增进民生福祉是发展的根本目的。"《中共中央国务院关于加强和完善城乡社区治理的意见》强调："城乡社区治理事关党和国家大政方针贯彻落实，事关居民群众切身利益，事关城乡基层和谐稳定。"这意味着增进民生福祉的方式之一是以社区为落脚点，完善社区治理，加速社区发展，增强社区活力。充满活力的社区是实现民生福祉的重要载体之一。怎样的社区才是充满活力的社区？如何利用社区活力评价促进社区更新？

本文梳理社区活力定义与内涵的演化，构建社区活力评价的研究框架，并探索社区活力评价指标在社区更新中的作用。

2　社区活力研究的框架建构

2.1　社区活力的定义与内涵

简·雅各布斯（J.Jacobs）在《美国大城市的死与生》中提出街道活力的概念，批判功能主义宽阔街道、高楼林立的规划设计手法令城市失去了人的尺度，令街道失去活力。此后，城市活力、社区活力等概念相继出现，居民福祉不仅与地区发展的经济指标有关，更与社区、街道的活力等综合指标相关[1]。

* 国家自然科学基金（项目批准号：41871161，51678577）；广东省科技创新青年拔尖人才项目；广州市科技项目（项目编号：201804010241）。

社区活力（Community Vitality）最早源于社区心理学，Cottrel 于 1976 年提出“有能力的社区”一词[2]，指拥有解决集体问题、令集体走向进步的社区，这是社区活力概念的雏形。此后，学者们分别从经济学[3]、政治学[4]、文化学[5]、可持续发展[6]等不同学科视角提出社区活力定义，丰富其多维度的内涵（表 1）。

Bowles 为社区活力增加了政治学内涵，提出具有活力的社区是“通过非正式网络提供大量服务、高度公民参与的、拥有持续的内部治理结构、能够组织应对外界影响的”社区[4]；Luloff 和 Swanson 指出社区活力强弱取决于社区机构的能力[7]。经济活力亦是社区活力的重要维度，R. Shaffer 和 G.Summers 将社区活力定义为“地方社会系统产生收入和就业的能力，以提升或维持其相对经济地位”，社区的经济发展水平和当地资源基础是活力的关键因素[3]；而 J.McKnight 和 J.Kretzmann 认为社区活力是社区各种有形及无形资产的总和[8]。文化活力同样会影响社区活力，F.Matarasso 认为社区文化、媒体、体育等活动，直接或间接地影响社区活力[5]。MR.Jackson 等人认为文化活力是“创造、传播、验证和支持艺术和文化作为社区日常生活维度的能力”，文化活力与社区活力在某种程度上相关联[9]。

社区活力的定义日趋综合：指社区在经济效益、生态可持续性和社会期望方面的活跃程度，融合了经济、生态、社会等学科理念[10]。但是，主动应对外界变化的能力是社区活力定义的根本特征[11]：社区合理运用其环境、经济文化、治理等资源，以主动应对外界变化，实现可持续发展，并最终实现社区提升的能力。

社区活力定义内涵的发展阶段 表 1

发展阶段	代表人物	阶段概述
概念提出（1976 年以前）	Cottrel	社区活力概念的提出及传播
内涵丰富（1982—2008 年）	Bowles；R. Shaffer & G. Summers；F. Matarasso	从政治、文化、经济等学科视角切入，丰富社区活力的概念内涵
总结提升（2009 年至今）	K.Scott	逐渐综合各学科对社区活力概念的定义，提出主动应对外界变化的能力是社区活力的关键

2.2 社区活力的分类与评价指标

社区活力被广泛运用于社区的发展状况评估，能判断社区发展的总体趋势，指明未来方向；识别发展欠佳的社区，辨明不足之处，有助于探索社区活力的提升路径。社区更新作为实现社区可持续发展的一种手段，社区活力的评价更能指导具体的实施方向及评价实施成效。社区活力理念在美国、加拿大等地区颇受欢迎，各机构组织构建的评价体系各有侧重（表 2）。

社区活力指标体系一览 表 2

组织、机构	年份	指标体系	重点
加拿大社会发展委员会（CCSD）	2001	1）社会关系；2）社会规范和价值观	社区内关系及社会规范
福特研究所领导项目（The Ford Institute Leadership Program）	2003	1）安全；2）环境；3）教育；4）公共安全；5）经济；6）艺术 / 文化	社区的经济活力、社会活力、环境和社区能力
爱荷华州立大学社区活力中心（CVC）	2004	1）经济发展；2）教育；3）保健能力	重视社区的经济发展水平
强邻里工作队（The Strong Neighbourhoods Task Force）	2005	1）安全；2）城市肌理；3）经济；4）受教育程度；5）健康；6）人口	应咨询当地居民，以决定具体指标
加拿大邻里变革项目小组（ANC）	2007	1）群体社会资本；2）运用资源的能力；3）政治参与；4）集体办事效率	社区归属感、政治参与对经济发展带来的效益
美国芝加哥信息中心（MCIC）	2008	1）社会资本；2）经济潜力；3）社会设施	经济活力、人文潜力
不丹国国民总幸福指数（GNH）	2008	1）家庭活力；2）安全感；3）互惠；4）信任；5）社会支持；6）社会化；7）亲属密度	社会网络、社会资本、安全
俄勒冈州立大学推广服务和农村研究项目（Oregon State University Extension Service & Rural Studies Program）	2009	1）积极的社会成果；2）稳定的人文环境；3）积极的经济成果；4）积极的环境成果；5）社区能力	能推动社区可持续发展的综合、多元的能力；应针对不同地区设定不同指标
纳尔逊的创新和创业领导力中心（CIEL）	2009	1）人身和经济安全；2）学习文化；3）健康文化；4）创新领导；5）环境清洁；6）充满活力的艺术、建筑和文化；7）多样性和社区意识；8）社区创业创新；9）物理空间	社区的经济活力、文化活力，及可持续发展能力
可持续社区发展（CRCSCD）	2011	1）可达性；2）联络性；3）多样性；4）“无效空间”；5）“活力空间”；6）社区资本	重视环境、空间的影响
印第安纳州社区和农村事务办公室（OCRA）	2013	1）人口数量；2）公立学校入学率占18 岁以下人口的百分比；3）公立高中毕业率；4）具有大专或高等教育的成人百分比；5）人均年收入；6）人均资产估值	社区人口的综合素质

（1）从社区的经济发展与参与程度构建社区活力评价体系。加拿大邻里变革项目小组（ANC）提出了四维社区活力评价体系，分别是居民集体行动的意愿、居民调动资源，实现集体利益的能力、居民影响政策的能力，及居民的集体行动效率。ANC 的指标体系关注的是居民的集体行动、公众参与对经济发展带来的效益的强弱。同样地，爱荷华州立大学社区活力中心（CVC）所设计的社区活力指标，亦十分重视社区的经济发展水平 [12]：在咨询了大量社区居民意见后，CVC 就经济发展、教育和医疗保育三个方面设立了 40 个分指标来评价社区活力，其中有 28 个指标是关于经济发展水平的。

（2）社区的文化活力、社区空间环境也是各指标体系的重点。加拿大 BC 省纳尔逊的创新和创业领导力中心（CIEL）提出 9 个维度的社区活力评价指标体系，可分为三类 [10]：创新带来的社区经济活力；多样性、社区意识和安全感带来的社区可持续发展能力；学习文化、健康文化、艺术文化带来的社区文化活力。而可持续社区发展团队（CRCSCD）[6] 设计出的指标体系尤为重视社区空间环境的影响，其指标体系的六大维度上，有两项是关乎空间的，分别是"无效空间"与"活力空间"。福特研究所领导项目（The Ford Institute Leadership Program）从安全感、环境、教育、公共安全、经济和艺术文化这 6 个维度构建评价体系，其中着重关注社区的经济活力、社会活力、环境和社区能力 4 个方面 [13]。

（3）着重社区内群体的社会网络、人际关系。加拿大社会发展委员会（CCSD）提出的幸福指数，从社区内的社会关系、社会规范及价值观 [11] 方面测度社区活力。不丹研究和国民健康中心（CBSG）编制的国民幸福指数（GNP）在社区活力方面，亦着重探索社区内的社会网络与人际关系 [1]，社区活力七要素均与社会资本及社会网络密切相关。社区居民的人力资本较颇受重视，如印第安纳州社区和农村事务办公室（OCRA）以社区内人口的综合素质、与人力资本相关的指标作为衡量社区活力的重点 [14]。美国芝加哥信息中心（MCIC）则从社会资本、经济潜力及社会设施三个维度构建社区活力指数，该指数不仅强调传统的经济活力指标，还强调了社区的人文潜力。

（4）强调指标体系的差异性。社区活力的指标体系构建需顺应地方特征。俄勒冈州立大学推广服务和农村研究项目（OSUES），先作社区深入调研，了解居民在社会、经济、人文、环境、社区能力等方面最重视的因素，再制定独有的社区活力指标体系。例如在调研 Wallowa 时，OSUES 就社会、经济、环境、社区能力设计了 26 个指标来评价其社区活力 [15]；在 Tillamook，则用社会文化、经济、环境、增长发展、健康和公共服务设施、教育等 6 个方面设立了 50 个指标来评价社区活力 [16]；在 Vernonia，则运用社区参与、青年教育、经济发展、健康与幸福、环境

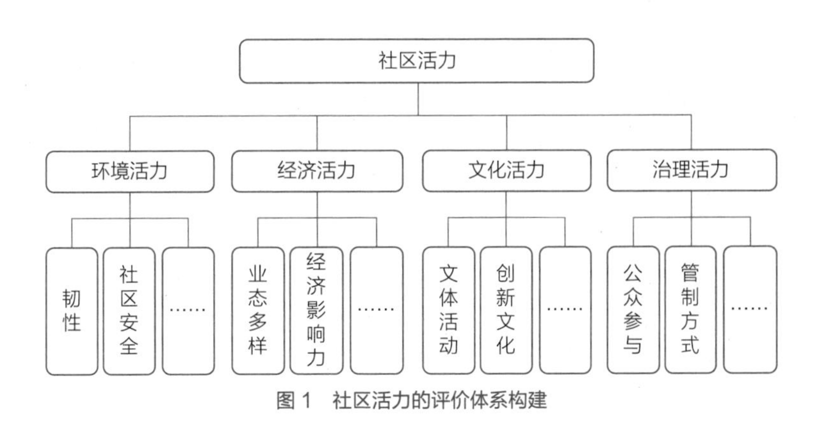

图 1　社区活力的评价体系构建

与自然资源等 5 个方面设立的 44 个指标来衡量社区活力 [17]。即将大指标与邻里情况相结合，咨询居民方能设立适用于社区特征的综合指标体系 [18]。

现有的社区活力的指标体系因各自关注点不同，其指标的构架差异较大；各地实际情况又存在差异，倡导依据特定社区设立的指标体系更不应完全相同。但是可以归纳为以下几方面：首先是经济活力，其评价指标可以是创业创新能力、经济发展潜力、业态分布丰富度等；其次是治理活力，其评价指标主要是公众参与的有效性、社会关系中的公众参与热情、政府的管治方式等；再者是文化活力，包括健康、终身学习、艺术、建筑、创新等方面的文化丰富度、居民的受教育程度、文体活动的频繁程度等；最后是环境状况，指标包括主、客观上的社区安全程度、公共空间配置等。部分机构构建的指标体系十分重视社会资本、社会网络的作用，本文认为经济活力、文化活力、治理活力中已蕴藏着对社会资本的评价，故而不再单独将社会资本作为指标列出。社区活力评价综合四大方面，具体指标可以因地制宜，依据社区具体特点斟酌（图 1）。

3　提升社区活力的社区更新研究

3.1　圣约翰地区贫困社区的更新计划

3.1.1　背景介绍

圣约翰（Saint John）是加拿大纽芬兰—拉布拉多省的首府及最大城市，2001 年人口约 17 万人（图 2）。得益于海洋生物技术、近海石油、旅游业等行业的繁荣，该省成为加拿大发展最快的地区。然而，圣约翰地区的发展水平却不尽人意，2004 年其贫困率远高于加拿大平均水平 [19]。

贫困人口多集聚在活力低下的社区。由于缺乏可持续的产业支持，大多社区始终无法摆脱经济低迷的困境，深陷代际贫困的循环并带来一系列负效应。在环

图 2　圣约翰市区位图

境活力方面，社区的医疗卫生等生活服务配套落后，因世代贫困带来社区污名化，居民逐渐形成极度的孤立感和耻辱感，易滋生犯罪，威胁社区安全。在基本生活条件难以保障、社区环境不稳定的情况下，社区的文化活力更是难以发展；居民也不愿意参与社区的治理和决策，对社区发展的贡献十分有限，社区治理活力始终低下。社区活力全面低下，又加剧了社区贫困危机，在缺少外界支持的情况下，社区往往难以打破世代贫困的恶性循环。

3.1.2　提升社区活力的社区更新计划

2004 年，“活力社区圣约翰”(Vibrant Communities Saint John，VCSJ) 组织成立，以期复兴社区，引导居民真正摆脱贫困 [20]。早期 VCSJ 将重点放在社区贫困问题上，参与撰写了研究报告《贫穷与富裕》。报告指出：贫穷人口高度集中在住房陈旧、条件恶劣、政府服务难覆盖和经济发展机会受限的社区；贫困人口绝大多数是年轻人和女性。

基于上述研究结果，VCSJ 提出了涵盖居民就业教育、医疗卫生、住房、能源及弱势群体专项援助等内容的社区更新计划，住房环境的改善是重要内容 [21]。2005 年 VCSJ 聘请由政府、企业和社区人士组成的团队，在新月谷社区(Crescent Valley) 建立社区发展委员会，负责公共房屋的改造工作 ❶；加拿大抵押贷款和住房公司 (CMHC) 与 VCSJ、社区居民、教会团体、非营利组织、政治家、规划师和 CMHC 国家办事处代表等开展了为期五天的规划研讨会，探讨并制定以建立新经济适用房为核心的脱贫战略和规划。VCSJ 于 2007 年推出 “创科资讯科技工作计划”，为社区居民提供职位招聘、入职技能培训等就业支持。VCSJ 与公共卫生和社区卫生中心组建社区工作小组，不仅为社区提供临床服务，还鼓励其他政府和非政府部门在社区共同办公。2006 年 VCSJ 住房小组与当地公用事业公司联合倡导 “温暖公寓” 行动，改善贫困社区的能源供应状况。VCSJ 还专

❶ 圣约翰的新月谷社区是一个较老的公共住房项目，为当地 400 个家庭提供住房。

门策划了针对贫困青少年及年轻单身母亲的资助计划，以提升其贫困状况和受教育水平。

为保障计划的实施，VCSJ 建立了多方对话、实施监督及反馈机制（图 3）[21]。首先，VCSJ 倡导“沟通创造活力社区”，通过线下会议、学习论坛、网络和媒体、日常工作交流等渠道，把各利益主体联系起来，以增进其对贫困工作的了解，建立相互信任，提高解决问题的能力。其次，建立 VCSJ 合作组织的伙伴网络，协助社区更新的实施。东部卫生组织、纽芬兰和拉布拉多住房等组织均与 VCSJ 展开了合作，参与更新计划的实施，如开展援助项目和举办社区活动等。再者，建立领导圆桌会议制度（LRT）。LRT 是 VCSJ 最有效的协调和监督方式，定期邀请各部门代表和居民进行面对面交流，共享信息。通过双向沟通，居民可了解社区更新的方向与进展，并及时表达对已有成果的反馈。

3.1.3 社区活力的提升

经过 2004—2008 年的社区更新实践，VCSJ 已经成为当地社会包容和脱贫的有力倡导者，取得了超过预期的成果（表 3），圣约翰的社区活力显著提升（图 4）[22]。

通过重新配置现有资源、重构社区服务来提高居住质量，截至 2008 年 VCSJ 已为 3000 人提供公共住房供应，进而大幅提升环境活力。经济活力方面，城市

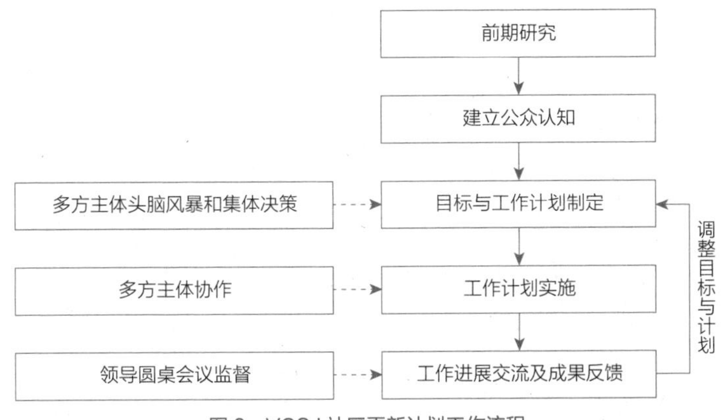

图 3　VCSJ 社区更新计划工作流程

圣约翰社区更新部分工作成效　　表 3

工作内容	目标（人数）	成果（截至 2008 年人数）
援助儿童和青少年	500	1450
住房供应	1000	3082
援助年轻单身母亲	不详	38
接受就业教育	500	137
总计	2000	4707

资料来源：参考文献 [20]

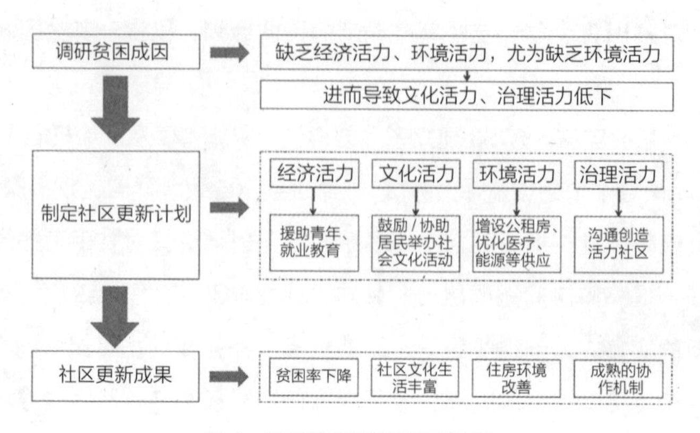

图 4　圣约翰地区社区更新流程

的总体贫困率从 2001 年的 24.5% 下降至 2006 年的 20%[19]；137 位社区居民接受了就业教育，为稳定收入来源奠定基础。随着经济与环境活力的好转，居民普遍提升了自尊和自信，真正融入社区生活，社区逐渐形成特有的社区文化。某社区的低收入居民在组织的帮助下创办了社区报刊《我们的街区》，既提高了文化活力，又为居民带来一定收入。在 VCSJ 的协调下，多元主体建立了成熟的协作机制，共同完成社区事务的决策；VCSJ 鼓励低收入居民组成领导小组参与社区更新计划的制定和实施，居民的诉求成为主导社区发展的重要声音，社区治理活力显著提升。

3.2　三河市工人社区的社区更新计划

3.2.1　背景介绍

三河市（Trois-Rivieres）是魁北克第九大城市，位于蒙特利尔市和魁北克市之间，拥有 14 万人口，是加拿大最早的工业城镇之一（图 5）。“二战”之后，三河市随着大型工业的发展迅速繁荣，纺织品、金属、造纸等是其主导产业[23]。

与许多工业城市一样，三河市传统工业的转移使城市工作岗位锐减[23]，工人社区在 20 世纪 70 年代迅速沦为丧失活力的贫困社区，有能力的居民纷纷外迁，房

图 5　三河市区位图

屋空置率提高，犯罪行为增加，进一步削弱了社区的竞争力，使其陷入了恶性循环之中。市政府曾经投入了大量资源尝试重新激活社区，但社区的失业率、健康程度、贫困程度等社会经济指标在统计数据上仍不容乐观 [24]。对社区活力的研究中发现，单纯的资源投入对社区活力的带动具有局限性，无法从系统上应对社区衰败。

3.2.2 社区更新计划

为了解决工人社区遇到的各类问题，三河市组建了 Économie Communautaire de Francheville（简称 ÉCOF）组织，推动名为 LaDémarche de revitalization des premiers quartiers 的社区更新计划 [25]。LaDémarche 作为社区更新的监督组织存在，负责总结更新建设经验并探索社区居民的需求，组织和协调各方利益，寻找最佳组织对项目进行管理，以实现资源和利益的最优化分配（图 6）。

社区更新实施了以提升经济活力和环境活力为主的一系列举措（表 4）。首先，提升地区的经济活力，一方面组织举办了大型的年度招聘会、组建培训课程，提升居民的工作技能与就业率 [25]；另一方面不断寻找合适的经济项目，策划了如“The Youth Hostel of the First Quartiers”项目，创造就业的同时提供低成本住宿；通过新建如咖啡馆、单车租赁公司、交易中心等企业，创造大量就业岗位。推动了社区环境的改善、提升环境活力：建设灯光照明工程等以降低犯罪率，提升安全感；组建“Communo-gym”项目，依靠三位运动学家的努力为居民提供低成本

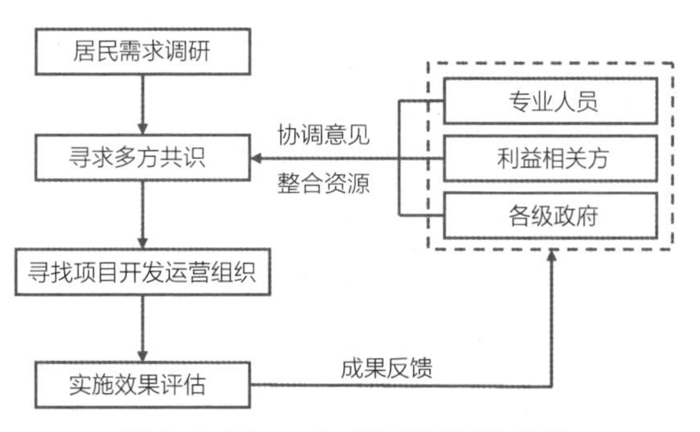

图 6　LaDémarche 项目组织工作流程

三河市工人社区活力提升路径　　表 4

社区活力体系	社区更新做法	意义
经济活力	引入就业项目、 提供技能培训	降低社区失业率、 提高社区消费能力
文化活力	组织社区活动	增加居民的地方认同、 强化社区内部社交网络
环境活力	改造公共空间	提高环境品质
治理活力	多方参与的社区发展委员会	为各利益主体提供对话平台、 提升居民在社区改造中的自主性

健身中心；组织改良社区中心和社区花园等公共空间。再者，利用改良过的公共空间组织各类型的社区活动，实现文化活力的提升。最后，在整个社区更新进程中，成立多方参与的社区发展委员会，为各利益主体提供对话平台，提升居民在社区改造中的自主性，意图增强社区的治理活力。到 2003 年，社区更新计划已经从 4 个社区扩张到 11 个社区，覆盖了超过 30000 名居民。

3.2.3　社区更新效果

随着社区更新计划的执行，三河市的工人社区逐渐恢复活力，超过 2500 人通过 LaDémarche 计划的就业项目获得新的工作岗位，不再依靠社会救济生活。新建的三个社区花园和一个滑板公园有效改善了社区的公共空间品质；项目提供的领导力培训等课程有效改善了社区居民的素质（表 5）[25]。有别于其他以物理空间改造为主的项目，LaDémarche 计划的合作方包括了社会组织、公共机构、公众代表等角色，通过建立对话平台整合了各方在专业知识上的优势，使自身得以从系统的角度解决社区的经济、金融、社会和环境等方面的问题，从根本上实现社区活力的提升（图 7）。

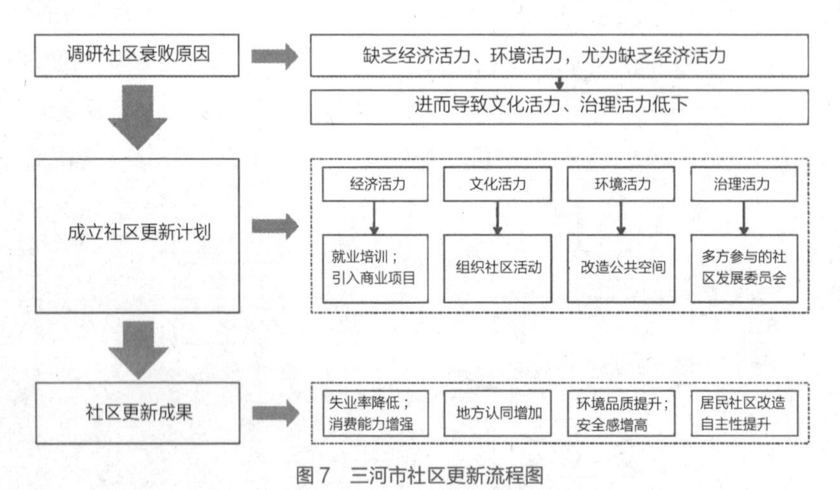

图 7　三河市社区更新流程图

三河市社区更新部分工作成效　　表 5

就业项目	· 2004 年成立了自行车租赁公司 · 一个由 200 名成员组成的服务交易所正在运营中 · 咖啡馆—洗衣店社会经济企业于 2003 年开业 · 年度招聘会帮助超过 800 人进入或重新加入了劳动力队伍
空间改造项目	· 累计建设了三个社区花园 · 建设了一个滑板公园 · 一条小巷被重建成公共会议空间
技能培训	· 100 名妇女参加了自卫课程 · 60 名居民接受了领导培训

资料来源：作者依据参考文献 [25] 修改

4 结论

社区活力内涵不断完善，主要是指社区合理运用其环境、经济文化、治理等资源，以主动应对外界变化，实现可持续发展，并最终实现社区提升的能力。社区活力评价的指标体系已较为成熟，可以将其总结为对经济活力、文化活力、治理活力与环境活力四大方面的评价；具体指标需要因地制宜地斟酌与细化。加拿大两个社区更新案例表明，社区活力评价框架可分析待更新社区的存在问题，并据此提出社区更新改造的策略，为创造充满活力的社区打下坚实基础。

习近平总书记 2018 年 10 月在视察广东时提出，“要努力实现老城市新活力”。何为新活力？社区是城市的基本单元，老城市要焕发新活力需要通过具体的社区更新实现。不仅是单一维度的经济活力，而是更为综合、多元的社区活力。未来应将社区活力评价体系引入国内，因地制宜地调整修正后，作为指明更新方向、评估更新规划实施效果的发展导则，从而实现老城区新活力。

参考文献

[1] Ura K，Galay K. Gross National Happiness and Development[J]. Thimpu：The Centre for Buthan Studies，2004.

[2] Cottrell L S. The Competent Community[J]. Further Explorations in Social Psychiatry，1976：195-209.

[3] Summers G F，Bloomquist L，Hirsch T & Shaffer R.Community Economic Vitality：Major Trends and Selected Issues[EB/OL]. https：//files.eric.ed.gov/fulltext/ED306059.pdf， 1988/2019-06-25.

[4] Bowles R T，Cook J V. Social Impact Assessment in Small Communities：An Integrative Review of Selected Literature[M]. Butterworths，1981.

[5] Matarasso F. Towards a Local Culture Index[J]. Measuring the Cultural Vitality of Communities. Gloucester：Comedia，1999.

[6] Dale A，Ling C，Newman L. Community Vitality：The Role of Community-level Resilience Adaptation and Innovation in Sustainable Development[J]. Sustainability，2010，2（1）：215-231.

[7] Luloff A E，Swanson L E. Community Agency and Disaffection：Enhancing Collective Resources[J]. Investing in People：The Human Capital Needs of Rural America，1995：351-372.

[8] McKnight J，Kretzmann J. Building Communities from the Inside out—A Path toward Finding and Mobilizing a Community's Assets [R].Evanston：The Asset-Based Community Development Institute，1993.

[9] Jackson M R，Kabwasa-Green F，Herranz J. Cultural Vitality in Communities：Interpretation and Indicators[R]. Washington，DC：The Urban Institute，2006.

[10] Stolte M，Metcalfe B. Beyond Economic Survival 97 Ways Small Communities Can Thrive—A Guide to Community Vitality[R].Nelson：The Centre for Innovative & Entrepreneurial Leadership，2009.

[11] Scott K. Community Vitality[R]. Waterloo：Canadian Index of Wellbeing and University of Waterloo，2010：84.

[12] Edelman M，Burke S C. Iowa Communities of Distinction：A Summary Analysis of Success Factors & Lessons Learned from In-Depth Studies of Selected Iowa Communities[R]. Ames：Iowa State University，Department of Economics，2004.

[13] Sektnan M , Etuk L . Evaluation of the Ford Institute Leadership Program：2009 Report [R]. Corvallis，Oregon：Oregon State University Extension Family and Community Health，2010.

[14] Anonymity，Community Vitality Indicators：Technical Information[EB/OL]. https：//pcrd.purdue.edu/ruralindianastats/downloads/learn-more-about-cvi.pdf，2019-06-25

[15] Etuk L，Crandall M. Vital Walllwa Indicator Project-2009 Baseline Assessment Report[R]. Corvallis：Oregon State University Extention Service & Rural Studies Program，2010.

[16] Etuk L. Tillamook County：2020 Strategic Vision，Indicator Report & Assessment，2009-2014 Executive Summary[R]. Corvallis：Oregon State University Extention Service & Rural Studies Program，2015.

[17] Grotta A. Vernonia Community Indicators of Vitality - 2013 Baseline Assessment Summary[R]. Corvallis：Oregon State University Extention Service & Rural Studies Program，2015.

[18] Meagher S. A Neighbourhood Vita Lity Index：An Approach to Measuring Neighbourhood Well-being[R]. Toronto：United Way Toronto，2008.

[19] Makhoul A，Leviten-Reid E. Vibrant Communities Saint John：Dismantling the Poverty Traps [R]. Canada：The Caledon Institute of Social Policy，2006.

[20] Leviten-Reid E，Makhoul A. VCSJ Framework for Change：Taking the Work to the Next Level [R]. Canada：The Caledon Institute of Social Policy，2009.

[21] Makhoul A，Leviten-Reid E，Peggy Matchim. Vibrant Communities St. John's：Engaging Citizens and Changing Systems[R]. Canada：The Caledon Institute of Social Policy，2008.

[22] ASAP Design Inc. Vibrant Communities 2002-2010 Evaluation Report[R]. Canada：Tamarack，2010.

[23] Roy-Sole, Monique. A Tale of Tenacity [N]. Canadian Geographic Magazine，2009-4，Vol. 129, No. 2

[24] Aubin J F. Integrated Revitalization Processes, Another Aspect of the Social and Solidarity Economy in Quebec: The Experience of Trois-Riviéres[C]//Universitas Forum. 2015, 4(2).

[25] Ninacs W, Gareau F. ÉCOF-CDÉC de Trois-Rivières: A Case Study[R].Ottawa: The Caledon Institute of Social Policy, 2003.

段德罡
张凡

段德罡，中国城市规划学会理事、学术工作委员会委员、乡村规划与建设学术委员会委员，西安建筑科技大学建筑学院教授、副院长，陕西省村镇建设研究中心主任

张凡，西安建筑科技大学建筑学院讲师，博士研究生

乡村活力路径

党的十九大提出乡村振兴战略，指出新时期城乡进入融合发展阶段。当前我国城镇化发展已进入了中后期转型提升阶段，传统城镇化过程中城市倾向性政策使得城乡发展不平衡、收入差距加大，决定了人口加速向城镇聚集的趋势，总体上呈现出工业化与城镇化不同步、工业化先于城镇化的特点。反观其他国家的发展历程，各国在推进城市化进程中普遍遇到了乡村衰退问题，且一般要到城镇化率达到 70% 以后，城乡矛盾才能逐步得到解决。因此，在我国深入推进新型城镇化和乡村战略的双轮驱动下，本文将就乡村建设发展过程中村民主体意识消弭、乡村内生动力缺乏、城乡发展不平衡等乡村发展活力困境，探寻如何激发乡村内生动力，构建乡村活力保障机制，促进城乡要素双向流动，促使城乡地区融合发展，实现乡村精明发展的乡村活力路径。

1　乡村活力概念

1.1　活力

活力（拉丁语：Vis viva，意为“生命力”）是动能的历史名词❶，出现于早期描述能量守恒原理的公式，从物理学角度揭示了活力是物质发展动力的来源。“活力”一词涵义丰富，使用广泛。《辞海》中活力论亦称生机论，是有关生命现象的一种唯心主义学说，其认为有生命物体的一切活动是由其内部所具有的非物质因素，即“活力”所支配[1]。在《当代汉语新词词典》中，对活力的解释为：旺盛

❶ 德国物理学家莱布尼兹曾经引入“活力”描述“动能”概念，他认为“活力”才是“力”的真正量度，相当于物体的动能。

的生命力，借指事物得以发展的能力[2]。在生物学及生态学领域，“活力”指生命有机体维持生存、发展的能力。在城乡规划学术界，活力指城市能够为市民营造人性化环境的潜力，包括经济活力、社会活力、文化活力[3]。其中，经济活力是前提，社会活力是外在表现形式，文化活力是本质[4]。可见，活力在不同领域内的解释与表征上具有差异，但大体可以总结为：活力是物质生命力的外在表征，是系统持续发展的动力。

1.2 乡村活力

国外学者 Eric Koome 将乡村活力（Rural Vitality）定义为乡村地区应对可能发生问题的能力，并指出它与“可持续性”和“宜居性”等同样模糊和流行的术语有关，是一个相当广泛的概念[5]。国内目前对乡村活力没有给出具体概念，对城市整体活力及城市某方面活力有一定的研究基础，总体归纳为：城市活力是城市经济、社会、文化的活跃程度和发展能力的综合体现，容纳不同功能的城市场所提供给使用者多样化使用机会的能力[6]。

乡村作为具有自然、社会、经济特征的地域综合体，兼具生产、生活、生态、文化等多重功能。乡村活力是乡村社会状态的反映，乡村具有活力要求，乡村地区既有空间活力的外在表征，又有可持续发展的内在机制，这样乡村地区才能有旺盛的生命力。基于对活力内涵的解读、城市活力研究的基础以及乡村本体特征的判断，本文初步将乡村活力定义为：能够为村民营造人性化生存环境，具有应对潜在问题的响应机制，且具备稳定、可持续的发展动力，是乡村经济活力、社会活力和文化活力的综合体现，并依赖于适宜的体制机制的保证，体现为有序的社会秩序下的整体活力。因此，实现乡村集体活力是本文研究的主要目标。

2 乡村特征下的活力解析

乡村活力是乡村经济、社会、文化和生态等方面活力的综合体现。然而，事物的存在和发展都会受到所处环境影响，乡村活力与它所处的历史环境息息相关，我们需要基于乡村发展特征去理解乡村在不同时期的活力状态。传统乡村是一个高度统一的生命共同体，各要素影响下的乡村活力处于相对均衡状态，赋予了传统乡村一种稳定平缓的持续发展活力；当代乡村在制度变革与重构中尚处于一种非均衡态，各时期活力要素相互制约或一方独大，相互关系的不平衡导致可持续发展乏力。乡村活力不仅需要村庄内部活力体系的构建，更需要关注村庄外部环境的支撑，以促进活力要素间的均衡。

2.1 传统乡村活力的"均衡态"

2.1.1 和谐稳定奠定乡村活力基础

传统乡村处于与自然和谐相生的相对稳定状态，村民的生产生活根植于自然，融于自然，人们在思想上普遍具有与自然整体和谐的共识，这是传统乡村的活力基础。传统乡村是一个"天—地—人"和谐统一的共同体，其基于人与人、人与社会、人与自然的长期互动和不断认识，形成了"人法地，地法天，天法道，道法自然"的顺天应时、与自然规律相适宜的"天人合一"的世界观与发展观，养成了人与万物相互依存，与养育人类的大自然相融合、相协调的观念意识，形成了中华民族节制欲望、合理利用和开发自然资源，注重可持续发展的人地关系。这种"天人合一"和谐发展的观念作为中国传统文化的基本理念，其中蕴含的中国传统智慧也反映了传统乡村可持续发展的内涵，是确保传统乡村稳定发展并继承乡村活力的源泉及机理。但是，相比于西方"人定胜天"的生产模式，这种思维模式强调顺自然之理，主张"少私寡欲"[7]，减少个人的欲望，在一定程度上也致使传统乡村社会缺乏创新性和开拓性，一定程度上阻碍了科学的发展。

2.1.2 士绅阶层凝聚乡村活力主体

历史上，国家要稳定乡村社会，但却无力构建延伸至乡一级的行政管理体系，因而形成了"国权不下乡"的格局❶。在县之下普遍通过礼俗进行着乡村士绅❷等精英主导的乡村再生产，管理乡村内部事务，推动乡村发展，并与既有的社会结构和国家权力设置相配套，使村落治理和村落秩序得以维持，使村落具有超强的自我修复能力和稳定性[8]。村民是乡村活力的主体，以道德观为支撑的"乡绅"制度是传统乡村社会结构的粘合剂。村落的乡绅精英以自身行为和道德风范形成"权威"并影响村落，呈现出很强的凝聚力和号召力，引导村民推动乡村经济文化发展和社会进步。不可否认的是，中国古代农村社会存在阶层分化现象，农民可以通过努力攒钱买地成为地主，地主也可能破产转化成农民[9]，当"村霸"借势占据主导地位时，他们便横行乡里、欺压百姓，也为乡村健康发展带来阻力。

2.1.3 礼制宗法保障乡村活力运转

乡村社会与上层社会体系共同组成以自上而下的皇权统领机制，配合自下而

---

❶ 历史上国家无法构建出延伸至乡一级的庞大官僚体系，汲取乡村赋税、稳定乡村社会、维护政权基层合法性等需求主要依托乡里制度、宗族、乡绅等来实现，形成"皇权不下乡，乡下唯宗族，宗族皆自治，自治靠伦理，伦理造乡绅"的格局。

❷ "士绅"主要指士族和乡绅的结合体。包括世族、世家、巨室、门阀、富商等，也即地方上有钱有势、有头有脸的人，是中国封建社会一种特有的阶层，主要由当地有文化的中小地主、退休回乡的中小官吏、宗族元老、富商财阀等一批在乡村社会有影响的人物构成。

上的宗法约束的双轨政治结构❶，保证了传统社会政治秩序的通达。皇权主要通过礼制进行国家统治权力的分配和整个社会秩序的维持[10]，这在一定程度上形成了中国特色的政治范式，维系着中国古代社会的稳定[11]。以血缘关系为纽带的宗族则代表着乡村社会的内部力量，依靠族权对个人的约束力维持着常规的内部秩序。但从社会分层的角度来说，这种稳定是建立在社会阶层关系之下的，各阶层之间很难相互开放，融合度不够，且有着身份等级界限，流通受阻，作为社会底层的大量老百姓普遍具有身份自卑。因此，严格意义上来讲，礼制宗法制度下的社会稳定对农民阶层带有身份的界定，也导致了大多数贫困老百姓普遍具有一种阶层低下的自我认知；但从另一个角度来看，各安其位的身份认知保障了社会的稳定，并使乡村社会具备了推动社会持续发展的活力。

2.1.4 要素循环维持乡村活力发展

中国社会以农业文明为基础，资源的循环与平衡及城乡人才要素的自由流动机制，赋予了传统乡村一种稳定平缓的持续发展活力。一方面，对土地的依赖和对自然的尊重与保护成为传统乡村凝聚力的内核，在这种文化价值的指引下，农民依靠自然条件与传统的耕作方式收获食物，耕耘与收获都取之于地[12]，实现了资源的循环与平衡，有效促进了乡村社会共同体的持续发展。另一方面，从乡村发展的制度环境来看，中国古代乡村社会的稳定与繁荣亦来自于城乡之间人才要素的循环，“耕读传家、学而优则仕”为农民进城提供了源动力与路径，“告老还乡、叶落归根”则把城市的先进文化带回乡下，以其成就、德望和学识激励和影响着后辈，促进了乡村社会发展的与时俱进。这样，一批又一批的官员回归故里，换来的是一批又一批的才俊走出乡土，形成了一个生生不息的人才大循环[13]。但由于社会体制的影响，这种循环方式也具有一定局限性，表现为城乡的要素流动类型和人才流动循环方式较为单一。

2.2 当代乡村活力的“失衡”

2.2.1 西方文明冲击下的乡村文化活力紊乱

随着发展环境的变迁，中国“外源性”现代化过程开始。西方资本主义的入侵，破坏了中国传统自给自足的自然经济基础，传统小农经济开始解体并分化，使乡村传统文化根基开始松动。辛亥革命之后，政治变革有力冲击了传统乡村以家族文化为核心的乡村基础，以新文化运动为代表的新文化的传入也在观念形态上否定了中国封建观念和意识，动摇了村民以家族为归属的原有价值体系。加之

❶ 费孝通在《乡土中国》中提出了中国社会“双轨政治理论”：一方面是自上而下的皇权，另一方面是自下而上的绅权和族权，二者平行运作，互相作用，形成了“皇帝无为而天下治”。

日本帝国主义趁第一次世界大战期间英、美等西方列强无暇东顾之际，对中国展开的经济侵略，使得社会基本矛盾严重激化。军阀混战时期，作为战场和军需补给地的广大农村日益凋敝，中国人开始怀疑自己的文化。“五四”运动期间，中国同时被迫接受着外来资本的入侵和异族文化的干扰。由此，乡村地区内部独立的运作体系由于受到西方文明的冲击，乡村社会普遍存在文化自轻现象，导致该阶段乡村传统文化活力孱弱趋势突出，影响了乡村内部的和谐与稳定，乡村文化异化，文化活力体系开始紊乱（图 1）。

2.2.2 宗法制度消亡后的乡村社会活力危机

宗族组织、能人带动是维持传统乡村基层社会秩序的主要力量，承担着维护乡村社会治安、提供乡村公共产品、管理村庄各项事务的重要职责。然而，从抗日战争到解放战争，持续不断的战争影响造成的社会动荡给中国老百姓的生活环境造成了巨大破坏，即使抗战期间采取了减租减息等政策[14]，但效果并不理想。在此过程中，乡村宗族力量削弱，在乡村社会中的权威和话语权逐渐丧失。中华人民共和国成立后，为转变乡村社会状态，实行了土地改革运动，虽极大激发了农民的积极性，但“土改”中族权被基于阶级原则的乡村政权取代。这种基于血缘关系的资源配置方式到阶级关系下的资源配置方式的转变，破坏了乡村社会运行的伦理，导致了家族的瓦解。“人民公社”时期，集体化生产安排的计划性极强，生产资料利用率较高，但平均主义使乡村社会缺乏有知识、有财富实力的乡村精英，乡村社会本身的内部活力缺失、动力下降。近现代以来，一系列的改革运动未使传统乡村维系社会秩序的传统制度与阶级力量到达良好的融合互补，而是整体呈现传统制度消亡、阶级力量主导的态势，未形成乡村内部力量与外部力量的均衡发展。昔日乡村社会的这股中坚组织力量，在中国近现代化进程中逐渐消亡，乡村社会活力出现危机。

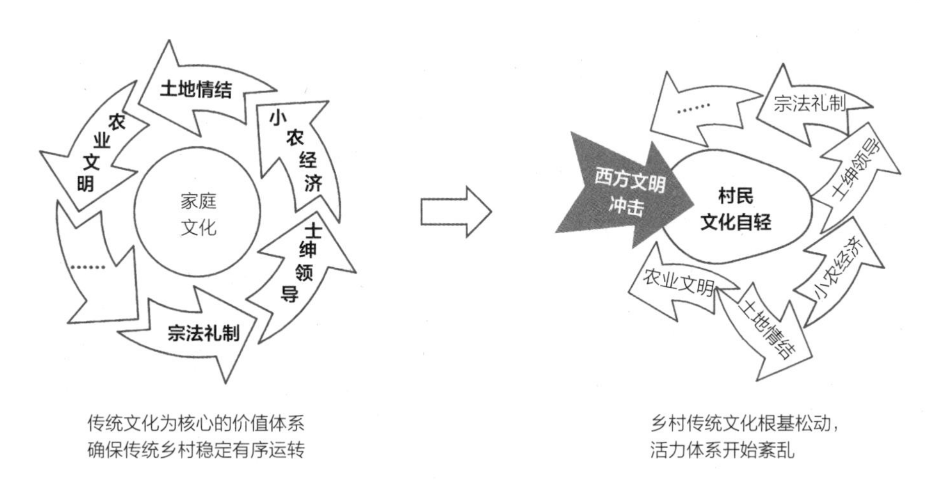

图 1　传统乡村活力体系紊乱

资料来源：笔者自绘

2.2.3 经济建设为中心的乡村经济活力独大

改革开放后，我国实行了家庭联产承包责任制，以家庭为单位的经营组织替代了低效率的“人民公社”体制下的农村集体经济组织，极大地激发了农民的积极性，在当时的背景下具有一定的积极意义，但也导致了个体经营的独立性、村民间联络的淡化。随后，乡镇企业的产权制度改革、乡镇企业改制、农村金融改革等经济政策相继出台，为乡村发展营造了良好环境。同时，在计划经济体制到市场经济体制的转变过程中，由于市场的作用不断强化，经济活力不断被激活，极大地解放和发展了生产力。然而，随着改革开放的不断深入，这种以经济建设为核心的单一发展模式，忽视了对社会意识形态的关注，导致了老百姓价值观念的异化，忽视了自身对社会的责任，经济利益变成了超越一切的追求，趋利性开始增强，使得乡村公共服务自觉性消亡，公共服务转化为经济利益导向下的商品，或对地方政府的制度依赖，乡村活力呈现非均衡状态。而从乡村发展的角度来看，对经济利益的追求导致村民离开村庄，乡村活力主体缺失，总体缺乏可持续发展能力。

2.2.4 国家战略实施下的村民依赖

过去的城乡制度设计造成了城乡之间的巨大差距，乡村地区发展式微。面对这一问题，从 2002 年党的第十六次全国代表大会报告正式形成“统筹城乡发展”的理念以后，乡村地区开始受到关注：2003 年提出“建设社会主义新农村”；2006 年中央提出“以城带乡、以工促农”，逐渐开始发展农村经济；2008 年十七届三中全会通过了《中共中央关于推进农村改革发展若干重大问题的决定》；2012 年发布新型农村合作医疗政策；2013 年，提出开展“美丽乡村建设”；2014 年出台《国家新型城镇化规划（2014—2020 年）》等。直至十九大乡村振兴战略的提出，乡村发展被提高到了新的高度。在国家战略导向下，对乡村地区的建设发展在政策支持、资金投入等方面达到了前所未有的高度。但在政策具体实施中，也存在由于执行过程不到位，或追求“快”导致村民思想上呈现出对政府公共政策的过度依赖。如在当前政府主导的乡建中，由于村民自身缺乏主体家园意识，出现了部分村民主动放弃建设家园的责任或将自己当作旁观者，自己少出力或不担责任，由建设家园的主体变为客体，造成多项乡村建设成果处于荒置、无人维护的状态。

2.3 当代乡村发展探讨

传统乡村在相对稳定的发展环境中，维持着缓慢但有序的社会运转状态，而当下乡村由于制度环境、技术进步、经济基础等各种因素对乡村演化和发展产生的影响，从其发展态势来看，乡村发展迅猛但无序，功利色彩浓重。新时期，为促进乡村活力的重塑，对当下乡村发展提出了新要求。乡村振兴战略提出顺应村庄发展规律和演变趋势，根据不同村庄的发展现状、区位条件、资源禀赋等，按照集聚提升、融入城镇、特色保护、搬迁撤并等思路，分类推进乡村发展，为基本实现农业农村现代化打好基础。但乡村要达到振兴的目标，实现乡村活力的均衡健康发展，还需要一定的时间周期。在这一过程中，乡村发展机遇与挑战并存，乡村既可能系统优化形成整体活力，亦可能极化发展导致可持续发展乏力。因而如何系统优化各项政策的衔接与协调，如何优化体制机制来促进乡村的各活力要素的均衡，实现乡村可持续发展，是当下乡村发展亟需解决的重点问题。当前针对城乡融合发展背景下乡村发展的基础理论研究成果相对匮乏，如何确保乡村健康有序发展需要进一步作出引导。一方面需要通过加强制度建设，明确乡村建设人才、资金等要素的投入保障机制，促进城乡发展共生共荣，为乡村营造良好的发展氛围；又需要注重细节实质，从村民主体意识培育、乡村空间组织设计、乡村公共设施配置、现代乡村治理体系构建等多方面入手，为乡村活力的均衡有序发展提供路径支撑。

3 当前乡村活力困境

3.1 制度演变加剧主体意识消弭

社会学家费孝通在《乡土中国》中提出了中国社会“双轨政治理论”：一方面是自上而下的皇权，另一方面是自下而上的绅权和族权，两种制度平行运作，互相作用，形成了“皇帝无为而天下治”[15]。国外学者 North 将这两种制度称为正式制度和非正式制度❶[16]。中国乡村社会从“皇权不下县”的无为之治，经历了土地改革时的集体经营制度、农村改革时的家庭联产承包制度等正式制度的确立，乡村的所有制结构发生了变动，村民的社会流动加快，传统乡村高度同质化的状况已不复存在。在阶层分化的背景下，经济、社会资本决定的社会结构主导了新的价值观和文化秩序，乡村的非正式制度逐渐消亡。随着“城市反哺乡村”、“建设社会主义新农村”、“美丽乡村建设”、“乡村振兴战略”等一系列乡村政策的推进，强调“德治、自治、法治”三者统一的乡村治理方式，将逐步引导乡村新秩序的建构。但目前，乡村社会尚处于正式制度体系未成熟，非正式制度逐步消亡的过渡阶段。整体来看，村民个体虽然保有活力，但由于处于制度重构期，乡村秩序呈现混沌状态，村民普遍注重个体利益，缺乏对乡村社会发展的责任意识，导致乡村发展建设主体缺失。

---

❶ 正式制度表示政治和法律规则、经济规划及契约等；非正式制度包含惯例、行为规范和价值伦理等。

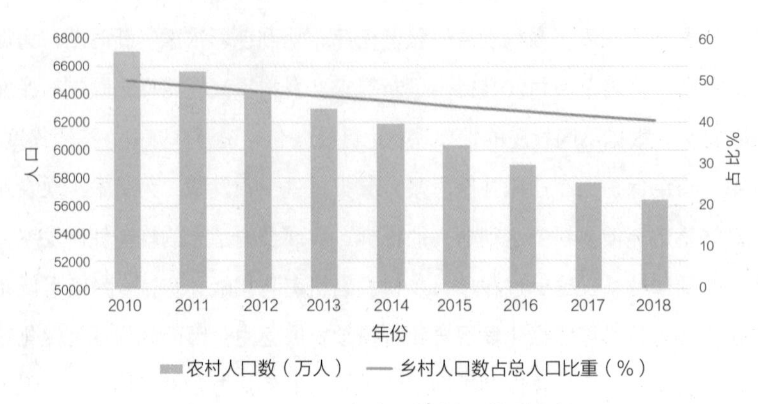

图 2　2010—2018 年中国乡村人口数量统计图
资料来源：国家统计局

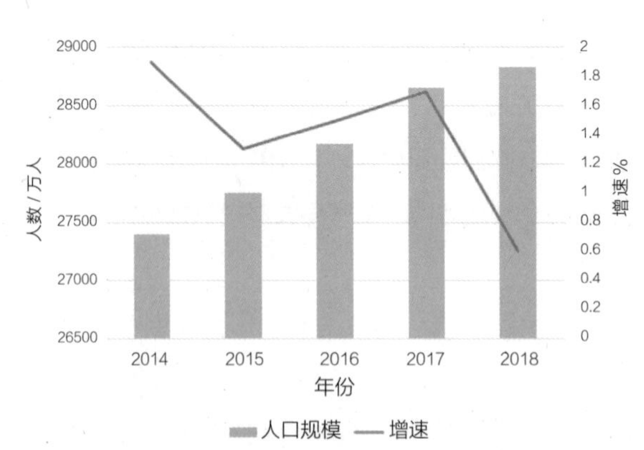

图 3　2014—2018 年中国农民工总量及增速状态
资料来源：国家统计局

3.2　人才缺失制约乡村内生动力

村民是乡村发展与建设的主要力量，人才决定着乡村发展与建设的成败。从乡村角度来看，首先，我国 2010—2018 年乡村人口数量总体呈持续下降趋势（图 2），但总人口规模仍然庞大；其次，进城务工的总人口在过去五年时间里持续增加（图 3），2018 年农民工的人数达到了 28836 万人，其中新生代农民工中，“80 后”占 50.4%，且目前全国的农村留守儿童达到 697 万余人[1]，该现象引发乡村空心化、老龄化的同时也导致乡村发展建设的中坚力量极度缺乏；再次，虽然国家在鼓励大学生回乡创业，但从农村走出去的学生群体由于受到社会普遍存在的“脱离农村”观念的影响，以及缺少资金、技术和管理经验等原因，所以仍会选择在城里

[1] 由中华人民共和国民政部全国农村留守儿童和困境儿童信息管理系统统计。

工作。整体来看，乡村人口仍单向输出，并从劳动力转移到高层次人才转移转变，即村里人只进城，不回乡，造成乡村精英流失、精英难寻的局面，致使乡村发展动力严重不足。从城市角度来看，大部分市民进入乡村仅是消费乡村，但不建设乡村，不会去寻找帮扶乡村发展的目标和路径；大多数乡村为了迎合市民对乡村旅游的需求，在建设过程中缺乏生态环境保护意识，摒弃乡土性，一味地追逐经济利益；部分企业在投资时也利用乡村廉价资源来获取商业价值和经济效益，导致乡村产业与村民劳动力特征、乡村发展要求之间脱节，使乡村产业发展不可持续。加之乡村人口基数大，乡村社会经济资源匮乏，人均资源拥有量远落后于城市水平，造成乡村人口留不住、城市人口不下乡的局面，致使乡村人才的缺失成为制约乡村发展内生动力的主要因素。

3.3 政策掣肘制约要素双向流动

针对乡村发展式微问题，中央政府出台了各种惠农政策，对于缓解当前贫富差距、城乡差距日益扩大的状况，具有重要导向作用。但我们不能仅仅围绕单一政策来追求局部效果，而应立足于整个社会的发展现状、发展目标，实现各单项政策的统筹与互补。当前，在快速城镇化的同时，工业化和现代化也在不断加快，由于第二、三产业本身的规模经营要求和聚集效应特征，城市的二、三产业能够得到快速发展，而乡村是以农业为主导产业，效益低下，由于城市的拉力效应，乡村地区大量人力资源不断向城市单向流动。在十七届三中全会通过《中共中央关于推进农村改革发展若干重大问题的决定》之前，土地不可流转，其后，明晰了乡村建设用地和农地等集体土地都不能作为资产，宅基地不能买卖只能租赁，在进行乡村产业经营时，土地不能用于抵押融资，乡村缺乏可作为资产的土地。随着乡村产品市场的城乡一体化发展，“三块地”改革不断深化，土地要素得以激活。乡村振兴战略的提出，使乡村发展被提到了新高度，《乡村振兴战略规划（2018—2022 年）》明确提出到 2022 年，乡村振兴的制度框架和政策体系初步健全，意味着当前部分政策存在着相互掣肘的问题，一定程度上阻碍了城乡要素的流动。比如，随着各种促进乡村休闲农业发展政策的相继出台，社会资本逐渐关注乡村，但农业农村部、自然资源部印发的《关于开展“大棚房”问题专项清理整治行动坚决遏制农地非农化的方案》（2018 年）的通知，在取得了遏制农地非农化、修复生态环境等成绩的同时，也造成了市场的顾虑，削弱了资本下乡的积极性，导致下乡工商资本往往不敢重资本投入，只敢轻资本介入，使乡村产业发展势头趋缓。再如取消农业税，在减轻农民负担的同时，也诱发了部分农民的“公民意识”淡化、对国家的责任意识削弱。当前，随着我国以全面从严治党推进国家治理现代化步伐的加快，一些乡镇政府难以适应，导致行政逻辑由“收益最大化”转变为“风险最小化”，出现“不作为”的情况，进而导致乡村振兴战略推动乏力。综合来看，制度框架构建期存在的政策掣肘，致使外部活力要素进入乡村存在疑虑，也使乡村内部无法产生活力要素正面效应，加剧了乡村发展难度。

3.4 公共财政难以支撑乡村发展

自 2005 年“社会主义新农村建设”政策出台以来，乡村日益成为公共财政投资的重点区域，越来越多来自中央、地方、基层多层级政府的大量财政投入乡村。资本引进大多要建设用地指标，难免就要土地流转。2014 年末，政府发布了《关于引导农村土地经营权有序流转发展农业适度规模经营的意见》，指出土地流转和适度规模经营是发展现代农业的必由之路，有利于优化土地资源配置和提高劳动生产率等。然而，对于社会资本下乡来说，其与流转农地结合过程中面临诸多难题，如社会资本对农地“非农化”改变、盈利空间有限等。对于村民自身来说，本可以通过投资合股，发展集体经济，但由于乡村长期缺乏精英人才和相关体制机制保障，使得资本合资难度大。即使合资成功，合作社等其他集体经济组织的运营管理难度大，也导致村民往往呈现观望跟风态度，仅进行小规模经营。因此，当下乡村发展更多以政府为主导进行建设。对地方政府而言，土地销售所得是财政的一个重要来源，主要用以支持基础设施等项目，而欠发达地区的地方政府往往还面临着土地销售较差、基础设施投资量大、财政紧张等情况。近日国务院正式发布的《政府投资条例》禁止地方政府违规举债，施工单位不得垫资建设。因此，进行量大面广的乡村振兴专项资金投入已不现实，乡村的发展与建设面临巨大的资金压力。

4 乡村活力路径

通过对传统乡村与当代乡村的对比分析可知，当代乡村由于在社会经济、文化等方面发生改变，导致乡村内、外部出现村民文化自轻、信仰迷茫、价值异化及乡村建设出现转机等特征。乡村规划是与乡村发展、建设息息相关的学科工作，针对乡村活力的培育，我们亟需厘清在当前新型城镇化与乡村振兴战略双轮驱动发展背景下，影响乡村活力的核心因子和所面临的困境，始终保持对乡村本质特色的清晰思考和深度挖掘，在充分尊重乡村本身特征的前提下，激活乡村内生动力、构建活力保障机制，推进城乡均衡，以此为乡村的社会经济、文化和制度等方面提供发力点，更好应对新时代背景下的乡村发展要求。

4.1 乡村活力体系构建

4.1.1 激发乡村内生动力

人才是乡村活力之源，村民是乡村主体。激发乡村内生动力既要注重培育新型职业农民，又要提升乡村人居环境对人才的吸引力。国外发达国家农村地区以人才推动现代化农业发展方法具有一定的借鉴作用，其中，英国构建了完善的农村教育体系；美国、德国等国家也建立了终身学习的社区教育体系，有中、高等农业职业教育和各类农业短期培训班；丹麦的农民有严格的准入标准，职业农民需要获取相关证书，接受农业学院学习等。国内不少学者也关注了村民本身及村民教育，以梁漱溟先生为代表的学者主张“农民自觉和乡村组织”以及“创造新文化，救活旧农村”[17]。中央一号文件明确提出坚持农民主体的原则，按照农业农村优先发展的要求重塑城乡关系，实现乡村自主发展，让广大农民成为乡村振兴的真正主体。在《中共中央国务院关于实施乡村振兴战略的意见》中强调破解人才瓶颈制约，汇聚全社会力量，强化乡村振兴人才支撑。为实现人才振兴乡村，在住房和城乡建设部《关于开展引导和支持设计下乡工作的通知》中就提出了注重挖掘培养乡村工匠等本土人才，并引导和支持规划、建筑、景观、市政、艺术设计和文化策划等领域设计人员下乡服务，大幅提升乡村规划建设水平。可以看出，乡村活力路径的根本是构建人的振兴。

4.1.2 构建活力保障机制

体制机制的建构是城乡一体化发展、乡村活力可持续发展的保障。土地是影响乡村活力的重要因素，如何从中国国情和农村实际出发，进行农村土地产权改革，是激发乡村内生动力的关键。2014 年正式颁布的农村土地制度“三项改革”，包括农村土地征收、集体经营性建设用地入市和农村宅基地制度改革，进一步完善了农村土地制度，目前形成了相对成熟和完善的规则体系。《中共中央国务院关于实施乡村振兴战略的意见》的 2018 年中央一号文件掀起“三农”热潮，农村土地制度改革进入深入施工期。目前，围绕三权分置而进行的农村土地制度创新进一步加快，为全国多地农村的发展带来了活力。针对乡村繁荣基础的农村金融，国家在不断深化其体制改革，例如提出健全农业投资风险防控体系，并在 2015 年国家四部门联合下发的《关于加强对工商资本租赁农地监管和风险防范的意见》中提出了风险保障金制度等。同时，国家也在不断深化城乡管理体制的改革，全面推进城乡基本公共服务均等化，2017 年国务院印发了“十三五”推进基本公共服务均等化规划的通知。根据我国乡村的发展历程，还需建立多元主体共治，正式规范和非正式规范合治，多重环节融治的自治、法治、德治相结合的乡村治理体系[18]。通过不断完善乡村发展相关体制机制，拓展资金渠道，推动现代治理，构建乡村活力的保障机制。

4.2　乡村活力激活策略

4.2.1　培育乡村主体

1）重塑农民精神，培育主体意识。教育是根本，完善的农村教育体系构建还任重道远。乡村教育应以村党组织为核心，积极开展宣传教育，利用正反面事例，加强村民思想引导，帮助村民树立正确的价值观。同时，结合乡建，积极引入社会精英、专家、企业家等各类人才到村，通过教育赋权，正面教导村民从“坐、等、靠、要”的被动求助逐渐转向“自己当家做主”的主动有为。此外，还可通过基层组织利用村庄文化风俗，举办相关活动，培养村民文化自信。多元的村民参与途径与内容，直接或间接引导村民参与意识和公共意识，以文化活力促进村庄经济、社会活力的发展。

2）注重能力帮扶，提高技能水平。培育新型职业农民是助力农业现代化发展的重要途径。一方面，需要政府帮扶提供多种村民接受再培训的渠道，组织有意向的村民以振兴乡村为目的走出去，开阔眼界，学习能促进村庄发展的知识和技能。同时，可以结合精准扶贫等相关惠民政策，在村内一些具体实践中培育村民建设方法及管理技术等。另一方面，可借助社会企业、NGO 等团体的乡村建设实践，让村民切身参与到乡村建设中，对村民能力进行培训提升，做到急用先学、学以致用。综合来说，通过对村民能力的帮扶，在乡村建设发展中做到群策群力，才能有效培育村民成为乡村的主体。

4.2.2　吸引人才返乡

1）加大农业补贴，保障务农收益。面对劳动力成本不断升高的情况，作为高投入、高风险、低回报的农业及相关行业，不仅无力高薪引才，对人才发展也缺乏长期规划。人才要素的流动无疑需要市场的调节，但目前仅靠市场作用吸引人才要素返乡还具有很大挑战，需要市场外的国家政策补给和拉动。绿色循环农业补贴、农机购置补贴等补贴政策持续宣传和落实的同时，还应该出台乡村振兴引才专项政策，加大对返乡农民、下乡农科人才、营销人才和管理人才的补贴，培养新时代现代农业的“绿领”。

2）加强农科普及，改变农业形象。近年来，高等院校培养了一批农学人才，但由于大家对农民的身份认同感仍然缺乏，使得大多农学背景的人才回乡积极性不高。乡村要振兴，必须加大对农学专业和现代化农业知识的宣传普及，从教育科普和政策支持等多方面、多渠道改变传统农业形象，保障大众对返乡人才身份荣誉感和认同感的提升，鼓励更多的社会力量，更多的农学人才返乡从事农业，让农业成为受人尊重的职业，让农民成为值得骄傲的身份。

4.2.3 完善体制机制

1）土地制度松绑，优化营商环境。农村土地改革是一个最有效的激励乡村市场活力的手段。一方面，从我国国情和农村实际出发，以坚守底线和保障农民利益为前提，进行农村土地产权改革，赋予农民更加自由的土地经营权、支配权和收益权等。通过确权赋能，实现农民在土地流转和土地经营中致富[19]；另一方面，鼓励承包经营权在市场上公开流转，适当放权，打开通道，发展多种经营模式。综合来说，促进土地变资产，更好地与市场经济体制相协调，保证一个稳定的农村营商环境，不仅可以激发农民发展动力，也可吸引市民流向乡村，促进乡村产业兴旺。

2）深化制度改革，促进要素流动。深化制度改革，优化整体城乡发展环境，推动人才、土地、资本等要素在城乡间双向流动和平等交换，是激活乡村振兴内生活力的重要保障。一方面要充分发挥市场主导作用，促进农村劳动力、自然资源等要素在市场中顺利流入城市，城市的资本、人才、信息、技术等要素注入农村，为农村发展不断提供新动能；另一方面加强促进城乡要素流动的政策引导，通过全面深化金融体制、户籍制度、土地制度和管理体制改革，支持建立多种形式的创新机制，降低城乡要素流动的成本，促进城乡劳动力和金融资本自由流动、城乡地权平等交易及城乡基本公共服务的均等化使用，带动城乡互促互融。

4.2.4 拓展资金渠道

1）加强以奖代补，构建分担机制。乡村的振兴需要充分发挥村民主体性作用，转变乡村发展的运营机制，建立“以政府为主导、村民为主体、社会参与”的机制。在乡村振兴初期，采用以奖代补的奖励机制，促进政府、村民和社会共同分担责任，再逐渐实现政府主导下的村民自建自管，使村民在享受政府服务权利的同时肩负建设家园的责任，最终实现乡村建设发展的可持续。

2）财政引导投入，撬动社会资金。为了促进各方参与乡村发展与建设的积极主动性，相关政策的制定不仅要注重保障各个主体的权益，更要适时激发各个主体的动力。首先，政府财政投入应首先保障村民的基本公共服务需求得到满足，促进公共教育、医疗卫生、社会保障等资源向乡村倾斜，逐步推进城乡基本公共服务均等化。同时应以引导为目的，保障社会各参与方能够参与到乡村建设发展中来；其次，建立相关激励机制，促进有思想、有行动、有风险意识的村民积极投身于乡村发展，起到引领示范作用。最后，健全风险防控体系，为外部资本、人才引入乡村制定优惠政策，撬动社会资金的注入。

4.2.5 推动现代治理

1）加强基层自治。自治主体既包括村民、乡贤、村委会、其他团体等内部群体，又包括政府、乡村规划建设者、投资商等外部助力。应充分发挥村民的自治能力，使村庄各项事务有效推动。针对自治组织力量较弱的乡村，可强化自治组织能力增加主体活力、唤醒村民参与动力。并成立教育、文化、经济等类型多样、各司其职的自治组织，和村委会一同在村党组织的领导下，共同商议各种资源的具体分配和村内各专项事业的统筹发展。针对自治组织力量较强的乡村来说，要充分发挥村民主观能动性，培育村民与组织合作互动，形成多元社会力量共存下的基层自治主体，充分利用外部力量的资金、人力优势，协调内、外部资源，共同推动乡村发展。

2）完善乡村法治。国家权力在当前治理主体中依然保持着相对主导的优势地位，在资源、资金、权力等方面占据着主要空间，因此完善乡村法治，可充分发挥基层党组织在助推乡村法治化进程中的作用。通过从法律制度上对自组织和农民赋权，保障村庄自治组织和村民的地位和权利，增加其话语权和决策权，从根本上保障共谋、共建、共管、共评、共享的实现。此外，深入开展村民法治教育，提高农民的法治素养。在此基础上，全面推动执法队伍建设，建立健全乡村公共法律服务体系，使乡村地区逐渐形成有法可依、有法必依、执法必严和违法必究的社会主义法制体系。

3）促进村民德治。新时代背景下乡村治理需要将以优秀文化、习惯规约为核心的德治体系放在重要地位，挖掘乡村熟人社会蕴含的道德规范，提升乡村德治水平。一方面，乡村德治建设要强化道德作用，挖掘中华优秀传统文化蕴含的人文精神，将其进行创新性发展，让广大村民能将优秀传统美德内化于心、外化于行，推动“仁义礼智信”等传统价值观成为人们的价值追求。另一方面，注重建立道德约束机制，发挥村规民约作用，推进新乡贤治理模式，更好地促进村民的自我教育、自我管理、自我约束、自我服务、自我提高，促进家庭和睦、邻里和谐。同时，还应当加强宣传教育，积极开展社会主义核心价值观教育，从意识形态领域进行引领，将其潜移默化地融入乡村德治中，使之成为村民的行为习惯。

5 结论与展望

乡村活力之源是“人”的活力，乡村振兴的依托亦是“人”的振兴。面对当前乡村人才缺失、村民主体意识和能力缺失等核心问题，人才振兴是基本要务。通过教育、引导村民根植于现代农业和乡土文化，培育新型职业农民。以村民为活力本源，让村民去尽可能地发挥主体意识，促进乡村活力逐步由外部推力转向内部动力。其次，乡村振兴是由美丽乡村到活力乡村的转变过程，乡村本身是乡村活力发展的基础，外部环境更是乡村活力持久迸发的重要保障。乡村活力作为乡村持续发展的作用力，我们不能就乡村谈乡村，而应着眼于乡村的长久发展，在激发乡村内部活力的同时把握、协调好乡村与外部环境的关系。因此，以坚持村民主体为原则的内生动力培育和以维持乡村持续发展为目的的保障机制构建是实现乡村活力的主要路径。

乡村活力培育路径，亦要因地制宜。在乡村振兴战略与新型城镇化的双轮驱动下，需要着眼乡村全域，理清乡村发展思路，谋划能够适应乡村整体长远发展的路径。而我国地域广阔，乡村存在巨大差异，社会经济发展水平、自然资源禀赋、具体村情、村民思想意识观念、劳动力技能特征等都不尽相同。因此，乡村活力的培育路径需要抓准对象，根据地方实际和村庄本身特征为不同类型的乡村探索因地制宜的乡村活力培育路径，分阶段、分步骤，因时制宜、因村制宜、因人制宜地稳步推动生态宜居、乡村产业、乡风文明和乡村治理等建设，真正实现乡村的稳定、有序、可持续发展。

（感谢王蕾蕾、许入丹、陈丛笑等同学对本文的参与及付出。）

参考文献

[1] 辞海编辑委员会 . 辞海 [M]. 上海：上海辞书出版社，1989.
[2] 王均熙 . 当代汉语新词词典 [M]. 上海：汉语大词典出版社，2003.
[3] 蒋涤非，李璟兮 . 当代城市活力营造的若干思考 [J]. 新建筑，2016（01）：21-25.
[4] 蒋涤非 . 城市形态活力论 [M]. 南京：东南大学出版社，2007：89-147.
[5] Eric Koome. Indicators of Rural Vitality. A GIS-based Analysis of Socio-economic Development of the Rural Netherlands. Working Paper .January 2011：1-32.
[6] 陆晓丽，郭万山 . 城市经济活力的综合评价指标体系 [J]. 统计与决策，2007（11）：77-78.
[7] 陈鼓应 . 老子注译及评介 [M]. 北京：中华书局，1989：136，232.
[8] 刘伟 . 群体性活动视角下的村民信任结构研究——基于问卷的统计分析 [J]. 中国农村观察，2009（04）：74-86+97.
[9] 周游，周剑云 . 身份制的农民、市场经济与乡村规划 [J]. 城市规划，2017，41（02）：94-101.
[10] 陈清春，冯前林 ."天人合一"思想对构建和谐社会的启示 [J]. 理论探索，2006（.01）：26-28.
[11] 冯尔康 . 中国社会结构的演变 [M]. 郑州：河南人民出版社，1994：237-240.
[12] 张燕 . 传统乡村伦理文化的式微与转型——基于乡村治理的视角 [J]. 伦理学研究，2017（03）：115-119.
[13] 刘毓庆 . 乡绅消失后的乡村命运 [N]. 中华读书报，2015-12-16（013）.
[14] 刘大年 . 中国近代史诸问题 [M]. 北京：人民出版社，1965.
[15] 费孝通 . 乡土中国（修订本）[M]. 上海：上海人民出版社，2013.
[16] D.C.North，Institutions，Institutional Change and Economic Performance[M]. Cambridge：Cambridge University Press，1990.
[17] 黄群，梁漱溟乡村建设理论及其现代意义 [J]. 贵州社会科学，2009（07）：133-136.
[18] 高其才 . 健全自治法治德治相结合的乡村治理体系 [J]. 农村 . 农业 . 农民（B 版），2019（03）：42-43.
[19] 林文勋，张锦鹏 . 乡村精英・土地产权・乡村动力——中国传统乡村社会发展变迁的历史启示 [J]. 中国经济史研究，2009（04）：91-101.

王旭
邹兵

王旭，中国城市规划学会会员，深圳市规划国土发展研究中心主任规划师，高级规划师
邹兵，中国城市规划学会理事、城乡规划实施学术委员会副主任委员、学术工作委员会委员、城市总体规划学术委员会委员，深圳市规划国土发展研究中心总规划师，教授级高级规划师

试论不同城市更新模式对社区活力的影响

——基于深圳实践案例的实证分析

在国家整体发展阶段由高速度增长转向高质量发展的大背景下，许多大城市告别了空间大规模扩张而步入存量优化阶段，城市更新成为规划建设的重点内容。城市更新不仅仅是对物质空间再利用，更是城市利益再分配和社会网络再构建过程。不同更新模式由于改造手段、参与主体和组织过程的差异，将直接影响到更新后社区的空间形态、功能模式、生活成本，进而带来社区内部人群结构、社区交往方式和组织模式的变化，对社区活力产生至关重要的影响。研究不同更新模式对社区活力的影响，引导其充分发挥各自优势、相互支持和配合，不仅有助于提高社区活力，也对总体层面保持城市活力具有重要的意义。

1　社区活力的内涵及其影响要素

1.1　社区活力的概念和内涵

活力（Vitality）最早源自于生态学概念，指生态系统的能量输入和营养循环容量，在一定范围内，能量输入越多，物质循环越快，活力就越高。城市社会学将“活力”概念引入城市研究，如城市意象理论鼻祖凯文·林奇（Kevin Lynch）将活力描述为一个聚落支持生命机能正常运行、实现聚落延续的能力[1]。简·雅各布斯（Jane Jacobs）认为城市活力是城市为市民人性化生存提供支持的能力[2]。社区（Community）同样源自生态学概念，最早用来描述共生的动植物群，应用在社会学范畴，一般指在一定地域生活的社会共同体。因此，社区活力从本质上来说，就是社区作为一定地域范围内的社会共同体，有机参与城市系统循环，并且在此过程中获得基本生存和持续发展的能力。

作为城市生活的基本构成单元，社区要想获得发展，必须在对内和对外两个方面都保持活力。对内，社区居民要能够积极地进行形式多样的社会交往，能够就影响社区发展的重要议题进行理性沟通和充分协商，通过正向交往体验逐步培育社会网络，最终形成社区自我组织、自我发展的能力。对外，一个健康发展的社区在城市中不是孤立的存在，社区中的居民要保持充分就业，推动社区形成独特的经济、社会或文化功能，并和本社区以外的城市居民建立起广泛的社会联系，从城市系统中获得维持自身发展的各种资源；同时推动城市整体活力的提升，成为城市系统的有机组成细胞。

1.2 社区活力的影响要素

社会网络及场所精神是社区活力的核心与灵魂，空间是支撑社会网络及场所精神的物质载体，社区活力的影响要素也可以分为空间类影响要素和非空间类影响要素。

空间类影响要素主要体现在空间功能、空间形态和空间成本的多样化水平。简・雅各布斯认为，城市只有保证环境的多样性，才能保持活力与繁荣；要在有利于行人步行的街区尺度内，融合商业、居住、文化等多样化功能，同时提供多样化的居住样式与类型，为租户提供不同层次的租金选择[2]。刘昌寿、沈清基指出，要将不同使用功能的土地组织在一起，同时从社会公平和公正的角度，在城市和社区中形成多种类型和成本的居住空间供应，以满足不同阶层需求，寻求解决社会阶层分化与居住隔离的手段[3]。

非空间类影响要素主要体现在社区人群的多样性、平等的权利结构、社会交往和社区认同。人群的多样性指社区居民具有多样化的年龄、职业背景、家庭结构和收入水平；相对于人群结构趋同的均质化社区，具有多样化人群的社区不仅有利于社区内不同群体间的交流与融合，也有助于丰富社区与城市的联系。权利结构是积极社会网络形成的基础，它并非绝对的平等；而是不同群体在社区事务中有相对平等的话语权，有代表自身群体发声的机会，并能够通过协商解决矛盾与问题。社会交往包括社区中形成的各种正式交往和非正式交往，可能是一次广场上孩童间的嬉戏，也可能是正式的业主委员会选举。通过正向的社会交往，有助于邻里间形成积极正面的评价，为社区认同感的建立奠定基础（图 1）。

空间要素对非空间要素的影响主要体现在两个方面。一是多样化的空间形态和成本有助于形成多样化的人群结构；二是良好的公共空间对社会交往具有促进作用。何深静提出公共空间满足了居民对社会生活多样性的影响，对许多社会活动都具有支配性的作用，是社会网络形成发展的物质空间和空间载体[4]。盖尔（Gehl）则在对公共空间实证的研究基础上，提出公共生活空间对活力提升具有重要作用[5]。

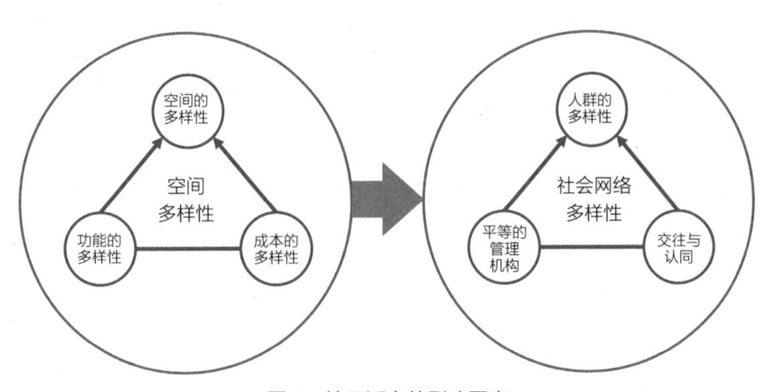

图 1　社区活力的影响要素
资料来源：笔者自绘

1.3　城市更新对社区活力的影响

当前从城市更新视角对社区活力的研究还处于起步阶段，主要关注城市更新中物质空间，特别是公共空间的设计手法对街区活力的影响。结合社区活力内涵及其影响要素的分析，笔者认为，城市更新对社区活力的影响应包括空间类影响和非空间类影响两个维度。

空间类影响主要是更新项目本身引起的社区功能组合、空间形态和租金成本的变化，即对更新后空间多样性的影响，公共空间的营造是其中一个重要因素。

非空间类影响的传导过程更长、机制更复杂，可以总结为三个方面。一是由更新前后物质空间的变化所引发的人群结构变化，这一影响较为直接，也容易被识别。二是更新前后社区产权关系重构，由此引起的不同人群对公共事务话语权的变化；这一影响较为隐蔽，却是影响社区认同感和自组织能力发展的核心要素。三是更新项目不同组织方式，对涉及的政府、开发商、原业主、租户等不同主体间沟通协调机制形成过程的影响；这种影响可能得到继承和发展，由针对社区再开发过程的协商机制，过渡为针对社区管理的协商机制。

以下将结合深圳城市更新的两个典型案例，针对不同更新模式对社区活力的影响展开实证分析。

2　拆除重建模式对社区活力的影响——以大冲村更新为例

2.1　大冲村更新基本情况

大冲村地处深圳市高新技术产业园区（以下简称科技园）中部，紧邻深圳最主要的快速干道深南大道和沙河西路。由于拥有周边配套设施齐全、生活便利、交通便捷、租金低廉等优势，大冲村成为在科技园上班的企业员工首选的落脚地。

但是村内楼房密集、小巷狭窄、居室昏暗，主要教育设施仅有一所民办幼儿园和一所村办小学，供给规模严重不足。

为改善大冲村面貌，提高对科技园的配套支持，早在 2004 年深圳就将大冲村列入全市城中村改造项目首批试点。但由于缺少市场化的实施机制，政府无法就拆迁补偿等问题与大冲股份公司（即原大冲村集体经济组织的继受单位）达成一致意见，改造工作一直未能取得实质性进展。2009 年出台的《深圳市城市更新办法》允许市场主体参与城市更新工作，大型开发企业华润集团以合作方式参与进来，大冲村更新改造才全面正式启动。

大冲村更新采取整体拆除重建方式，共划定了拆除用地面积约 47.1 公顷。其中开发建设用地面积约 36 公顷，是当时广东省内最大的城中村整体改造项目。更新后的大冲村建成了高 300 米的写字楼、一座五星级酒店、一座超大型购物中心以及现代化的居住社区，由老旧的城中村转型为集居住、零售、餐饮、娱乐、休闲、文化及康体于一体的现代化城市综合体。

2.2 大冲村更新前后的社区空间形态比较

更新前，大冲村居住用地占比高达 80%。空间形态多是村民自建的 6—11 层的住宅，楼间距非常密集，俗称"握手楼"，存在较大的消防安全隐患。除每栋住宅楼的入口处的门禁外，整个大冲村都可以自由进出，基本不存在小区管理。

更新后，大冲村的居住用地比例降低至 55% 以下；公共服务和道路广场用地比例提升到 23%（图 2），教育文体设施和内部交通循环得到整体性改善。空间形态以 30 层以上的高层住宅和商业办公楼为主，其中住宅楼户型以三室一厅和四室一厅为主，另配有部分一室一厅和两室一厅的小户型住宅。社区被新增的市政路划分为多个组团：商业组团大冲商务中心采取街区式设计，面向城市开放；居住组团则采取封闭式管理，形成新城花园、都市花园、城市花园、润府等多个独立的住宅小区。

由于大冲村更新前的租金无权威数据可考，且时间跨度较大，更新前后租金也不具备直接比较的条件，因此本文选取与大冲村区位和住宅形态相近的白石洲村为参照。2019 年 6 月白石洲村的平均租金约为 70—100 元 / 平方米 / 月，除临街部分单元的租金较贵外，村内租金水平非常平均。而当月大冲村更新后住宅的平均租金约 150—200 元 / 平方米 / 月，总体租金水平提高约 1.5—2 倍，但是内部差异拉大。这主要可归为两个因素：一是更新后住宅物业的户型面积更为多样，最小的一室一厅租金约 5000 元 / 月，四室一厅则在 25000 元 / 月；二是更新后形成了两类居住物业来源，其中新城花园、都市花园主要是安置原村民建设的回迁房，

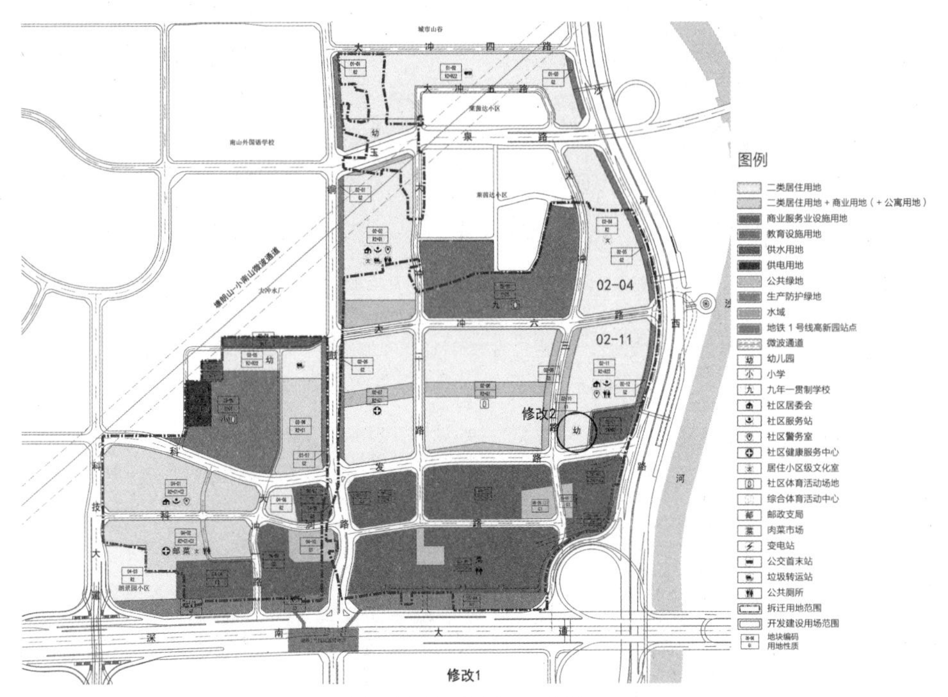

图 2　大冲村更新后用地功能图

城市花园、润府则是面向市场销售的商品住房。由于原村民用于租赁的房源较多，出租率高，住家氛围相对偏弱，因此新城花园、都市花园的房租单价普遍较润府低 20% 左右。

2.3　大冲村更新前后社区人群结构比较

大冲村城市更新后空间形态功能和租金成本的变化，也引发了大冲社区人群结构的变化。

更新前大冲村人群由两部分组成，即原村民和租赁原村民住宅的租户。其中，原集体经济组织继受单位的村民共约 390 户，总人口约 1040 人。租赁村民住宅的租户高峰期外来接近 7 万人，暂住与常住人口比率接近 30 ： 1。由于更新前并未开展对租户调查，具体构成无数据可考。同样参考白石洲村，根据 2016 年抽样调查结果，白石洲村有 46% 的租户为企业工作人员（图 3），近 60% 具有大专及以上学历（图 4），60% 以上月收入高于 5000 元（图 5），月度用于租房的支出在 2000 元以上的达 48%（图 6）。因此，靠近科技园区的城中村相较于一般城中村具有租户中企业员工比例高、学历高、收入高的“三高”特点，是普通白领踏入深圳的第一站和落脚点。但也集聚了较高比例的个体经营者和自由职业者，人群结构多样化的特征非常显著。

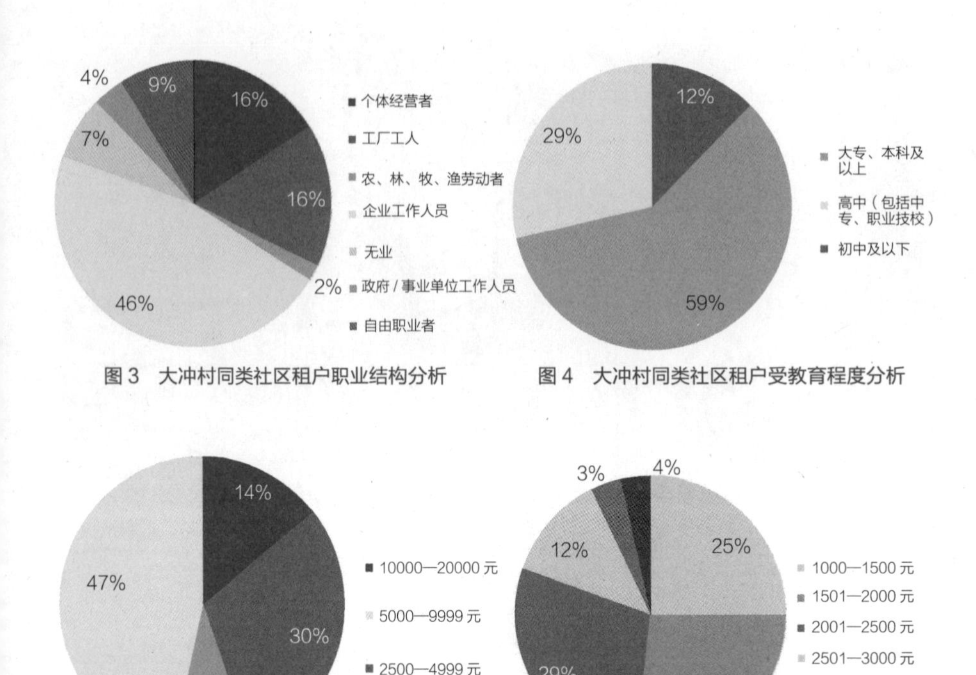

图 3　大冲村同类社区租户职业结构分析

图 4　大冲村同类社区租户受教育程度分析

图 5　大冲村同类社区租户收入结构分析

图 6　大冲村同类社区租户月度租房价格分析

更新后大冲村的人群结构由三部分组成，包括原址回迁的村民、租户和非村民住宅业主。其中，非村民业主主要居住在面向市场销售的华润城润府和城市花园，住宅单价约 120000 元 / 平方米；加之以大户型为主，住宅总价普遍在 1000 万元左右，业主多是城市富裕的中产阶层。原村民则主要居住在返还物业集中的大冲新城花园和都市花园，人数稳定在 1000 人左右。由于更新后的小户型主要集中在返还物业，且原村民用于出租的房源较多；而非村民业主的自住率较高，因此租户也集中在新城花园和都市花园，租户结构进一步向收入稳定、承租能力较高的科技园企业职员集中。

2.4　大冲村更新前后社区活力变化及更新在其中的影响

大冲村更新前人口总量约 7 万人，租户的职业和收入构成多元。根据网络媒体的影像记录：更新前大冲村街头巷尾的小吃夜市鳞次栉比，祠堂周边集聚着下棋看热闹的人群，临街商铺播放的电视节目能够吸引很多人停留驻足。从表面看，更新前的大冲村无疑是充满活力的。但从更深层的角度分析，更新前大冲村少量原村民在社区产权和管理方面处于支配性地位，且由于习惯以物业租赁和分红为主的被动收入模式；原村民对社区空间环境品质改善和社区长远发展并不积极。租户人数上占据绝对多数，但在社区事务中缺少话语权。虽然对村内环境、设施、治安等存在很多意见，但并不具有改善社区环境的权利和能力。他们只能“用脚投票”，在具有一定经济能力后选择搬离。因此就社区发展而言，大冲村更新前人群的流动性强，村民和租户在社区发展中话语权的大小与群体规模相较显著失衡。原村民与租户不仅存在资产财富的巨大鸿沟，也有显著的社会文化隔阂。因此社会网络相对松散，也无法形成社区自我组织和自我发展的能力。

大冲村更新后规划设计人口约 5 万人，社区人群数量减少。由于居住空间成本显著上升，人群结构发生了显著变化，其中非村民业主主要是城市富裕的中产阶层，而租户也更加集中在周边就业的企业员工，对原租住于此的低收入群体形成了挤压，人群结构多样化程度降低。更新后的居住空间由开放走向封闭，返还物业和面向市场销售的物业分期建设，各自独立管理。虽然在时序上保障了原村民的利益，但在实质上形成了不同人群的居住隔离。

但是，大冲村更新对社区活力的影响并非是完全负面的，事实证明，大冲村城市更新在空间和非空间影响方面，都有对社区活力的积极影响。

空间影响方面，大冲村更新项目通过修缮祠堂、保留古树、增加文化广场等方式，保留了原村民具有宗族意义的象征物；还在商业社区中建设了完善的公共开放空间，定期举办各种类型的街头展览、文化讲座活动。通过对商业空间和公共文化空间的营造，弥补了居住空间封闭的缺憾，为社区内部不同人群的互动和交往提供了平等的舞台。虽然相较更新前租金成本上升，但是对比近年来深圳部分更新项目以大户型为主的豪宅化倾向，大冲村更新项目从一室一厅到四室一厅不等的户型设计，维持了空间形态和空间成本的多样性，这也是值得其他拆除重建类更新案例借鉴的经验。

非空间影响方面，虽然大冲村更新后人群结构的多样化程度降低，但是更新前原村民和租户权利结构不对等的情况得到改善。非村民业主对社区事务的参与意愿增强，并且通过业主委员会等形式拥有了与意愿相匹配的话语权，从而深入参与到社区公共环境改善、物业服务监督、社区文化活动组织等公共事务中，自组织能力和自我发展能力显著提升。集体股份公司虽然仍以租赁经济为主，但更新后拥有了商务办公楼、酒店等高端物业，对其管理水平提升形成倒逼机制。公司的年轻一代也更加愿意参与到集体物业经营管理中，对集体社区的产业转型和社会转型也产生了潜在的积极影响。

2.5 拆除重建类更新对社区活力影响小结

大冲村更新案例证明，拆除重建类更新对社区活力的影响具有二元性。从负面效益来说，拆除重建类更新显著提高了社区居住成本，挤压了原租户的生存空间，人群结构的多样化程度降低。如果处理不好更新后返还物业、配套保障性住房和普通商品住房的关系，还可能形成内部的居住空间隔离。从正面效益来说，拆除重建类更新通过对空间的整体改造，为空间功能特别是公共服务设施和道路交通系统的完善提供了契机。拆除重建更新也重构了城中村的产权结构，社区不同人群的话语权更加平等，对社区公共事务的参与热情显著提升。此外，拆除重建类更新中如果精心营造历史文化空间和公共空间，还能够形成社区独特的文化地标，为多元群体的社会交往与融合提供有利条件。

3 综合整治模式对社区活力的影响——以水围村更新为例

3.1 水围村更新基本情况

深圳早年的综合整治，主要是开展“穿衣戴帽”工程和消防安全治理，完全依靠政府财政投入。社区参与热情不高，对社区活力提升有限。水围村综合整治项目位处福田中心区南侧，与香港隔深圳河相望，共涉及 29 栋村民自建住宅。组织机制上，改变政府单一投入方式，由政府、企业和村股份公司共同推动。其中，福田区政府主导水围村综合整治前期研究，确定改造方案，并负责公共部分的改造工作。水围股份有限公司开展意愿征集和政策宣讲，并从村民手中租赁房屋，统租给大型开发企业深业集团。深业集团租赁房屋后，按照政府规划统一开展建筑内部改造，并按照政府要求负责改造后物业的出租与管理工作。

3.2 水围村更新前后社区空间比较

水围村更新前是深圳典型的城中村，“握手楼”林立，街巷狭窄，空间功能单一，缺少公共活动空间，各类市政管线乱搭乱建现象严重。针对上述问题，水围村更新打破了以往单一综合整治实施手段的局限，通过传统综合治理、局部加建和功能改变等多种方式的有机结合，实现了社区环境品质和空间功能的显著提升。

其中，公共空间部分主要采取传统综合治理方式，由政府完善给水排水、消防管道、监控系统、电力网线、巷道路面、管道燃气等基础设施。建筑内部采取局部加建和功能改变相结合的方式，由企业对居室统一装修，形成 504 间可以拎包入户的人才公寓；还打通部分居室及利用顶层空间增设会议室、图书馆、公共厨房、健身房和洗衣房，并在建筑外侧加建了电梯与连廊等辅助性功能设施，将 29 栋农民房串联成开放共享的立体街区（图 7），为青年人的互通交往创造了条件。

水围村更新前的租金水平约70—100元/平方米/月。更新后深业集团面向政府出租的公寓价格为140元/平方米/月，已接近附近住宅小区的租金水平。但区政府通过定向租金补贴，以70元/平方米/月的标准将物业租赁给辖区内人才，保证更新前后租户实际支付的租金水平不变。上述方式引起了部分社会人士的诟病，认为深业集团的租金定价过高，政府对项目补贴较大，不具有推广条件。但根据深业集团测算，由于和原村集体签订的租赁周期较短，各种前期投入折旧速度快，企业也仅属于保本微利经营。

3.3　水围村更新前后社区人群结构比较

水围村更新前，由村民面向市场租赁住户，租户类型较为多样化。2016年水围村未更新部分的抽样调查结果显示，水围村的租户收入呈现较大梯度，有2%的人群月收入在2万元以上，但总体以2500—5000元之间的群体为主（图8），在职业上个体经营者和企业工作人员均超过30%；还有一定比例的工人、无业或自由职业者，人群职业构成较为多元（图9）；受教育水平方面，高中学历占到56%，另有25%的大专、本科及以上学历（图10）。

图7　水围村外部综合整治

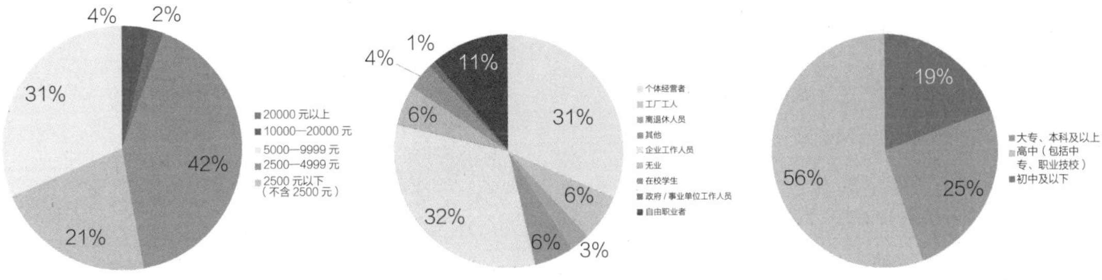

图8　水围村原租户收入情况抽样调查

图9　水围村原租户职业情况抽样调查

图10　水围村原租户受教育水平抽样调查

水围村更新后，福田区政府对深业集团改造后的公寓进行统一租赁，纳入政府保障性住房运转，由区政府对入住人员进行遴选。这一措施解决了城市中心区保障性住房供给不足的问题，提高了特定类型租户的福利水平。但是，入选租户门槛较高，一般是福田区重点企业和事业单元的单身员工，至少具有本科及以上学历。而更新前的租户很难达到上述标准，发生了社群替代，并对原有租户形成了挤压。

3.4 水围村更新前后社区活力变化及更新在其中的影响

相较于传统的综合整治类更新，水围村城市更新由于其组织机制和改造方式的创新，对社区活力产生了非常显著的积极影响。其中，空间影响方面，通过多种改造方式的融合，特别是功能改变和局部加建等方式，在不大拆大建、不改变用地功能的情况下，有效增加了建筑内外的公共活动空间，为社区人群的互动交往创造了良好条件。非空间影响方面，一方面，改造后新租户的年龄层级、受教育水平和职业构成相近，社会交往需求强烈，由公寓管家或者租户发起各种类型的线上线下活动，社区认同感不断强化，形成了以青年、共享为特色的活力社区。另一方面，水围村综合整治采取了政府—企业—集体股份公司联动的方式，政府和企业在原村集体和租户间形成了沟通及协调平台，就原村集体管理的底层商业噪声、垃圾收集等问题代表租户与集体协商谈判，在不改变产权结构的情况下，提高了租户的话语权。

当然，水围村更新模式也存在需要继续改进的问题：一是上述更新模式需要政府持续的资金投入，大范围推广存在难度；二是租户筛选门槛较高，对更新前的中低收入群体形成了挤压。因此，深圳在后续的类似项目中，一方面尝试通过将居室单元面积减小、增加居室单元数量等方式，使得项目本身能够维持投入和产出平衡。另一方面拓展供应对象，形成了“警察之家”、“司机之家”等特色的城中村综合整治项目，尝试将为社会提供基本公共服务的从业人员和蓝领产业工人等更多群体纳入保障体系中。

4 基于活力提升的城市更新规划及政策优化探索

4.1 引导多元更新

通过上述分析可知，拆除重建和综合整治对社区活力的影响并非简单的是与非、好与坏，每一种更新模式下都有提高社区活力的优秀案例，可以通过优化空间方案、增加更新过程的多元主体等方式来放大这些积极影响。另一方面，每一种更新模式都有其局限性。过度偏重单一的更新模式虽然可能个案上打造出一个较有活力的社区，但在总体层面可能不利于城市的多样性和城市活力的发展。因此，需要与城市发展阶段和不同区位的发展需求相结合，引导多样化的更新模式。

为此，《深圳市城市更新“十三五”规划》中明确提出了不同类型城中村的更新方向指引，特别强调对位于原特区内建筑质量较好、建设年代较新的城中村，原则上以综合整治为主，提升城中村生活环境品质。位于原特区外副中心或组团中心，以及轨道站点周边的城中村，适度考虑拆除重建，并加大人才住房和保障性住房配建力度，规划还在分区指引部分，对不同类型的更新分区进行了指引[6]。2019年出台的《深圳市城中村（旧村）综合整治总体规划（2019—2025）》又专门针对城中村对综合整治分区范围进行了调整和优化，明确了“十三五”期间全市开展城中村综合整治的重点范围[7]。

4.2 鼓励有机更新

通过水围村的案例可知，以综合整治为基础，融合不同更新手段的有机更新模式，能够突破传统综合整治实施手段单一的局限性，有助于以较低成本提高社区空间功能和形态的多样性；可以避免社区居住成本的大幅上涨，能够吸引中低收入群体及青年人才的住房需求。为从制度层面推广这一模式，深圳近期出台的《关于深入推进城市更新工作促进城市高质量发展的若干措施》明确提出，允许城中村增加辅助性公用设施、现状建筑功能改变或者局部拆建、扩建、加建等方式，完善社区级公共配套设施、小型商业服务设施及公共空间[8]。

4.3 强化更新中的公共空间营造与历史文化保护

无论是大冲拆除重建项目还是水围村综合整治项目，都将营造公共空间作为提高社区认同感、促进社会网络多样性的重要手段。因此，在城市更新中，要更加注重公共空间的营造，重塑社区公共空间系统，并能够满足社区内不同人群的使用需求，承载丰富的社会交往活动，使得社区间不同人群形成正面的、良性的基本评价，增强社区对居民吸引力和凝聚力，构建“家园的氛围”，提升社区居民的归属感与认同感。

4.4 保证更新中的不同群体的参与权利

无论大冲拆除重建项目还是水围村综合整治项目都留有遗憾，即原有租户的利益并未得到充分的考量。未来在更新过程中还需要进一步加强相关方面的工作，创造社会环境和制度条件，使所有参与群体都有表达和争取群体合理利益的机会。

参考文献

[1] 凯文・林奇．城市意象 [M]. 方益萍，何晓军，译．北京：华夏出版社，2001.

[2] Jane Jacobs.The Death and Life of Great American Cities[M]. New York：Vintage，1992.

[3] 刘昌寿，沈清基．“新城市主义”的思想内涵及其启示 [J]. 现代城市研究，2002（01）：55–58.

[4] 何深静，于方涛，方澜．城市更新中社会网络的保存和发展 [J]. 人文地理，2001（06）：36–39.

[5] Gehl J.Life Between Buildings：Using Public Space[M]. Island Press，2011.

[6] 深圳市城市更新局，深圳市城市更新“十三五”规划 [EB/OL]. 2016.

[7] 深圳市规划和自然资源局．深圳市城中村（旧村）综合整治总体规划（2019—2025）[EB/OL].（2019–03–27）. hotp://pnr.sz.gov.cn/xxgk/gggs/201903/t 20190327_481807.html.

[8] 深圳市规划和自然资源局，关于深入推进城市更新工作促进城市高质量发展的若干措施 [EB/OL].（2019–06–06）. http://pnr.sz.gov.cn/xxgk/ztzl/rdzt/yshj/zcwj/201906/t20190620_484218.html.

张松
单瑞琦

张松，中国城市规划学会学术工作委员会委员、城市规划历史与理论学术规划会副主任委员、历史文化名城规划学术委员会委员，同济大学建筑与城市规划学院教授

单瑞琦，同济大学建筑与城市规划学院博士研究生

城市肌理保护更新与活力再生
——以上海老城厢为例*

城市活力应该是一个使用频率相当高的词汇，无论是在城市规划设计业界，还是在经济、社会和文化等更广泛的领域都会经常使用。在城市规划设计和建成环境管理专业领域中的“活力”一词，概念如何定义，又如何评价、评估？对于建成环境的空间活力如何维持、改善和提升？在存量资产运营维护、历史资源保护与活化利用已成为热点的时代，这样的问题需要更多的讨论。

本文结合上海老城厢这一不太为人们所熟悉的历史地区（相对于外滩、陆家嘴而言），探讨历史城区应该怎样去保护其反映城市性特点的传统肌理，包括如何通过风貌保护规划、城市设计引导和公共财政投入等方式实现有效管控，并重新激发城市活力；另一方面，在城市的未来发展进程中，历史城区应该承担怎样的功能或发挥怎样的作用，以保障原住居民为主体的居住功能能够得以延续，避免历史街区走上商业或旅游开发的旧路，落入士绅化（Gentrification）陷阱。

1　城市肌理与城市活力的关系

1.1　城市活力与城市性

广义而言，城市活力（Vitality）包括文化活力、社会活力和经济活力（Montgomery，1998），“城市活力即城市的旺盛生命力，城市自我发展的能力，是城市发展质量的主要标准”（卢济威，张凡，2016）。

* 国家自然科学基金面上项目（编号：51778428）。

“城市活力就是人们在城市环境中从事行为活动的一种衡量维度，体现为人与人之间交往的密度与频率，由此积攒而来的文化事件及其空间魅力”（童明，2014）。蒙哥马利（John Montgomery）强调城市活力要在特定的时间段内，通过在街道、建筑物和公共空间中尽可能促进事件和人群活动的发生来实现（Montgomery，1995）。在传统城市肌理或城市历史城区的空间形态中蕴含着丰富的城市性特征，历史城区往往具有其他地区所没有的文化特征，是市民的集体记忆所在。传统城市肌理构成的历史景观对城市具有特别的意义，能够更好地焕发城市的空间活力。

城市活力与空间形态的关系是空间规划管理需要考虑的重要方面。简・雅各布斯（Jane Jacobs）对城市环境多样性价值的发现，触动了高密度和混合功能的街区重新回到规划设计的视野。将历史街区和有活力的街道空间连接起来，促进了对传统城市结构和形态的重新关注（简・雅各布斯，2005）。

澳大利亚悉尼大学城市文化学者黛博拉・史蒂文森（Deborah Stevenson）认为，创造“活力”意味着“吸引人，吸引活动和吸引价值到一个场所，并提高愿望和增加经济机会，促使这个地方茁壮成长”（黛博拉・史蒂文森，2018）。

自20世纪60年代以来，对城市性（Urbanity）问题的探索一直是城市设计领域所关注的议题和目标。城市性和城市活力具有非常密切的联系，好的城市空间必须具有城市的本质，即城市性；而没有活力，就不会有城市性。“实现城市性的本质就是创造足够的多样性，使得功能和活动能够有所混合，达到自我维持的状态”（Montgomery，1998）。

诺伯舒兹（Norberg-Schulz）指出，城市性是关于场所的存在主义维度，即城市性体现在场所性之中（诺伯舒兹，2010）。城市性的遗失，一度被认为是对传统的毁灭。

1.2 城市肌理与城市活力

“城市肌理是由能够反映单个场地大小、形状（几何形态）的土地划分方式，相似的建筑限高、统一的本地风格和长期保持的尺度比例共同创造出的”（纳赫姆・科恩，2004）。“城市肌理既是一种具体的、可视的、可操作的物质环境，又衔接着政治、经济与社会层面的功能活动，体现着相应的历史脉络与文化氛围，从而赋予一座城市独有的特殊性”（童明，2014）。

“肌理的概念实际上带有织物和生物学的双重隐喻，同时体现了叠置、局部之间的一致性和适应能力的思想。城市肌理是在不同尺度上起作用的多个结构的重叠，连接了城市的各个部分，可以定义为这样三种逻辑的交织：道路的逻辑，具有移动和服务双重功能；地块划分的逻辑，建立了土地权属，表现出私人与公共的动机；建筑的逻辑，容纳了各种行为”（菲利普·巴内翰，2011）。

蕴藏在城市肌理中的视觉认知，是一种固定永久的城市网络结构，体现着相应的历史脉络与文化氛围。“历史变迁是在城市及其周边环境中发生的，而城市性特征也是在房屋和城市肌理的关系之中得以展现的”，“在城市形态中交织着塑造其形态的人物历史社会和事件”（阿方索·维加拉，2018）。

城市肌理，既能够体现城市形态的结构性特征，同时也能反映城市发展的历史层积性（Historic Layering），能够反映地区所具有的品质和文化内涵（弗朗切斯科·班德林，吴瑞梵，2017）。

1.3 城市肌理与城市保护

“城市保护的现代政策是以对城市肌理所具有的历史价值的认可、对城市结构和形态的理解，以及对其背后复杂的层积过程的了解”（弗朗切斯科·班德林，吴瑞梵，2017）。

纳赫姆·科恩（Nahoum Cohen）在《城市规划的保护与保存》一书中强调了对代表城镇格局和网络结构的城市肌理保护的必要性；要对城市的历史要素进行整体的保护，要把容易被分离出来单独看待的建筑物作为城市整体的一部分去保护。城市规划和城市保护应该看作一个不可分隔的系统，应将城市保护看作是一种规划理念和规划的手段工具，通过理解城市肌理、解读城市结构，分析由地块、街区、片区与网络等构成的城市混合格网，研究传统城市的城市空间特点和规律，进而创造出能容纳并延续城市生活方式的美好城市空间（纳赫姆·科恩，2004）。

城市肌理最明显的表象是街道及其系统，是城市环境中最为持久的因素。街道是重要的承载城市生活的公共空间，既是构成城市肌理的结构性要素，也是能够反映城市人文品质的重要空间载体；因此在对城市肌理的保护中，要维持道路街巷的走向、尺度和路网密度。交通方式和交通组织应符合城镇的结构和活动。应尽可能将机动交通排除在历史城区之外，保护、保持或恢复古老街道的人性尺度、社会构成和活动的多样性。

艾伦·雅各布斯和唐纳德·埃普亚德在“面向城市设计的宣言”一文中明确表达了对破坏城市生活肌理的过度做法的反对，强调了美好街道的重要性：“公共场所和街道系统非常重要，公共生活的核心价值是公共性……不同群体的人在这里相遇，他们面对面的交流，这种行为还具有教育意义，人们彼此相互宽容”（艾伦·雅各布斯，唐纳德·埃普亚德，2013）。

传统城市的历史城区具有一些共同特征，包括相对较小的尺度、混合功能、良好的步行环境（满足但不鼓励使用汽车）、不同类型与尺度的建筑以及使用权的多样化。许多欧洲大陆城市的传统多功能区都符合这个概念，对历史街区保护复兴的关注，反映出对不断丧失的场所感与传统特色的忧虑，并唤起了人们对“社区”的思念。许多城市都有不少特色独具的街坊，在其城市规划中明确提出保护地方特色及其内在个性，采取各种政策来提升和强化那些独特而多样性的场所感（史蒂文·蒂耶斯德尔，蒂姆·希思，2006）。

从城市设计角度看，对城市空间肌理的保护，是非常重要的强化城市的地区特质、场所特色和历史延续性的方法。对城市肌理形态形成进程的理解，对传统肌理形态的延续，有助于保持城市特色。

2 上海老城厢空间肌理的形成与演变

2.1 老城厢传统城市肌理的形成

元至元二十八年（1291 年），上海的建制由镇升格为县，县治设在老城厢，由此至 1843 年开埠前，老城厢（县城）一直是上海的政治、经济、文化中心；开埠以后，在租界快速发展并成为繁华中心区的过程中，老城厢原本具有的区位优势受到挑战。至 20 世纪 20 年代，随着上海成为特别市和“大上海计划”的启动，原本在政治上尚有一定地位的县城影响力进一步下降，“人们对老城厢的记忆只留下城隍庙和十六铺，老城厢由城市的中心演变为大都会的边缘空间”（何益忠，2018）（图 1）。

从城市形态肌理方面看，明清时期，上海县城城市道路建设方式经历了从“因浜成路”到“填浜筑路”的过程，1906 至 1914 年前后，城内全部河道填筑为道路，自由的路网形态反映了水网地区交通方式变化和街巷空间的基本特征。为了与租界加强联系并促进华界的发展，1912 至 1914 年期间拆除了城墙，老县城拆墙筑路，试图突破城墙围合的封闭边界寻找发展机遇。20 世纪 30 年代前后老城厢内兴建了大量里弄住宅，露香园路的开明里和蓬莱路的普育里便是其中的代表。

2.2 老城厢传统城市肌理的变化

1949 至 1993 年前后，上海市工业生产和城市发展的重心继续远离老城厢，这一时期老城厢地区没有出现明显的肌理变化，老城厢整体空间肌理基本保持统一、平缓、有序的状态。

20 世纪 90 年代，南市区提出“一环三纵三横”主要交通干道基本框架规划，自 1993 年开始进行改造，至 2000 年这一道路骨架基本形成。1996 年 7 月，按

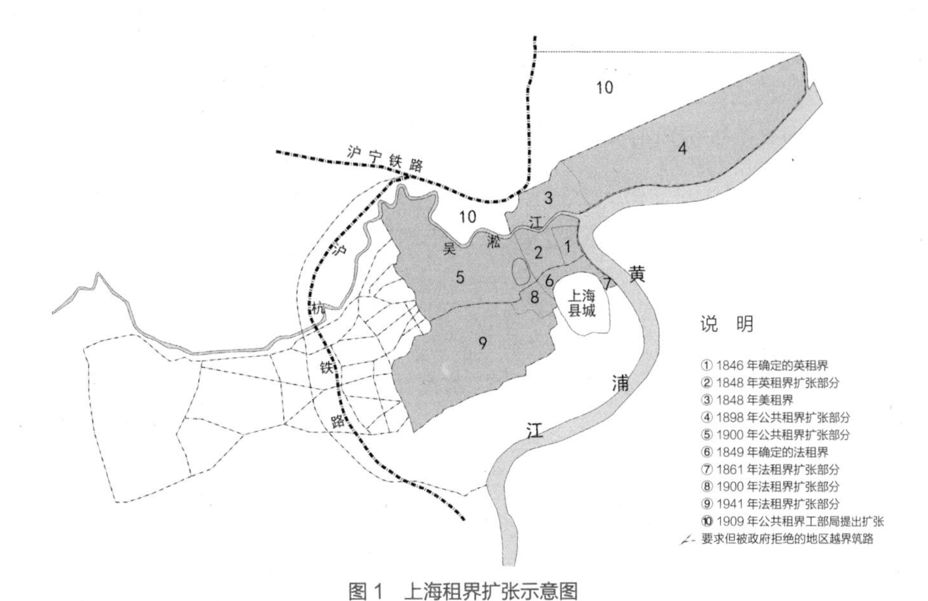

图 1　上海租界扩张示意图

资料来源：http：//blog.sina.com.cn/s/blog_406290f50102w8br.html

照规划对原宽 20 米的复兴东路实施拓宽改造，拓宽后的路幅宽 35—55 米（8 车道）。同期，城市主干道河南南路亦开始进行拓宽工程，路幅拓宽至 35 米，全路段改造工程直至 2008 年地铁 10 号线豫园站建设时全部完成。

1992 年“南方谈话”后，伴随社会主义市场经济体制发展，上海的房地产业迅速发展。1994 至 1996 年间，老城厢地区开始实施旧区改造，早期开发项目以占地面积相对较小的商住办公和商业综合体为主。此后，老城厢内开始出现了与里弄住宅、院落建筑和多层住宅等建筑类型迥异的大体量的高层建筑。

2000 年，黄浦、南市两区实施“撤二建一”行政区划调整方案，设立新的黄浦区之后，老城厢地区再次被边缘化。

2.3　老城厢的空间特色和价值

老城厢是上海的城市之根、都市文化之源。由于历史的原因，上海城市形态具有明显的拼贴特征，老城厢空间形态独特，街巷路网交错密布，巷弄蜿蜒曲折，街巷景观变化有趣，未改造地区的商业街市呈网络状布局，无论是“填浜筑路”所形成的蜿蜒曲折的街巷，还是小尺度如“毛细血管”的支弄，它们都承载着老上海的社会记忆。

以拆除城墙形成的环状道路（人民路、中华路）为边界，老城厢构成了边界清晰、形态较为完整的历史城区。从城隍庙到里弄建筑的多种建筑类型，平缓有序的街巷肌理共同构成了可感知的“小”空间的特色和个性。

老城厢历史文化风貌区是位于中心城区的唯一一处能够反映上海七百多年城市发展历史的区域。老城厢历史上形成的空间形态和街巷肌理，及其所反映的整体秩序、历史记忆和文化积淀具有重要的保护价值。

3　老城厢城市肌理的保存状况分析

3.1　街坊的传统肌理保存现状

城市肌理主要体现在街坊、道路、建筑三个层面，包括街坊及地块的尺度，道路系统的格局、路网密度，建筑的尺度和建筑之间的组合关系（纳赫姆·科恩，2004；菲利普·巴内翰，2011）。

依据历史和现状地形图，对不同历史时期形成的地块面积进行统计，可以发现 1949 年以前形成的地块总占地面积约 76.03 公顷，占 48.04%；1950 至 1993 年间所形成地块的面积约 19.37 公顷，占 12.24%；1994 年至今所形成地块的面积约 62.87 公顷，占 39.72%（表 1、图 2）。

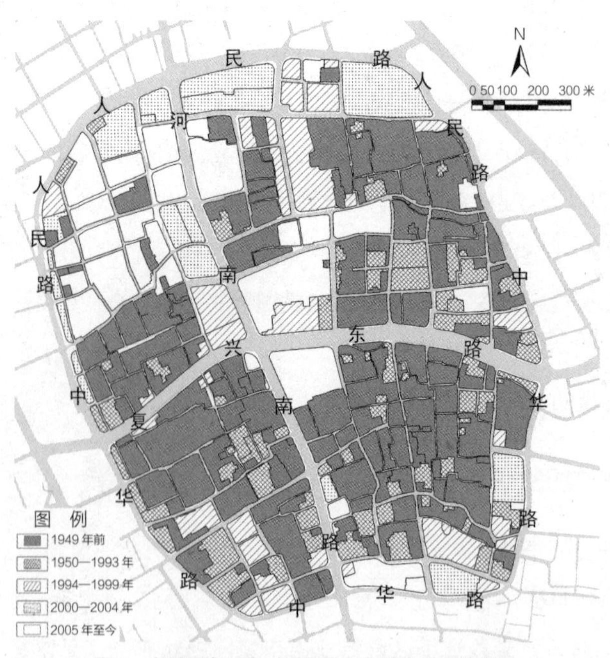

图 2　老城厢各历史时期保留至今城市肌理分布图

老城厢各时期保留至今街坊地块面积统计表　　表 1

时期	1949 年		1950—1993 年		1994—1999 年		2000—2004 年		2005 年至今	
	面积	占比	面积	占比	面积	占比	面积	占比	面积	占比
合计	76.03hm^2	48.04%	19.37hm^2	12.24%	16.98hm^2	10.73%	16.68hm^2	10.54%	29.21hm^2	18.45%

按照城市肌理类别统计，截至 2018 年底，仍保留传统肌理的地块面积合计约 82.94 公顷，占总面积的 42.53%；拆除重建的现代肌理地块面积 53.42 公顷，占 26.75%，表明老城厢的历史环境特色正在逐渐消失中（表 2、图 3）。

3.2 传统街巷的保存现状

自 1994 年复兴东路和河南南路拓宽工程开始，老城厢城市肌理发生较大变化。道路拓宽取直导致传统肌理的消失。几乎所有的拆除重建的大体量现代肌理，全部位于拓宽后的道路两侧。这种拆除重建，会带来街道高宽比的变化，也会导致传统风貌街巷的宜人尺度彻底消失。在高强度、大规模开发项目中，以里弄建筑为主体形成的传统街坊和城市肌理等核心保护要素被彻底忽视，老城厢的整体历史环境遭到了不可逆转的建设性破坏。

与此同时，因大拆大建方式的集中连片改造，新的地块或楼盘往往由数个小街坊合并形成，造成了街坊尺度的变化极大，且大量历史街巷会随着拆除重建而彻底消失。上海老城厢的街巷密度已由 1949 年近 25 公里 / 平方公里下降到 2018 年的 19.7 公里 / 平方公里，降低了 20.95%（表 3、图 4）。

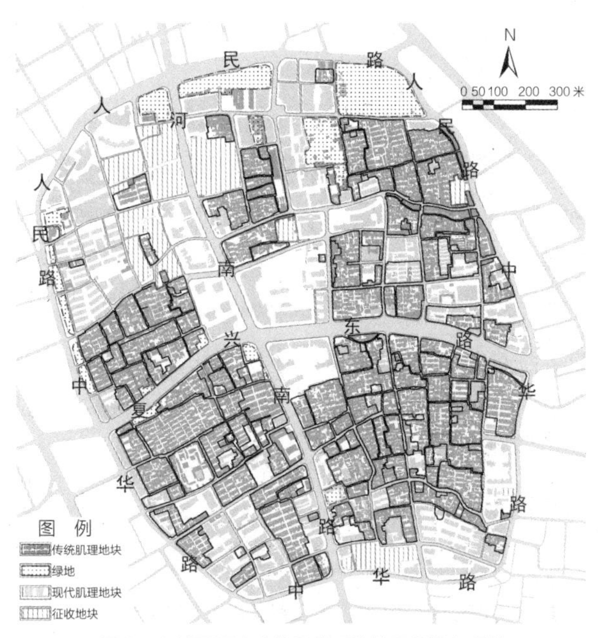

图 3　老城厢历史文化风貌区传统肌理保存现状

老城厢历史文化风貌区现状肌理面积及占比统计表　　表 2

分类	传统肌理地块		现代肌理地块		绿地		道路街巷		征收地块	
	面积	占比	面积	占比	面积	占比	面积	占比	面积	占比
合计	82.94hm²	42.53%	53.42hm²	26.75%	11.37hm²	5.69%	41.45hm²	20.75%	10.54hm²	5.28%

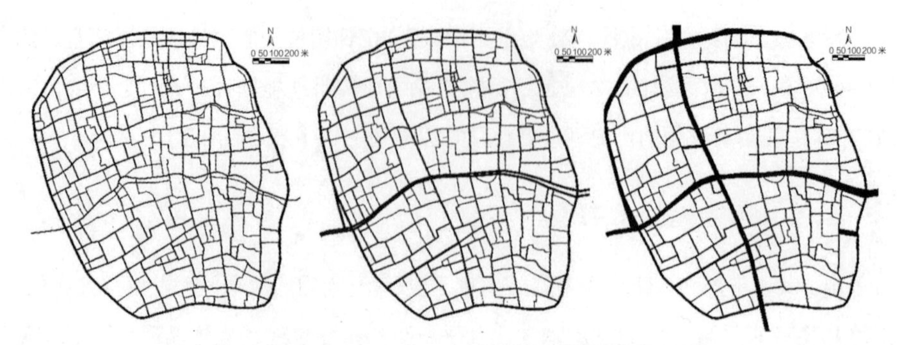

图 4　1949 年、2004 年、2018 年老城厢街巷路网演变

上海老城厢历史街巷数量变化统计表　　表 3

时间	街巷数量（条）	减少比重（%）	总长度（km）	减少比重（%）	街巷密度（km/km^2）	降低比重（%）
1949 年	240	—	49.59	—	24.92	—
2004 年	210	12.50	43.87	11.53	22.04	11.56
2018 年	169	19.58	39.22	20.91	19.70	20.95

3.3　保护规划的有效性和局限性

老城厢历史文化风貌区是上海中心城区 12 片风貌区之一，按照 2005 年 11 月上海市政府批准的《老城厢历史文化风貌区保护规划》，划定的核心保护范围占地面积为 54.25 公顷，占风貌区总面积的 27%；建设控制范围的面积为 145.47 公顷，占风貌区总面积的 73%，与其他风貌区相比，核心保护范围面积划得过小。

从总体上讲，上海的历史文化风貌区保护规划在历史风貌维护、开发管控等底线约束方面还是发挥了重要作用的。但面对老城厢这样历史欠账特别多、居住环境比较差的风貌区而言，保护规划在改善居住环境条件方面几乎不能发挥积极作用。这是由于保护规划关注重点在文物、历史建筑等物质环境特征的维护，对人的需求、社会环境等问题几乎不涉及所带来的自身缺陷所致。

从图 5 上可以看出，风貌区保护规划编制时，对已拆迁地块和已获批待拆迁地块予以了充分考虑，这些地块均未划入核心保护范围，这一做法与法国保护区“保护规划优先，获批后的保护规划取代其他规划，冻结所有开发项目”相比，存在较大的差距。此外，还有大量里弄住区构成的传统肌理并未划入核心区范围，可能是可虑到里弄建筑质量较差，显然，这样的规划为日后旧区改造创造了变更规划指标的条件（图 5）。

这样结果就是在保护规划获批后陆续建成的项目，如露香园一期、士林华苑、复地雅苑等住宅小区均为高层建筑楼盘，或者是大体量商业建筑综合体。

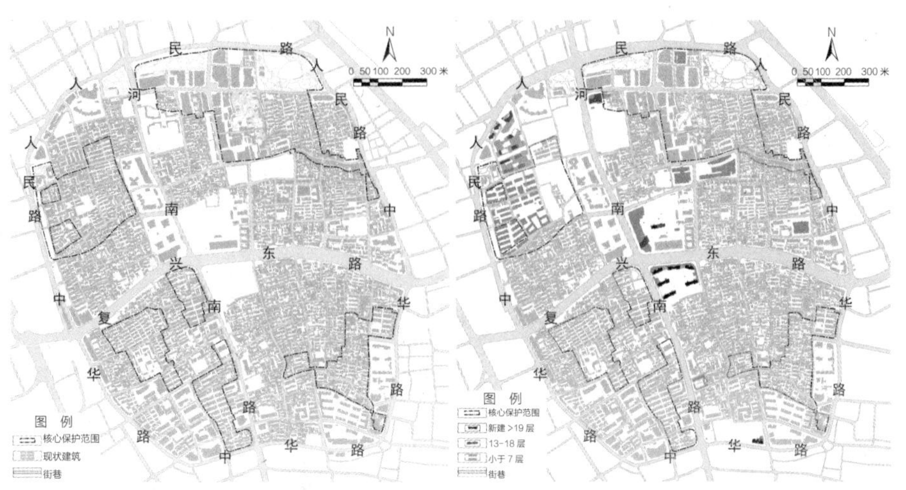

图 5　核心保护范围与 2005 年现状肌理示意图　　图 6　核心保护范围与新建建筑层数示意图（2018 年）

虽然保护规划中要求尽量维护使用“一般历史建筑”，但在 2005 年至今拆除的待开发地块中，位于核心保护范围内的街坊总面积为 5.6 公顷。由此可见，即便是在保护规划所划定的要严格控制新建、改建活动的核心保护范围内，也存在大量拆除重建的情况（图 6）。

再从风貌保护道路（街巷）的角度看，保护规划中确定了两条风貌保护道路和 34 条风貌保护街巷，现状调研发现：两条风貌保护道路（中华路和人民路），总长度约 1.7 公里（占 32.7%）的路段两侧传统风貌已基本丧失。在 34 条风貌保护街巷中，有 21 条街巷基本保留传统风貌，6 条街巷的传统风貌基本丧失，其余 7 条街巷的传统风貌受到一定程度的破坏。此外，仍有 22 条较完整保存传统风貌的街巷并未列为风貌保护街巷（图 7）。

图 7　老城厢历史文化风貌区内街巷风貌保存状况

4 老城厢肌理保护与活力再生策略探讨

4.1 实施新一轮总规需要强化名城保护

上海是 1986 年国务院公布的第二批国家历史文化名城，与北京、南京和广州等名城相比，历史城区整体保护工作需要进一步加强。2017 年 12 月 15 日，国务院对《上海市城市总体规划（2017—2035 年）》的正式批复文件中在城市性质和定位中特别加上了“国家历史文化名城”。

作为以追求卓越的全球城市为目标的国际文化大城市，上海应该认识到历史地区重要的城市文化价值和资源潜力，在文化规划和增加城市吸引力等方面发挥它们的积极作用，而不应该继续以牺牲建成环境遗产为代价来获得土地开发的短期经济效益。遗憾的是，在高度强调文化遗产保护、全面推进历史风貌保护和社区营造的今天，老城厢保护再生依然没能看到走出困境的希望。

《北京城市总体规划（2016 年—2035 年）》，从“中华文明源远流长的伟大见证”、“北京建设世界文化名城的根基”的高度，构建起“老城—中心城—市域—区域”的名城保护体系，并针对老城整体保护制定了“老城内不再拆除胡同四合院”、“老城道路不再拓宽”等较为详细的策略与严格的管控要求，强化了以提升居民生活质量为导向的整体保护对策和措施。

单从高度重视老城历史环境和地区文脉的保护管理，从理念到措施层面强化历史城区整体保护策略等做法的角度而言，上海应当向北京学习，在新一轮总体规划实施进程中全面强化和落实国家历史文化名城保护的相关措施。相比北京老城 62 平方公里的规模，上海老城厢只有不到 2 平方公里，如果不能全面、整体保护似乎说不过去。当然，从国家层面看，上海老城厢的价值自然无法与北京老城相比，但老城厢是承载着上海七百多年城市历史的风貌区，对城市自身而言，其独特价值必须得到足够的重视，政府有责任留住上海的城市之根。

4.2 整体保护需要政策激励机制

老城厢历史文化风貌区是市政府划定的中心城区 12 片风貌区之一。“历史文化风貌区”应当是以保护、保留为主，有机更新为辅的规划政策分区。因此，在其范围内不应进行大规模的旧区改造和土地出让批租，如果按原有的旧改模式和拆迁补偿方式，则必然会导致老城厢的大拆大建，历史风貌保护自然无从谈起。

历史风貌的整体性保护，不只是文物保护单位和优秀历史建筑等点状保存。风貌保护必须与民生改善、环境改善和设施更新紧密结合，协同推进。因此，相关政策、对策和措施应当综合考虑历史风貌整体保护、环境品质提升和居住条件改善等方面，进行系统的研究后合理制定。

居住条件改善需要以保护和维持历史风貌特征为前提，目前的保护规划和政策无法解决历史遗留下来的较为严重的居住问题，居住问题需要通过住房政策规划和配套措施统一协调，多途径逐步有效解决。

在老城厢历史风貌保护与有机更新实施管理中，政府应当发挥主导作用，加大资金投入，同时应鼓励社会多方参与，制定适合老城厢地区规划管理和可持续发展的配套政策措施。应当通过制定特殊政策，采取激励机制予以支持，促进老城厢历史文化风貌保护区整体保护和有机更新的全面开展。激励机制既是一种强有力的手段，可以激励人们积极参与到建成遗产的保护再生实践中，同时可以获得由保护更新、环境改善带来的直接好处；另一方面，衰败的历史环境在保护再生中也可以焕发活力，促进社会经济的发展。

4.3　城市有机更新促进活力再生

城市有机更新的核心思想是按照城市的内在秩序和规律，顺应城市肌理的构造，采用适当的规模、尺度与速度进行必要的更新改造，以保持和延续城市整体环境的有机性，恢复或再生建成环境的良好景观和地区活力。

老城厢内的豫园旅游商城和临近地区的上海新天地、田子坊地区的活力复兴实践值得回顾和参考借鉴。豫园旅游商城为仿明清建筑风格的较大体量商业综合体，新天地为整体再开发以时尚业态、里弄符号为营销手段的建筑群，田子坊通过创造性的改造利用，在里弄建筑中发展出了新的商业功能（于海，钟晓华，陈向明，2013）（图 8）。

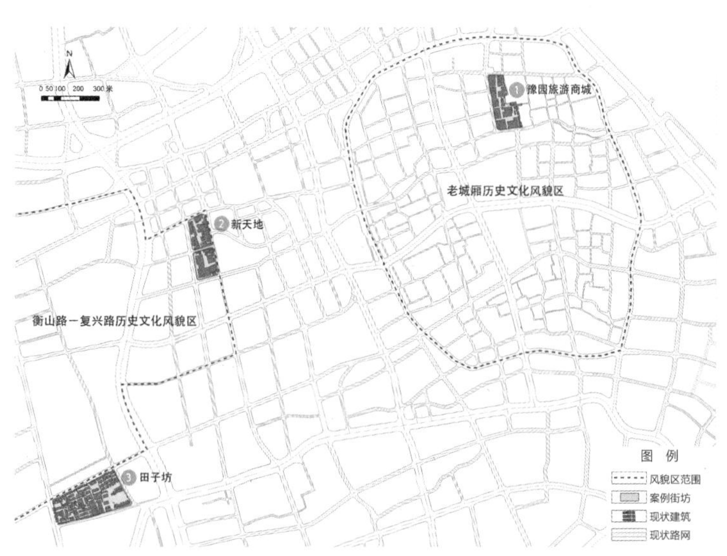

图 8　豫园旅游商城、新天地、田子坊区位图

数量排名前十五的业态构成一览表　表 4

排名	豫园旅游商城		新天地		田子坊	
	类别	数量（个）	类别	数量（个）	类别	数量（个）
1	服饰鞋包	90	服饰鞋包	31	服饰鞋包	90
2	小吃快餐	58	外国餐厅	31	小吃快餐	70
3	珠宝饰品	36	甜品店	20	外国餐厅	64
4	甜品店	26	中式餐厅	13	甜品店	62
5	中式餐厅	21	珠宝饰品	10	咖啡	26
6	食品茶酒	15	酒吧	10	食品茶酒	19
7	家具家居	12	咖啡	10	DIY 手工坊	15
8	花店	12	小吃快餐	8	中式餐厅	13
9	亲子	10	食品茶酒	7	化妆品	11
10	茶馆	9	家具家居	5	酒吧	10
11	数码	6	花店	4	茶馆	10
12	咖啡	6	文化艺术	3	家具家居	8
13	办公	5	茶馆	2	特色集市	7
14	化妆品	5	KTV	2	花店	7
15	药店	3	足疗按摩	1	文化艺术	6

资料来源：2018 年底大众点评数据

从三处地区的业态角度分析，豫园旅游商城以小吃快餐为主，保留了一定数量与地区历史相关的传统业态，新天地以西式餐厅为主，地区场景具有明显的西洋风格，但与周边地区的日常生活联系较为薄弱。田子坊业态定位以 DIY 手工坊、创意市集、特色餐饮为主，表现出了鲜明的文创园区特色氛围（表 4）。

从人均消费水平看，新天地明显高于田子坊和豫园旅游商城。比较而言，田子坊的业态更具多样性，可以为不同需求的社会群体提供服务（图 9）。

在这三个相关联的案例中可以发现，历史风貌和传统肌理为地区商业活力注入了积极力量。事实上，如何为历史地区寻找合适的定位和实施路径，使其焕发活力，这也是可持续城市的发展治理理念。

5　结语

综上所述，历史城区的全面复兴，应当包括物质肌理的延续和品质提升，以及历史环境中经济活力的再生。保护具有历史、文化和空间意义的历史城区等建成遗产是提升城市文化活力和历史连续性的主要方式，应当探寻如何保留场地个性和空间特色，以实现维护城市传统肌理和历史风貌的目标。

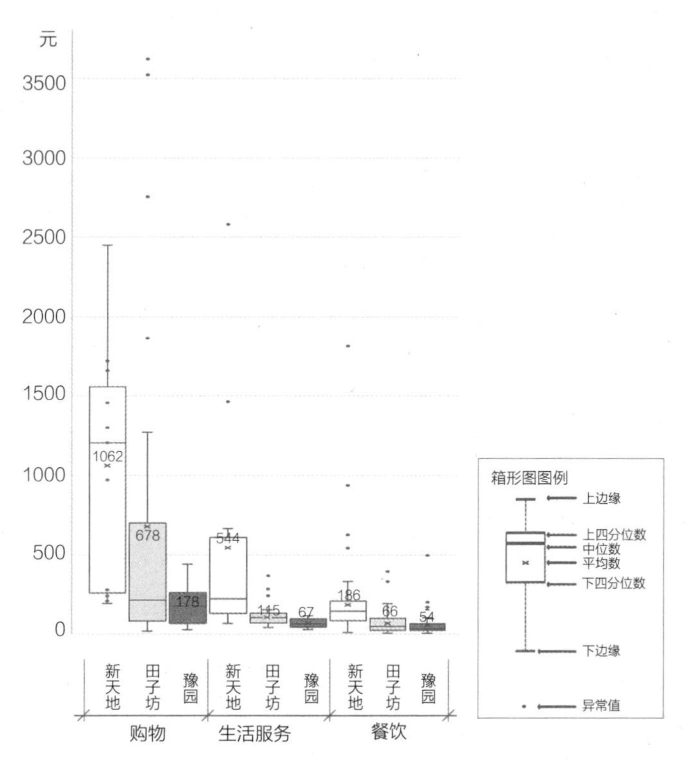

图 9 豫园旅游商城、新天地、田子坊人均消费水平箱形图

资料来源：2018 年底大众点评数据

地方特色维护与塑造应当从小处着手，而不应当因“小”而不为之。保留住城市社区中具有场所感和特色吸引力的特质，保持城市的历史延续性，维系其特色魅力，城市的形象和环境可以得到普遍改善和全面提升。

在高质量发展时期，需要通过对城市历史空间的保护与更新来拯救衰败的历史城区和传统城市，进而振兴城市文化，激发城市活力的再生。历史城区的环境改善和活力提升，既可以保证可持续城市的未来发展，同时还能提升传统城市的魅力，吸引创意阶层和青年群体的回归，催使新的城市文化诞生，实现文化繁荣创新和经济活力再生的双重目标。

如何通过自下而上的更新实践方式，在多目标协同中推进以改善民生为切入点的历史风貌保护规划实施，而不是以改善民生为理由，不顾长年累积形成的文化层积，以及历史文化风貌保护的多年坚守，继续推行大拆大建的旧区改造模式，在转型发展、精细化管理的今天导致文化遗产的彻底消亡和城市文脉的断裂，需要在充分认识到空间肌理所蕴含的多元价值的基础上，尽快实施有效的规划管控引导和积极的政策措施。

参考文献

[1] John Montgomery. Making a City：Urbanity，Vitality and Urban Design[J]. Journal of Urban Design，1998，3（1）：93-116.

[2] 卢济威，张凡 . 历史文化传承与城市活力协同发展 [J]. 新建筑，2016（01）：32-36.

[3] 童明 . 城市肌理如何激发城市活力 [J]. 城市规划学刊，2014（03）：85-96.

[4] John Montgomery. Editorial Urban Vitality and the Culture of Cities [J]. Planning Practice and Research，1995，10（2）：101-110.

[5] 简・雅各布斯 . 美国大城市的死与生 [M]. 金衡山，译 . 南京：译林出版社，2005.

[6] 黛博拉・史蒂文森 . 文化城市——全球视野的探究与未来 [M]. 董亚平，何立民，译 . 上海：上海财经大学出版社，2018.

[7] 诺伯舒兹 . 场所精神迈向建筑现象学 [M]. 施植明，译 . 武汉：华中科技大学出版社，2010.

[8] 纳赫姆・科恩. 城市规划的保护与保存 [M]. 王少华，译 . 北京：机械工业出版社，2004.

[9] 菲利普・巴内翰，让・卡斯泰，让 - 夏尔・德保勒 . 城市街区的解体——从奥斯曼到勒・柯布西耶 [M]. 魏羽力，许昊，译 . 北京：中国建筑工业出版社，2011.

[10] 阿方索・维加拉，胡安・路易斯・德拉斯里瓦斯 . 未来之城　卓越城市规划与城市设计 [M]. 赵振江，段继程，裴达言，译 . 北京：中国建筑工业出版社，2018.

[11] 弗朗切斯科・班德林，吴瑞梵 . 城市时代的遗产管理——历史性城镇景观及其方法 [M]. 裴洁婷，译 . 上海：同济大学出版社，2017.

[12] 史蒂文・蒂耶斯德尔，蒂姆・希思 . 城市历史街区的复兴 [M]. 张玫英，董卫，译 . 北京：中国建筑工业出版社，2006.

[13] 艾伦・雅各布斯，唐纳德・埃普亚德 . 面向城市设计的宣言 [M]. 李晴，译 // 理查德・T・勒盖茨，弗雷德里克・斯托特，张庭伟，等 . 城市读本（中文版）. 北京：中国建筑工业出版社，2013.

[14] 何益忠 . 老城厢——晚清上海的一个窗口 [M]. 上海：上海人民出版社，2008.

[15] 上海市人民政府，上海市城市总体规划（2017—2035 年），2018-01-04.

[16] 北京市人民政府，北京城市总体规划（2016—2035 年），2018-01-09.

[17] 于海，钟晓华，陈向明 . 旧城更新中基于社区脉络的集体创业——以上海田子坊商街为例 [J]. 南京社会科学，2013（08）：60-68+82.

杨宇振

杨宇振，中国城市规划学会学术工作委员会委员、国外城市规划学术委员会委员，重庆大学建筑城规学院教授，教育部山地城镇建设与新技术重点实验室骨干专家

美好生活与空间规划：

产权、微型公共空间与日常状态的转变

美好生活是一切实践的目标，不是为了经济产量的指标、贸易顺差、城镇化提升的数字、高速干道的公里数、机场的个数、新能源汽车、垃圾分类等；也不是为了新头衔、基金数量、考试成绩、增加的收入、受邀的主题演讲等。罗列的各项都是手段，是达到美好生活的可能手段（在很多情况下，有可能适得其反）而不是目标，不能把手段当作目标。也就是说，空间规划应该促进美好生活，美好生活是它实践的终极目标而不是其他。只是如何达到这一目标值得讨论。霍华德提出“田园城市”的乌托邦理想，既是一种社会规划也是一种空间规划。只是这种规划基于想象的空地，往往难以得以大规模实施，更何况其中蕴含着深刻的生产关系和社会关系的结构性调整。一种可能的状态，是在存量空间之中寻找可能的激进变革。其中一种可能，就是在产权置换、微型公共空间与日常生活状态的相互关系之中。

“公共空间”的布局与形态是空间规划与设计的重点之一。城市大型公共空间由于较远的服务半径而可达性差，从市民日常生活的角度通常空间利用效率低。能承载市民日常生活和保持高效率使用的往往是城市微型公共空间。微型公共空间包括了街角空间、袖珍公园、袖珍广场、街头活动绿地等较小的空间形式，它们为市民提供了日常生活的公共场所。在这样的背景下，探究如何实现微型公共空间布局的合理性与形态是新时期空间规划与设计领域的重要命题。十九大报告中提出：“我国社会主要矛盾已经转化为人民日益增长的美好生活需要与不平衡不充分发展之间的矛盾”（习近平，2017）。公共空间布局的不平衡不充实是其中的矛盾之一。要解决这一问题，需要合理供给与分布更多的微型公共空间。它们是促成日常生活美好的重要构成。

1　微型公共空间与存量优化

历史过程中，公共空间的均衡布局曾经是现代西方城市早期规划的一种主流思潮。它是追求社会公平正义的一部分。19 世纪中后期，作为对资本主义抵抗的方式，各种社会主义思潮风起云涌。这些思潮对于社会规划、空间规划都有着重要影响。类似关于公共空间均衡布局构想在 19 世纪末 20 世纪初的规划与设计中是普遍思潮。图 1 是奥托·瓦格纳对维也纳 22 区的规划，包括 15 万居民和 3 万住房。除了中间较大规模的公共空间与公共建筑，图中椭圆形的白点就是日常生活使用的小型公共空间。很明显，公共空间的布局方式考虑到了居民日常活动的便利性——它们是美好生活的基础之一。

微型公共空间是公共空间体系中的末端，却是重要的构成。优化城市微型公共空间的可达性、布局、形态等是高密度城市空间中改善市民日常生活质量的重要内容。过去国内的城市规划与设计比较重视大型公共空间在城市中的布局与景观作用，但大型公共空间往往距离百姓日常生活空间较远。实现微型公共空间的合理布局是新时期城市空间存量优化的重要内容之一。随着城镇化进程的推进，中国的城市逐渐从原有以“增量发展”为主的阶段转向“增量发展与存量优化”并行的阶段。这是一个宏观的状况和趋势，很有可能改变城乡规划学科的发展范型。欧美发达资本主义国家在 20 世纪 60—70 年代的状况可以作为比对和参考。这一时期出现了一批对于现代城市与建筑批评的理论文献，如简·雅各布斯的《美国大城市的死与生》、亚历山大·克里斯托弗的《城市不是树形结构》、拉波波特的《建成环境的意义》、文丘里的《向拉斯维加斯学习》等。它们是学科转向的标志。

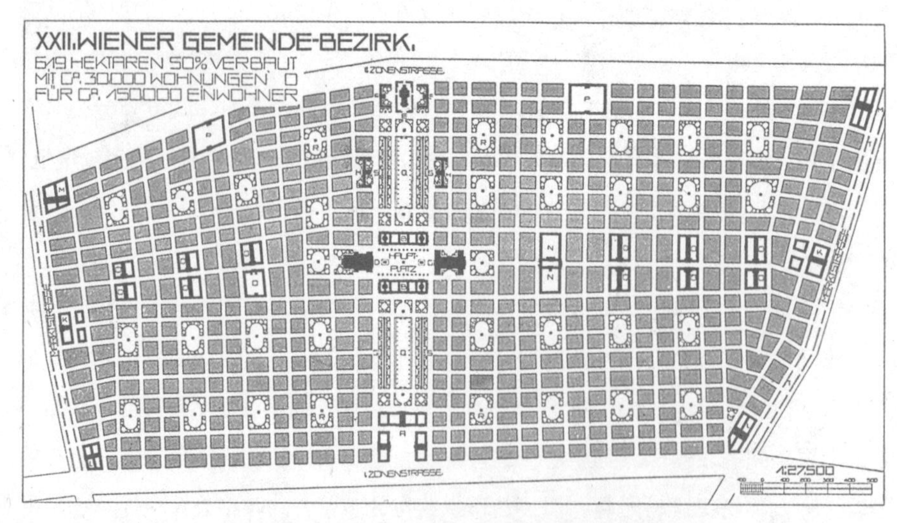

图 1　奥托·瓦格纳提出的维也纳 22 区的空间布局方案

资料来源：http：//www.grids-blog.com/wordpress/wp-content/uploads/2012/04/WagnerGrozastadt-plan.jpg

优化（微型）公共空间分布（本质上是公共空间作为一种公共资源的合理配置）可以一定程度刺激地区经济发展，提高城市经济效率。通过局部微环境的“空间针灸”，带动小地区的经济和社会的活力。同时，创造良好可达性、有地方特点的公共空间将改善居民的日常生活，也有助于促进邻里关系和谐。空间存量的优化涉及一定的空间范围内提升空间的品质（分布、规模与质量）、经济效率与社会的公平公正。在这一过程中，“产权变更”是存量优化中矛盾冲突的核心。土地所有权，土地上开发使用权以及空间所有权等是影响空间生产的核心要素。道格拉斯・诺斯指出，“产权导致有效的价格体系，因此建立产权是必需的第一步，但关键在于建立产权的具体过程”。他也指出了，需要通过建立司法体系来降低合约实施的成本。如果用诺斯的这一观点观察空间规划的发展，意味着为了促进空间交易，降低空间交易的成本，空间规划亦将涉及相关法律法规的制定，而不会停留在物质空间设计领域。历史过程、社会因素、财产转移继承等众多因素使得空间产权状况复杂，涉及多方利益制约和矛盾冲突。如何协调不同主体的利益，通过产权变更和发展权转移，优化配置公共空间，是存量优化阶段矛盾冲突的核心。

2 微型公共空间与转变中的规划

2.1 转变中的城市规划与设计

传统城市规划与设计的一个核心问题是量（实体与虚体量）的空间分布。密度及其展现出来的形态是其中的关键。早在现代主义早期和兴盛时期，密度及其形态就是城市规划立法的重要内容，也是众多学者和实践者的关注焦点——因为密度、形态与通风、日照，与基本的公共卫生相关。前者如英国在 1848 年颁布的《公共卫生法》、德国柏林在 1925 年颁布的《柏林市建筑规则》；后者如格罗皮乌斯、勒・柯布西耶等人的研究。较近一点的研究，如 Pont 等人在《空间矩阵：空间、密度与城市形态》中对城市发展与空间消费、密度的多变量以及密度与城市形态等进行了分析和讨论（Pont，2010）；MVRDV 在 FAR MAX 中对密度与形态之间进行了量化归纳和分析（图 2，MVRDV，1998）。但是量的分布研究通常没有涉及产权问题及其交易。城市密度和形态必然涉及土地开发强度，进而受制于产权交易。空间和产权是无法分割的整体，空间量分布必然涉及产权变更与转移。

作为处理城市社会空间问题的一种知识与技术，城市设计是城市规划在新时期发展出来的一种新状态，自确立起来后就有着不同的意见和争论，如凯文・林奇、乔恩・兰、乔纳森・巴奈特等人的讨论。Eugénie L. Birch 在 From CIAM to CNU：The roots and thinkers of modern urban design 一文中简要归纳了 20 世

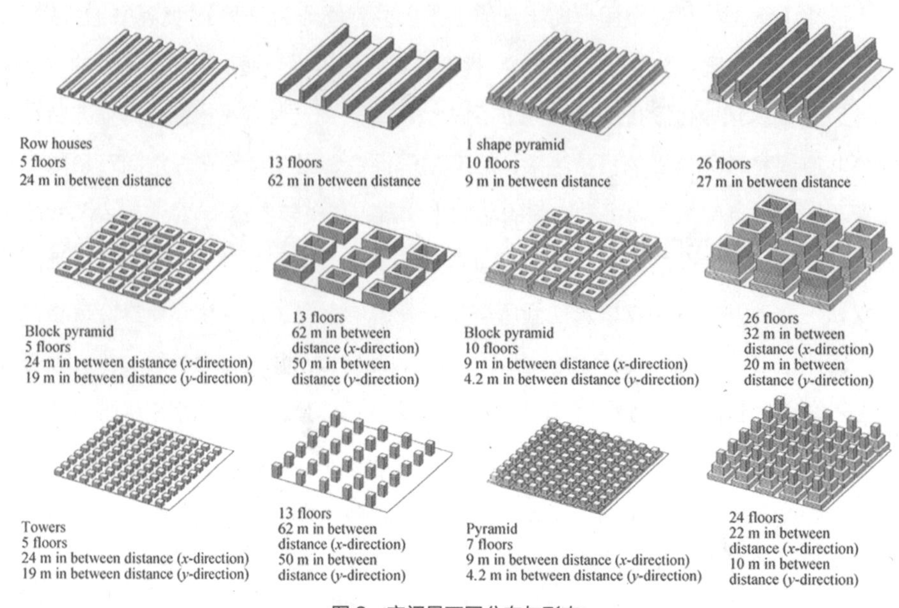

图 2 空间量不同分布与形态

资料来源：MVRDV，FAR MAX，210–211，010 Publishers，1998 年

纪 20 年代以来不同领域学者在城市设计领域方面的贡献。其中可见城市设计随时代和社会而变化的，每个时期城市设计要应对的情况不同；因此也存在不同的社会意义（Birch，2011）。

在经济全球化与社会网络化的进程中，当代城市设计面临新的转变。亚历山大·卡斯伯特在《新城市设计：建筑学的社会理论？》一文中强调政治经济学对城市设计的重要性，认为城市设计的思想来源应当是社会理论，而不是美学或者技术（卡斯伯特，2013）。阿里·迈达尼普尔在《辨析城市设计》一文中分析了城市设计的六个方面，指出在社会、技术和美学中，城市设计为城市空间的转变提供指向，城市设计所扮演的角色通常是连接空间中的不同部分，创造一个较局部而言更具意义、更有用的综合整体（迈达尼普尔，2013）。童明在《当代社会变迁中的城市设计》一文中则认为城市设计在新时期已经成为经济发展的新引擎、空间管制的新工具以及城市竞争的新基础（童明，2013）。杨宇振在《资本空间化过程中的城市设计：一个分析性的框架》中阐述了在资本空间化的过程中，城市设计与物质、社会和观念生产之间的关系，探讨了城市设计作为一种空间工具如何在社会生产与再生产的过程中应对和处理来自内外的经济、社会等危机（杨宇振，2013）。在另外一篇文章中，杨宇振认为城乡规划与城市设计是确定空间产权、生产空间稀缺性必要的基本技术工具，是市场化的过程中“空间作为商品”生产和交易过程中必不可少的一环，是推进交易发生和降低交易成本的政策与空间实践；进而通过这一过程改变空间正义和日常生活（杨宇振，2012）。

简要回顾部分文献的目的在于指出城市设计（作为空间规划的关键内容之一）在新的社会发展阶段中将发生转变；或者更准确地说，城市设计应积极回应社会变化而调节自身的知识与技术构成。传统城市设计主要是面对物质空间的工程设计，而笔者赞成卡斯伯特的观点，在一个日趋互联的全球化时期，当代城市设计的思想来源应当是社会理论，不是美学或者技术，而空间政治经济学是其中最重要的理论基础。

2.2 空间产权转移与微型公共空间生产

根据不同地区的人口密度与相关的社会功能，结合已有的公共空间分布，优化不同等级和尺度的公共空间体系是城市空间存量优化的主要内容之一。图 3 是根据克里斯泰勒的“中心地理论”转换而来的不同等级、尺度的公共空间布局。“中心地理论”的基本概念指的是不同等级、规模的市场服务一定的空间范围，历经发展最后形成相对稳定的地方市场结构。这里将“公共空间”替代“市场”，不同等级、规模的公共空间具有不同的可达性和服务于不同空间范围的人群。微型公共空间是向下等级发展的公共空间，将与上层的大、中型公共空间共同构成相对完整的公共空间体系。

一个比较有意思的案例是台北 7-Eleven 商业网点的空间分布。自从 1980 年台湾地区第一家 7-Eleven 便利店开业以来，迄今已有超过 4000 家，而且数量仍在增加。如果在谷歌地图中查看，可见 7-Eleven 便利店在台北城市空间中的密集程度。可以说，一个 7-Eleven 便利店即是商业网点，但由于它的诸多公共服务性质，也是一个特殊的“微型公共空间”。7-Eleven 在建立起庞大的商业网络的同时，无形中也构筑了一个密集的微型公共空间系统。其以小尺度、可达性强、宜人的环境和完备的服务成了台湾民众日常生活中的必需品，渗透到城市的各个街

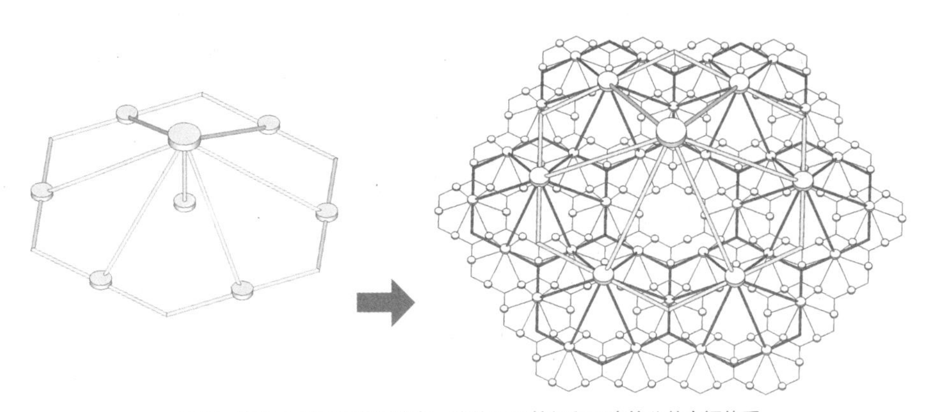

图 3 结合已有公共空间分布，优化不同等级和尺度的公共空间体系

资料来源：笔者自绘

区。7–Eleven 是由私营企业经营，从过去二三十年前销售基本的生活用品到现在具有相当的公共服务功能，并且网点分布密集，市民使用的可达性很好。大陆地区日渐增多的菜鸟驿站也具有类似的功能。相对地，以中小学和城市公共开放空间为代表的城市空间公共品，则是由以地方政府为主体的生产和供给。两种不同的生产主体，共同服务于城市的发展。

微型公共空间由于与日常生活极为接近，其形态从对于不同人群（如老人、儿童、残疾人等）的活动便利性与安全性，到如何与活动结合起来，到其文化内涵展示（如地方性的故事、事件与人物纪念、树种等）的安排，都是需要进一步研究的内容。也可以说，在某种程度上，微型公共空间的监管也是保证社会安全的构成。

空间生产过程中，产权与空间是一个不可分割的整体；空间产权是空间交易的基础。在各种复杂的产权关系状况下，通过协调和处理各种产权关系，优化公共空间配置是高密度城市空间存量优化的核心问题之一。图 4 是德国法兰克福局部地块的产权调整和城市设计。左侧是密布私有产权的地块，各产权地块十分狭长；右侧是根据城市需要规划的道路和调整产权用地形态后的状况。很显然，如果没有有效的产权交易或转移机制，就不可能产生新的城市形态，空间的规划与设计也无法产生作用。产权交易或转移机制背后仍然是“公”与“私”关系的调节，这种调节必须通过法律来处理。而新时期的城市设计，就必须应对空间产权转移的问题，才可能促进和完成微型公共空间的生产。从单个微型公共空间的生产上看，关键问题仍然是产权交易或转移——这决定了它是否有可能在高密度城市中“见缝插针”的存在。台湾大学建筑与城乡研究所主持的《发展权转移对都市古迹保存可行性研究》是一个值得参考的文本（图 5）。为了保存古迹和保存区的空地，

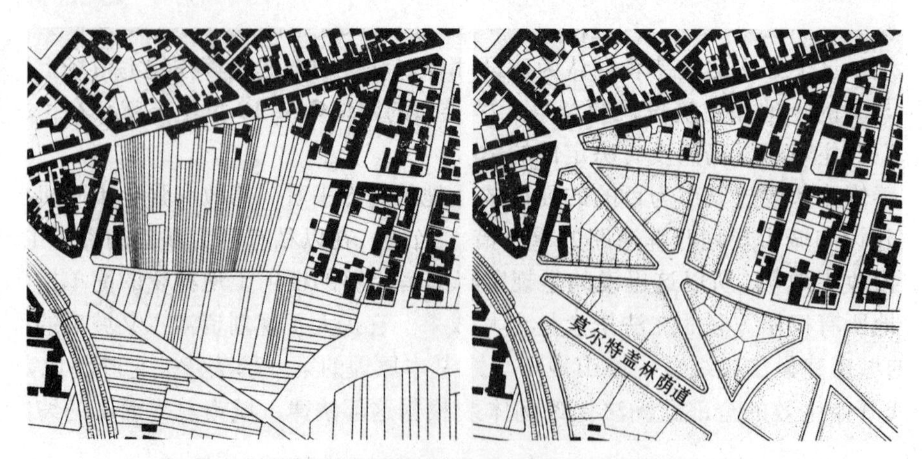

图 4　法兰克福的产权调整与城市设计（19 世纪末 20 世纪初）

资料来源：A.B. 布宁，城市建设艺术史，1992，10

这两块用地的发展量（开发量）可以加到新建筑的开发量上。这既保证了古迹和开放场地的保存，也可以使得开发者获得合理的、更大的开发容量。空地报告中对于包括纽约中央车站保护的“古迹 / 地标发展权转移办法”等案例进行了介绍，并结合台湾地区本土的实践展开讨论。

从群体布局上看，它涉及布局的均衡性以及与上一层级公共空间之间的关系。由于微型公共空间往往是由地方政府生产和供应，它的产生方式和 7-Eleven 的产生方式有所不同——尽管其最终的目的是相近的，是服务于尽可能多的人群。2006 年深圳规划院完成的《深圳经济特区公共空间系统规划》是一个较早，也比较全面的该类案例（图 6）。规划中提出：“规划通过问卷调查、访谈和模拟实验深入分析人的行为特征，为规划分析提供有力支持，使规划配置标准和设计导则

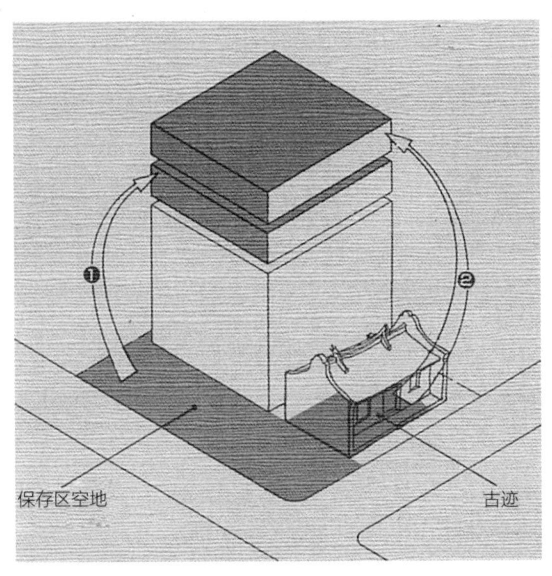

图 5　空间发展权转移示意
资料来源：台湾大学建筑与城乡研究所规划室，发展权转移对都市古迹保存可行性研究，1993

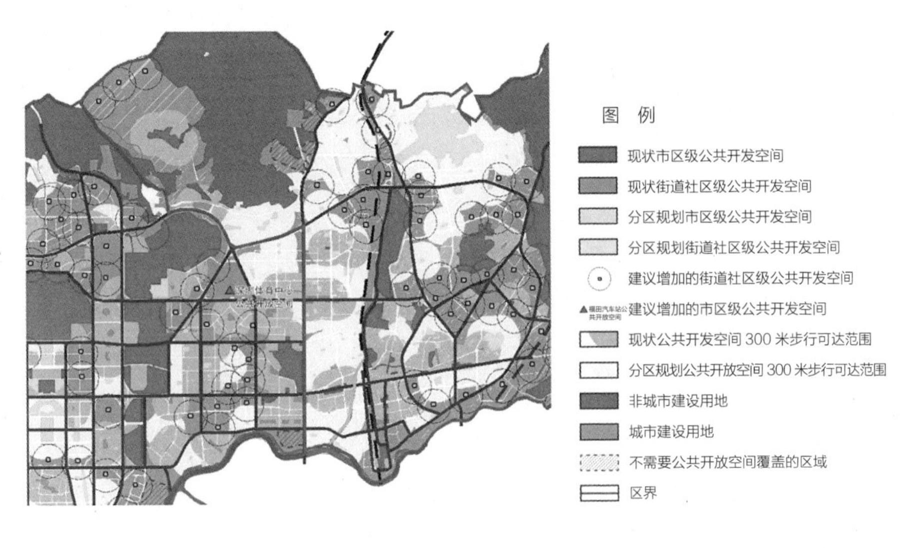

图 6　深圳公共空间系统规划（局部）
资料来源：根据《深圳经济特区公共空间系统规划》文本截取

更加人性化。实现公共开放空间在居住地和工作地、新城区和城中村的均匀分布，使各阶层市民在工作和生活中均能便捷地使用公共开放空间，同时侧重社区级公共开放空间的建设，促进社区居民形成归属感和认同感。”[1] 但该规划中仍然没有涉及产权交易或转移的基本问题，使得该规划的实施遇到问题和困难。

香港是高密度城市，也是土地私有制的地区。如何在高密度建成环境中，在普遍空间私属的状况下，优化城市公共活动空间，是香港城市面临的一个挑战。香港发展局在许李严事务所等协助下，提出了《私人发展公众休憩空间》的引导书。发展局提出："在楼宇密集的地区建造优质的休憩空间，有助改善居住环境，对于香港这样一个城市发展集中、高厦林立，以及人流频繁的地方尤其如是。因此，在私人发展项目内构建休憩空间（简称“私人发展公众休憩空间”），供公众使用，是改善市区环境的有效途径……在合适的“私人发展公众休憩空间”内进行若干非商业或慈善活动以及有限度的商业活动（例如露天食肆），可为地区增添生气活力，令大众得益。因此，我们在指引内载列了相关的考虑因素及所需取得的批准。”[2] 案例中对于不同规模和尺寸的、提供给公用的私人空间进行了设计的引导。该案例的基本内容是通过鼓励私有空间的公用化。占地只有 390 平方米的纽约佩雷公园（Paley Park）是这一类型的典型空间。“私有空间的公用化”提出了一个基本问题，也就是如何协调公私间的关系。空间的规划与设计在这里的作用不是具体的形态设计，而是协调与引导，并将协调与引导的关系转换为一种规定（亦即公私共同遵守的认识）[3]。

3 三者间的关联

中国新时期的发展过程中，空间规划与设计需要发生新的转变，从原有的以物质空间设计为主的状况向社会生活更深的涉入。或者说，如果空间规划要发挥更大的社会作用，就应主动适应这一重要的社会变化。在各种转变中，促进资本积累是目的之一。在空间生产领域，促进资本积累的一个基本需要就是要界定空间产权，促进空间交易的产生，降低空间交易成本——这就将空间规划与产权界定和交易关联在一起。 但促进资本积累往往推助社会极化。在这一状况下，空间规划同时也作为公共品资源配置的一种空间工具，需要生产“社会公平与正义”。

---

[1] http：//www.upr.cn/project/project_5467.html?mode=type 文本中提出的“均匀分布”是有问题的。因为人口密度的不同，使用频度不同，要达到“均匀分布”不是良好的处理方式。应根据人口密度和公共空间的现状，促进中小型公共空间的均衡分布。

[2] http：//www.devb.gov.hk/filemanager/tc/content_582/Guidelines_Chinese.pdf。

[3] 乔纳森・巴内特的经典著作 *Urban design as public policy* 中对此有实证性的分析。

其中途径的一种，是优化公共空间资源配置，提升市民的日常生活质量。但面对高密度的城市，要生产大、中型公共空间，已经不很现实。进而，生产微型公共空间，成了这一时期空间规划重要的工作内容。

微型公共空间的生产，担负着关联几者间的作用。生产微型公共空间，立即涉及的就是空间产权的界定和它本身的空间分布——这就是空间规划在这一时期的基本功用。也就意味着，空间规划与设计不仅是物质空间设计（但必须说，物质空间设计仍然是重要构成），它必须涉及更广泛的社会问题。它也将更加关注日常生活的质量改善和提升。

总而言之，在新的历史时期，空间规划与设计需要介入空间产权的界定，才能够促进空间商品的流通，优化空间资源配置。但其中又面临资本积累带来的社会与空间极化和异化的困境。在这样的状况下，（微型）公共空间的生产成为应对这一困境的重要途径和手段之一。如果规划学科试图在新的发展阶段积极介入社会的生产与再生产，就必须从原来增量时期关注物质空间的形态问题转向物质空间与其他更广泛问题的关联。这就将带来学科范型的转变。道格拉斯·诺斯认为构成交易成本的一种是“社会中专业化和劳动分工越多，社会中的知识就越分散，整合这些分散的知识所需投入的资源越多”（诺斯，2008，143）——为了降低空间交易成本，相比对其他类专门知识，空间规划理应成为“整合分散知识”的一种学科，这是空间规划发展的必需路径。

（注：部分内容曾经作为中国建筑学会年会会议论文，本文有较大增删。）

参考文献

[1] 习近平 . 决胜全面建成小康社会　夺取新时代中国特色社会主义伟大胜利——在中国共产党第十九次全国代表大会上的报告 [M]. 北京：人民出版社，2017：11.

[2] Meta BerghauserPont，Per Haupt. Space Matrix[M]. NAI Publishers，2010.

[3] MVRDV. Farmax：Excursions on Density[M]. 010 Publishers，1998 .

[4] Tridib.Banerjee，Anastasia Loukaitou-Sideris. Companion to Urban Design[M]. Routledge，2011.

[5] 亚历山大・R・卡斯伯特 . 新城市设计：建筑学的社会理论？ [J]. 新建筑，2013（06）：4-11.

[6] 阿里・迈达尼普尔 . 辨析城市设计 [J]. 新建筑，2013（06）：16-23.

[7] 童明 . 当代社会变迁中的城市设计 [J]. 新建筑，2013（06）：12-15.

[8] 杨宇振 . 资本空间化过程中的城市设计：一个分析性的框架 [J]. 新建筑，2013（06）：24-29.

[9] 杨宇振 . 产权、空间正义与日常生活：对现代中国城乡规划变迁的探讨 [C]. 中国城市规划学会国外城市规划学术委员会及《国际城市规划》杂志编委会 2012 年年会，2012.

[10] 杨宇振 . 新型城镇化中的空间生产：空间间性、个体实践与资本积累 [J]. 建筑师，2014（04）：40-47.

[11] 道格拉斯・诺斯 . 理解经济的变迁过程 [M]. 北京：中国人民大学出版社，2008.

刘奇志
何浩
程望杰

刘奇志，中国城市规划学会标准化工作委员会副主任委员、学术工作委员会委员、城市设计学术委员会委员，武汉市自然资源和规划局副局长，教授级高级规划师
何浩，武汉市土地利用和城市空间规划研究中心规划设计部部长，高级规划师
程望杰，武汉市土地利用和城市空间规划研究中心规划师，注册城乡规划师

盘活风景区　促力健康游
——武汉东湖风景名胜区规划的实践与思考

多年来，在国家和地方政府的高度重视下，我国风景名胜区（以下简称：风景区）的规划建设取得了有目共睹的进步，但同时也普遍存在着“重保轻用、价值单一、活力有限”等现象，风景区资源的观赏、文化、科学价值发挥不够，尤其是与其所在地区及城市互动融合不够，如何处理好风景区保护与利用的关系，一直是规划编制、管理和实施的难题。

本文以武汉东湖风景区为例，就如何认识风景区的价值，处理好“保护与利用”、“城市与景区”、“控制与引导”的关系，真正做到“以人为本”，发动社会各界力量共同“盘活风景区、促力健康游”进行了探讨，以期能对促进风景区发展及其与城市的和谐共生起到积极作用。

1　对风景区价值的认识

1.1　风景区具有多元综合价值

风景区是一个国家或地区风景名胜资源集中、自然环境优美的区域，我国的风景区与国际上国家公园的概念相对应，但有着鲜明的中国特色，它不仅凝结了大自然亿万年的鬼斧神工，还承载了中华上下五千年的文明积淀，是自然史和文化史的天然博物馆，更是中华民族薪火相传的宝贵财富；其不仅具有生态、美学、科学、历史、文化等基本价值，还充分体现出科教、旅游、度假等利用价值，这种多元的综合价值在保护自然遗产、弘扬民族文化、维护生态安全、改善人居环境、丰富群众生活等方面发挥了重要作用。

以武汉东湖风景区为例，其自然资源丰富，湖泊水面积广大，山脉横亘于南北，

山水相映成趣，湖泊港汊纵横、湖岸线长；且区位条件优越，湖泊位于建成区之中，和城市相映成辉；尤其是人文历史沉淀深厚，秀美的青山镌刻着五千年历史，可以说：东湖的迤逦湖水沉淀着华夏绚丽的文明。正是基于此，东湖风景名胜区总体规划将东湖的性质确定为：以大型自然湖泊为核心，湖光山色为特色，旅游观光、休闲度假、科普教育为主要功能的国家级风景名胜区。这无疑是希望能通过规划建设充分发挥东湖的多元综合价值。

国家对有效保护和合理利用风景名胜资源的综合价值非常重视，为强化对风景区的管理与利用，国务院在 2006 年颁布实施了《风景名胜区条例》，该条例中明确指出："风景名胜区是指具有观赏、文化或者科学价值，人文景观比较集中，环境优美，可供人们游览或者进行科学、文化活动的区域。"且表明"国家对风景名胜区实行科学规划 、统一管理、严格保护、永续利用的原则"。

1.2 风景区存在的普遍性问题

《风景名胜区条例》的颁布与实施，对我国风景区的保护与管理，起到了积极促进作用。但由于许多地方对风景区价值的片面认识，使得风景区规划建设与管理在一定程度上较普遍存在着"重保轻用、重景轻人"，过于强调保护和约束，从而使得风景区存在价值单一、活力有限等不足，尚未能真正发挥风景区的价值。

随着城市的发展，东湖逐渐由武汉的"城郊湖"转变成"城中湖"，一方面促进了武汉山水园林城市的建设步伐，优化了城市的生态状况，但也产生了城市生产、生活对风景名胜区生态环境造成破坏的压力，游赏尺度过大影响了景区的优美度和游客的舒适度，给风景名胜区带来了景观组织压力。近年来，随着国家生态文明制度建设的加强，民众环境保护意识的提高，对风景区自然景观的保护进一步加强，但也出现过于强调保护和约束、使得风景区活力不足的现象。梳理历年东湖规划中的景观资源（图 1），会发现在 2009 年及以前，东湖风景区主要以听涛和磨山两个景区为主，其余景区尚未具备稳定的客源，活力明显不够，游客在东湖风景区停留的时间一般不超过一天，甚至只有一两个小时。2009 年开展《东湖风景名胜区总体规划修编（2009—2020 年）》时，编制单位在公众参与和问卷调查中发现，公众反映的主要问题为观光游览主题单一、参与性不强、交通可达性不强、配套设施的人性化和精细化程度有待加强，提醒规划师风景区活力不足、吸引力有限。

1.3 正确认识风景区的综合价值

正确认识风景区的综合价值是进行规划编制、管理、建设的前提，风景区的价值不仅仅在于其生态自然涵养功能，也应体现在人的活动功能上，即人能参与风景

图 1 历年东湖规划景观资源梳理

资料来源：根据各版东湖风景区规划相关数据绘制

区活动，使风景区“活起来”。2019 年 6 月，国家发布了《关于建立以国家公园为主体的自然保护地体系的指导意见》，提出要建立以国家公园为主体的自然保护地体系，按照保护区域的自然属性、生态价值和管理目标进行梳理调整和归类，其中风景区属于自然保护地的重要组成部分，并明确提出要本着“生态为民、科学利用”的原则，探索自然保护和资源利用的新模式，不断满足人民群众对优美生态环境、优良生态产品、优质生态服务的需要。指导意见中的表述与《风景名胜区条例》中提出的“严格保护、永续利用”方针是一脉相承、互融互通的，这既是国家对风景区规划建设的新要求，也反映出国家层面对风景区综合价值的认可。

东湖湖面广袤，平原丘岗起伏变化，动植物资源丰富，历史文化灿烂悠久，楚文化、三国文化、近现代革命文化、名人文化、宗教文化、科教文化等代表了其不同的侧面，以楚文化最为突出。东湖风景资源评价将资源划分为自然景源和人文景源两大类、八中类，计 97 个景源（表 1），总结其资源特征，充分说明东湖风景区自然景观优美、历史悠久、文化深厚，具有审美、游赏、科研、教育等综合价值。

东湖风景名胜区风景资源类型表 **表 1**

大类	中类	景源名称	景点数量	景物数量
自然景源	天景	先月亭（月色）、烟浪亭（日出）	2	2
	地景	曲堤、落雁岛、浪淘石、湖中堤（亲水平台、鹅嘴）、团毕双峰、封都山	6	2
	水景	小潭湖、汤菱湖、郭郑湖、团湖、庙湖、后湖	6	0
	生景	古树林、鸟岛（栈道观鸟、晚霞）、水杉林、古树名木园	4	2

续表

大类	中类	景源名称	景点数量	景物数量
人文景源	园景	楚人狂欢岛（儿童乐园）、梨园、听涛轩（柳浪渡）、碧水潭、长天楼（落霞水榭）、瀕湖画廊、小梅岭（陶铸楼、多景台）、苍柏园（寓言雕塑园）、楚才园（南国哲思园）、杜鹃园、盆景园、荷花园（水生园）、梅园、竹类园、樱花园、武汉植物园、茶园、紫薇园、梅林（恬逸园、鹰嘴藏林、部队靶场）	19	11
	建筑	行吟阁（水云乡、沧浪亭）、屈原纪念馆、湖光阁、雁归桥、楚城、楚市、楚天台（凤标）、龙舟码头（水上栈道）、翠薇蕴谊园（友谊林）、清河桥、凤凰阁（松鸽坪、烧烤场）、临曦台（太渔桥）、凌霄阁、省博物馆	14	8
	胜景	九女墩（可歌亭）、鲁迅广场、蛮王冢、离骚碑、楚辞轩、祝融观星台、芦洲古渡（索桥览胜）、雁落坪（赵氏花园、鹊桥相会）	8	4
	风物	白马洲、朱碑亭（千帆亭、滑道）、东湖宾馆梅岭一号、化蝶并蒂、鸳鸯合欢、刘备郊天台（摩崖石刻）	6	3
总计		97	65	32

2　风景区规划建设应处理好“三个关系”

风景区规划建设要着重处理好“保护与利用”、“城市与景区”、“控制与引导”三大关系，树立“保用结合”的规划理念，理顺“城景共生”的协调关系，运用好“刚弹相济”的规划手法。

2.1　“保护与利用”：树立“保用结合”的规划理念

风景区建设首先应处理好保护和利用的关系，做到“既见景又见人”。风景区规划建设，既不能“破坏性建设”，给生态环境造成污染和破坏；也不能“过度”保护，造成“活力不足”；而需要权衡处理合理利用与保护约束的关系，让人能全面参与风景区活动，使风景区资源能为人做好服务，真正做到“盘活风景区、促进健康游”。因此，风景区必须转变“过度式经营”和“重保轻用”的发展思路，而应树立“保用结合”的规划理念，充分发挥风景区的综合优势资源，促进旅游休闲方式的创新，最终推动整个风景区持续、健康、快速发展，为自然资源的永续利用打好基础。

近年来，东湖在规划建设中充分认识到良好的自然人文本底和优良的生态环境是改善城市人居环境的重要载体，不仅注意保护东湖风景区丰富的自然生态资源，而且还在保障风景区生态本底的基础上为东湖注入活力。一方面是通过大力实施东湖山、水、林、田、湖、草等自然资源的保护与治理，让生态环境特别是水质恶化的趋势得到有效解决；另一方面则是利用东湖隧道建设契机，减少城市交通对风景区的干扰；关键是优化景点建设，通过建设东湖绿道串联各景区，开展全季候、全天候的活动，全面提升东湖风景区的活动能力，为游人提供“水道、山道、林道、花道、夜道”等不同体验，给市民和游客提供可达、可赏、可游的公共休闲空间，让市民便捷走进大自然、享受大自然，从而促进实现人与自然的和谐共处。

2.2 “城市与景区”：理顺“城景共生”的协调关系

城市与风景区需要建立“城景共生”的协调关系，这就需要加强城市与景区之间的功能、交通、景观等方面联系。具体讲：应从城市整体功能格局着手，合理确定景区功能分区，设置配套设施，协调城市和景区的功能关系；应根据主要客源方向、对外交通需要、风景名胜区联系方便等因素设置出入口及交通换乘设施，充分依托公共交通，尽可能与城市轨道相衔接，强化风景区的可达性；建立城景过渡带和外围协调区，尤其是风景区和城区紧密相连的区域，应充分考虑风景区的自然景观特色，城市的建设不能破坏山水空间格局和尺度感，而应促进实现自然环境和人工环境的和谐统一。

东湖风景区是在民族资本家周苍柏所捐赠的私家花园基础上发展而来的，至 1982 年在国家正式将其审定并公布为第一批国家重点风景名胜区时，风景区总面积约 62 平方公里，水域面积达 33 平方公里，是亚洲最大的城中湖。东湖之美、湖泊之大，使得朱德总司令早在 1954 年，游完东湖后题词：“东湖暂让西湖好，今后定比西湖强”。回顾东湖风景区规划建设的历程，“湖城融合”始终是东湖规划建设的主要脉络，在 1995 年版和 2009 年版两版东湖总规的实施建设过程中，东湖经历了从“联系内部景区”到“联系景区和城区”的规划阶段转变，2016 年实施开通的东湖绿道工程更是强化了这两大“联系”，据统计，东湖绿道开通以来，受到市民与游客的追捧好评，东湖年游客总量由 2014 年的 711 万人猛增至 2018 年的 2049 万人。通过绿道串联景区、完善基础设施、大幅缩减收费景区面积等措施，使得“城湖关系”更加紧密、风景区活力进一步加强（图 2）。

2.3 “控制与引导”：运用“刚弹相济”的规划手法

在市场经济条件下，城市与风景区的发展随着市场的变化具有不确定性，作为面向实施的风景区规划，需要动态思维和弹性管理手段相结合。当前在风景区规划编制和实施过程中，主要存在着规划编制和报批周期长与城市发展速度快，以及规划管理要求的“刚性”与适应市场变化的“弹性”之间的矛盾。要解决这

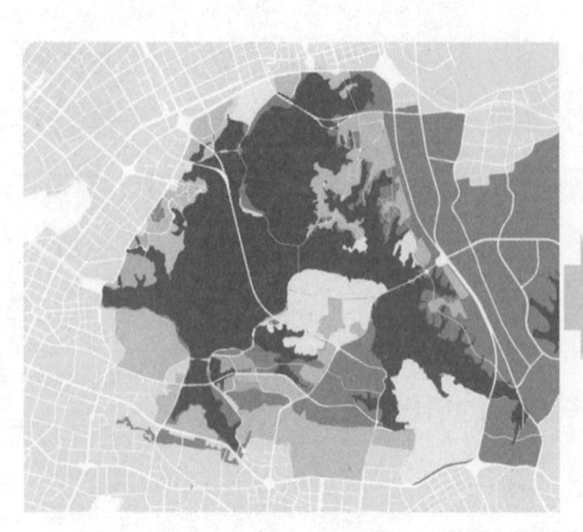

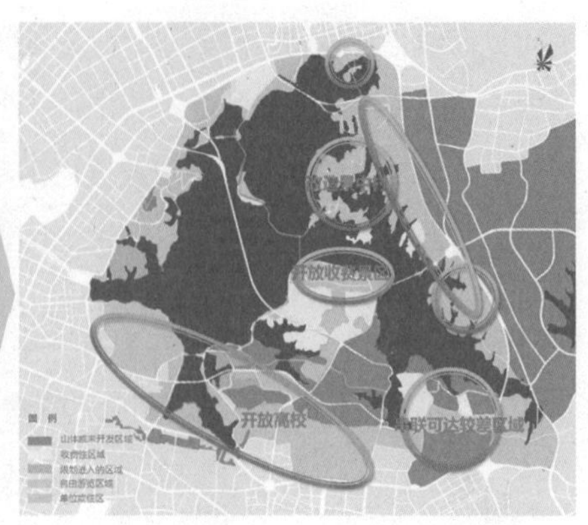

图 2　打破主要景区及单位封闭的格局

资料来源：武汉市土地利用和城市空间规划研究中心，武汉东湖绿道系统暨环东湖路绿道实施规划，2015

些矛盾，就需要能以可实施为出发点，通过实行“分区管控 + 分级管控 + 清单引导”相结合的手段，构建“刚性约束 + 弹性引导”指标体系。具体讲：刚性约束指标主要包括以用途管制为主的属性指标和强度指标，弹性引导指标包括产业发展、形象风貌、文化传承等；而“分区管控”则是将风景区划分为自然景观保护区、风景游览区、风景恢复区、发展控制区等若干区域，并明确规划约束要素；“分级管控”是指根据不同的保护级别划分保护区，并明确管控级别；“清单引导”作为辅助管控手段，主要包括项目名录、建设项目正负面清单等。通过分区域、分级别、分类型制定规划，针对不同管控地域实现分区分类精准施策，并建立与之配套的政策保障措施，使风景区规划既有原则性，能够守住底线，又有一定灵活性，适应市场的变化和规划实施管理的要求，引导项目实施并保障项目落地。

东湖风景区建立了总体规划为龙头、详细规划为支撑的多层次规划体系，先后编制《武汉东湖风景名胜区总体规划（2009—2025）》、《武汉东湖风景名胜区详细规划》、《东湖生态旅游风景区东部地区控制性详细规划》、《武汉东湖绿道系统暨环东湖路绿道实施规划》等规划，在法定规划的管控与引导下，引入各方力量，以东湖绿道、驳岸整治、水环境治理、景中村改造等具体工程项目为切入点，进行公共空间精细化改造，同时制定政策保障机制，建立各级政府部门、建设公司、运营公司等多方参与的公共管理平台，保障公共空间的建设实施和长期维护。

3　风景区规划建设应真正做到“以人为本”

风景区的规划建设是为人服务的，风景区的规划建设就应以人的需求为出发点，方方面面真正做到“以人为本”。风景区应不仅能为游客提供一种与日常生活不同的、绿色健康的生活方式，还应利用风景区的旅游资源，从吃喝行游购娱等物质生活和精神生活层面，引导游客对健康生活的感悟，让游客游览时真正达到身心健康的效果。

3.1　众筹智慧绘蓝图，实现深度公众参与

吸纳市民参与、争取当地社区和支持，是决定风景区规划成败的关键要素之一。当地居民不仅要能够参与风景区的开发和经营，如当地居民参与住宿接待、发展特色交通、旅游购物以及参与反映当地文化特色的旅游项目等，还要在风景区的建设实施决策时考虑当地居民的意见。因此，风景区规划可通过“互联网 + 公众参与”的模式，倡导一种公众参与风景区规划的新方式。通过对接互联网数据，搭建众规平台实现与全体市民线上交流渠道，公众通过投票、留言、主动规划等方式，直观表达自己对风景区的实际构想，通过融入创新信息技术手段，进一步提升风景区规划建设管理水平，也有利于后续系统性的监测和校核。

东湖风景区规划中采取了武汉市“众规武汉”平台（图 3）在网络上征集东湖绿道选线。该在线项目获得了广泛关注和积极评价，至截止日期共收集 265 条规划建言、508 份调查问卷和 1686 个规划方案。规划编制部门通过对收集资料的分析，基于公众规划叠合方案（图 4）进行优化修正，形成了全要素综合后的区域绿道选

图 3　“众规武汉”在线规划平台

资料来源：武汉市自然资源和规划局，众规武汉在线规划平台

线（图5）。该规划是运用“互联网+”思维、实现众策众议的国内首次尝试，通过后台数据的分析，收集公众关于绿道选线、驿站、绿道入口以及停车场设施位置、景观设计、活动策划等全方面的意见，并纳入规划结论，实现了全过程深度公众参与。

3.2 设置绿道串景区，改善城市公共空间

随着休闲度假旅游的兴起，游客旅游需求与旅游观念的日趋成熟，人们的需求已经不再局限于风光观赏，从风光环境到交通组织、从配套设施到安全细节都是游客关注的因素。一条成功的游线是风景区的主旋律，游客在游览时不仅能被当前的景点吸引，还会对下一个景点有所期待，这样才能延长游客的逗留时间。风景区可将绿道网络建设作为切入点，充分挖掘体现自然特色、承载文化内涵的特色核心游线，利用绿道串联沿线公共空间，通过提升旅游设施、优化景观环境、加强交通接驳，显著提升风景区的参与性与体验性，优化提升公共空间品质。

武汉东湖风景区在东湖绿道建设中取得了瞩目的效果，形成120公里的东湖绿道网络体系，游人可以选择步行、自行车、电瓶游览车，或者从湖面乘船进出，享受“慢生活”的节奏，真正实现了“还湖于民”。绿道也逐渐成为国际赛事与民间活动的重要载体，其中环东湖半程马拉松赛、“喜德盛杯”自行车赛、国际龙舟大赛等国际赛事均在东湖绿道举行（图6）。东湖绿道建设还促进了磨山、楚风园等核心收费景区向市民免费开放，推动了沿线景中村改造，极大改善了当地市民生活品质，并联动促进了市内其他区域绿道的积极规划建设。

3.3 升级设施促游赏、保障健康增活力

风景区规划应面向广泛游客群体，设置多样化、智能化的配套设施，构建层级完善、设施完备的配套服务设施体系，满足老年人及残疾人、妇女儿童、学生及文艺青年、骑行爱好者、一般游客等不同游客群体的需求。尤其是应通过归还步行路权与设置自行车道、完善的停车接驳体系、智能便利的绿道驿站系统，无缝对接城市重要区域与亲水空间，营造功能展示和慢行体验的互动空间，鼓励和提倡人们的低碳出行。还可升级设施、建立智能化系统，提供实时监控、报警救助与应急处理等一系列安全措施，健全安全保障手段，实现全区域实时监控（游览安全）、多渠道报警求助、跨终端（指挥大屏、手持终端、广播等）应急联动；同时实现WIFI全覆盖、定位系统、智慧公共自行车系统、停车智能系统、安装自行车流量计数器、扫二维码查询信息等便民功能，提供全方位优质服务和人性化游览体验。

东湖风景区正是通过前期服务设施配置标准的调查与研究（图7），从交通联系、景点布局、行为需求、现状设施分布以及公众调查等五个方面分析，规划提

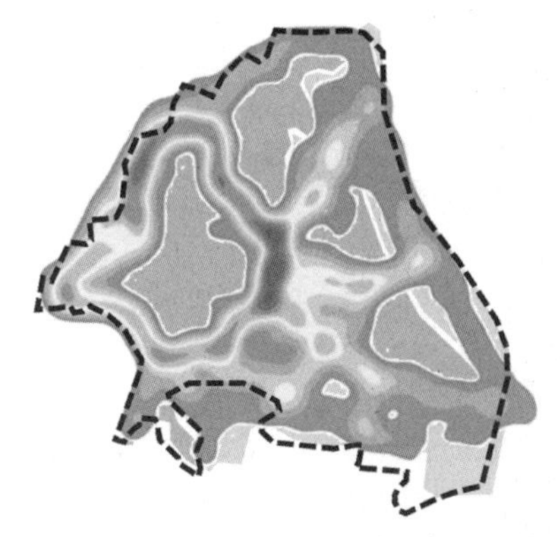

图 4 市民绿道意愿线路叠合图

资料来源：武汉市土地利用和城市空间规划研究中心，武汉东湖绿道系统暨环东湖路绿道实施规划，2015

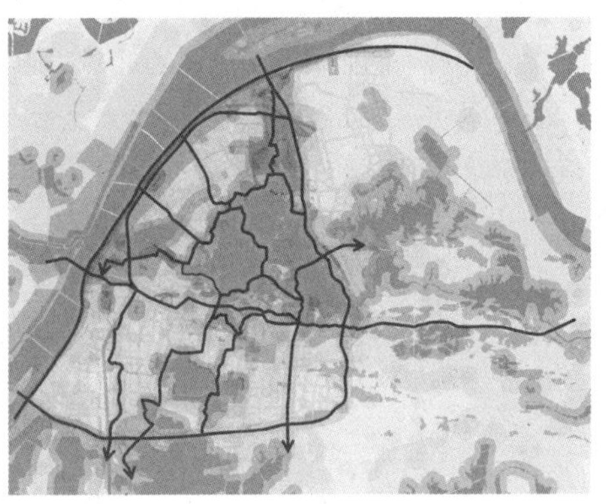

图 5 全要素综合后的区域绿道选线

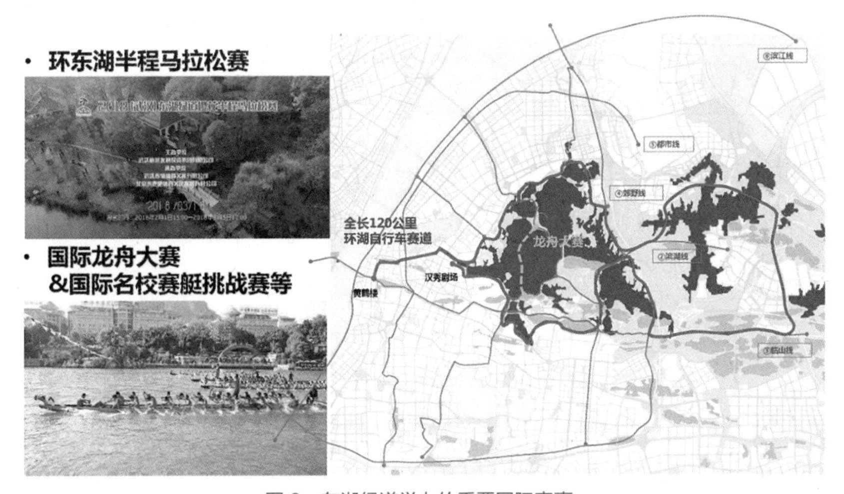

图 6 东湖绿道举办的重要国际赛事

资料来源：笔者自绘

▲ 应设 △ 可设 - 视情况而定

驿站分级			一级驿站	二级驿站	服务点
		推荐间距	5—10千米	1—2千米	0.5千米
		推荐地点	景区入口、交通换乘点、重要景点	交通换乘点、景点	-
		建设规模	至少1000平方米用地	至少50平方米用地	-
配置设施	管理服务设施	游客服务	▲	△	-
		餐饮设施	▲	△	-
		小卖部	▲	△	-
		自动售货机	▲	▲	△
	交通设施	公交站	▲	△	-
		停车场	▲	△	-
		自行车租赁点	▲	▲	△
	科普教育设施	自助图书馆	▲	△	-
		科普解说设施	▲	△	-
	休憩设施	淋浴室	△	△	-
		休息设施	▲	▲	▲
		直饮水	▲	▲	△
	安全保障设施	治安消防点	▲	△	-
		视频监控设施	▲	▲	△
		医疗救护点	▲	△	-
	基础设施	厕所	▲	▲	-
		照明设施	▲	▲	▲
		通信设施	▲	▲	△
		垃圾箱	▲	▲	▲
	标识设施	标示、信息牌	▲	▲	▲

图 7 服务设施配置标准研究

资料来源：武汉市土地利用和城市空间规划研究中心，武汉东湖绿道系统暨环东湖路绿道实施规划，2015

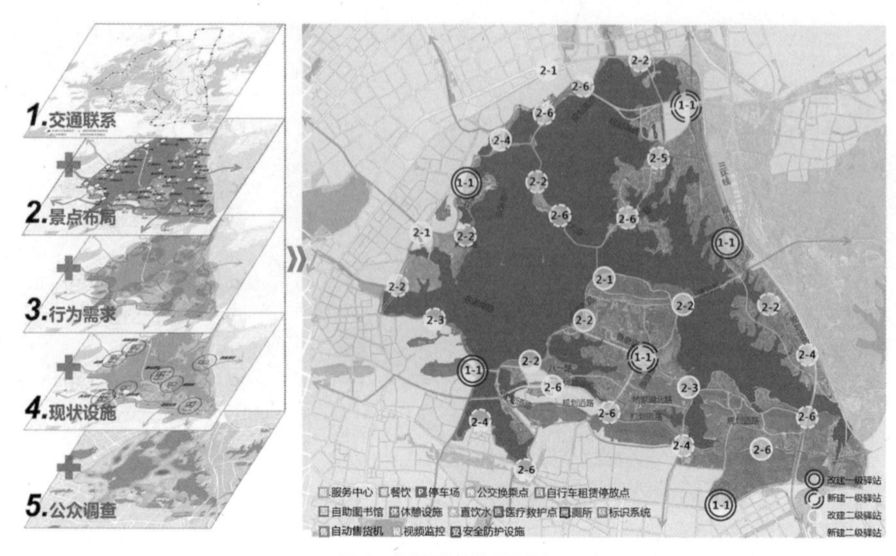

图 8　驿站服务体系规划

资料来源：武汉市土地利用和城市空间规划研究中心，武汉东湖绿道系统暨环东湖路绿道实施规划，2015

出了游览驿站服务体系（图 8），并分类分级设置配套了一系列服务设施和安全保障手段及措施，较全面地满足了东湖游览人群的多样化需求，所以，才使得东湖游客日渐增多，并成为市民日常健康行的首选场所。

4　风景区规划建设需要全社会共同参与

4.1　完善产业链，促进风景区综合功能发挥

风景区的游赏功能与文化康体、休闲娱乐，会务会展、创意设计等产业密切相关，根据不同风景区特点，在保护自然资源的前提下，将游赏功能与不同的产业环节进行融合，构建风景区全产业链条，对促进风景区综合功能的发挥有着积极的作用。通过招商引进、战略合作、场地租赁等方式，打造诸如创意文化村落、运动康疗园、永久会址等项目，以产业发展带动风景区的稳定客源，充分发挥风景区综合功能。

以东湖及周边的会展产业为例，规划提出通过提档升级东湖宾馆，做实东湖外事会议活动圈，定位于全球各国首脑及政府官员政治会议接待服务功能；东湖国际会议中心定位于承接各类大型国际会议及接待服务；并在落雁景区策划东湖论坛，承接国际学术论坛，打造东湖国际大学文化圈，从而能以全球大学生最密集的城市和湖泊为基础，作为承接世界各地大学生文化交流的理想场所，通过完善会议会务相关产业链条，促进湖泊综合功能的发挥，引导市民和游客健康游览风景区。

4.2　依托重大事件，激发东湖活力动能

策划并实施重大赛事与活动，进一步激发风景区的活力。把握“赛事 + 旅游”的新趋势，充分挖掘“粉丝经济”、“球迷经济”、“游客经济”效益，增加游客选择多样性，使游赏观光之旅更加生动丰富。在营造多样化活动场所的同时，植入丰富的活动功能，组织高规格的文化赛事，让市民和游客最大化地共享公共活动空间，从而激发风景区活力及动能。

东湖风景区自 2013 年以来，连续成功举办七届“大美东湖”国际名校赛艇挑战赛，并被国家体育局确定为该项赛事的永久举办地。除此以外，武汉马拉松、“喜德盛杯”自行车赛、武汉水上马拉松等国际赛事均在东湖举行，这些重大赛事活动也进一步激发了东湖风景区的活力。

4.3　创新管理模式，提升风景区管理水平

风景区管理应坚持“科学规划、统一管理、严格保护、永续利用”方针，实现由单一的观光旅游经济向多元产业结构转变、由单纯的景区管理向“城景一体化”管理转变、由景区和景中村独立发展向景村一体化转变。当然在企业参与风景区开发和经营行为中，政府部门要创新管理手段，将环境保护目标作为强制要求纳入规范企业行为准则中，同时对风景区开发企业筹资、税收等方面给予相应政策上的扶持，使得两者形成良好互动。与此同时，还应加强风景区游客管理与引导，开展景区环保教育，通过线路设计、分区规划等手段引导游客合理游览，借助景区的宣传栏、指示牌、指南手册以及解说系统进行环境教育，并建立专项管理制度，对不文明行为进行约束和惩戒。

东湖绿道刚开通时，也曾出现过共享单车乱停乱放的问题，东湖风景区马上针对共享单车企业制定了“红黑榜”管理制度，对骑行不文明行为进行强制性整改，如今乱停乱放的共享单车少了，自觉文明骑行成为了东湖风景区一道靓丽的风景线。

5　结语

风景区规划编制和管理的目标是为在自然资源得到充分有效保护的前提下，合理利用好风景资源，让人民真正享用到自然风景资源。因此，风景区规划、建设及管理者绝不能将保护与利用割裂开来，而应充分考虑各类要素和发展需求，依据资源的重要性、敏感性与适宜性，合理安排、统筹协调、促进发展，从根本上解决保护与利用的矛盾，真正让风景资源永续、有效地为人民所享用。

参考文献

[1] 陈耀华，李斐然．城市型风景区的风景区经济发展模式研究——以武汉东湖风景名胜区为例 [J]. 生态经济，2017（01）：117-123.

[2] 曹玉洁，张汉生．武汉市东湖绿道规划中的公众参与应用研究 [A]. 规划 60 年：成就与挑战——2016 中国城市规划年会论文集（04 城市规划新技术应用）[C]. 北京：中国建筑工业出版社，2016.

[3] 赵智聪，杨锐．中国风景名胜区制度起源研究 [J]. 中国园林，2019（03）：25-30.

[4] 陈舒怡，高嵩，李玲琦．基于大数据融合分析的城市绿道使用后评价——以武汉市东湖绿道一期为例 [A]. 2018 年中国城市交通规划年会 [C]. 2018.

[5] 武汉市土地利用和城市空间规划研究中心．武汉东湖绿道系统暨环东湖路绿道实施规划 [Z]. 2015.

[6] 武汉市规划研究院．大东湖生态水网地区空间布局规划及行动计划 [Z]. 2010.

[7] 湖北省住房和城乡建设厅，武汉市东湖生态旅游风景区管委会，武汉市国土资源和规划局，上海同济城市规划设计研究院，武汉市规划研究院．《东湖风景名胜区总体规划（修编）（2009-2025 年）》[Z]. 2010.

吕传廷
徐增龙
陈旭佳

吕传廷，中国城市规划学会理事、控制性详细规划学术委员会主任委员
徐增龙，广州市城市规划编制研究中心，总体规划研究部主任科员
陈旭佳，经济学博士，广州市社会科学院产业经济与企业管理研究所副所长、研究员

活力规划：财政能力支撑的可持续空间供给

引言

以土地资源为核心的规划空间供给不仅仅是宏观层面的底线划定和原材料产品，在微观层面通过土地开发更是直接的经济贡献者并转化为城市财政能力，当然地成为每个城市活力的高度体现。当以高增长为目标之时，发展速度与规模成为规划的主要目标，土地集约和优良品质环境必然需要较高建造成本和运营成本，城市基础设施和服务设施以土地财政为支撑实现扩张供给，并以城市生产、生活成本大幅提高为代价，这往往和规划既定的自然、社会生态空间供给目标相背离。以高质量发展为目标，进入“补短板，强弱项；调结构，促创新”多目标协调发展新阶段，微观层面的法定规划在财政能力的创造和自然、社会生态空间高质量目标实现之间如何建立支撑平衡关系，是空间规划供给侧结构性改革的核心矛盾，关系到未来城市空间的供给侧改革能否成功，关系到城市活力能否持久，能否长远可持续发展的大局。

1　过去财政政策变化综述

现行的城市财政体制是建立在 1994 年分税制的框架基础之上的，1994 年分税制改革整个的制度设计鼓励地方政府持续做大财政收入，25 年来财政收入一直维持高速增长态势，平均增速远超同期 GDP 的增长率。财政收入支撑地方政府供给基础设施的能力迅速提高，而基础设施的高速投资也是 20 世纪 90 年代以来经济高速增长的主要动力机制[1]。

[1] 汤玉刚．“中国式”分权的一个理论探索——横向与纵向政府间财政互动及其经济后果 [M]. 北京：经济管理出版社，2012.

1.1　地方政府的纵向竞争

竞争关系存在于横向政府间，也存在于纵向层级间[1]。在经济发展上，纵向政府间关系是分权，地方自主决策，分税制改革将税收收入向上集中，降低了地方政府的税收分成比例[2]。在公共服务提供上，纵向政府间关系是委托—代理，新增事权的支出责任逐级下沉，地方政府承担了大量的事权与支出责任，很多项目中上级政府补助标准过低、对地方政府配套资金要求过高，地方产生了财政赤字，要依赖中央转移支付和税收返还，纵向财政收入竞争还催生了土地财政这一创新，作为预算外收入，帮助地方政府迅速地实现原始资本的积累。

现行分税制框架下形成的“财力上收、支出责任下移”财力格局，使得城市财政能力无法应对城市大量的公共产品和服务的供给；另外一方面，分税制框架下的城市财政体制侧重于财政收入的单边激励，而对向城市居民提供满意公共服务的激励不够。可以说，许多城市只追求外表繁荣却忽视城市人民生活质量及环境质量。[3]

1.2　地方政府的横向竞争

财政竞争主要包括税收竞争和支出竞争两方面。税收竞争主要是指地方政府通过税收优惠等相关手段与其他地区争夺经济资源和税收资源的活动。支出竞争则主要是指地方政府加大经济性支出（加大基础设施的支出为度）吸引资本向本地区集聚。另外一方面地方政府也可以通过加大社会性支出，提高本地区的公共服务供给能力，吸引民众到本地区定居。然而，中国地方政府的财政支出竞争主要表现在经济性支出的过度竞争上，而在社会性支出上竞争并不充分，并在一定程度上阻碍了地方政府向服务型政府的转变。

1.2.1　地方政府横向竞争的“晋升锦标赛”将地方政府治理变成了集中于经济增长的竞争[4]，增长被片面地理解为上了多少项目、招商引资了多少、经济增速如何等。在这样的理念指导下，城市政府都会积极引导社会资本甚至将财政资金直接投入到税高利大的产业。招商引资的成效取决于城市的投资环境和政府提供的投资优惠条件，这加剧了地区间为争夺企业投资、扩大税基而展开的竞争。政府支出长期偏向于高投资、低服务，生产性支出多、民生直接相关的科教文卫设

[1] 汤玉刚“中国式”分权的一个理论探索——横向与纵向政府间财政互动用其经济后果 [M]. 北京：经济管理出版社，2012.

[2] 邓永旺 . 王丹丹，王昱博，等 . 秩序与博弈——财税改革下空间价值转换机制研究 [A]// 中国城市规划学会 . 共享与品质　2018 中国城市规划年会论文集 [C]. 北京：中国建筑工业出版社，2018.

[3] 郑瑞先 . 地方政府财政支出偏向研究综述——基于公共服务供给的视角 [J]. 住宅与房地产，2018（33）.

[4] 周黎安 . 中国地方官员的晋升锦标赛模式研究 [J]. 经济研究，2007（07）: 36-50.

施投入不足[1]。对于规划“选择性实施”，对能够在短期内带来经济效益的基础设施优先提供，而带有福利性质的公益项目则会被推迟[2]。在经济发展和城市化的起步期和加速期，这种偏差是合理的，但在成熟期，需要调整地方财政支出结构以使经济发展和民生改善达到均衡。

1.2.2 收入激励型的财政体制推动了粗放型的产业增长。产业的重复性建设和优胜劣汰本应是市场经济运行的自然结果。但当产业规划和投资活动与政府利益紧密捆绑在一起的时候，产业的重复性建设就不是简单的市场主体自由竞争的结果，而是区域政府间为了争夺税基而展开财政竞争和行政干预的结果。“财政竞争”最早起源于蒂博特的“用脚投票”理论，认为居民可通过“用脚投票”的方式来选择税收和公共产品最优组合的地方政府。而地方政府采取降低税负等方式，提供令民众尽可能满意的公共产品和服务，吸引民众到本地区定居，并达到增加税源的目的。蒂博特的“用脚投票”理论为地方政府之间展开财政竞争提供了理论依据。分税制改革以后，我国地方政府之间展开了类似于蒂博特式的竞争，只不过这种竞争更多地体现在对生产性资本的争夺上。

1.2.3 政府间的横向竞争创造了强大的基础设施需求，地方政府争相将有限的公共收入投入生产性基础设施领域，而不是生活服务领域。

这种公共支出结构的偏差造成了居民利益受损与基础设施投资超常发展现象并存，低的社会发展与高的经济增长并存的现象[3]，即生产性基础设施的投入多，针对人的公共服务投入不足，公共服务供给的不足及在不同群体间的不均等配置，这实质上是一个财政问题。

显著改善的基础设施本身就是最容易度量的政绩。基础设施发展过快之后，隐藏着财政风险、金融风险。单位基础设施投入产生的边际土地溢价逐步递减将约束 BOT 预期和土地出让金收入预期[4]。

1.2.4 过度强调筹措财政收入而缺乏提供公共服务激励，阻碍政府职能从经济建设向公共服务转型。在市场经济发展的初期，资本相对于劳动更加稀缺，对 GDP 的崇拜要求吸引更多资本，特别是 FDI，地方政府对资本的争夺导致公共支出倾向于生产性基础设施的提供，用于劳动（居民）的社会性基础设施的支出相应减少。当资本积累达到一定水平，劳动相对于资本更加稀缺，政府偏向劳动的公共支出将增加[5]。

---

[1] 郑瑞先 . 地方政府财政支出偏向研究综述——基于公共服务供给的视角 [J]. 住宅与房地产，2018（33）.

[2] 魏立华，刘玉亭 . 城乡规划的“执行阻滞”与规划督察 [J]. 城市规划，2009（03）：44-49.

[3][4][5] 汤玉刚 .“中国式”分权的一个理论探索——横向与纵向政府间财政互动及其经济后果 [M]. 北京：经济管理出版社，2012.

现行体制框架下的城市财政缺少与辖区居民公共服务需求直接联系的税种。税收收入主要来自于企业而非个人，并且一些重要税种主要集中在生产环节课征，这就必然导致城市政府更加注重工业产能的扩张，这种缺少与居民公共服务需求的收入来源体系，必然就导致城市政府施政的重点是为企业提供服务，而不是为居民提供公共服务。

2 土地财政的得失

中国城市土地制度赋予了地方政府实现土地资产开发和市场化运作的现实条件，而财政制度和政治制度为地方政府主导城市经济发展提供了制度保障和双重激励[1]。可以说政府在土地资源配置和收益分配中的绝对主导地位，维持了三十年来高速的城市化和经济发展。

2.1 土地出让金是地方预算收入的重要组成部分

土地资源只有在市场化的产权交易中才能实现其资产价值，即空间的资本化。1987 年深圳特区率先实行土地使用权有偿出让，1990 年国务院发布《中华人民共和国城镇国有土地使用权出让和转让暂行条例》明确规定获得土地使用权可以通过土地使用权出让、转让和划拨等形式。土地出让金占地方预算收入的比重在 2000 年后迅速提高。1999 年全国土地出让成交价款占地方预算收入比重为 9.19%，2002 年为 28.38%，2007 年为 51.83%[2]。到 2017 年国有土地使用权出让收入 52059 亿元，同比增长 40.7%，为同期地方一般公共预算的 56.9%。到 2018 年土地使用权出让收入 65096 亿元，同比增长 25%，占地方一般公共预算的 66.48%。

采用“城市国有土地使用权出让金收入 / 地方一般公共预算收入”来衡量一个城市对土地财政的依赖程度。从全国和百城平均水平来看，2015—2017 年“土地财政”的依赖度持续攀升。二线城市因处于城市快速扩张期，需求旺盛，市场热度高，“土地财政”依赖度在各线城市中最高。一线城市产业相继转型，城市发展开始以运营存量为主，“土地财政”依赖度处于较低水平。2017 年，百城中 15 个城市土地出让金收入已超过地方一般公共预算收入（图 1、图 2）[3]。

---

❶ 李鹏 . 土地出让收益，公共品供给及对城市增长影响研究 [D]. 杭州：浙江大学，2013.

❷ 汤玉刚 .“中国式”分权的一个理论探索——横向与纵向政府间财政互动及其经济后果 [M]. 北京：经济管理出版社，2012.

❸ “土地出让金 / 一般公共预算收入”比值高达 1.7！看全国哪些城市“土地财政”依赖性高！ [EB/OL]. 中国指数研究院 .

2018 年全国土地使用权出让收入 65096 亿元，同比增长 25%，占地方一般公共预算的 66.48%。仅从 2018 年上半年部分热点城市土地出让金收入看，杭州半年的卖地收入已经相当于 2017 年全年的一般公共预算收入（表 1）。

土地出让金效应扩大了地方可支配财力。土地出让金占地方财政税收的总比重，自 2013 年以来一直维持在 30% 多的均值。目前来说，土地出让金是地方财政收入的主干。如果再加上地方房地产类的五类税收（房产税、城镇土地使用税、契税、耕地占用税、土地增值税），则占到 2017 年地方财政收入的 48%。

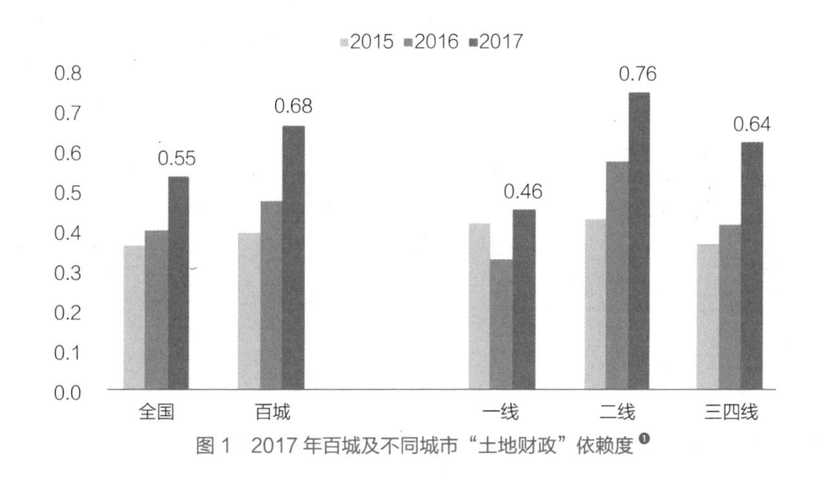

图 1　2017 年百城及不同城市“土地财政”依赖度❶

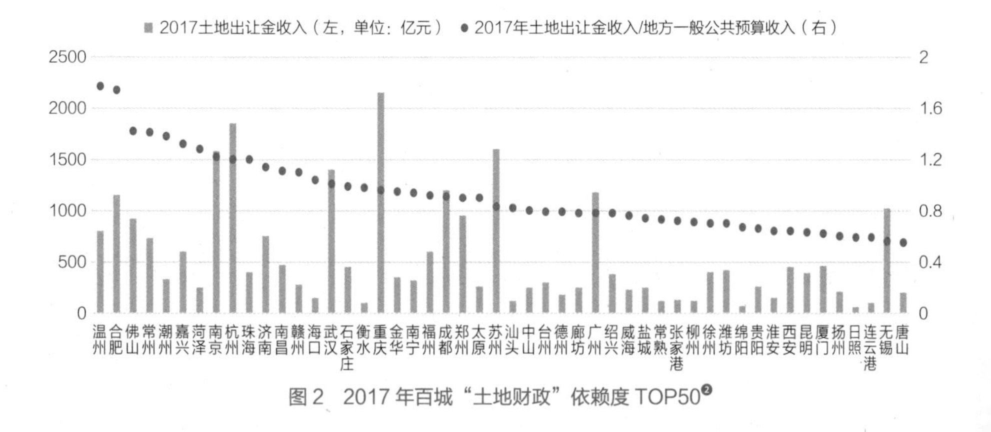

图 2　2017 年百城“土地财政”依赖度 TOP50❷

❶ “土地出让金 / 一般公共预算收入”比值高达 1.7！看全国哪些城市“土地财政”依赖性高！[EB/OL]. 中国指数研究院 .

❷ 中国这些城市，对土地财政最依赖！[N]. 21 世纪经济报道 . [2018-07-14].

2018年上半年部分热点城市土地财政依赖度[1] 表1

城市	土地出让金（亿元）	同比增速	占2017年地方一般公共预算收入比重	占2017年地方一般公共预算收入比重
湖州市	412.99	202.7%	174.0%	127.1%
眉山市	135.14	292.7%	145.1%	59.9%
菏泽市	259.37	156.1%	139.0%	50.9%
阜阳市	198.88	–2.9%	126.7%	38.8%
许昌市	180.2	474.5%	124.0%	63.2%
上饶市	213.14	220.0%	99.6%	38.7%
泸州市	143.45	169.8%	98.3%	38.9%
岳阳市	145.16	1256.6%	95.4%	29.6%
杭州市	1485.37	99.1%	94.8%	96.4%
济南市	626.74	133.6%	92.5%	75.1%
嘉兴市	393.68	19.4%	88.7%	79.6%
佛山市	571.45	34.8%	86.4%	73.6%
保定市	193.56	98.5%	81.2%	31.8%
温州市	367.02	30.1%	78.9%	48.2%
常州市	408.46	67.3%	78.7%	74.0%
赣州市	192.16	16.5%	78.3%	24.7%
福州市	454.44	256.1%	71.7%	48.3%

资料来源：各地统计局、财政局、中原地产，由于2018年上半年各城市财政收支数据不全，故而以2017年全年财政收支数据加以衡量。[2]

2.2 土地出让金支撑了基础设施建设

地方政府通过推动房地产市场发展获得以出让金为主的土地出让收益，然后投入到公共基础设施建设、公共产品供给从而促进地方经济增长和城市增长[3]。土地出让金弥补了预算内公共支出的不足，增加了财政对公共品的投入。在教育、医疗卫生、交通和基础设施的投资有效推动了城区拓展。土地财政快速发展的三十年，也是基础设施供给快速发展的三十年。以高速公路为例，1988年，上海至嘉定高速公路通车，是中国大陆高速公路零的突破。到1999年，全国高速公路里程突破1万公里，到2018年末，高速公路里程达14.26万公里。三十年来，铁路、地铁、通信设施等基础设施也呈现了类似的高速发展。基础设施发展过快之后，

[1][2] 中国这些城市，对土地财政最依赖！[N].21世纪经济报道.[2018-07-14].

[3] 李鹏.土地出让收益，公共品供给及对城市增长影响研究[D].杭州：浙江大学，2013.

隐藏着财政风险、金融风险。单位基础设施投入产生的边际土地溢价逐步递减将约束土地出让金收入预期[1]。

2.3 土地财政依赖加大了发展转型的难度

土地出让金将未来40年、50年、70年的土地租金一次性预支套现，透支了未来城市经济增长潜力，政府原本可以获得在未来存量更新及公共服务改善中的长期持久利益，这部分收益实际归产权所有者获得了，这意味着我们向少数人提前透支了后来的几十年城市化的红利[2]，所以这个机制鼓励市民早买房、多买房，是一种断链式的“末代分房制度”。

土地财政加大了经济结构转型升级的难度。政府通过出让土地获取收入，再将收入投入到经济性建设项目上，拉动土地升值和经济增长。经济增长过度依赖投资需求拉动，消费需求难以成为经济持续增长的内生动力。房地产业成为许多城市的支柱性产业，大量社会资金涌入房地产业，对实体经济的技术研发缺乏热情。

土地财政是一把双刃剑，用得不好就有可能造空城。土地财政之下，城市规划有做大增量、扩张城市的需求。城市领导为了政绩通过造新城来追求表面的大变，导致很多空城的出现。50万人口的城市如果建了100平方公里，就是对生态资源的严重浪费和破坏。[3]

2.4 土地财政强化了规划的经济工具价值困境

城市规划是对资源，特别是土地资源进行最有效分配的一种方法[4]。新的国土空间规划强化了城市规划在资源分配的权威。空间规划划定的重点发展区，无论是新城新区还是城中村，是地方政府进行土地经营的主要空间载体，也是政府获取土地出让收入的主要空间[5]。地方政府通过公共性用地的供给维持老城区的土地价值，通过城市更新获取增值收益；在近郊直接出让经营性用地；在远郊通过出让工业用地发展产业带动人口集聚之后，再出让经营性用地。

---

❶ 汤玉刚．“中国式”分权的一个理论探索——横向与纵向政府间财政互动及其经济后果[M]. 北京：经济管理出版社，2012.

❷ 何艳玲．谁的空间，谁来决定[C]. 中国城市规划学会控制性详细规划学术委员会成立暨学术研讨会．广州，2017.

❸ 仇保兴．要对造空城的党政领导追责．[EB/OL]. 金羊网．

❹ Rateliffe J. An Introduction to Town and Country Planning[M]. London：Oxford University Press，1981：307–410.

❺ 李郇，李凤珍，郭友良．广州市土地财政实现的空间过程研究——基于2005—2010年土地成交数据的GIS分析[J]. 桂林理工大学学报，2016（03）：478–487.

规划与土地供应管理是地方政府影响土地价值最为重要的两项政策工具，增加或者降低了土地期望价值，安排产业与基础设施又能赋予土地增值[1]。通过规划，地方政府能够影响市场和各专项部门的土地需求。通过土地供应管理，地方政府能够落实规划的空间安排。

土地财政引导下，规划的频繁调整更多地考虑土地出让金收入指标和出让经营性用地优先。造成建设用地的实际供应结果和上层次规划确定的目标大量错位。土地出让主要来自于居住用地，所以宅地的商品化最明显，建设用地的供应结构不合理产生供需错位，更多考虑出让收入目标，而较少考虑人口构成、社会平衡、居民收入等目标，也不清楚服务什么人的哪些具体现实需求；规划更多是作为卖地的生产指标而无暇资源承载和环境容量。

3 城市财政能力未来趋势判断

经济增长进入新时代，大规模的减税降费短期内降低了地方政府的一般公共预算收入，对房地产市场的强力管控和存量更新的难度降低了土地出让金的收益水平，以土地或政府信用为抵押的杠杆化融资也被给予限额，三者合力决定了短期内地方政府将过一段“紧日子”。

3.1 政府事权责任不断加重，财政支出迅速增长

当前中国城市事权和支出责任划分运行的最大特征是，市级事权相对固定、支出责任相对稳定，而区（县）级事权和支出责任呈现膨胀和不堪重负的格局。区（县）级政府事权和支出责任呈现膨胀主要由以下几个因素造成：一是民生保障支出不断提高，近年来国家对民生保障支出政策不断加码，区（县）级财政承担的住房保障、困难群体生活保障、养老保障、医疗保障、义务教育保障、社会救济等支出不断增加；二是城市发展支出需求不断增加，包括公共设施和相关基础设施建设规模和要求不断提高，如公共交通、小区整治、道路建设、棚户区改造、环境整治等；三是部分法定支出增长压力，例如义务教育考核机制所要求的法定支出增长要求等；四是（县）级政府招商引资的产业发展载体基础设施建设以及招商和政策平台的打造等；五是由于城市空间扩大导致行政区划调整，使得辖区部分人员工资、社会保障等各项支出的标准和范围扩大等。长期以来，地方财政收入增速高于 GDP 增速；而财政支出刚性增长，增速又高于财政收入增速。

---

[1] 李郇，李凤珍，郭友良 . 广州市土地财政实现的空间过程研究——基于 2005—2010 年土地成交数据的 GIS 分析 [J]. 桂林理工大学学报，2016（03）：478-487.

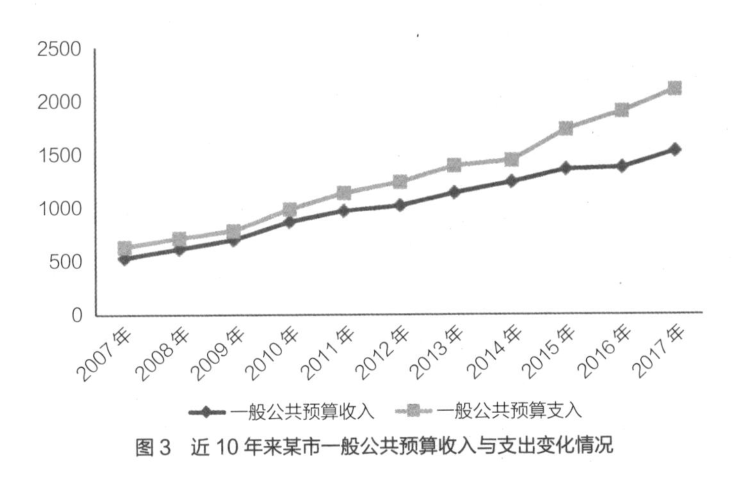

图3　近10年来某市一般公共预算收入与支出变化情况

以某城市为例，从2007至2017年，一般公共预算收入年均增幅11.24%。一般公共预算支出年均增幅达12.87%（图3）。

3.1.1　一般公共预算支出主要用于八项支出

城市化进程中公共支出需求迅速扩大，高质量发展、高品质生活、高水平治理都需要地方财政能力的支撑。城市空间扩大，农村剩余劳动力不断向城市转移导致了城市公共服务需求的迅速扩大。原来撤县设区的居民对融入市区后的城市基础设施、各项公共服务及社会福利的期望将会提高。

财政八项支出是指用于一般公共服务、公共安全、教育、科学技术、社会保障和就业、医疗卫生与计划生育、节能环保、城乡社区等八项民生领域的财政支出，是支撑GDP增速的重要指标。其他脱贫攻坚、乡村振兴、交通水利、住房保障不在此范围内。从某市近五年的预算支出预计执行来看，八项支出占一般公共预算支出的八成左右（表2）。

2018年市一级一般公共预算支出计划中，民生和各项公共事业占78.8%，促进经济发展和产业结构调整占13%，维持政府行政支出占8.2%。但是“政府行政支出”只是一般性党政群团事务。在“民生和各项公共事业”支出各项中，如教育管理、科技管理、文化管理等也应属于政府运行开支。所以目前财政用于民生公服、经济发展、政府运转的比例约为7∶1∶2。在一般公共预算支出中，用于经济发展和产业调整的支出只占一成，大概100多亿。这部分资金通过政府专项基金或者补贴，给到企业。

3.1.2　土地出让（政府性基金）支撑基础设施建设

如果从包括一般预算支出、政府性基金支出等在内的财政总支出来看，基础设施支出占财政总支出比重最大，占财政总支出一半以上，主要为国有土地使用权出让金、城乡社区事务、住房保障、交通运输等支出项目。公共服务支出所占比重次之，占比三成，主要为教育、社会保障与就业、医疗卫生等支出项目。环境保护支出最近三年明显增大，但所占比重仍然偏少（表3）。

八项支出结构表　表 2

	2019 预算数	2018 预计执行数	2017 预计执行数	2016 预计执行数	2015 预计执行数
一般公共服务	226.7	231.1	200	174.5	125.2
公共安全	206.1	223.2	181.3	150.6	144.8
教育	422.7	417	376.2	313	289.4
科学技术	134.9	166.2	172.4	91	88.5
社会保障和就业	229.7	254.3	222.6	190.8	203.4
医疗卫生与计划生育	190	213.3	184.7	167.8	133.9
节能环保	38.4	34	26.5	16.3	20.9
城乡社区	339.7	383.1	369.2	332.6	254.3
八项支出合计	1788.2	1922.2	1732.9	1436.6	1260.4
占一般公共预算支出比例	76.49%	79.33%	82.81%	76.08%	72.93%

2010—2017 年财政支出情况（按政府功能划分）单位：亿元　表 3

类型 / 年份	2010	2011	2012	2013	2014	2015	2016	2017
基础设施支出	756.75	995.45	851.35	1336.23	1585.39	1689.63	1662.10	1976.13
公共服务支出	576.71	652.03	680.79	862.79	845.14	976.39	1071.35	1246.00
环境保护支出	38.48	31.70	35.23	30.26	24.03	41.34	44.56	56.66
其他支出	115.36	126.78	183.07	179.20	199.05	287.87	253.65	223.15

3.2 土地资源紧张，土地财政收入不可持续

地方财政一般预算支出长期以来刚性增长，并超过预算收入的增长率。收支失衡主要是通过土地财政来实现。土地是地方政府最大的资源，土地财政支撑地方政府在“吃饭财政”之外提供发展所需的设施和服务。如果没有充沛、稳定的财力作为坚强后盾，城市政府将无法有效履行公共职能，要么向全体城市居民提供公共服务，但公共服务的数量和质量都将大打折扣，要么就是将一部分人口排除在城市财政的服务范围之外。

1）城市新增建设用地总量限制和对房地产市场的严格调控，使得未来依靠土地融资模式来支持城市基础设施建设变得愈来愈困难。早期，土地出让收入不为财政部门所控制和分配，这部分收入定向用于征地拆迁补偿、土地开发、城乡基础设施建设、保障房等领域，不能用于平衡公共财政预算。在政府性基金纳入财政统一管理后，土地出让金开始更多进入公共服务领域，承担起教育、农田水利建设等投入。

2）一线城市普遍进入一个存量更新主导的阶段，对建设用地总量和开发强度进行“双控”，逐步减少新增建设用地配置比例，并在各自的空间规划中提出了“三旧”改造面积目标。

3.3 地方税与新财政融资体系改革

十八大以来税制改革向两个方向发力，一是具体税种的改革，比如“营改增”，比如个人所得税减免，二是征管体制的改革[1]，比如国税地税合并，比如由税局征收社会保障金。普惠性实质性减税降费推动了小微企业的发展，营改增推动了产业结构的升级、产能出清，但也导致短期内地方政府税收减少，更加依赖中央政府的转移支付和补贴。

3.3.1 建立地方税体系

中央与地方政府之间的共享税构成了城市政府财政收入的主要来源，营业税是城市政府地方税收收入的第一大税种，但从 2016 年 5 月 1 日起，随着“营改增”全面推开，城市政府甚至面临无税可征的尴尬境地。当前地方税收入规模偏小，地方缺乏有影响力的主体税种，地方税体系尚未真正构建。

一些具有特殊调节功能并对充实地方财力具有重要保障作用的税种没有开征，如房地产税、环境保护税等，可以作为城市政府的独立收入。

对房地产保有环节领域开征房产税是发达市场经济体的普遍做法，具有稳定、不可转移的特点，大都将其作为地方税的主体税种。我国目前在房地产领域开征的税种主要集中在土地开发、房屋销售和交易等环节，与发达市场经济体在保有环节征收的，具有真正财产税性质的不动产税有本质差别。

房地产税和土地出让金属于性质不同的经济范畴，税收是公共分配范畴，地租是市场范畴，两者不应相互替代。从香港经验看，房产税的征收与政府是否收取地租无关[2]。

基于对某市财政的测算，只有采用无差别征收制——对全部房产征税，按公告价值或评估价值的 1.5% 统一税率征收，不享受任何减免，方可全部替代土地出让金收入。在我国的现实背景下，即使对居民住房开征房地产税，其设计也很大可能是低税率和较大免征额的结合。在短时期内很难为城市政府贡献足够的税收。房地产税的开征逐步替代现行土地出让金收入，地方财政逐渐摆脱对土地财政的

---

❶ 邓永旺，王丹丹，王昱博，等．秩序与博弈——财税改革下空间价值转换机制研究 [A]// 中国城市规划学会．共享与品质　2018 中国城市规划年会论文集 [C]. 北京：中国建筑工业出版社，2018.

❷ 方建国．中国房地产保有税制改革的目标和路径研究 [J]. 财政研究，2011（08）：9-12.

依赖需要一个较长的时间。

此外，开征环境保护税也是许多国家应对环境恶化的重要举措，可以将外部效应内部化，从而起到限制污染和为环境保护筹集资金的作用。对环境保护税，我国一直在进行研究，具体开征时间尚未明确。正是由于这些税种长期缺位，弱化了税收的调节功能，也直接制约了地方财政保障能力的提高。

3.3.2　地方债将是支撑新增公共基础设施建设的主体。

国铁干线、地铁、污水治理、市政路桥、社会民生等重点项目的建设资金主体在一般预算支出之外，通过四条渠道落实建设资金。一是中央预算内资金；二是在债务限额内新增地方政府债券；三是通过市属国有企业融资，包括发行企业债、中期票据、融资租赁、资产证券化、基础设施投资基金、企业贷款等，政府给予土地综合开发的能力；四是政府和社会资本合作，运用 PPP 模式盘活地方存量资产，回收资金。

城市投融资平台公司为城市政府吸纳商业银行贷款参与基础设施建设提供了重要平台。地方城市政府融资平台公司风险膨胀。为防范金融风险，银监会要求按照“只减不增”的原则，妥善处理存量债务和在建项目后续融资。传统的融资模式过度依赖银行信贷，间接融资占绝对的主导地位，银行贷款占城市基础设施资金来源的比重为 40% 以上，主要是由政府担保的融资平台所贷。上一轮的大规模经济刺激计划放大了信贷投放，加剧了部分行业重复性建设和产能过剩，造成大量企业无法偿还银行贷款，另外一方面，由于城市基础设施建设大多属于公益性项目，投资规模大，短期难以发挥经济效益，因此，商业银行对城市基础设施建设的积极性不高。

4　规划响应——财政能力和居民收入支撑的可持续空间供给（Affordable-City）

城市规划的转型本质上是财政支出结构的转型，从扩张型规划走向治理型规划。城市财政是城市化进程中大量公共产品（服务）供给的重要保障，政府财政大大收缩，这是最考验供给侧结构性改革成功与否的问题。城市规划需要适应财政紧缩这一变化。要营造结构性改革阶段城市可持续发展的创造性活力，必须摒弃追求经济价值最大化和城市规模最大化的惯性依赖，而是降低发展成本，产业上减税降费，用地上降低出让金，自然环境、社会服务上补短板，为创新和多目标平衡发展创造良好的各类生态环境。在新增建设用地总量严格控制和中低速经济发展的背景下，提高资源利用效率，摆脱土地财政依赖，通过规划空间供给的结构性改革，要探索一条充分平衡社会需求结构、低资源消耗，低财政投资，通过创新和全民参与提高增长收益的高质量发展道路。规划要协助建立土地—财政—项目之间平衡的增长管理，建立一个有活力、可持续的城市（Affordable-City）。微观层面的法定规划落实空间规划的城镇开发边界等要求，协调好未来城市规划建设的财政投资、用地规模、项目布局之间的关系。建立立足完善与国土空间总体规划相匹配的财政资金支撑体系。有可持续的财政能力才有可持续的城市活力，规划量力而行，城市行健致远。

4.1 “补短板”：社会规划急需融入微观法定规划

调查人的需求，采用适度的标准，制订结构和发展水平匹配的合理供给预期。

微观层面的法定规划，是国家长远发展利益和各阶层现实利益的交汇点，政府必须建立基本需求调查与市场预测制度；进入高质量发展的阶段，法定规划需要有效供给、精准供给、补上短板，以具体人为核心的精准需求调查才能提供结构性的供给方案，这是一个解决不平衡不充分矛盾的微观社会治理过程。

规划的需求调查对象是人。从管理和治理的角度，该发挥政府作用的时候不能推给市场，该强调市场力量的时候不能设太多行政限制。而这种平衡主要是在控规阶段，面对具体项目的时候体现。利益关系建立在现实基础上。控规是直接面对建设项目的，建设项目所牵扯到的所有利益关系都会在控规中体现出来[1]；利益关系变动有得者也必有失者，规划制定中的空间利益可以随意分配和调整，对实际的得失缺失手段进行调节。调整空间结构、变动土地指标，这就涉及真实利益的转变，但技术人员和行政管理人员不是真正的利益相关者。

为了更好地满足人民群众的美好生活需要，需要进行需求调查，市、区、街镇、居委，逐级回归到需求本源，找到真实的人，真实的需求，年龄结构、性别结构、职业结构、收入结构，为不同人群提供匹配的、有效的、良好的公共服务。控规已不是单纯的空间物质形态的设计，同时也是一种社会形态的设计，配套了财政方案和行政管理制度的体系设计。

建立适应新需求水平和需求结构的分层级、多样化产品供给细分标准。达到精准供给、有效供给。标准很重要的就是成本控制。应考虑不同城市发展阶段和同一城市内区域发展的差异性，先解决有无问题，再解决品质问题。规划和建设标准应匹配小康阶段城市发展的真实经济水平，匹配群众经济能力的真实需求。过于超前和过高的规划供给标准，必然反映不了现实社会经济的真实结构和缺乏

---

[1] 孙施文. 控规改革及其核心议题的思考 [C].2018 中国城市规划学会控制性详细规划学术委员会年会，2018.

政府的建设、运营、维护财政能力，从而延缓和积累社会矛盾的解决，无法达到总体的社会平衡结构。

公共产品对应的是政府财政收入，财政收入决定了公共产品供给的标准。居民收入水平决定了住房、医疗、教育、出行、购物、休闲娱乐的需求标准，形成了多层次的需求结构。对居民收入、政府财政收入的深入研究，差别化对待不同收入阶层的需求，才能确定规划供给产品的标准与政府政策。不能只按千人指标、百分比进行管理。

公共产品规划供给标准是现实的规划预期，来源于各级政府财政能力的支撑。宏观规划的高目标必须由微观层面的现实预期逐步达到，这是不可避免的渐进过程。法定规划供给包括公共产品和私人产品，具体有生态环境产品、公共市政基础设施产品、公共服务设施产品、市场化供给产品等。在总体财政能力有限的前提下要求有节制的政府开支，公共产品供给的标准不能太高、过于超前。解决有无问题后，逐渐提高公共产品供给标准。

4.2 调结构：厘清政府财政能力结构是微观规划的实施基础

我国经济已由高速增长阶段转向高质量发展阶段。在收入基数大、经济发展新旧动能未实现根本转换的情况下，财政收入增长乏力、增速下滑降挡，财政运行呈现“紧平衡”状态；在“经济新常态”和“供给侧”改革背景下，财政收入也将告别高增长时代，中低速增长较大可能成为税收增长的新常态（图 4）。

土地财政不可持续，地方债的管控，财政赤字的扩大，都要求收缩财政支出，这必然导致公共产品供给的减少，进入城市基础设施建设的收缩时期。以新增土地出让和大规模扩张城市轨道交通为背书建立城市新区的模式需要长时间消化其利弊，将考验各级政府的应对能力，最终会逐步淡出发展的轨道。

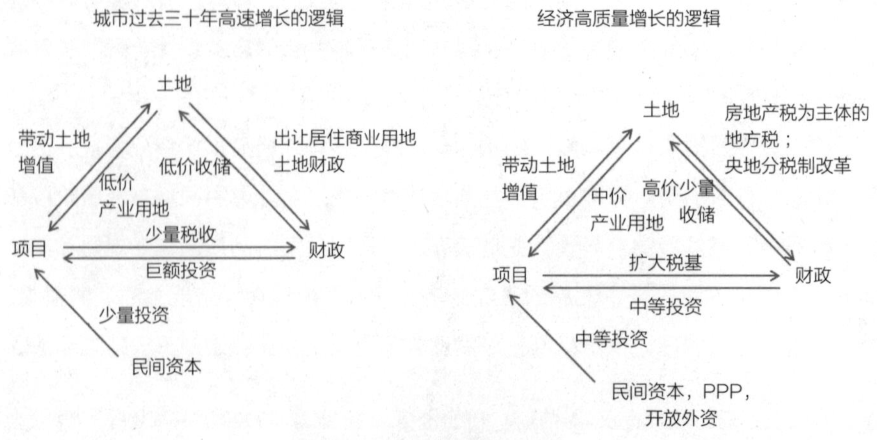

图 4　建立高质量增长的逻辑

土地出让制度和公共产品供给体系是规划的骨架，系统性地总结未来城市规划建设对财政资金的需求，在规划目标和现实预期、财政服务能力之间建立关联。在自然生态底线划定的条件下，特别要对重大基础设施、公共服务设施支撑城市良性建设、运转的财政支撑能力进行严格评估，协调好未来城市规划建设的人口规模、用地功能布局、财政投资项目之间的关系，建立与财政能力相匹配的“增长管理模型”。明确事权，建立事权和支出责任相适应的制度。事权划分的实质是财政支出权力在各级政府间的分配，它是政府间财政关系建设的起点和核心。农民工就业、子女义务教育、医疗卫生、社会保障等方面基本需求的服务供给，这些事权要在城市政府及各层级政府之间进行合理划分。市级可集中民生方面的主要几项事权，包括教育事权、养老事权、民政事权和环境保护事权等，让区（县）级腾出更多的精力和财力投入区内基础设施建设、产业发展环境提升、城市维护和市容环境整治等。

4.3 促创新：市场和全民参与的微空间再造与治理

空间产品结构的错配是规划供给侧改革面对的根本问题。微观法定规划三十年来的诞生与发展，是伴随着土地出让、财政制度捆绑在一起的。资源分配畸形是市场化由稀缺经济异化为金融经济造成的结果，空间供给的经济价值逐渐脱离使用价值占据主导，从而使规划的自然环境保护和社会平衡目标一直难以实现。

法定规划终极蓝图的实现，不是一个纯粹的规划设计技术，它是一个趋近式的经济行动，一个社会协同治理过程。法定规划改革的顶层设计应关注资源的保护，确定底线和规则。底层设计关注微观空间资源的高质量可持续利用，以“生态自然资源 + 创新驱动”作为城市空间底板，形成三生空间协调的城市空间格局，以控规“多规合一”平台实现空间产品高质量供需平衡。

“多规合一”将是一个长期的新常态，资源保护、增长收益、政府治理、社会共享已经成为规划供给侧结构性改革的多目标挑战，微观规划将更加关注通过“行政 + 市场 + 社会”微空间的再造和活化利用提供低成本产业创新、高增长收益的空间发展路径，提供长期支撑城市高质量发展的经济活力。

参考文献

[1] 汤玉刚 ."中国式"分权的一个理论探索——横向与纵向政府间财政互动及其经济后果 [M]. 北京：经济管理出版社，2012.

[2] 邓永旺，王丹丹，王昱博，等 . 秩序与博弈——财税改革下空间价值转换机制研究 [A]// 中国城市规划学会 . 共享与品质　2018 中国城市规划年会论文集 [C]. 北京：中国建筑工业出版社，2018.

[3] 郑瑞先 . 地方政府财政支出偏向研究综述——基于公共服务供给的视角 [J]. 住宅与房地产，2018（33）.

[4] 周黎安 . 中国地方官员的晋升锦标赛模式研究 [J]. 经济研究，2007（7）：36-50.

[5] 魏立华，刘玉亭 . 城乡规划的"执行阻滞"与规划督察 [J]. 城市规划，2009（03）：44-49.

[6] 李鹏 . 土地出让收益，公共品供给及对城市增长影响研究 [D]. 杭州：浙江大学，2013.

[7] "土地出让金 / 一般公共预算收入"比值高达 1.7！看全国哪些城市"土地财政"依赖性高！ [EB/OL]. 中国指数研究院 .

[8] 中国这些城市，对土地财政最依赖！ [N]. 21 世纪经济报道 . [2018-07-14].

[9] 何艳玲 . 谁的空间，谁来决定 [C]. 中国城市规划学会控制性详细规划学术委员会成立暨学术研讨会 . 广州，2017.

[10] 仇保兴：要对造空城的党政领导追责 . [EB/OL]. 金羊网 .

[11] 李郇，李凤珍，郭友良 . 广州市土地财政实现的空间过程研究——基于 2005—2010 年土地成交数据的 GIS 分析 [J]. 桂林理工大学学报，2016（03）：478-487.

[12] Rateliffe J. An Introduction to Town and Country Planning[M]. London：Oxford University Press，1981：307-410.

[13] 张祚 . 公共商品住房分配及空间分布问题理论与实践——以新加坡公共住房和中国经济适用住房为例 [M]. 北京：中国建筑工业出版社，2012.

[14] 中央部委要求各地清理 PPP 项目，严禁违规发债防范债务风险 [N]. 财经杂志 . [2019-06-30].

[15] 方建国 . 中国房地产保有税制改革的目标和路径研究 [J]. 财政研究，2011（08）：9-12.

[16] 2019 年 5 月 27 日，自然资源部介绍《中共中央国务院关于建立国土空间规划体系并监督实施的若干意见》的新闻发布会 .

[17] 景德镇防洪大堤 9 年没建成钱被花在景观上 [EB/OL]. 网易新闻 . [2011-07-19].

[18] 孙施文 . 控规改革及其核心议题的思考 [C]. 2018 中国城市规划学会控制性详细规划学术委员会年会，2018.

[19] 中共中央国务院关于建立国土空间规划体系并监督实施的若干意见 [Z].

王英
郑德高

王英，清华大学建筑学院副教授、城乡规划系副系主任
郑德高，中国城市规划设计研究院 副院长，教授级高工

城市活力与多样性的核心空间要素研究

简・雅各布斯（J. Jacobs）曾经感叹美国纽约所具有的活力与多样性是城市最为珍贵的价值。为此，她主张通过提高城市密度到一定程度来造就城市的多样性，而正是这种多样性创造了纽约多姿多彩的城市生活，赋予了纽约城持久的活力。

与城市活力相关的影响因素可谓不胜穷举。从全球资本、历史文化、生态环境，到居住、就业、行走在其中的每个人以及他们的活动……这些鲜活的要素成就了一个又一个生动的城市。在经历了高速城市化和快速扩张之后，快速的、规模化的、标准化的建设也迫使城市面临千城一面的尴尬，以及大规模的建设开发与低使用率的人类活动之间的悖论。伴随中国经济逐渐向"新常态"转型，城市建设向"以人为本"、"关注品质"的战略转变，城市活力以及城市多样性问题被越来越多的专家学者、城市领导和普通百姓所关注，并进行研究。

城市多样性是个老话题，本文是在广泛且复杂的城市多样性概念中，借鉴已经有的研究基础，提出了城市多样性的概念范畴、空间形态要素以及在空间要素的规划设计要点，通过核心要点的把握能够促进城市的多样性的成长。核心要素主要是城市功能的混合（Mix）、更好的可达性（Accessibility）、合理的密度（Density），以及以人为本的尺度（Scale）等，这些空间要素构成了城市活力与多样性的基础。

1　城市活力与多样性的影响要素

1.1　空间多样性是城市多样性的基础

城市是一个巨大而且复杂的生命体，城市的本质在于其多样性，城市的活力也在于多样性（俞孔坚，2006）。城市多样性是借鉴生物多样性的研究开始的，包

含了城市生活的方方面面，包括经济多样性、社会多样性、文化多样性和空间多样性等内容（李伦亮，2008），但在这些多样性中，空间多样性是基础。有了空间的多样性，会带来经济、社会等方面的多样性，而城市规划设计的关键是把城市空间多样性与经济、社会、环境、文化多样性打通，以空间多样性为基础，带来城市的多样性。

同时，城市的活力与保持城市的多样性是紧密联系在一起的，相辅相成，互相促进，城市活力与多样性是破解千城一面的重要手段（王琬雅，2015）。倡导城市活力与多样性是为了满足众多的城市人群不同需求，多样性就是为满足人民群众对美好需求提供更多的选择。我们传统城市规划以城市开发为主要导向，缺少从人的需求角度来理解城市，造成了城市的大尺度、空旷，形成了以汽车为导向和以鸟瞰模型为导向的城市建设逻辑，也带来了老百姓生活的不方便。在新时代城市的高质量发展与高品质生活需要重新回到人的视角，以活力与多样性为突破口，带来城市的转型与升级。

1.2　空间多样性的“MADS”框架

最早提出城市多样性是美国学者简·雅各布斯（J. Jacobs）于1961年在《美国大城市的死与生》中提出的。出于对城市功能分区的批判，雅各布斯提出城市多样性对于城市活力十分重要，并提出实现城市多样性需要满足四个条件：一是有利于经济发展的功能混合；二是容易行走的短街道；三是不同年代的老建筑；四是能够保障城市生活丰富性的一定的密度。雅各布斯对传统的、以功能分区为导向的城市规划进行了严厉批判，之后有许多的学者跟随雅各布斯的脚步，从以人为本的角度，对城市功能、城市形态、城市尺度等方面进行了研究。

马库斯（Cooper-Marcus）认为的城市的多样性关键是人对城市空间的感知，而建筑物之间的公共开敞空间、城市建筑的整体尺度、建筑立面的多样性，以及通向开放及绿化空间的路径与视觉入口等是空间感知的关键，把握好这些关键性的空间要素就能促进城市的活力与多样性。

以康泽恩学派（Conzen School）为代表的经典城市形态研究，以及其他城市形态学派的研究都认可：建筑及其开放空间、街区、用地单元、街道等基础空间形态要素对城市空间形态的影响是重要的；通过定性判断和借助近年来不断出现的一系列量化分析手段，可以为更精准研究城市空间形态特征与城市活力提供了可能。

以扬·盖尔为代表的城市交往与空间的研究，从人的心理学角度，重点聚焦在城市街道与广场尺度，并以丹麦的哥本哈根为研究与实践的根据地，提出了人性化城市的街道空间与广场空间。

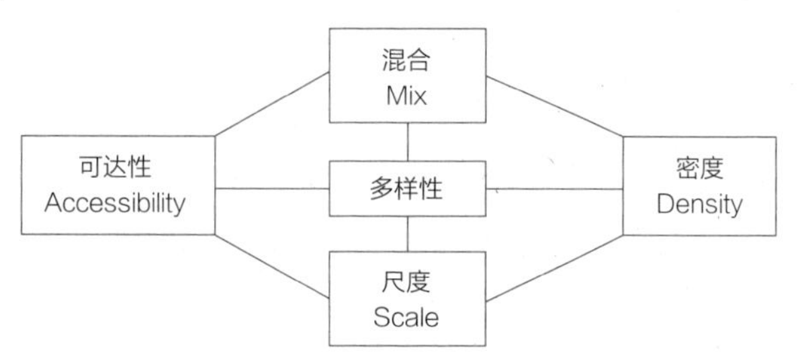

图 1　城市活力与多样性的 MADS 空间要素框架

城市空间是城市活力与多样性的研究基础，在对以功能分区、汽车交通主导、土地开发主导的反思和批判的基础上，城市活力与多样性又开始成为当前城市规划的焦点。中国的城市开发尤其是新区开发在城市品质上是严重缺乏的，虽然许多学者（仇保兴、方可等）对此提出了批评，但见效甚微。笔者认为这其中的关键原因一方面是以土地财政、开发优先为主导的体制机制的原因，另一方面是倡导多样性的规划导则因过于复杂而无法有效发挥作用。本文在总结与反思的基础上，提出了较为简洁明了的城市活力与多样性的 MADS 框架（图 1）：即混合（Mix）、可达性（Accessibility）、密度（Density）以及尺度（Scale），并在此基础上，提出可用于定性与定量评价的二级指标维度与相应的引导方向。

2　混合（Mix）

自 20 世纪 60 年开始，西方对以功能主义为主导的城市规划以及现代主义进行了反思，特别是简·雅各布斯《美国大城市的死与生》出版之后，很多国家的规划设计理念和实践都深深受到影响，其中从功能分区走向功能混合是城市规划的重要共识，通过功能混合逐步实现城市可持续发展和经济的活力。在此之后，欧美的主流城市规划逐步提出了紧凑城市、精明增长，以及新城市主义等发展理念，其核心都是要强调混合（许思扬，陈振光，2012）。混合的理念也逐步从功能混合、形态混合延伸到社会混合等。

2.1　功能的多维度混合

功能混合是各类混合的基础，由功能混合而产生的形态混合、社会人群混合等是支撑城市多元性和城市活力的核心力量。从功能分区到功能混合成为城市规划的重要转向。美国城市土地学会在《混合利用开发：一种新的土地使用》中指出：在一宗用地上，需要通过容纳三种或三种以上的营利性使用功能来实现混合

（鲍其隽，姜耀明，2007）。功能混合既包括可以兼容的土地使用功能的混合，比如居住和服务等；也包括过去不相兼容的土地使用功能的混合，比如居住与工业的混合等（Grant，2002）。欧洲城镇规划师议会（ETCP）提倡在城市中心区通过混合使用带来城市活力。国内深圳、上海等城市对土地的混合使用也进行了许多探索，功能混合使用的优点在于可以促进社区的活力，减少交通出行等（应盛，2009）。

以深圳为例，在《深圳市城市规划标准与准则》中，通过简化分级、优化分类、鼓励土地混合使用等手段提高使用效率和城市活力。其中城市用地分类采用大类和中类两个层次，并在土地用地分类界定基础上，提出每种用地的主导用途和适建用途，以及不同类型和不同级别用地中主导用途的占比。以工业用地为例，M1一类工业用地中，可以混合办公、单身宿舍、小型商业服务设施等，但兼容的功能不超过总建筑规模额的30%。（图2）（陈敦鹏，叶阳，2011），以城市中心和副中心区域内的商业用地为例，其主导用途的建筑面积不宜低于50%，而对于区域商业用地，其主导用途的建筑面积不宜低于70%，主导功能之外可以混合其他可以兼容的功能。

新加坡滨海湾区中央商务区（CBD）建设中很好地运用了土地混合的概念（陈楠，等，2015）。在滨海湾区的功能配置中，首先将功能板块小型化，将4.94平方公里的

<table>
<tr><th colspan="2">用地类别</th><th rowspan="2">原《深标》规定的适建范围</th><th colspan="2" rowspan="2">在满足相关政策与技术要求下，允许和适建范围与量化控制要求</th></tr>
<tr><th>大类</th><th>中类</th></tr>
<tr><td rowspan="6">M
工业
用地</td><td rowspan="2">MI
一类工业
用地</td><td rowspan="2">厂房
库房
附属设施</td><td>配套办公
配套单身宿舍
小型商业服务设施</td><td>不超过总建筑规模30%</td></tr>
<tr><td>社区文化活动设施
小型医疗设施
一般道路交通设施
一般市政环卫设施</td><td>—</td></tr>
<tr><td rowspan="2">M2
二类工业
用场</td><td rowspan="2">厂房
库房
附属设施</td><td>配套办公
配套单身公寓
小型商业服务设施</td><td>不超过总建筑规模30%</td></tr>
<tr><td>一般道路交通设施
一般市政环卫设施</td><td>—</td></tr>
<tr><td rowspan="2">M2
三类工业
用场</td><td rowspan="2">厂房
库房
附属设施</td><td>配套办公
配套单身公寓
小型商业服务设施</td><td>不超过总建筑规模10%</td></tr>
<tr><td>一般道路交通设施
一般市政环卫设施</td><td>—</td></tr>
</table>

图2 深圳工业用地的混合资料
资料来源：陈敦鹏，叶阳，2011

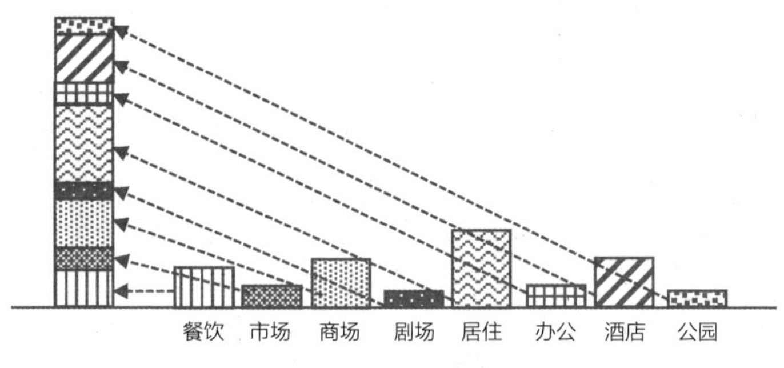

图 3　城市功能竖向混合示意

资料来源：笔者自绘

滨海湾区划分为 14 个亚区；其次，在每个亚区的功能设置分主导功能、次要功能和日常服务功能，并且鼓励相互包容的三种或三种以上功能进行混合。以金沙海湾亚区为例，其主导功能为商业、酒店，次要功能为旅游、文化娱乐，日常服务功能为餐饮。

功能混合在空间上可以是水平混合，也可以是竖向混合，竖向混合在高层建筑日益普遍的情况下也越来越普遍（图 3）。比如很多建筑顶层可能是餐厅，中间可能是公寓、办公、酒店等，底层可能是咖啡厅。一栋建筑的混合使用给规划管理带来很大的挑战，但是这是大势所趋。上海长宁区的临空工业园，是许多制造业总部的办公场所。这些传统的办公楼，根据员工需求，纷纷在底层开设咖啡厅，既对内部员工开放，也对外经营，是一种自发的竖向功能混合。此外，功能混合在时间维度的混合以及如何引导管控也在探索中，比如白天和晚上是两种或更多不同的功能。

2.2　形态混合

空间形态混合指不同建筑尺度、新旧程度、建设强度、用地规模的建筑空间在一定区域内集合。一定程度的形态混合也间接地决定了一定程度的使用成本的混合、支付能力的混合以及人群的混合。也就是说高档写字楼、低租金、边缘化的产业孵化器等会因不同建筑形态和空间而在一个地区内同时存在。

雅各布斯在阐述城市多样性时呼吁保留旧建筑、保留传统建筑。伴随建筑结构的老化和设备效能的下降，建筑质量、使用功能以及风格时尚等会使得建筑本体的价值收缩，进而通过逐渐被更新和替换，实现价值的回归和提升。如果建设单元小，很容易实现逐步更新和替换，也能够在更新过程中保持风格时尚的多样化；建设单元越大，更新替代的难度也就越大，而一次性更新的结果往往是使用成本、建设风格和功能的单一化。因此旧城更新中，避免大拆大建，采用渐进式更新是常常被鼓励的一种方式。

建设单元大小的合理划分一方面影响着所有权的多样性，另一方面为城市建筑形态上的多样性提供了可能。不同建设单元因所有者不同、建设或更新的年代不同、采用的结构体系和建造材料、建设工艺不同，而形成不同的建筑风格和特色，这也为功能混合提供了支撑和保障。当然建设单元的大小会随时间变化而进一步细分，亦或合并，大尺度的建设单元往往是城市活力和城市多样性的威胁之一。

2.3 社会混合

通过功能混合和建筑形态混合而实现的城市地区的多样性并不是目的，提升丰富城市活力、经济活力和社会生活才是城市发展的根本。城市发展需要吸引投资、吸引人才和吸引各种创意，来实现持续发展，保持地方魅力，不断扩大税收基础。而市场追求通常是忽略长期效益而追去短期效益，在追求短期效益的过程中，消费能力和市场需求的趋同化和逐步高端化导致了价格的上涨和针对高端客户的重新定位导向，进而导致低成本功能和人群的迁移，逐步丧失其多样性，沦为服务于单一社会阶层的银行、精品店和小酒馆的集合，这是一种需要防止的“绅士化”现象，理查德·佛罗里达最新的研究表明，绅士化和经济的不平等对经济的长期发展和创新是不利的（理查德·佛罗里达，2019）。

社会混合的原则是避免因财富、种族、性别、年龄或能力不同而造成的社会空间隔离，是城市整合社会阶层及其边缘成员的一种方式。通过规划设计，引导不同的使用功能被安置在不同大小的建筑和城市片区中的过程，也将不同的人群通过居住、就业、游憩、交通等活动联系在了一起。人的活动、经济活动和街道生活的密集混合的多样化地区对投资更具有吸引力。社会人群的单一化无异于以一种自杀性方式消费其价值，而无法实现城市持续发展目标。

3 可达性（Accessibility）

赋予城市空间活力的重要条件之一是人在公共空间中的偶遇。城市空间的社会性与空间是相互匹配的，具有活力的城市空间往往是提供偶遇机会最大化的空间结构，通过提供了不同交通方式的可达性，进而引发人群在公共空间最大机会的偶遇。国内外很多基于空间句法的可达性分析都论证了可达性与城市活力的相关性，高可达性往往易于催生城市活力（Karimi K，2012）。

3.1 街道网络

可达性网络在不同尺度下的差异十分明显。在大都市尺度，高速公共交通网络和高速公路一般占据主导地位；在城市尺度，机动车从高速公路转移到城市主干道和城市路网，是一种汽车主导的交通；在街道尺度，人们的出行方式是混合的，其中自行车和步行等交通工具更有话语权，因此公共空间网络和建筑之间步行路径是街道网络重要的协调要素，过去的城市规划强调了城市的机动车道路系统，忽视了街道空间系统。

3.1.1　街道网络的交叉口密度

街道网络的密度决定了城市街廓的尺度，也是城市活力的关键特征。包括扬·盖尔在内的很多学者认为，如巴塞罗那、伦敦城相似的 100 米左右的街廓有利于形成高活力的城市街道网络和城市街区。更小尺度的街廓和更多转角的街道有利于形成更丰富的步行可达网络。街道网络的密度也可以通过每平方公里交叉口的数量来测量。纽约曼哈顿地区是著名的小街区，密路网模式，每个街区的边长约为 120 米，其交叉口密度为 120 个 / 平方公里。而我国城市的街区边长一般较长，平均大约为 250 米，是比较典型的宽马路、稀路网模式。中国在提出“小街区、密度网”的建设目标后，也提出了合理交叉口数量应该在 100 个 / 平方公里以上（仇保兴，2012）。街道网络的密度影响了公共空间的服务能力、辐射范围、互联性和聚集性。

3.1.2　街道网络的集合度

如何用更加科学的方法来测量一个街道的连通性与可达性，比尔·西里尔（Bill Hillier）和同事们建立的空间句法分析大概是测量并理解都市形态在多个尺度上构建城市内部的运动经济的最复杂的尝试（B. Hillier，1996）。在这里，被测量的最为关键的要素为网络集合度——网络中任意部分在空间上与更大的网络融合的程度。集合度是一种不同于渗透性的属性，因为它根据网络中所有其他链路的拓扑度量来计算网络中每个链路的集合度。集合度可以通过距离，节点的数量或者轴向连接的数量来测量，这比街道网络的交叉口数量显得更加科学，但也有过于复杂化的倾向。

既然集合度的判断总与某一网络相关，那么在划分网络周围的边界便成为关键，特别是在多中心的城市区域里，往往只有在小城镇和传统城市中才有真正意义的网络概念存在。空间句法在针对可达性网络的分析中，在一个城市、一个建筑，或城市的一块飞地等有着相对清晰的围合边界时具有十足的洞察力，然而在一个开放的街区尺度下，它也会有一定误导性。

3.2　步行可达圈

步行可达圈即从任意地点可步行抵达的区域范围，就是这个点的步行可达圈，它可以是一个当地商店、公园或学校的可达圈，也可以是公共厕所、健身器械等设施的可达圈。

步行可达圈的大小取决于人们愿意步行的距离，这受制于地形、气候、文化、季节、日照、设计质量、健康状况和其他交通方式等因素，是比较难有确定答案的问题之一。500 米是最经常使用的步行可达圈距离，比如公共交通站点的步行可达圈，幼儿园、小学的步行可达圈往往以 500 米为基础，并根据实际环境情况做调节。

即便在 500 米步行可达范围内，如何穿越边廓 100 米的甚至更大的街坊，实现街坊外的公共空间与街坊内的私人空间或小集团空间的有效渗透，实现步行可达的更大范围。测量渗透率必须将其理解为一种孔隙形式，即穿透城市毛孔的能力。这是公共空间与私人空间之间、实体与虚空之间的一种关系形式。渗透性也是衡量公共空间网络的一种重要指标，在任何给定地点，这种公共空间网络都会促成一个步行可达的区域，高渗透性创造出更大的来源区区域。

3.3　交通方式的多样选择性

在奥地利某新城，核心的发展理念是可持续发展和多样性，多样性除了强调功能混合，小尺度外，规划特别强调交通方式的混合（图 4）。从新区到地铁站，可以骑自行车，可以步行，可以电动公交，当然你也可以选择直接开小汽车。但是新区的理念是通过提供更方便的非小汽车方式来供你出行选择，而不是简单禁止的方式，同时小区采用建设共同基金的方式来维护共享自行车等。提供多样的工作方式也是社会公平的重要体现，无论你是什么社会阶层，都可以有方便的出行选择。从 A 点到 D 点有多种交通方式，可以增加交通系统的弹性（仇保兴，2012）。

4　密度（Density）

城市中集聚了大量的人、建筑物和活动。密度体现的是城市中人、建筑物和活动在某一空间范围的集中程度。对密度的关注可以追溯到十九世纪英国花园城市运动和德国的早期现代主义。工业革命导致城市急剧膨胀，在有限的城市空间中聚集着大量的劳工、贫民窟、工厂作坊。高密度是混乱、肮脏、拥挤不堪等城市环境的代名词，与疾病、剥削和犯罪联系在一起。分散的城市和低密度成为相对应的解决策略，随后产生花园城市理论以及后续实践。

密度也是一个综合的概念，既有城市人口的居住密度和就业密度，也有针对城市空间，主要可分为物理密度和感知密度，物理密度是指一定地域范围内可测

图 4　奥地利某新城用地功能及交通组织

度的、有关城市物质空间的，包括建筑密度、住宅户密度等相对客观的、定量的空间指标，体现城市空间使用的效率，一定的空间使用密度是一个城市或地区城市活力的基本保证。感知密度是与人的知觉相关的，是人使用城市空间过程中由个体对特定空间中人的数量、可获得的有用空间以及空间组织结构的知觉和判断（Edward Ng，2010），反映的是人使用城市空间的动态效率，因此也影响和作用于城市活力。

4.1　人口居住和就业密度

城市的人口密度是城市规划重点关注的指标，也深深地影响了中国的城市规划，其中 1 万人 / 平方公里是中国城市规划的一个基本标准，但是由于缺乏清晰的对人口密度的认知，很多城市夸大人口规模是为了得到更多的用地，由此导致用地增加了，而实际的人口规模没有增加，从而导致中国的人口密度虽然一直保持在 1 万人 / 平方公里的水平，但近几年来出现了值得警惕的下降趋势（仇保兴，2012），尤其是在城市外围人口密度是非常低的，从而导致新城的“鬼城”现象。

因此，中国属于一个人多地少的国家，还是要强调合适的人口密度，过去只强调人口的居住密度，缺乏对就业密度的认识，合理的居住和就业密度是城市活力的重要保障，过去的研究只是偏重于居住密度的研究，总体来说，笔者提出的指标主要是“居住人口 + 就业人口” / 用地面积，在研究国内外案例的基础上，合理的密度应该是 2 万人 / 平方公里来控制是比较适宜的。

4.2 城市空间密度

对于城市的物理密度，建筑是城市的重要元素之一，其高度和基底占地面积是一个地区环境和形态的重要因素，也是城市物理目的的核心内容，是进行建设管控的重要内容（图 5）。衡量建筑密度最常用的指标是建筑场地覆盖率和建筑面积比率，即容积率（FAR）。建筑覆盖率与容积率，通过建筑高度有一定关联，这几个要素与建筑类型学有关，也与空间感知、与建设成本和投资回报、与城市系统的利润和总负荷等密切相关，是非常直接的管控或引导措施。

P.Haupt 和 M.Berghauser Pont 研究城市混合环境空间，以及如何在高密度条件下优化空间以及在何种程度上满足使用者的要求，并在论著《空间伴侣：城市密度的空间逻辑》（Spacemate：the Spatial Logic of Urban Density）（M.Berghauser Pont，等，2004）中提出“空间伴侣”概念和方法，即通过建立一个集密度、居住环境、建筑类型和城市化程度的复合指标来综合评价空间的使用效率（图 6）。由于密度与很多建筑要素相关，包括建筑容积率、建筑覆盖率、

独立住宅
20—40 单元 / 公顷

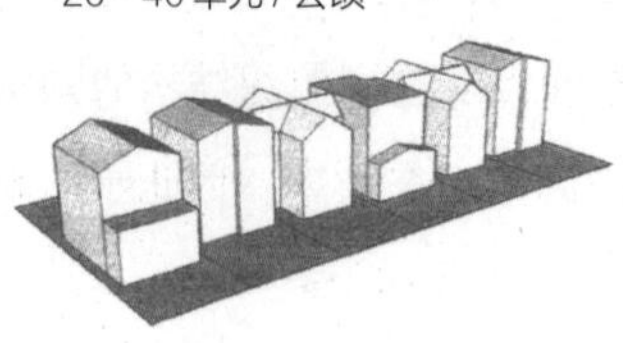

多层连立住宅
50—100 单元 / 公顷

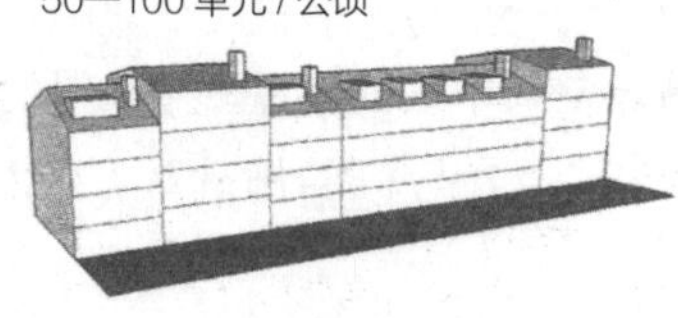

多层公寓街区
120—250 单元 / 公顷

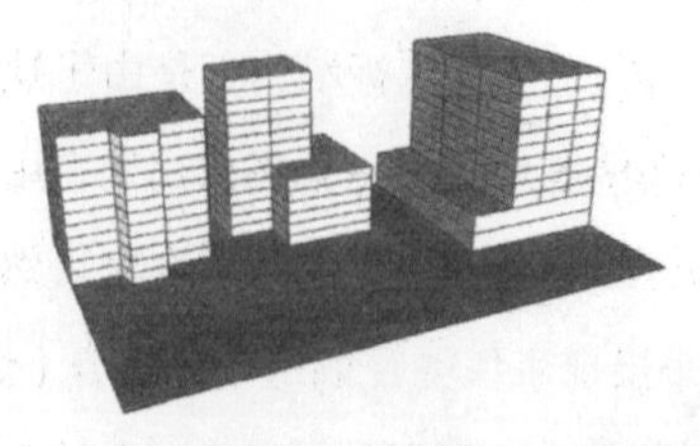

高层公寓街区
1000 单元 / 公顷

图 5 不同城市容积率的空间形态

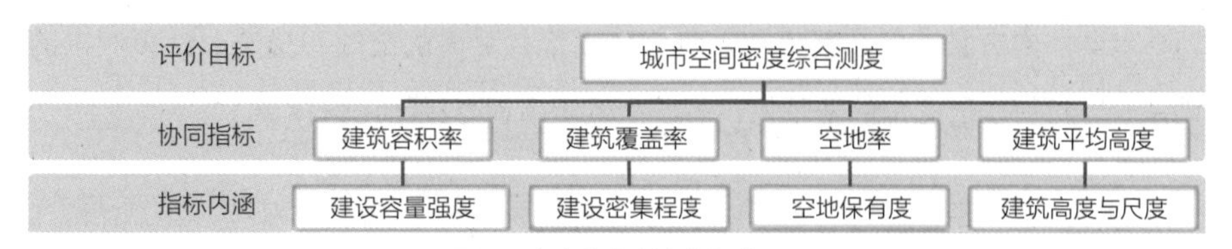

图 6　密度综合测度指标体系

开放空间率和建筑高度等，共同评价城市环境的密度状态。

虽然使用表达建筑密度的单一指标来表述城市空间形态和密度状态，也能得到一定的评价结果，但缺乏空间形态与密度状态的关联。而采用多指标的密度综合评价有利于从整体上有效描述城市空间形态与密度的关系。

通过定量获取的物理空间密度在一定程度上能够体现城市环境特征和空间状态，辅以影响人行为活动的感知，就形成了对环境的密度舒适度判断。心理学家拉皮特（Anatol Rapoport，1975）在讨论环境因素对密度感知影响的重要性时，对建筑高度与街道空间比率关系、空间开放性、使用人群数量、街道标识数量、等因素也进行了考量，认为这些对人的行为、行为的节奏律动、城市活力等都有比较重要的影响。

密度的舒适与否较之密度高低，对评价环境品质更有影响。个体与环境的互动，包括色彩、亮度、采光、室内家具和街道家具等要素都会对空间密度与拥挤的感知有所影响。因此，在综合测度基础上，叠加空间的围合度、空间的复杂性以及空间的活跃度等重要感知评价指标，能更综合的体现密度的舒适与否，也是决定一个地区活动的重要影响因素。

4.3　拥挤文化与交往密度

荷兰建筑师库哈斯曾经在《癫狂的纽约》中用曼哈顿的高度集聚状态来阐述“拥挤文化”。在雅各布斯和库哈斯眼里，拥挤的城市环境造就了城市的丰富性与多样性，纽约城市的生气与活力主要源自于它的“拥挤”。

在“拥挤文化”的概念中，拥挤的不仅仅是高层高密度建筑形态的表达，而且包含丰富多样的建筑造型和公共空间，以及容纳在其中的各种各样的城市活动。拥挤成为最好的“社会聚合器”，它将不同甚至完全相反的生活方式层叠起来，形成一个独特的都市“拥挤文化”。在一个既定的建筑内，这种“拥挤文化”的内容具有不确定性，可以根据需要变化和更新。

人类是喜欢集聚生活，也是喜欢有更多交往空间，因此一定的人口密度和一定的空间密度，实际是满足人的交往密度。现在衡量交往密度的重要指标一般用一定范围的咖啡馆数量来衡量，在硅谷等新经济地区，要求任何一个人的出门

200 米半径内有咖啡馆，因为在咖啡馆可以产生更多的交往和交流。许多城市的繁荣有时也用星巴克指数来替代，即一个城市中拥有星巴克的数量。

5 尺度（Scale）

在谈及混合、可达性和密度时，或多或少地都涉及空间尺度问题：混合利用中的分区、可达性中的步行圈、密度中的建筑高度、视觉通廊等都与城市的空间尺度相关，而城市活力与多样性的追求也离不开对空间尺度的关注。丹麦规划师扬·盖尔在《人性化的城市》中论及，关注城市建设人性化尺度的核心目的是让城市的公共空间既要吸引更多的人（数量），也要让人在公共空间有更多的逗留时间。城市的公共空间主要是街道、广场和公园等，其中街道更多的是人的行走空间，广场更多的是人可以停下来逗留空间，无论是街道空间还是广场空间，从人性化的角度来看，都需要提供高品质的空间。

当前我国新城新区的建设中，主要是大广场和宽马路，主要是机动车行驶角度出发，以及为了便于开发的角度，而不是从人的角度出发建设的空间，行人过马路由于街道过宽而非常不方便，基本上都是要跑着过马路，行人在街道上行走由于街道界面过于冷漠，缺乏一种"邀请进入"的柔性界面而感觉不到温暖，过大的广场缺乏让人停下来的设施而显得空空旷旷，有的只是看似美丽的花草图案。"马路过宽"，"街道过硬"，"广场过大"等是当前城市建设，特别是新区建设比较突出的问题。如何从以人为本的角度，建设人性化的街道空间，柔性化的界面空间，尺度合理的广场空间是当前新区建设应该关注的重点。

5.1 宜人的街道空间

人性化的街道空间的重点是以人步行的角度来衡量城市的空间感知，一般人步行的速度大概为 5 公里 / 小时，人在步行过程中，对空间的感知是不同于坐在汽车中（大概 50 公里 / 小时）的，人性化的街道空间，关键是抓好以下几个要点：

1）建构未来城市"去等级化"的道路系统——Google 在加拿大未来城市的实验中提出了未来出行的"去等级化"的道路模式，未来城市道路等级从当前交通性主干道、生活性主干道、次干道、支路等比较复杂的道路等级模式简化为去等级化的"交通性道路 + 生活性街道"道路模式，并由这两种道路构成城市两种交通系统。其中，生活性街道是目前中国城市，特别是新区建设严重欠缺的，造成了城市新区没办法留得住人的问题，而构建宜人的街道空间和柔性化的街道界面是其中的关键。

2）营造宜人的街道空间——宜人的街道空间关键是要处理好街道的宽度与高度，规划师首先比较熟悉的高宽比，比较推荐的高宽比为 1 : 1，街道宽度一般为 24 米，街道两侧建筑高度也大致相当。24 米宽的城市街道可以包括车行道、人行道和自行车道三部分，其中中间为两车道，人行道两侧各 3.5 米左右，自行车道两侧各 2.5 米左右。24 米是一个有意思的距离。扬·盖尔认为：人在 22—25 米范围内可以准确读取彼此面部表情和情感。城市建筑在 5—6 层是大致高度为 24 米，是人的视线范围内可以观测到上街道对面人行道上人的活动比较合适的高度。这也就是为什么很多舒适的街道都是保持这样一个尺度，即便有高层建筑，也会让高层建筑适度后退，保证临街建筑界面的高度为 24 米左右。在都江堰灾后重建的壹街区，以建设“小街区，密路网”为核心理念，建成的居住型的街道宽度一般为中间两个车道，两侧各有 3—5 米的步行道，高度与宽度的比为大都为 1:1，街道长度 70—160 米之间，是小街坊、人性化尺度的一种典型（余妙，周俭，2012）。

5.2 柔性化的边界空间

城市中面向城市广场街道等公共空间的界面一直是城市设计的重要内容之一，界面的公共性和私密性也备受关注。简·雅各布斯、亚历山大、凯文·林奇等在各自关于城市空间的论著中，都针对界面进行过专门论述。

城市中判断界面的公共属性和私密属性的几个关键要素包括：可进入、通透、建筑后退以及与汽车的关系（Stephen Wood，2015）。可进入是指公众可以进入；通透是指公众视线向私密空间的介入；建筑后退可以判断是否创造了私有空间中公众可以进入的过渡空间；汽车的关系是指汽车是否能进入建筑，以及进入的主要方式。

通过分析可进入、通透、建筑后退、汽车关联等变量，在早先的研究中就已经被提到。然而和其他城市设计的要素相比，界面的类型很少在地图上得到研究和绘制。这主要是因为界面不是一个简单的问题，而是一系列的关系和作用力（Deleuze，等，1987）。界面的类型决定了人们是否能进入，以及是否有视线交流等。城市的街道要吸引人能够稍微驻留，就必须改变现在过硬过于冷漠的街道界面，比较适合的街道界面包括以下几个方面。

1）有更多开门的小店。每隔 20 米就有一个开门的小店是比较适合的，街道有更多门和橱窗是吸引人停下来看一看的重要心理距离，如果一条街道只有一个大店，只有一个门，人走在这条街道上是非常无聊的，因此更多小店，更多的橱窗是一条街有活力重要的标志。

2）底层开放。在许多新城建设中，习惯于独门独院的生活与工作方式，而在国外很多的城市建设中，为了鼓励混合，鼓励街道有活力，要求建筑物的底层是开放的，开放的底层作为一种可进入的空间，可以有咖啡厅、展览、餐饮等功能。现在还有些城市也鼓励顶层开放，这样可以通过顶层阳台来欣赏城市的轮廓线。

3）底层餐饮向人行道的延伸。餐饮空间延伸到人行道是一种典型的灰空间，可以让餐饮的人与人行道上的人有个良好的互动，人最大的兴趣是人看人，人与人的交往，“人是人最大的乐趣”，这种通过栅栏、花篮的围合之后形成的空间形成了一种街道阳台。增加了街道的人气，当然这种街道阳台也需要很好的设计，比如鼓励阳台与室内尽量在一个平台，与步行到有一定的隔离等。

5.3 有温度的广场空间

1）合理的广场尺度，本文重点关注广场的尺度，100 米也是一个重要的模数，100 米能看清人的大致活动，所以很多体育馆、音乐厅均使用了这个模式，感觉比较舒服的广场也使用 100 米这个模式。通常街道的长度也使用 100 米的模数，街坊格网也通常推荐 100—120 米的密路网模式。

2）更多可以坐下来的凳子，广场是最主要让人留下来待一会的地方，不是纯粹看一看的地方，或者有些设计可以考虑凳子的形式，比如花坛的设计，可以考虑让人坐下来，栏杆的设计也可以让人坐下来。坐下来可以简单地问候和交流。

哈佛大学有许多可以自由搬来搬去的凳子，是为了学生们在任何时间，任意组合的坐下来谈点什么，通过任意的交流便于创新和灵感的产生。当然，坐下来还需要有许多小的商店和遮阴设施。

3）更多的口袋公园

按照 Google 等高科技公司的设计理念，员工出去在 200 米范围内有咖啡、运动等各类设施，上海也提出 15 分钟生活圈的概念，基本是步行出去 1000 米范围内有各类设施。这为口袋公园的兴起创造了条件，也是满足人们最日常、最基本的需求，要求在步行 5—15 分钟距离内规划更多的口袋公园，这一点在新区建设中经常缺乏。比较著名的口袋公园是罗伯特・恩泽规划设计的 Paley Park，位于纽约 53 号大街，面积只有 390 平方米（图 7）。口袋公园为繁忙的城市中提供一片休闲的绿洲。上海新近较为知名的城市更新案例上生新所，其目标就是在街区的更新中，实现“建筑可阅读，街道可漫步，城市有温度”，为老百姓提供 24 小时高品质的小型开放空间。

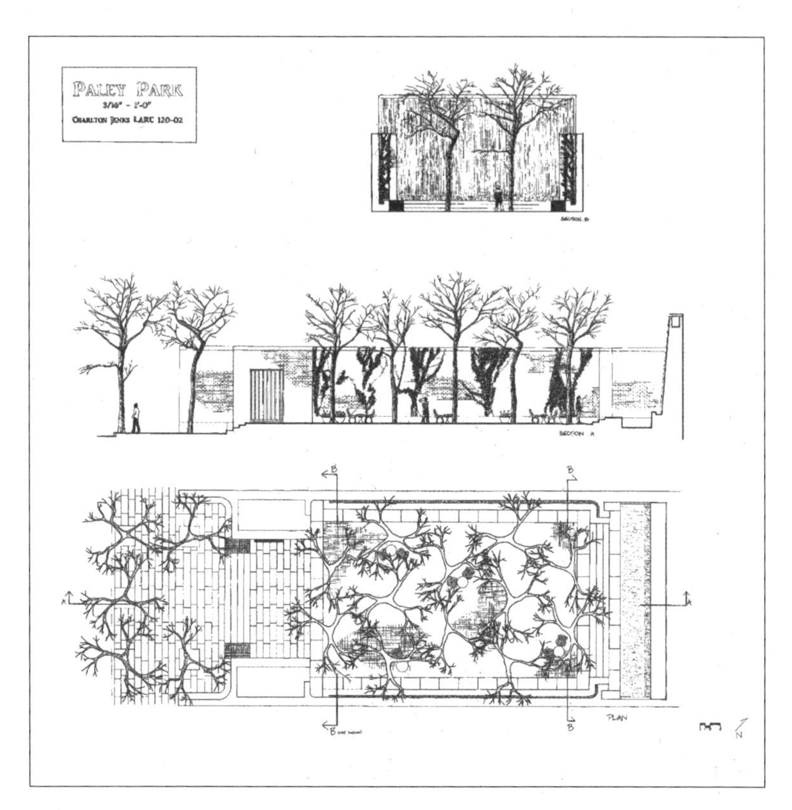

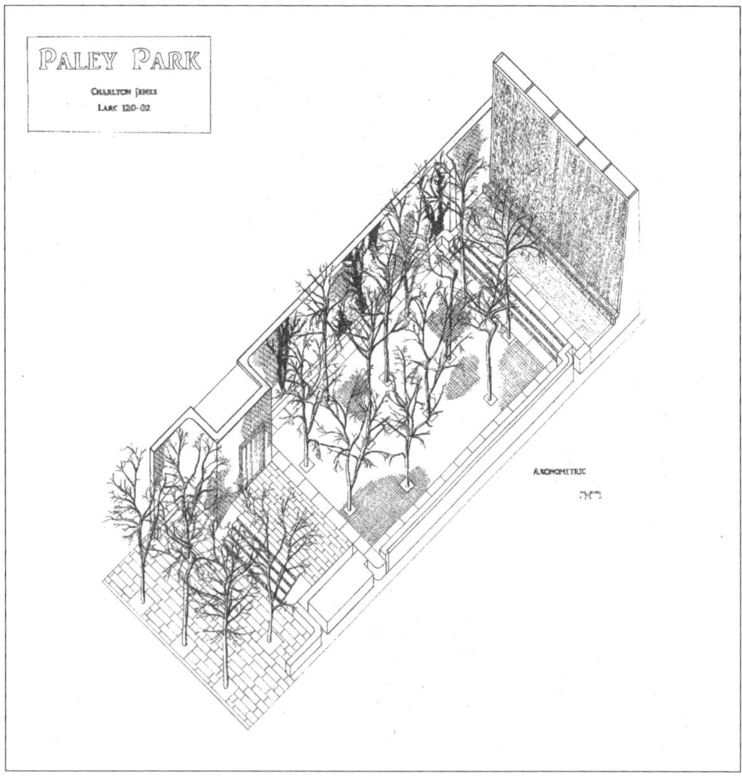

图 7 纽约 Paley Park

资料来源：http：//www.designenaction.gatech.edu

6 小结

空间句法对城市公共空间可达性有很多分析表明，整合的街道网络以及改变方向的街道衔接对人流的吸引力很大，并能够通过人流对零售商业等功能有产生吸引。商业的集聚与人流的相互作用，形成了功能混合、密度、可达性、尺度的级数增长效应。通过理解这些空间形态要素的协同效应，优化城市设计策略，提升规划设计对城市活力及多样性的贡献。

城市的活力与多样性是城市经过快速扩张所带来问题的反思，关于活力与多样性的研究也比较多，但是在实际建设中效果不佳，重要的是学术界的研究把一个简单问题过于复杂之后，难以执行时其重要原因，本文在梳理国内外关于活力与多样性的基础上，提出了一个简单清晰的框架，也是希望能被广大的非专业人员能读懂，提出了城市活力与多样性的 MADS 模型，提出了混合、可达性、密度、与尺度在城市多样性方面的重要抓手与规划要点（表 1）。

城市活力与多样性评价指标 **表 1**

一级维度	二级维度	规划要点
混合（Mix）	功能混合	两种以上用地类型的混合 鼓励水平混合和垂直混合
	形态混合	新老建筑的混合，渐进式更新 在空间形态和使用权上鼓励小尺度单元的建立
	社会混合	避免绅士化 不同收入阶层的混合
可达性（Accessibility）	街道网络	更短的街道 单位空间内有更多的交叉口 更高的街道网络聚合度
	步行可达圈	500 米步行可达圈有更多的设施
	交通方式的多样性	提供公共汽车、自行车、步行等多种的交通方式的选择
密度（Density）	居住与就业密度	每平方公里 2 万人的居住 + 就业密度
	城市空间密度	合理的建筑密度、容积率等指标
	交往密度	提供更多咖啡厅等交往空间，促进人与人的交流
尺度（Scale）	宜人的街道空间	去等级化的道路系统 人性化的街道空间
	柔性化的界面空间	有更多开门的小店 底层开放 底层商店向人行道的延伸
	有温度的广场空间	合理的广场尺度 更多的可以坐下来的凳子 更多的口袋公园

参考文献

[1] Boyko and Cooper 2011；Cheng 2010；Rapoport 1975；Fernandez Per，Mozas and Arpa 2007；Lampugnani，Keller and Buser 2007；Boeijenga and Mensik 2008；Maas，Rijs and Koek 1998.

[2] G. Deleuze，F. Guattari. A Thousand Plateaus[M]. London：Athlone Press，1987.

[3] Edward Ng. Designing High-Density Cities[M]. Eearthscan in the UK and USA，2010：12.

[4] Grant. Mixed Use in Theory and Practice：Canadian Experience with Implementing a Planning Principle. APA Journal，2002，68，No 1：71-84..

[5] B.Hillier. Space is the Machine[M]. Cambridge：Cambridge University Press，1996.

[6] Karimi K. A Configurational Approach to Analytical Urban Design：'Space Syntax' Methodology[J]. Urban Design International，2012，17（04）：297-3.

[7] M.Berghauser Pont，P.Haupt. Spacemate：The Spatial Logic of Urban Density[M]. Delft：Delft University Press，2004.

[8] S. Wood，K.Dovey. Creative Multiplicities：The Morphology of Creative Clustering[J]. Journal of Urban Design，2015（20）：52-74.

[9] 理查德・佛罗里达．新城市危机：不平等与正在消失的中产阶级 [M]. 吴楠，译．北京：中信出版集团，2019.

[10] 鲍其隽，姜耀明．城市中央商务区的混合使用与开发 [J]. 城市问题，2007（09）：52-56.

[11] 常程．浅析简・雅各布斯城市多样性理论 [D]. 上海：上海师范大学，2011.

[12] 陈敦鹏，叶阳．促进土地混合使用的思路与方法研究——以深圳为例 [C]. 2011 中国城市规划年会，2011.

[13] 陈楠，陈可石，方丹青．中心区的混合功能与城市尺度的构建关系——新加坡滨海湾区模式的启示 [J]. 国际城市规划，2017（05）：96-103.

[14] 陈其端．关于城市多样性的思考——解读《美国大城市的死与生》[J]. 美苑，2012（5）：93-96.

[15] 邓巧明，刘宇波．昆・斯蒂摩的“城市多样性地图”方法及其在高密度校园规划设计中的运用 [J]. 世界建筑，2016（08）：108-111.

[16] 方可，俞孔坚．解读《美国大城市的死与生》（下）——高悬在城市上空的明镜——再读《美国大城市的死与生》[J]. 北京规划建设，2006（03）：96-98.

[17] 方可，章岩．简・雅各布斯关于城市多样性的思想及其对旧城更新的启示 [J]. 城市问题，1998（03）：109-111.

[18] 扈万泰，Peter Calthorpe. 重庆悦来生态城模式——低碳城市规划理论与实践探索 [J]. 城市规划学刊，2012（02）：73-81.

[19] 李伦亮．多样性塑造作为一种规划手段 [J]. 华中建筑，2008，26（02）：110-112.

[20] 潘春燕，金剑波，刘洋，等．城市多样性的本质及在城市规划中的应用 [J]. 河南科学，2007，25（05）：858-861.

[21] 仇保兴．紧凑度与多样性——中国城市可持续发展的两大核心要素 [J]. 城市规划，2012，36（10）.

[22] 沈清基，徐溯源．城市多样性与紧凑性：状态表征及关系辨析 [J]. 城市规划，2009（10）：25-34.

[23] 王琬雅．“千城一面”与城市多样性——读《美国大城市的死与生》所思 [J]. 建筑与文化，2015（04）：182-183.

[24] 许思扬，陈振光．混合功能发展概念解读与分类探讨 [J]. 规划师，2012，28（07）：105-109.

[25] 应盛．美英土地混合使用的实践 [J]. 北京规划建设，2009（02）：110-112.

[26] 余妙，周俭．小尺度街坊价值、特征及营造理念——都江堰“壹街区”[A]// 中国城市规划学会．多元与包容——2012 中国城市规划年会论文集（04. 城市设计）[C]. 昆明：云南科技出版社，2012.

冷红
李雨濛

冷红，中国城市规划学会学术工作委员会副主任委员，哈尔滨工业大学建筑学院教授、博士生导师
李雨濛，哈尔滨工业大学建筑学院硕士研究生

城市公共空间活力提升的气候设计途径

1 引言

城市公共空间作为人们日常活动的重要载体，提升其环境质量对于实施新型城镇化战略具有重要的意义。2016 年，“人居三”会议提出《新城市议程》，意味着我国城市建设将走向以公共空间为导向的城市规划 [1]。积极的城市公共空间在城市发展中不仅对居民生活质量起到改善的作用，而且对于城市环境的宜居和健康有重要的贡献。“公共空间和公共生活”的概念认为，充满活力的公共生活是优质公共空间的结果，也是塑造这种品质的重要因素 [2]。

空间的活力来自于交往。Montgomery 认为城市需要能够进行社会互动的空间，而活力是成功的城市区域与其他区域的区别 [3]。事实上，“活力”一词早在 20 世纪 60 年代就被用于城市的绩效评估，林奇在 1964 年的著作《良好的城市形态》中引入了“活力”一词，他提到，如果城市居民发现自己身处一个“有活力”的城市，他们就会认为这个地方能够获得高质量的生活 [4]。因此，城市活力是实现城市生活质量的基本要素。扬・盖尔认为城市公共空间的活力在于空间中的人以及人们的活动，二者的共同作用使得城市和公共空间变得充满活力 [5]。简・雅各布斯认为人是城市活力的主体，活力依托于人群活动的场所而存在 [6]。当前，在城乡规划面临转型的过程中，“以人为本”是城市空间设计的重要理念，一个更安全、更理想、更具吸引力的城市空间，能够为社会活动提供更多选择，从而提高城市的宜居性和健康性。

城市公共空间是居民进行休闲、游憩、健身和聚集等活动的重要场所，满足使用者的日常需求是其最主要的功能，而气候舒适度是影响公共空间使用满意度的重要因素。研究表明，城市公共空间的气候会潜移默化地影响人们的行为和户

外空间的使用情况[7]。扬·盖尔在《人性化的城市》中提出，尽管在良好天气环境下城市中的活动人数没有明显的增加，但单个使用者在城市空间中停留了更长的时间，意味着同样的人数下人们的活动程度增加了，并从活动产生动机的角度将户外活动划分为必要性、自发性和社会性活动三类，其中自发性活动和社会性活动作为空间活力产生的源泉，只有在室外气候环境适宜的情况下才会发生，而当室外气候环境不理想时，人们只会进行必要的活动[8]。

近年来，有关城市气候适应性的研究不断增加，气候在不同层面上会对城市空间的使用产生不同的影响，系统地研究城市公共空间的气候环境特征及其对使用者舒适性的影响，可以为城市空间活力的提升提供新的可能性。但事实上，气候适应性的理论研究很少被纳入城市规划设计中，理论研究与设计实践存在一定程度的脱节。本文聚焦不同尺度气候对城市公共空间活力产生的影响，从空间设计和人的感知两方面概述气候适应性设计在提升城市公共空间活力中起到的作用，以期对我国公共空间的活力建设有所启示。

2 气候与城市公共空间活力的关系

从城市社会学角度来看，城市活力是由经济活力、社会活力和文化活力共同构成的，其中社会活力是城市活力的核心[9]，而城市公共空间的活力是城市社会活力的重要表现。公共空间的活力由人与空间两个方面构成[10]，决定城市公共空间活力的根本因素是空间的使用者在其中开展并参与活动，具体表现为公共空间对人的吸引力以及这种吸引力的持续性[11]。对城市公共空间活力产生影响的因素主要包括自然环境、空间环境和事件环境三方面，其中气候环境是自然环境影响要素的重要组成部分[12]。而空间环境对改变局部自然气候具有重大影响，这种影响既存在于城市建成区内部，也存在于城市之上的大气层和城市建成区的边界之外，不同空间尺度的气候环境会对城市公共空间的活力产生不同的影响。

2.1 宏观尺度气候对公共空间活力的影响

2.1.1 全球气候变化

近年来，全球范围内气候变化的剧烈程度不断增强，其影响范围也前所未有地扩大，甚至对人们日常的生活和活动产生了巨大的影响。宏观尺度气候变化的影响主要包括气温升高、降水变化、海平面上升，以及各种极端天气事件的频繁发生，同时，这些气候问题还会进一步通过日常饮食用水、呼吸空气和天气情况对人们的健康产生影响[13]。

目前，气候问题已有转变为气候危机的趋势，不仅在很大程度上影响城市的活力，而且显著地增加了城市人口在与热有关的健康问题面前的脆弱性，以及随之而来的空气污染和相关健康问题。随高温热浪在欧洲的蔓延，大量的户外活动被迫叫停，人们尽可能避免外出活动，严重影响了居民的健康和城市公共空间的活力。由此可见，健康的气候环境是城市生活的基本保障。尽管当前宏观尺度的气候问题持续时间不长，但从长远来看，气候大环境的恶化会通过对人们的健康产生潜移默化的影响，在很大程度上削弱城市公共空间的活力。美国麻省理工的研究表明，位于“中国北方平原”的北京、天津、河北和山东等地将成为热浪集聚的中心[14]，而提前研究和预防是保证城市公共空间活力最好的应对措施。

2.1.2 地域气候差异

城市公共空间活力的营造应突出地方性，具体表现为对地方气候、地方文化和地方人群的综合考量[15]。我国地域广阔，不同地域自然地理环境差异明显，不同地域的气候环境对其所承载的人群行为模式会产生很大的影响，符合当地居民需求的气候环境能够在很大程度上提高城市公共空间的吸引力。在气候适应设计的背景下，城市气候的空间差异性应当引起重视，每个城市空间的热条件都是独一无二的，如果不了解环境的热条件，可能会在无意中造成气候变化，在一定程度上降低公共空间的活力。

我国建筑气候区划将城市划分为严寒气候区、寒冷气候区、夏热冬冷气候区、夏热冬暖气候区和温和气候区 5 类，在此基础上，我国学者根据不同地域环境下空气温度、湿度和太阳辐射等因素的差异，将城市划分为湿热地区、干热地区、冬冷夏热地区和寒冷地区[16]。地域气候大环境通常难以通过设计手段进行改善，但不可否认的是，地域气候对城市公共空间活力产生的影响往往是最直接和显著的。湿热地区夏季的高温、高湿、高辐射在很大程度上降低了夏季室外公共空间的活力，人们的室外活动在很大程度上受到空气湿度的影响。研究表明，在珠江三角洲地区最不适合进行户外活动的时间为 5—10 月，闷热的天气导致适合在户外公共空间进行活动的时间不超过 20%[17]。干热地区的夏季气候条件最为严峻，燥热、沙暴以及昼夜温差极大程度地限制了人们在白天的户外活动[18]，以新疆地区为例，为避免夏季的强辐射，傍晚至半夜是人们主要的户外活动时间，导致城市公共空间的使用情况出现明显的时段差异，呈现出公共空间的日间活力偏低。而在寒冷地区，公共空间的活力在很大程度上受到低温、冰雪、冷风等不良气候因素影响，哈尔滨大部分的公园会在冬季 10 月至次年 4 月处于半闭园的状态，各种活动设施均不开放，仅有兆麟公园等少数公园会在冬季 1 月初至 2 月末开展临时的冰雪文化活动，城市公共空间在冬季普遍处于萧条的低活力状态。

2.2 局部尺度（城市尺度）气候对公共空间活力的影响

局部尺度气候是研究城市气候的基本尺度，也是影响城市公共空间的主要外界气候环境。人作为城市公共空间的活动主体，所处的气候环境对人们是否会选择在室外活动有重要的影响。尽管城市仅占地球表面的 1% 左右，但城市热环境的变化对人体热舒适和热应力会产生明显的影响，这种影响在高密度的城市中表现得尤为明显，会对人们的行为和城市公共空间的使用情况产生消极的影响。

城市热岛效应是城市尺度气候的主要问题，而其对于不同的地域环境所起的作用是不同的。目前的研究表明，城市热岛效应已造成我国大部分城市冬季寒冷期缩短和夏季炎热期增强[19]。对于寒地城市来说，热岛效应是具有一定积极意义的，较高的温度可以延长户外活动的时间，在一定程度上有利于提高城市活力，并带动城市经济的发展[20]；但对于非寒地城市，室外城市空间的热暴露会引起强烈的热不适，反而限制了城市居民的活动和行为。因此，有必要通过对室外城市公共空间进行详细的气候适应设计，应对城市化进程中的具体气候问题，并为城市居民提供舒适的室外活动环境。研究表明，通过局部气候设计，可将城市空气温度降低 0.8℃左右[21]，从而在很大程度上降低城市尺度下气候环境对城市居民日常活动和身心健康的不利影响。

2.3 微观尺度气候对公共空间活力的影响

高质量的城市空间有利于现代社会的公共生活和居民的身心健康[22]，而微气候是公共空间品质的重要构成要素，也是影响人们户外活动的主要环境因素[23]。微观气候尺度是人们主观和多感官体验的尺度，人们对微气候的反应可能是无意识的，但其结果往往导致在不同的气候条件下人们在公共空间的不同活动方式。在中性和温暖的热环境中，人们有更多样的活动选择，从而可以为公共空间的活力做出更多的贡献。

微观尺度的气候环境受城市尺度气候的作用，同时也会对城市尺度的气候产生影响。在微观尺度上，个体建筑、植被景观、街道环境、公共空间自身的尺度共同决定了微观层面的气候环境。城市公共空间的多样性和复杂性，以及人们在面对不同微气候环境下产生的特殊行为模式，使得在城市规划中越来越需要充分理解公共空间的微气候和热舒适性。2014 年，西班牙和葡萄牙合作编写了《生物气候设计手册：规划法规制定指南》，提供了指导城市规划师在规划公共空间建设时考虑生物气候和环境标准的工具，旨在通过生物气候技术在城市设计中的应用提高公共空间的气候舒适性和环境生态性[24]。

公共空间的热环境对空间活力的影响最为明显，户外活动的模式和频率与公共空间的温度和太阳辐射密切相关。当室外温度达到极端不舒适的时候，户外活动将仅限于步行上班或回家、参加计划好的活动等必要性活动[5]，这时就需要通过微气候调节营造相对舒适的热环境。热平衡理论表明，尽管人们在接触不同环境时有着相同的热平衡，但他们的感知和偏好却是不同的，热舒适是个人偏好与特定地域环境下的城市环境和室外微气候相互作用的结果。符合使用者热舒适需求的公共空间能够增加人们户外活动的频率[25]。在炎热的夏天，人们暴露在户外阳光下可能会感到热不适，这取决于空气温度、周围地区的表面温度、风速和湿度等因素的共同作用，这种不适会在很大程度上降低人们使用城市公共空间的欲望。

3　公共空间活力营造的气候适应原则

从不同尺度气候环境对公共空间活力的影响可以看出，宏观尺度和城市尺度的气候环境更多地受地域环境的限制，公共空间活力的营造应以气候防护为主，而微观的气候环境对公共空间的活力影响主要受特定空间环境的影响，需要因地制宜地采用城市设计手段实现气候调节。

3.1　地域性宏观气候防护

在极端天气频发的社会发展背景下，具备气候适应性的城市生态区域设计理念的出现有助于城市的健康发展和活力提升。从 20 世纪 80 年代开始，在世界范围内掀起了结合气候优化进行城市规划专项研究的浪潮[26]。以斯图加特为代表的各大城市通过编制气候规划建议图应对工业城市空气污染的问题。日本作为高密度国家的代表，通过城市气候地图对城市的热环境和风环境进行研究和分析，以降低热岛效应、改善城市通风为目标，来提升城市公共空间的环境质量。为应对气候变化问题，2013 年鹿特丹市政府制定了《鹿特丹气候变化适应战略》，提出为市民创造一个“有气候防护力”的城市。通过将气候适应策略与城市的公共空间相结合，为城市经济的发展、改善邻近地区的生活环境、增加生物多样性，以及鼓励居民积极参与气候防护活动提供了大量的机会和空间[27]。我国《国家适应气候变化战略》的提出，意味着从国家战略层面应对不同区域气候变化的影响已经成为城市发展的重要关注点，而在城市公共空间活力提升的角度也应充分考虑气候变化和气候设计。

从对城市公共空间活力的影响程度上来看，改善城市尺度的气候环境对提升城市活力的贡献最为显著，而城市设计的“气候模式语言”是实现地域性气候防护的有效手段[28]。不同气候区域面临的气候问题不同，在进行城市公共空间功能

我国气候区域划分及气候防护侧重　　表 1

气候区划	地域范围	气候特征	气候调节任务
寒冷地区	东北地区、内蒙古、西北部分地区	冬季寒冷且持续时间长，夏季短暂且凉爽，不同季节温差较大	冬季气候防护，过渡季节通过气候调节延长户外舒适天数
冬冷夏热地区	华中地区	夏季酷热、冬季湿冷	缓解夏季城市热岛效应，平衡冬夏不同的热舒适需求
湿热地区	华南地区	长夏无冬、高温高湿高辐射，且全年温差较小，易受暴雨台风侵袭	遮阳隔热和通风散热，同时加强对自然灾害的防护
干热气候区	西南地区	高温干旱、高辐射、昼夜温差大，易受沙尘侵袭	夏季气候防护，充分利用自然环境的“冷源”缓解气候问题

布局时，应根据地域特色应对气候环境问题（表 1）。目前，有关气候设计的规划已经在一些城市中展开。武汉针对冬冷夏热地区的地域气候特点，提出了应对城市热岛效应的风道规划管理研究及设计控制导引。《北京中心城区气象环境评估研究》将北京中心城区划分为城市气候保护区、城市气候改善区、建议采取修补行动区、必须采取修补行动区四大区域，并针对性地提出了气候设计策略[29]。

3.2　针对性微观气候调节

公共空间的气候设计是一种精细化的城市设计形式，旨在通过关注微观尺度上的物理属性来提升城市空间质量。在微观层面，可以通过对微气候热舒适的评估，将公共空间按照微气候特点划分为不同区域，并依据热舒适分区对公共空间进行功能布局，实现对公共空间内的人群活动进行科学合理的引导。

不同空间环境要素对微气候舒适度的影响是不同的，气温、湿度、风速、太阳辐射四个环境参数以及服装、活动水平两个个人参数的差异决定了不同公共空间应采取不同的微气候适应性策略。明确不同微气候参数对公共空间热舒适的影响方式，有助于针对性地提高公共空间的气候适应性，从而激活公共空间的潜在活力。与温度和湿度相比，风速和太阳辐射具有较强的可调节性，而只有当微气候干预足够大时才会对温度和湿度产生相对明显的影响，而通过小规模的设计干预就可以在很大程度上改变风环境和太阳辐射，从而对人体的热舒适产生实质性的影响。因此，改善热环境和风环境是调节公共空间热舒适的主要手段，美国明尼阿波利斯在《城市可持续发展规划》中提出通过重视风和阳光的形式，使公共空间可以支持全年的活动。在公共空间的规划设计中，辐射主要受城市结构、植被、材料和颜色的影响。城市结构、表面材料和景观环境都是影响城市微气候的因素，整合空间布局对微气候环境的影响，有助于制定城市设计策略，解决与城市形态和微气候相关的问题。加拿大多伦多滨水区的公共空间长期受到湖水冻融和大风的影响，最终通过改变建筑空间布局等微气候调节措施将舒适的户外活动时间延长了 6 个星期[30]。

4 公共空间活力提升的气候设计策略

目前，我国的城市设计很少将户外环境及气候相关问题考虑在内，在城市公共空间的规划中，将气候适应战略缩小为具体的城市规划设计准则和建议，有助于将气候适应性设计融入城市公共空间的可持续发展。公共空间活力提升的气候设计途径主要包括两方面，一方面是通过空间设计为公共空间提供舒适的气候环境，通过物质层面的设计提高公共空间的活力；另一方面是在特定的气候环境下，通过心理层面的设计改善人们在公共空间的体验感。

4.1 空间设计

城市公共空间的空间配置能够通过营造适宜的气候环境来提高人们的舒适感，从而促进户外活动的发生，提高公共空间的活力和利用率。应尽可能在日照时间充足、风速较低的区域布置休憩活动区域，延长人群的停留时间；而在气候条件较差的区域，布置景观绿化，削弱气候的不利影响，从而针对性地提高公共空间的活力。了解空间环境要素对微气候的影响，有助于制定城市设计策略，解决与城市形态和微气候相关的问题。目前，常见的气候环境影响因素主要包括天穹可见度、建筑高度、绿色空间面积、水域开放空间、地表粗糙度等，主要可以概括为空间尺度、景观环境、表皮材质和空间设施四方面。

4.1.1 空间尺度

空间尺度决定了公共空间与天空之间的辐射热交换，会影响场地中的太阳辐射和阴影情况，对公共空间热环境的影响最显著[31]，其主要影响因子包括高宽比（*D*/*H*）和天穹可见度（*SVF*）。天穹可见度与城市热岛效应直接相关，强烈影响着城市环境温度的变化。一般而言，当公共空间的 *SVF* 较低时，会增加局部的冷岛效应，即白天的温度通常比周围环境的温度更低，而夜间的温度高于周围环境温度[32]。在寒冷地区，应适当增大天穹可见度，而在干热地区，通过减小天穹可见度积极创造城市中的阴影空间，有助于提高公共空间的使用率。

4.1.2 景观环境

自然环境是影响城市公共空间景观活力和城市气候环境的重要因素之一，植被结构、绿化面积、水体分布等景观布局方式可以通过调节空间的温度、湿度和风速，提升公共空间活力。在考虑城市的长期气候适应性时，充分利用城市内部的滨水空间和公共绿地等“冷源”是缓解公共空间热应力的一种有效方法。Mathey 等人提出，“在城市区域级别及以下，必须注意确保植被结构的最佳形状和单个绿地的功能维护，以确保生态系统充分发挥作用[33]”。不同景观结构对人们的热舒适感受也会产生明显差异，在一定的空间范围内，分散的小型绿地对周围热环境的影响优于集中的大型绿地，复合的绿化模式对空间微气候环境的调节效果更好，而单一绿化模式的调节作用相对较弱。植被表面覆盖物不仅能够降低热反射，而且通过蒸发蒸腾作用促进空气冷却，同时，植被可以对风环境起到良好的引导和防护作用。在湿热地区，通过植被的形态布局可以促进公共空间的遮阳隔热和通风散热，有助于提高夏季公共空间的活力。

4.1.3 表皮材质

城市环境的表皮材料在改变公共空间局部气候和热舒适条件方面同样发挥着重要作用。表面温度通过辐射交换影响热平衡和舒适度。铺装材料的粗糙度和吸热率对空间热舒适也会产生一定程度的影响，通常情况下，吸热率高的材质表面温度会明显高于环境温度，导致局部环境的升温效应；而高反射率的表面可以防止表面过热，从而降低公共空间近地面活动空间的温度。

4.1.4 空间设施

改善城市公共空间的空间配置能够通过营造舒适的微气候提高热舒适，从而促进户外活动的发生，进而提高公共空间的活力和利用率。将休憩设施与植被或廊架结合布置，能够在夏季起到良好的遮阴效果，而适当加高的椅背或围合的植物，能够起到挡风的作用，形成半封闭的舒适的休憩环境。在寒冷地区，季节与温度的变化是影响人们户外活动的关键要素，冬季的低温限制了人们出行和户外活动的舒适度，而可供临时取暖的半室内空间能大大延长人们的户外活动时间，进而提升城市公共空间的活力。

4.2 感知体验

城市公共空间的活力与气候环境处于一种相互作用的状态，气候环境会影响人们对公共空间的使用，同时，积极的活动氛围也是促使人们活动积极的气候感知。在城市公共空间中，人们主要是通过视觉感知和活动体验两方面对气候环境进行认知。

4.2.1 视觉感知

公共空间的活动在很多时候是以视觉感知为主导的，空间色彩的冷暖感、鲜艳度，以及空间形式的趣味感、愉悦感都会影响人们对公共空间的使用。视觉景观通常都会受地域气候的影响，人们在特定的气候环境下获得独特的视觉体验，能够提高人们对气候环境的接受度，并且积极地参与到空间的活动中；相反，如果公共空间的环境萧条，即使气候环境较为舒适，也会导致活力的丧失。欣赏景观是人们访问公共空间的主要目的之一，在春、夏、秋季公共空间的吸引点通常为空间中丰富的植被风貌；而在冬季时，特色的雪景往往具有很强的吸引力，在寒地城市，冰雪景观使冬季的视觉体验变得丰富。因此，基于特定的地域文化和在地植被塑造富有吸引力的视觉环境，对于公共空间的活力提升具有重要意义。

另一方面，建筑和环境的色彩同样受到不同地域气候环境的影响。色彩的冷暖感也会影响人们在公共空间的热感觉，暖色系的颜色能够带给人们温暖的感觉，而冷色系的颜色会降低人们对温度的感知。对于寒地城市，为提高人们的热感觉，城市建筑的色彩通常会采用暖色或深色，而夏热冬冷或夏热冬暖地区通常采用冷色或白色。适宜的色彩能够促进人们在室外活动的舒适度，有利于提升城市活力。

4.2.2 活动体验

Nikolopoulou 指出，当气候环境对人们的热舒适造成负面影响时，行为适应和心理适应是人们进行热舒适调节的主要手段[34]。地域性特色活动有利于在心理层面提高人们对微气候环境的耐受力，削弱不利气候的影响，将气候带来的消极影响转变为提升城市活力的积极影响。在寒地城市，当场地中提供参与性较强的冰雪活动时，能够很大程度上调动人们活动的热情，使人们忽略气候带来的不适影响，同时，通过积极的活动促进了人体的热舒适调节。而节日庆典同样能通过提升整体的活动氛围吸引更多的活动者，寒地城市特色的冰雪节以冰雪气候和文化为触媒，提高了冬季城市公共空间的活力。

5 结语

城市规划被认为是城市适应环境和应对气候变化的重要手段，提升城市公共空间的质量有助于提高公共空间对人们的吸引力，气候环境作为影响公共空间环境品质的重要影响因子，对城市公共空间的活力提升有很强的积极作用。通过对城市公共空间进行气候设计，有助于在公共空间中提供多样性的可选空间，增加公共空间中的活动者在不同气候环境下的选择的自由，使人们更易获得舒适的空间体验。在适当的时间和季节提供恰当的气候防护措施，能够减少地域气候带来的负面影响，对提高公共空间利用率具有重要意义，从而促进我国在城乡规划转型背景下的健康城市的发展和城市活力的提升。

参考文献

[1] 石楠."人居三"、《新城市议程》及其对我国的启示[J].城市规划，2017（01）：9-21.

[2] IngegaÈrd Eliasson. The Use of Climate Knowledge in Urban Planning[J]. Landscape and Urban Planning，2000，48：31-44.

[3] Montgomery J. Editorial Urban Vitality and the Culture of Cities[J]. Planning Practice & Research，1995，10（02）：101-110.

[4] Kevin Lynch. Good City Form[M]. Cambrige：MIT Press，1984.

[5] 扬・盖尔.人性化的城市[M].欧阳文，徐哲文，译.北京：中国建筑工业出版社，2006.

[6] Wickersham J. Jane Jacob's Critique of Zoning：From Euclid to Portland and Beyond[J]. BC Envtl. Aff. L. Rev.，2010.

[7] BoumarafH，TacheriftA. Thermal Comfort in Outdoor Urban Spaces[J]. Studies in Mathematical Sciences，2012（02）：279-283.

[8] Ehsan Sharifi，AlpanaSivam and John Boland. Outdoor Activity and Spatial Choices of Citizens during Heat Stress Conditions：a Case Study of Adelaide，South Australia[J]. International Conference of the Architectural Science Association，2016：199-208.

[9] 汪海，蒋涤非.城市公共空间活力评价体系研究[J].铁道科学与工程学报，2012，9（01）：56-60.

[10] 王勇，邹晴晴，李广斌.安置社区公共空间活力评价[J].城市问题，2017（07）：85-94.

[11] 陈菲，林建群，朱逊.基于公共空间环境评价法（EAPRS）和邻里绿色空间测量工具（NGST）的寒地城市老年人对景观活力的评价[J].中国园林，2015（08）：100-104.

[12] 陈菲，朱逊，林建群，等.基于景观活力评价的严寒城市公共空间设计研究——以牡丹江人民公园改造设计为例[J].西部人居环境学刊，2016，31（06）：42-49.

[13] ArvaiJ，BridgeG，DolsakN，et al. Adaptive Management of the Global Climate Problem：Bridging the Gap between Climate Research and Climate Policy[J]. Climatic Change，2006，78（1）：217-225.

[14] Kang S，Elfatih A. B. Eltahir. North China Plain Threatened by Deadly Heatwaves due to Climate Change and Irrigation[J]. Nature Communication Svolume，2018（09）：1-9.

[15] 蒋涤非，李璟兮.当代城市活力营造的若干思考[J].新建筑，2016：21-25.

[16] 徐小东，王建国.基于生物气候条件的城市设计生态策略研究——以湿热地区城市设计为例[J].建筑学报，2007（03）：64-67.

[17] 江海燕，雷明洋，李智山.湿热地区开敞空间使用调查对规划设计的启示——以南海为例[J].规划师，2017（01）：93-98.

[18] 徐小东，王建国，陈鑫．基于生物气候条件的城市设计生态策略研究——以干热地区城市设计为例 [J]. 建筑学报，2011（03）：79-83.
[19] 张逢生，王雁，闫世明．浅析城市“热岛效应”的危害及治理措施 [J]. 科技情报开发与经济，2011，21（32）：147-149.
[20] Akbari H，Cartalis C，Kolokotsa D. Local Climate Change and Urban Heat Island Mitigation Techniques-the State of the Art[J]. Journal of Civil Engineering and Management，2015，22（01）：1-16.
[21] 刘秋雨，苏维词．重庆都市区“热岛效应”的成因及调控途径初探 [J]. 环境科学，2008（24）：101-103.
[22] MehtaV. Evaluating Public Space[J]. Journal of Urban Design，2013，19（01）：53-88.
[23] Gehl J. Life Between Buildings：Using Public Space[M]. Island Press，2011.
[24] Fernández Áñez，Urrutia del Campo，Hernández Aja. Bio-climatic Design Handbook：Designing Public Space to Reachurban Sustainability[C]. Worls Sustainable Conference，2014.
[25] Robert Brown，Jennifer Vanos，Natasha Kenny，et al. Designing Urban Parks That Ameliorate the Effects of Climate Change[J]. Landscape and Urban Planning，2015，138（06）：118-131.
[26] 冷红，袁青．城市微气候环境控制及优化的国际经验及启示 [J]. 国际城市规划，2014，29（06）：114-119.
[27] Huang-LachmannJT，LovettJC. How Cities Prepare for Climate Change：Comparing Hamburg and Rotterdam[J]. Cities，2016，54：36-44.
[28] 柏春．城市设计的气候模式语言 [J]. 华中建筑，2009（05）：130-132.
[29] 基于气象分析的北京城市规划策略研究——北京城市环境气候图构建（上篇）http：//wemedia.ifeng.com/67605214/wemedia.shtml.
[30] Pihlak M. Ourdoor Comfort：Hot Desert and Cold Winter Cities[J]. Architecture and Behavio，1994（01）：84-93.
[31] Bourbia F，Boucheriba F. Impact of Street Design on Urban Microclimate for Semi Arid Climate（Constantine）[J]. Renewable Energy，2010，35（02）：343-347.
[32] Svensson MK. Sky View Factor Analysis - Implications for Urban Air Temperature Differences[J]. Meteorological Applications，2004，11（03）：201-211.
[33] Mathey J，Rößler S，Lehmann I，et al. Urban Green Spaces：Potentials and Constraints for Urban Adaptation to Climate Change[J]. Resilient Cities，2011，1：479-485.
[34] Nikolopoulou M，Baker N，Steemers K. Thermal Comfort in Outdoor UrbanSpaces：Understanding the Human Parameter[J]. Solar Energy，2001（70）：227-235.

胡淙涛
邹兵

胡淙涛，深圳市规划国土发展研究中心规划师
邹兵，中国城市规划学会理事、城乡规划实施学术委员会副主任委员、学术工作委员会委员、城市总体规划学术委员会委员，深圳市规划国土发展研究中心总规划师，教授级高级规划师

让空间更有趣味，让城市更有活力

1 引言

随着我国整体发展阶段由高速度增长转向高质量发展，城市规划设计的工作重点也由服务于空间扩张的宏大叙事转向更加关注城市空间的人性化塑造，更加关注细微空间中人的活动需求。在以往城市的粗放式扩张过程中，大规模批量速生的新城、新区规划建设造成千城一面的景象，使得本应丰富多彩的公共空间却索然无味，形成大量的消极空间，无法吸引人的停留驻足；大拆大建的城市更新活动虽然换来表面光鲜的城市面貌，却掩盖不住生机和活力的缺失。新时代的城市规划建设要求“突出地方特色，注重人居环境改善，要更多采用微改造这种‘绣花’功夫，注重文明传承、文化延续”[1]。如何通过合理有效的城市设计手段让现有的城市公共空间变得更有趣味，进一步激发城市的活力，是一个具有重要现实意义的课题。

2 公共空间活力的内涵与评价要素

人的聚集是城市活力产生的源泉，公共空间则是承载人与人日常交往的重要场所，是公众积极参与城市活动的过程和集体意志的表达，城市中空间的多样性和丰富性将对城市的活力产生直接的影响。凯文·林奇在《城市形态》一书中提出，城市空间形态质量的首要评价标准之一是城市的活力状态，将“活力”解释为一个聚落形态对于生命机能、生态要求、人类能力以及物种延续的支持程度[2]。简·雅各布斯在《美国大城市的死与生》一书中提出活力对城市的生存和发展建

---

[1] 引自习近平总书记 2018 年 10 月在考察广州市荔湾区历史文化街区永庆坊时的讲话。
[2] 凯文·林奇 . 城市形态 [M]. 林庆怡，等译 . 北京：华夏出版社，2001.

图 1　公共空间评价要素

资料来源：http：//www.pps.org/

设有重要意义，它源于城市中人与人的交往活动及其与生活场所之间的互动，是城市生活多样性的集中表现；她将重塑城市人性化空间搬回规划舞台，让“人性化”、“城市公共空间”回到人们的聚光灯下❶。丹麦扬·盖尔在《人性化的城市》中提出，安全的、健康的、持续的、有活力的城市，应该是适合停留、适合会面、适合步行的城市，并且要有开放的、可达的、接近的、吸引人的公共空间❷。在公共空间中的活动类型划分上，扬·盖尔在他的另一本专著《交往与空间》中，将公共空间中的户外活动划分为必要性活动、自发性活动和社会性活动三种类型❸。这些内容构成了国外城市活力研究的基础。此外，国外的研究还集中在如何营造有活力的城市以及公共空间的评价标准进行论述。国内的研究主要从实践的视角提出了活力营造的各项原则以及打造活力公共空间的关键所在。

公共空间具有非常多的社会价值，包括加强居民的归属感、凝聚力、提升幸福度、促进交流合作等，好的公共空间往往可以营造更有活力的城市。因此，活力是公共空间吸引力的综合判断标准，也是测度城市公共空间质量的重要标尺。公共空间的评价通常包括可达性、功能性、舒适性和社会性四个要素，一个有活力的公共空间应方便居民便捷可达，在功能上适合开展步行、运动、交流、观景等不同类型的活动，并且有一定的基础设施、合适的自然与人工环境可以满足居民休憩停留的需求，有足够的吸引力鼓励居民其中的活动等（图 1）。提升公共空

❶ 简·雅各布斯 . 美国大城市的死与生 [M]. 金衡山，译 . 南京：译林出版社，2005.
❷ 扬·盖尔 . 人性化的城市 [M]. 欧阳文，徐哲文，译 . 北京：中国建筑工业出版社，2010.
❸ 扬·盖尔 . 交往与空间 [M]. 何人可，译 . 北京：中国建筑工业出版社，2002.

间活力的核心在于满足居民必要性活动的基础上，促进自发性活动和社会性活动的产生，以满足不同使用者的不同需求，并让他们在空间中可以获得交往、沟通的机会。

3 提升城市公共空间活力的国际实践案例

在提升城市公共空间活力方面，欧美许多城市都有成功的实践案例，值得我们学习借鉴。

3.1 巴塞罗那——“针灸疗法”重塑公共空间

从 20 世纪 70 年代末开始，为了恢复市中心的发展，提升街区的活力，巴塞罗那政府采纳了总规划师奥伊厄尔·博伊霍斯（Oriol Bohigas）对城市进行“碎片”式更新的建议[1],采用“针灸疗法”开始逐步进行城市改造。“针灸疗法”是借助局部公共空间的修缮与改造，单点切入，改造或创建了小空间，包括街道转角处、屋顶平台、废旧火车站等，进行恰到好处的改造，丰富了公共空间的类型，从而影响周边的居民，让街区活力十足。引入雕塑艺术家和建筑师共同合作，修建艺术化的广场和小游园，创造兴趣点以提升空间的趣味性。针对不同人群的不同需求设置小品、设施，增加了各种活动发生的可能性，比如平坦的广场和游园地面、坚固的建筑小品可以满足年轻人轮滑、滑板的需求，水池可以供小朋友嬉戏等，让居民以表演者或是围观者等多种身份的参与，进一步提升了空间趣味性，让整个街区更有活力。通过“针灸疗法”的方式，巴塞罗那大概创造了四百多个有活力的公共空间，遍布城市各个社区、各个角落，这些公共空间成为了市民日常活动的热点，提升了周边社区居民对所在区域的归属感和认同感，使居民愿意主动改善社区环境，形成良性循环，进一步增强了城市的活力。

基罗纳公园（Jardins del Príncep de Girona）（图 2）位于一个高密度低收入的住宅区中，原先是军营，后来变成了居住区的停车场，剩余空间到处堆满了废弃物。为了提升社区的活力，政府将这个停车场改为了能满足居民需求的社区公园。设计师规划了儿童活动场地、运动场、水池，提供了大量供人乘凉的树荫以及可供人休息的座椅等[2]，用大的斜坡连接公园两侧不同高度的街区，针对骑自行车者还设计了方便自行车上下的车道，以满足不同使用者的需求。公园中桌椅的材料采用的是大理石材质，经久耐用。公园中的植被无需刻意打理也能产生四季的变化。

---

❶ 朱跃华，姚亦锋，周章. 巴塞罗那公共空间改造及对我国的启示 [J]. 现代城市研究，2006(04):4-8.
❷ 刘亚森，王冉. 欧洲双城公共空间改造的启示 [J]. 房地产导刊，2015，(17)：8-8.

图 2　基罗纳公园

资料来源：http：//eldigital.barcelona.cat/wp-content/uploads/2016/01/AZ8Q4913.jpg

图 3　北站公园地面雕塑

资料来源：http：//blog.sina.com.cn/s/blog_673c8b9e0102v9vz.html

图 4　北站公园

资料来源：http：//blog.sina.com.cn/s/blog_673c8b9e0102v9vz.html

通过这样的改造，设计师为居住区提供了一个令人舒适而有趣的空间，吸引居民来此活动，从而提升了空间的活力。

巴塞罗那北站公园（图 3、图 4）原本是废弃的火车北站，荒废多年。北站附近是高密度的居住区，居民亟需公共空间方便户外活动。在改造中，北站公园保留了原有车站的建筑，将其内部改建成体育活动中心，增加了公共空间的功能性，让市民在此可以作更多停留。将原先火车站外部复杂的设施移除，通过大面积的草坪和树营造开阔而亲切舒适的空间，包括草坪、儿童活动区和游憩区等，满足了不同年龄、不同行为的人群使用需求。针对巴塞罗那居民喜欢龙的特点，雕塑师在北站公园设计了尺度巨大、高低起伏的巨龙雕塑[1]。通过这种方式，将公共艺

---

[1] 朱跃华，姚亦锋，周章．巴塞罗那公共空间改造及对我国的启示 [J]. 现代城市研究，2006（04）：4-8.

术品融入公共空间，改善了城市景观，原本消极的公共空间变成了富有艺术气息和趣味性的公共空间。

3.2 伦敦——100个公共空间计划

20世纪80年代，由于公共设施等方面的财政投入被控制和削弱，伦敦出现了公共空间数量下降、空间衰败等问题。伦敦市长利文斯通非常重视公共空间的发展，推行了“100个公共空间计划”（100 Public Spaces，2002）以提升公共空间的供给，其目标主要针对城市社区与角落的闲置空间，主要措施包括将道路改成人群聚集的广场空间等，整个计划采用“渐进式实施”的方式，以人性化、个性化、地域性的角度，鼓励民众自由使用公共空间，为城市注入活力，并且逐步串联起整座城市的公共空间网络，从而促进伦敦的城市复兴。经过近二十年的建设与更新，伦敦的公共空间类型已经十分多样化，包括广场、街道、滨河空间、步行桥、公园绿地、建筑骑廊和半开放的建筑庭院等[1]。

Barkingside城镇广场重建项目[2]。位于Barkingside镇中心的城镇广场原本是围绕在图书馆和休闲中心附近一块被忽视的区域，利用率很低。为了更好地利用这块空间，政府决定启动城镇广场重建项目，在规划的过程中邀请了主要的地方社团参与其中，尤其是当地积极倡导和促进各项活动组织的环境团体等。重新设计后，原有的建筑被改造成为一个具有宽阔内部空间的公共场所，以保障社区的各类活动（图5）。原有的建筑打造成了开放式的空间，休闲中心入口处的凸起平台可以转变为整个空间的舞台。通过改造废弃的院落和私家游泳池，建造了一个新的公园。休闲中心旁边一片难以进入的区域被改造成口袋公园，通过增加儿童游乐设施，这片成了儿童游乐园。该广场从一个利用率很低的空地变为城镇的活力中心（图6）。设计师通过在原有消极空间的基础上注入各类设施和活动，让原有公共空间变得有趣，从而激发了整个小城镇的活力。

3.3 纽约——以城市事件激活公共空间的活力

丰富多样的城市事件对于城市空间趣味性和活力有着重要的作用。许多城市通过创造“城市事件”，打造“节庆城市”的概念，从而促进城市功能的完善，推进城市特色和精神的塑造，并提升人们对城市的认同感。如纽约创意地点征集活动，在网上公开向市民征集需要提升的公共空间并由空间的使用者再设计后进行加工，

---

❶ 杨震，于丹阳，蒋笛．精细化城市设计与公共空间更新：伦敦案例及其镜鉴 [J]. 规划师，2017，33（10）：37–43.

❷ 由 DK–CM 设计。资料来源：https：//www.archdaily.com/792329/barkingside–town–centre–dk–cm.

图 5　Barkingside 城镇广场
资料来源：https：//www.archdaily.com/792329/barkingside-town-centre-dk-cm

图 6　Barkingside 城镇广场口袋公园
资料来源：https：//www.flickr.com/photos/greaterlondonauthority/albums/72157640288700243/with/122071103074/

图 7　2018 纽约“夏日街道”活动宣传海报
资料来源：summer street 官方网站
https：//www1.nyc.gov/html/dot/summerstreets/html/home/home.shtml

图 8　纽约“夏日街道”街头瑜伽活动
资料来源：http：//www.mommyrunfast.com/wp-content/uploads/2013/08/Yoga-at-Summer-Streets1.jpg

形成人性化的场所；各种类型的灯光秀活动，将原有的建筑灯光照明转化为城市的公共活动，吸引市民驻足观看，美化城市轮廓线。此外还有各类街头艺术表演、音乐节、比赛等，通过创造城市事件、节庆活动，在特定时间、特定空间对城市活力带来巨大提升，并利用这种事件的持续性的影响力，促进市民关注周边的公共空间，提升他们参与空间中活动的热情。

从 2008 年开始举办的纽约“夏日街道”[1] 活动，每年都吸引十几万纽约市民参加。2018 年共有 30 万纽约人参加了这个活动。“夏日街道”由纽约市政府组织，纽约市交通局举办，具体项目和活动由民间组织和社团组织参与。每年 8 月前三个周六上午的 9 点到下午 1 点，纽约市会封闭公园大街的 7 英里道路作为非机动车道，腾出来给纽约市民进行各种各样的活动。从布鲁克林大桥一直到中央公园，7 英里路线由五个休息站或互动区组成，每个休息站都有一个独特的主题和各种体验——音乐舞台、品尝区、狗公园、障碍课程、健身课程、水上活动等，而且所

[1] 资料来源：纽约夏日街道官方网站 http：//www.nyc.gov/html/dot/summerstreets/html/home/home.shtml.

图 9　纽约“夏日街道”街头活动
资料来源：https：//lonelyplanetwpnews.imgix.net/2017/07/summer-streets.jpg

有的活动均为免费参与。休息站还提供各种冷饮和小食，方便市民休憩停留。这个活动让市民走出家门，享受更加健康的生活方式、更好的城市公共空间，促进可持续的交通方式，通过这样的方式有效地增强了居民对城市的归属感和城市的活力（图 7—图 9）。

4　提升空间活力的深圳实践

早在 2011 年，深圳就提出要由追求“深圳速度”转向追求“深圳质量”。2012 年，深圳城市发展进入了以存量空间优化为主的全面转型阶段。宏观和中观层面的城市空间格局已经基本定型，但微观层面的公共空间品质还有很大的提升空间。城市规划设计需要从小处入手，从微观入手；挑选关键的空间节点作为触媒，尽量保留原有的构筑物进行精心的再梳理、再设计，并通过插入城市事件激活空间的趣味性，让空间对人群的吸引力更强，从而带动整个区域的活力提升。从 2012 年开始，深圳启动了以“趣城”命名的旨在提升城市公共空间品质、激发城市活力的系列城市设计活动。

4.1 “趣城计划”概述

“趣城”计划[1]包括三个层面的实践。《趣城・深圳美丽都市计划》从全市层面上一反传统城市规划从宏观到微观、自上而下的模式，以一种新的以人为本的规划思路，以城市公共空间为穴位，用针灸的方式激活其消极空间的潜能，让原有公共空间更加有趣，带动邻近地区的发展，从而促进整个片区城市活力的提升。该计划包括特色滨水空间、特色公园广场、街道慢行生活、创意空间、特色建筑、

---

[1] “趣城”计划包括《趣城・深圳美丽都市计划》《趣城・盐田 2013—2014 年实施方案》《趣城・社区微更新计划》《趣城・深圳城市设计地图》《趣城・深圳建筑地图》。

城市事件六大类公共空间计划[1]，100 多个创意地点，旨在创造有趣味、有活力、人性化、特色化的城市。《趣城·盐田 2013—2014 年实施方案》(简称《趣城·盐田》)则是区层面公共空间活力提升的实践，并进行深入调研、举办多场工作坊，形成了艺术装置、小品构筑、景观场所三大类计划，共 50 个小项目。《趣城·社区微更新计划》是前两者的进一步的拓展和深化，是公共空间活力提升在社区层面的实践，旨在为普通市民再造有趣而富有活力的公共空间。

4.2 “趣城·盐田”的具体实践

盐田是深圳市滨海城市形象最鲜明的标志窗口，山、海、港城各类意向鲜明，要素多样。盐田的实践主要针对现有公共空间中存在的问题，如趣味不够、活力不足等现状，将作品类型分为三类，分别为艺术装置类、小品构筑类、景观场所类[2]，通过增加空间停留的可能性，通过事件进一步激活空间活力，试图用最小形式的介入来得到最大解决的成果。

4.2.1 线性公共空间活力提升

线性公共空间是城市公共空间的重要组成部分，包括道路两侧的人行道、滨河/滨海栈道等。步行街、滨海栈道等线性公共空间除了承担通行的职能外，应该更加关注人的流通和生活方式。线性公共空间构筑的网络的活力提升往往能带动整个区域城市活力的提升，因此设计者应该关注人群在线性公共空间中生活和行为的多样化。线性公共空间的提升往往作为一个整体进行，在设计的过程中需要突出空间的连续性和互相关联性。

(1)通过休憩设施增加道路公共空间的停留

城市中的道路是城市生活发生的重要场所，但是道路两侧的设计往往忽略生活的要素。单一、漫长的人行道满足了居民步行的需求，但由于缺少短暂休憩、停留交流的空间，使道路仅仅存在通行的可能性，无法支持长久的街道活动，因此在城市中占比较大的城市街道公共空间活力较低。

在盐田的实践中，设计师分别通过设计“树公园”[3]和“互动栏杆”[4]等方式，从道路两侧最常见的行道树和大规模标准化护栏入手，从细微之处的改变增加道路的趣味性，增加各类行为和活动的可能性，以提升道路的活力。

---

[1] 深圳市规划国土发展研究中心．趣城·深圳美丽都市计划 [Z]. 深圳：深圳市规划国土发展研究中心，2013.

[2] 深圳市规划国土发展研究中心．趣城·盐田 2013—2014 年实施方案 [Z]. 深圳：深圳市规划国土发展研究中心，2013.

[3] 由深圳市局内设计咨询有限公司设计．

[4] 由坊城建筑设计顾问有限公司设计．

图 10　树公园

资料来源：深圳市局内设计咨询有限公司

“树公园”针对绿树成荫的道路，利用环保的新型材料打造成造型独特的装置小品，并设计为树洞效果，方便行人在此坐下休憩，将现有的遮阴功能和休憩功能完美结合，在不影响和破坏城市现有功能的前提下，为行人、居民提供舒适的、聚集的空间，也为儿童提供游玩的乐园。同时设计师在小品中增加照明装置，在夜晚还能起到照明的效果（图 10）。

“互动栏杆”从道路现状存在的大规模标准化护栏入手，结合现有的栏杆结构，将现有道路护栏进行改装，设计为复合使用的桌子长椅、自行车停靠点、公益宣传栏等，通过这样的设计为居民提供休憩、就餐、交流的场所，让原有单调乏味的护栏改装成为具有人情味的艺术小品，让人行道成为常见的、与道路相伴而生的趣味活动发生场所（图 11）。

（2）通过小品增加景观通廊的趣味性

盐田是各类景观要素最为齐全的一个区域，拥有丰富的资源，沿河、滨海存在许多栈道等作为景观通廊。但现状中部分栈道冗长，有良好的景观资源但缺乏景观节点，对居民的吸引力较小。

“绿伞”[1] 和“花瓣亭”[2] 两个设计方案通过针对滨海、滨河栈道冗长、缺乏遮阴设施和景观节点的问题，通过可移动的“绿伞”和可以组合的“花瓣亭”，在广场和景观通廊中构建可以遮阴避雨、休闲休憩的空间。“绿伞”上部为花架，可以通过种植藤蔓植物，利用植物的叶子遮挡阳光，营造舒适的休闲空间。“花瓣亭”则通过简单的单元性构建，通过任意组合的方式，增加提示性的入口、栈道中的景观节点等（图 12、图 13）。

---

❶ 由筑博设计股份有限公司设计。

❷ 由筑博设计股份有限公司设计。

图 11　互动栏杆
资料来源：坊城建筑设计顾问有限公司

图 12　绿伞
资料来源：筑博设计股份有限公司

图 13　花瓣亭
资料来源：筑博设计股份有限公司

图 14　洞不洞
资料来源：张健蘅建筑事务所

4.2.2 点状消极空间的积极活化

点状公共空间也是城市公共空间的重要组成部分，目前这些空间由于可达性较差、舒适度不够、功能性不强等多方面问题，导致利用率较低，整体空间较为消极。对这些小尺度空间的改善往往能作为触媒，带来巨大的效应。

盐田河栈道与洪安路、洪安三街、东部沿海高速交界处采用了栈道下行的方式从道路桥底的桥洞穿过，由于采光不足，路道狭窄且光线昏暗，这些桥底空间成为堆放杂物的“垃圾场”，并使人产生不安全的感觉，与盐田河栈道整体的优美环境格格不入，是整个盐田河栈道沿线的消极空间。“洞不洞”[1]项目针对隧道的现状，借助隧道自身特有的空间透视感，设置照明设施，并通过照明设施在桥洞中的投影增加桥洞空间的安全性，以艺术手法增加趣味性，激活原本昏暗的人行隧道，让桥底空间成为盐田河栈道中可停留、可玩、可观赏的有趣味、有活力的节点（图 14）。

梧桐山作为盐田的重要生态资源，其登山口是连接梧桐山风景区与盐田的重要路径。位于盐田人民医院旁边的梧桐山登山口旁边为一处垃圾转运站，在视觉上垃圾站对登山口有较大负面影响，同时垃圾车作业时漂浮物和气味都让该登山口的公共空间利用率降低，无法作为登山人群的休憩空间。设计师通过“去味表皮”项目设置一个界面来处理这种冲突。“去味表皮”[2]项目在登山口和垃圾站之间建立了一个分割，将这样两个矛盾空间从视觉上分隔开[3]（杨小荻，2015），将垃圾转运站用简单的手法隐蔽起来。这个界面靠近垃圾转运站的一侧种满了绿色植物，并采用定时喷水的装置，对垃圾转运站作业时候产生的漂浮物和气味进行固化处理，降低了粉尘和气味，而靠近登山口的一侧则通过造型的方式强化登山口的入口标志作用。在这个设计中，通过简单的设计手法保留了原有公共空间和城市市政设施的功能，也将该片区的环境进行提升，让登山口公共空间成为了市民登山下山过程中可以停留的空间，使市民拥有更加优美的环境、更加愉悦的心情（图 15）。

4.2.3 增加城市标志，创造城市事件的潜在空间

一个地标性的空间往往能强化居民对空间的认知。而在城市标志空间中，发生事件的可能性更大，例如各类社区活动、表演、各种宣传活动等，通过这些事件可以进一步丰富公共空间中人的行为，让空间更加有活力。

金斗岭工业区内有一处大而宽阔的台阶空间，在此空间中可以进行的活动较

---

[1] 由张健蘅建筑事务所设计。
[2] 由深圳普集建筑设计顾问有限公司设计。
[3] 杨小荻．“趣城计划”中的“趣”与“城”[J]. 城市环境设计，2015（09）：187-192.

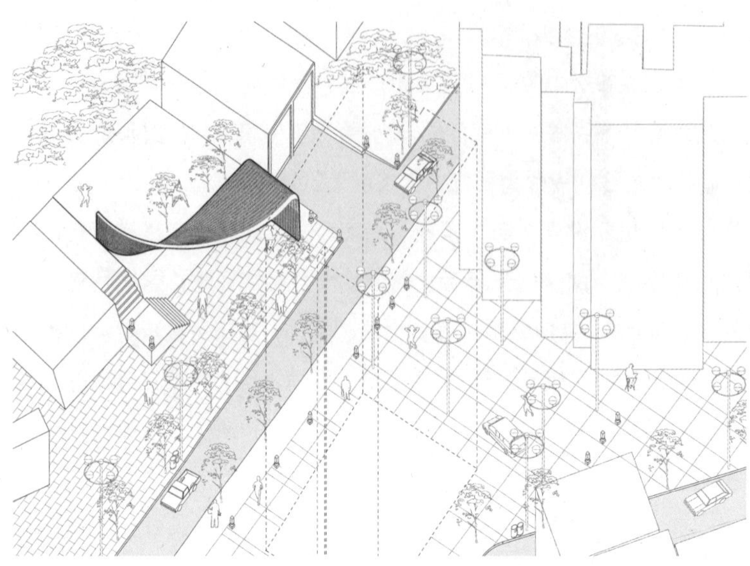

图 15　去味表皮

资料来源：深圳普集建筑设计顾问有限公司

图 16　梦想舞台

资料来源：深圳市坊城建筑设计顾问有限公司

图 17　集装箱创意街

资料来源：筑博设计股份有限公司

少，空间长期被忽视，利用率较低。“梦想舞台”[1]项目将该台阶的中间部分粉刷为红色，两侧不粉刷，通过这样的方式从铺地上对空间做出区分，即两侧为通行阶梯空间，主要针对过路型居民。大台阶中间部分则作为观众席，居民可在此停留、休憩，大台阶底端可以通过铺地的改造形成舞台空间，作为整个空间的视觉中心。未来可以利用舞台和观众席的空间定时举办各种社区活动和节会，开辟固定的区域、规定固定的时间作为露天市集和跳蚤市场，让居民对社区和空间产生更强烈的归属感（图 16）。

盐田滨海的骑行步道尺度较宽，与滨海栈道平行，距离滨海栈道中间的绿色植物较密，视野较差，看不到海边，另一侧主要为居住区的建筑，步道上缺少景观节点，容纳的空间行为较为单一，使用人数少。“集装箱创意街”[2]在原有海景路的基础上，靠近建筑的一侧保留大于 6 米的人行通过空间，选择标准尺寸集装箱置于靠近绿色植物的一侧，用不同的组合方式形成一个富于变化的线性游历空间。在集装箱构建的空间中，可以植入创意书吧、创意市集、街头表演等多种多样的商业或休闲娱乐活动，通过空间的改造增加城市事件发生的可能性，以丰富海景路沿岸片区公共空间中的市民活动（图 17）。

5 结语

城市中的公共空间承载着居民的活动，体现了文化的特色，在很大程度上满足了人们的交往需求、尊重需求和认同需求。在城市进入存量发展的阶段，更多的公共空间来源于对现有消极空间的改造。塑造一个有活力的公共空间，需要从使用者的视角去发现空间的问题所在，通过“微小”的介入，带来公共空间趣味性和活力性的提升。一方面，需要根据场地的特点和特色增加公共空间的景观节点和建筑小品，塑造出更加适宜人停留交往的空间；另一方面，可以通过创造事件增加空间对人的吸引力，进一步提升对空间的认同感，激发空间的活力。未来城市公共空间的塑造不应该仅仅是政府和规划师单方面推动的行为，需要建立强大而有效的实施机制，使政府和设计师“自上而下”的引导和居民“自下而上”的主动改造相结合，形成正向反馈，调动更多的社会资源参与其中，才能使这一行动更有成效，更可持续。

---

[1] 由深圳市坊城建筑设计顾问有限公司设计。
[2] 由筑博设计股份有限公司设计。

参考文献

[1] 简・雅各布斯．美国大城市的死与生 [M]. 金衡山，译．南京：译林出版社，2005.
[2] 扬・盖尔．人性化的城市 [M]. 林庆怡，等译．北京：中国建筑工业出版社，2010.
[3] 凯文・林奇．城市形态 [M]. 何人可，译．北京：华夏出版社，2001.
[4] 扬・盖尔．交往与空间 [M]. 北京：中国建筑工业出版社，2002.
[5] 深圳市规划国土发展研究中心，《城市・建筑・环境》(UED) 杂志社．趣城 [M]. 沈阳：辽宁科学技术出版社，2018.
[6] 刘亚森，王冉．欧洲双城公共空间改造的启示 [J]. 房地产导刊，2015，(17)：8-8.
[7] 杨震，于丹阳，蒋笛．精细化城市设计与公共空间更新：伦敦案例及其镜鉴 [J]. 规划师，2017，33 (10)：37-43.
[8] 深圳市规划国土发展研究中心．趣城・深圳美丽都市计划 [Z]. 深圳：深圳市规划国土发展研究中心，2013.
[9] 深圳市规划国土发展研究中心．趣城・盐田 2013-2014 年实施方案 [Z]. 深圳：深圳市规划国土发展研究中心，2013.
[10] 杨小荻．"趣城计划"中的"趣"与"城" [J]. 城市环境设计，2015 (09)：187-192.
[11] 张宇星．趣城计划 [J]. 城市环境设计，2015 (09)：161-167.
[12] 张宇星．趣城——从微更新到微共享 [J]. 城市环境设计，2017 (01)：228-231.
[13] 李瑾，牛津．巴塞罗那公共空间改造中城市资源的可持续利用 [J]. 安徽农业科学，2009，37 (19)：9228-9229.
[14] 彭皓．"城市针灸"的应用模式探讨——西班牙巴塞罗那北站公园景观改造的个案分析 [J]. 农业开发与装备，2018 (02)：76-77.
[15] 陈泽涛．一次给盐田区的城市针灸 [J]. 城市环境设计，2015 (09)：197-201.
[16] 朱跃华，姚亦锋，周章．巴塞罗那公共空间改造及对我国的启示 [J]. 现代城市研究，2006 (04)：4-8.

黄建中
刘晟

黄建中，中国城市规划学会学术工作委员会副主任委员兼秘书长、青年工作委员会副主任委员，同济大学建筑与城市规划学院教授
刘晟，同济大学建筑与城市规划学院博士研究生，上海市规划和自然资源局总体规划管理处

协商式规划在城市更新中的作用研究
——基于“公共利益”导向的探讨*

2018 年，上海全市建设用地规模已达到 3070 平方公里，占全市陆域面积的比重达到 45%，远远超过了纽约、伦敦等全球城市水平。2018 年底，全市常住人口达到 2410 万人，是全球人口最多、人口密度最高的城市之一，人口规模持续增长、资源环境紧约束的局面已经形成，对城市可持续发展带来了严峻挑战，土地与资本等传统动力增长模式已难以为继。2014 年 5 月，上海启动了新一轮城市总体规划的编制工作（以下简称“上海 2035”），提出了规划建设用地“负增长”的目标，这标志着上海进入以存量开发为主的内涵式发展阶段。与此同时，上海同步出台了《上海市城市更新实施办法》和《上海市城市更新规划土地实施细则》，后为进一步落实“上海 2035”总体规划要求，于 2017 年对《上海市城市更新规划土地实施细则》进行了修订，以紧密承接规划体系，提高政策操作性。本文基于上述背景，以公共利益为导向，探讨如何通过协商式规划，在城市更新过程中，保障“公共利益”的落地。

1 城市规划中的公共利益

公众利益在《牛津高级英汉双解词典》里的解释是“公众的、与公众有关的或为公众的、公用的利益”。公共利益是一个歧义丛生的概念，具有很强的抽象性和不确定性（沈桥林，2006）。公共利益的不确定性主要就表现在“公共”的不确定性和“利益”的不确定性（胡锦光，王锴，2005），相对于其他利益概念来说“公

* 本研究得到国家社会科学基金（17BSH126）的资助。

共利益”的概念更为抽象和宽泛（胥明明，杨保军，2013）。公共利益困境在于公共利益的模糊性，这也是公共利益的争论焦点（何明俊，2017），主要表现在：一是“公众”范围的不确定性，公共利益究竟是一个多大范围及多大数量的人的利益无法衡量。二是表现内容的不确定性，公共利益所涉及的内容是不确定的，在不同场景中的表现是不同的（何明俊，2017）。三是所体现价值的摇摆性，公共利益是一个价值判断问题，随着时间、地点和人们研究问题的视野不同，公共利益也可能不同（田莉，2009）。“城市规划的目标就在于实现公共利益的最大化，公共利益应该始终是城市规划师的基本价值观的核心内容”（石楠，2004）。然而由于公共利益是一个模糊的和难以确定的概念，公共利益一直是城市规划理论争论的焦点（胥明明，杨保军，2013）。

利维认为“公共利益是城市规划对私有土地产权实施公共管理的重要依据”。对于在城市规划中，如何界定和形成公共利益，有学者认为城市规划必须研究社会利益机制问题，尤其是必须研究社会主义市场经济体制下的产权制度问题，社会各利益集团和各利益个体的利益需求问题，不能仅仅从规划师自身的价值判断或理想情结出发（石楠，2004）。有学者建议通过立法部分界定公共利益，借助正当程序和经济手段形成公共利益，把公共利益中涉及的价值判断问题转换为程序问题。“城市规划中的公共利益只有在政府及规划师的主持下，通过利益相关人员的充分参与沟通的听证决策程序才能够实现”（胥明明，2013）。有学者提出城市规划从本质上不仅意味着在城市开发阶段，通过约束个人财产权的自由行使来建立土地开发的公共秩序，也意味着通过对土地开发收益的调整和重新分配，从而达到综合改善城市经济社会发展环境的终极目的，实现其公共利益的基本追求（王郁，2008）。还有学者通过对美国司法在欧几里得村案、伯曼案、新伦敦案中对公共利益判定的研究，对城市规划中公共利益的证成逻辑进行了推理（何明俊，2017）。

综合相关学者研究，城市规划中的公共利益，应包括三方面。一是出于公共目的，公共利益的产生是具有一种公共性，公共利益的形成是基于限制或者是干预私有财产所要达成目的的公共性（何明俊，2017），“对私有财产管理权利的演变是现代城市规划的中心主题”（利维，1992）。二是程序公平正义，正当程序对公共利益的导向应当符合道德规范以及公平、正义等原则，要求更多的公众参与，这是公众利益表达的一种方式（何明俊，2017）。让利益相关者充分博弈，利益集团之间的竞争过程就是凸现和实现公共利益的过程（田莉，2009）。三是利益综合衡量，城市规划所涉及的公共利益受益的对象都是不特定多数人，这就涉及一个在公共目的指引下的利益衡量，要求在不同的特定社会场景中进行审慎的综合考量（何明俊，2017）。

2 协商式规划的特点及作用

存量规划具有与增量规划不同的特点，由于建设用地使用权是分散在各土地使用者手中，涉及的权利关系更加复杂，涉及对更多私有财产权力的公共干预，政府不能随意处置土地，土地再开发的收益也需要兼顾各方，政策制定和执行过程中涉及越来越多的参与者。由于公众利益的分散化、多样性和价值取向的多元性，存量规划中的公共利益选择和确定也变得更加复杂和困难。

1965 年，Daviddoff 提出了倡导性规划（Advocacy Planning）的理论，指出传统理性规划对平等和公正的严重忽视，公众利益的日益分化使任何人都不能代表整个社会的需求（于泓，2000）。因此，他认为应将城市规划作为一种社会服务提供给大家，通过吸取社会各阶层、各利益集团的意见进行平衡，从而达成一个大家共同遵守的“契约”（杨帆，2000）。1990 年代走进规划学界的沟通式规划（Communicative Planning），反映了规划思想对多主体沟通的关注转变，沟通式规划强调多元主体的合作，为产权逐渐复杂的现代规划提供了一条突破的途径（胥明明，2017）。在沟通式规划理念下，帕齐·希利（Patsy Healey）进一步提出“协作规划”的概念，其目的在于在结构多样的社会背景下实现规划的民主潜力（沈娉，2019）。无论是倡导性规划、参与式规划、协作规划，其精髓和要义在于各多元利益主体的协商民主（Deliberative Democracy）。它强调“平等、自由的公民借助对话、讨论、审议和协商，广泛考虑公共利益”（温雅，2010）。协商式规划，是协商民主在城市规划领域的具体实践，在城市更新过程中，将协商式规划作为公众和政府共同制定政策和议案的行为，使行政主体之外的个人和组织对行政过程产生影响，让具有共同利益的个体或非政府社会组织，通过合法的途径介入城市更新中涉及公共利益政策的制定及决策过程，实现由阿恩斯坦在《公众参与的阶梯》中所描述的，由“不是参与的参与”、“象征性的参与”向“有实权的参与”的逐步转变。

随着城市发展向存量转型，基于协商式规划理念的城市更新模式在研究和实践中不断被讨论和尝试。学者们从城市微更新动力机制、治理方式的形成以及公共意识的培育等视角进行了探讨，对老旧住区环境的整体提升、滨江开放空间的更新、社区公共花园的营造和传统文化社区的更新等众多的实践案例进行了经验总结（沈娉，张尚武，2019），这些研究中，学者们趋向认同存量空间更新不仅涉及物质空间更新，还涉及不同群体的利益协调。由于项目性质、所处背景、规划内容、参与主体、机制保障等方面存在差异，导致在不同的城市更新项目中，公共利益的范围、利益主体、物质空间表现形式以及形成过程均不尽相同，需要根据城市更新中的实际情况，进行分析和判断。虽然当前城市更新的相关研究较为丰富，然而研究较多是对城市更新的个案解读，缺少针对城市不同地区城市更新项目，对公共利益的内涵和形成过程、形成机制的比较研究。

3 协商式规划在不同地区城市更新中的作用

根据修订后的《上海市城市更新规划土地实施细则》，针对公共活动中心区、历史风貌地区、轨道交通站点周边地区、老旧住区、产业社区等各类城市功能区域，应根据不同的发展要求与更新目标，因地制宜，分类施策。为此，本文选取目前已开展完成的不同地区的城市更新案例，对其公共利益的内涵、形成过程、形成机制进行比较研究。

3.1 公共活动中心：徐汇西亚宾馆改建

3.1.1 项目背景

该地块位于徐汇区徐家汇街道，临近徐家汇公园，处于徐家汇城市副中心片区内，具体位置在肇嘉浜路以南、漕溪北路以东、天钥桥路以西。

现状天际线

现状区域景观构架

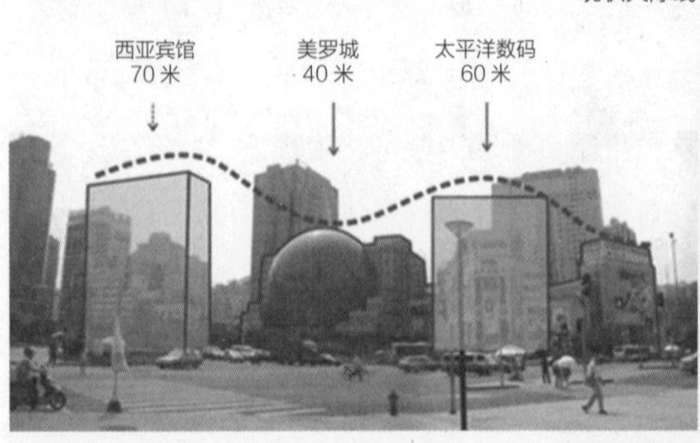

改造后天际线

改造后区域景观构架

图 1 西亚宾馆周边高度分析图

资料来源：笔者根据相关材料整理

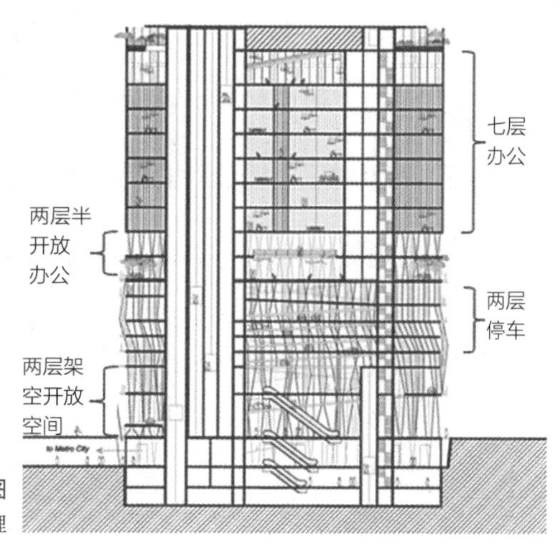

图 2　西亚宾馆改建后的立面图
资料来源：笔者根据相关资料整理

3.1.2　公共利益界定和协商过程

为保证项目改造符合地区规划导向，在改造前，政府提出了城市更新的保障公共利益的强制性内容：一是落实上位规划要求，进一步完善地区功能，符合徐家汇城市副中心的发展要求；二是保持经营性建筑总量不变；三是增加公共空间，优化地区环境品质；四是完善停车设施，改善地区交通。

在满足上述强制性内容的基础上，为推进城市更新的实施，需要在保障公共利益的基础上，满足个人利益或集体利益的诉求。为此，一方面，政府部门通过对徐家汇地区整体研究，认为该地区基准高度较高，属于高度不敏感区域（图 1），可以在处理好相邻利益前提下，允许高度适度提高，紧凑建设，以高度换空间，推进方案的实施。另一方面，根据地区当前的实际功能，政府允许用地性质由原来的酒店改成办公。

作为市场方，首先是满足政府提出的规划要求，并经过与政府的充分协商，对原建筑方案进行了修改。一是提供了底层供市民使用的公共空间，在两层位置建立人行平台，实现西亚宾馆与周边太平洋数码二期、美罗城的人行平台相连，使公共开放空间形成一个贯通的城市步行系统，起到观景和人车分行的作用；二是提供了两层空间用于停车，缓解了地区紧缺的立体公共停车位；三是确保了经营性面积不增加（图 2）。在满足上述规划条件的基础上，政府进行了相应奖励：将用地性质由酒店调整为了办公，且建筑高度进行了适当增加。

3.1.3　小结

该项目是较为典型的政府主导的城市更新模式，政府提出的诉求，可以认为是满足特定群体利益的“公共利益”。市场在遵循政府制定“游戏规则”的基础上，在保证经营性用地总量不增加的基础上，通过在高度不敏感地区提高建筑高度的方式，增加了城市公共空间和停车设施，既保障了公众的利益，又提升了徐家汇副中心地区的城市品质（表 1）。

3.2　产业社区：浦东六里社区由由工业园区

3.2.1　项目背景

地块所在区域为北蔡镇由由工业园区，开发于 1990 年代，是一处位于中心城区内的工业区块，规划范围总用地约 11.6 公顷。经过了数十年的发展，随着社会发展及区域发展条件变更，园区现有产业发展及土地开发利用面临着一定的发展困境。园区东部建材市场长期处于停业关闭状态，建筑环境的质量和形象较差。园区东南部的空地一直无项目入驻。这造成了大量土地资源的闲置和浪费，并严重影响了周边地区的城市形象（图 3）。

3.2.2　公共利益界定和协商过程

对由由工业园区所在的六里社区开展了城市更新评估，提出了城市更新中需要保障的公共利益：北蔡镇、花木街道范围内市、区级医疗、养老设施存在一定

西亚宾馆改造前后经济技术指标对比表　　表 1

<table>
<tr><th></th><th colspan="3">建筑面积（平方米）</th><th>建筑高度（米）</th></tr>
<tr><td>原方案</td><td colspan="3">—</td><td>35</td></tr>
<tr><td rowspan="2">新方案</td><td>一、二层架空</td><td>三、四层公共停车库</td><td>商业及办公</td><td rowspan="2">70</td></tr>
<tr><td>4000</td><td>3000</td><td>10623（其中商业（文化）约 1200，办公及设备层约 8500）</td></tr>
</table>

资料来源：笔者根据相关资料整理

图 3　由由工业园区现状土地使用图

资料来源：六里社区 Z000402 编制单元控制性详细规划 08 街坊局部调整

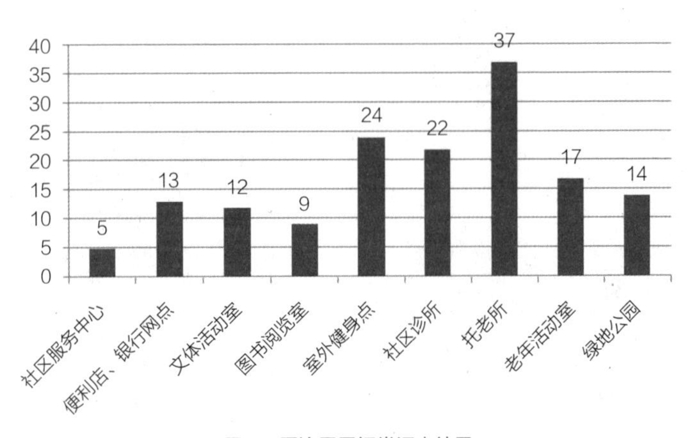

图 4　周边居民问卷调查结果

资料来源：六里社区 Z000402 编制单元控制性详细规划 08 街坊局部调整

的缺口，特别是养老设施缺口较大，由由集团作为园区主要的更新业主，应结合自身情况，通过城市更新，增加地区道路网密度，提供出一定的社区公共服务设施（主要为养老配套设施，包括托老所、室外健身点、社区诊所、老年活动室等）、公共开发空间、绿化等公共要素。

为突破园区产业转型发展瓶颈，有效盘活地块所在区域的土地资源，由由集团对由由工业园区的转型发展非常重视，对发展养老服务及相关产业态度非常积极，这一转型方向也得到民政局等相关部门的认同和支持。通过调查问卷和访谈，本次向社区居民发放回收调查问卷共 48 份，涉及 6 个小区，周边居民对目前小区周边的生活配套设施满意度总体一般，居民对生活配套设施的诉求最为迫切的为养老设施，其次为社区医疗及健身设施，对由由工业园转型发展医康养一体化养老社区的态度总体是支持的（图 4）（支持率为 94%）。

综上，该城市更行的功能定位为：“医、康、养”一体化养老社区，以养老服务、养老医疗配套功能为主。一方面，通过引进优质合资项目，发展养老、护理、介护、托管等新型养老服务产业；另一方面，借助现有医疗资源，发展专科医疗、健康体检、康复保健等养老医疗配套服务产业（图 5）。

3.2.3　小结

“104 产业区块”之外的工业用地，是上海城市更新中类型最多、量最大的一类城市更新项目。通过城市更新，政府推进了中心城区低效工业用地的转型，为地区提供了两条城市支路，增加了约 4 公顷的养老设施用地和约 2.3 公顷的医疗卫生用地（建筑面积约 5.88 万平方米）。企业通过相关城市更新政策，采用存量补地价的方式，将存量工业用地转型成为公益性设施用地，并获得了养老设施的经营许可权，同时增加了约 1.65 万平方米商办建筑面积。

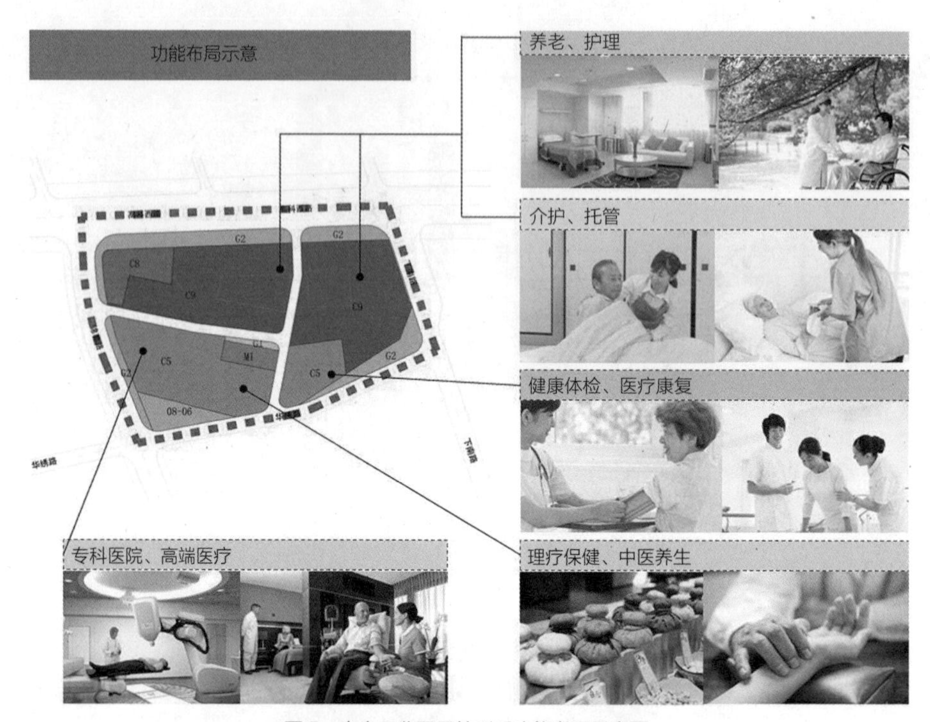

图 5　由由工业园区转型后功能布局示意图

资料来源：六里社区 Z000402 编制单元控制性详细规划 08 街坊局部调整

3.3　TOD 社区：张江传奇广场

3.3.1　项目背景

该更新试点项目位于浦东新区张江技创区，北至祖冲之路、南至晨晖路、东至松涛路、西至碧波路，用地面积约 9.73 公顷，原规划的 2 号线张江高科站（高架站点）位于地块内，后由于本段区域 2 号线的地下化改造，将张江高科站往东移出本地块，对原控规中规划的商业用地的经营影响较大，需要进行规划调整，适当增加办公功能。同时，张江传奇广场目前建设的土地利用效率低，仅有传奇广场、博雅酒店投入使用，现状建筑量（5.55 万平方米）与规划建筑量（14.47 万平方米）差距较大。为此，地块所属的张江微电子港有限公司提出了城市更新的相关诉求。

3.3.2　公共利益界定和协商过程

根据城市更新要求，开展了城市更新评估，提出了城市更新中需要保障的公共利益：已建行政设施满足规范要求，办公市场需求量大，商业需求下降，缺乏图书馆、青少年活动中心等类型的文化设施，需要补充约 1.26 万—1.56 万平方米的建筑量，周边体育设施建设尚有一定余量，不需过多配置。此外，由于轨道交通站点的改变，应加强地区系统性的步行体系构建，重点研究形成松涛路西侧连接新的 2 号线张江高科站的可行性，形成宜人、连续、易达的步行环境，并加强地区公交换乘枢纽与商务办公等的功能复合利用，有效组织地区承载的日常活动，结合建筑与景观环境设计，形成高品质的城市设计方案。

根据上述情况，张江微电子港有限公司同步委托境外建筑公司完成建筑方案设计，提出了以下利益诉求：一是在本地块内建议采取复合开发理念，形成以商业办公为主，文化和体育休闲设施相结合的功能业态；二是传奇广场地块（2–1）一期商业已建，在容量不变的情况下，性质调整为商业办公综合用地（容积率 3.0，建筑高度 78 米），将用地上已建商业拆除，重建商业和办公，并复合文化和体育休闲设施等功能；三是二期 2–6 地块规划用地性质调整为商业办公混合用地（容积率 1.8，建筑高度 60 米）（图 6）。

3.3.3 小结

该项目属于因外部重要交通条件改变所引起的城市更新项目。通过城市更新，政府推进落实了原控规中一直未落地的公交枢纽的建设（2–2 地块），进一步完善了公共空间，并通过加强城市设计，提升了该地区的城市风貌（图 7）。企业通过

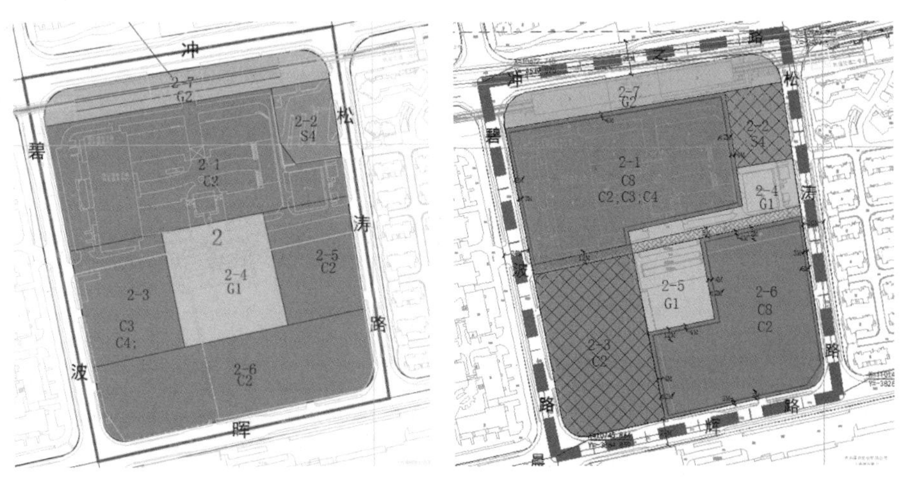

图 6　控规调整前（左图）后（右图）规划用地图

资料来源：笔者根据相关材料整理

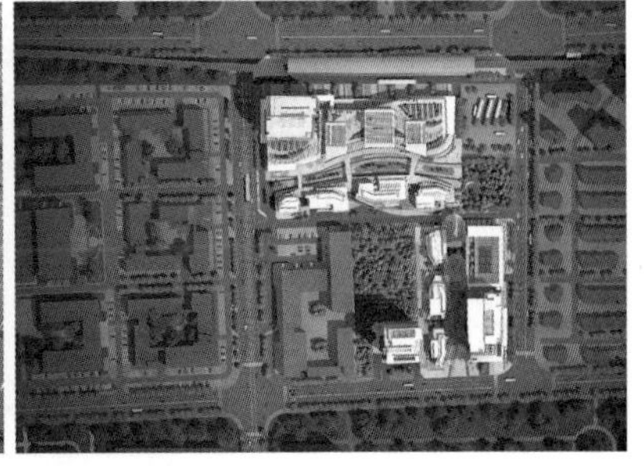

图 7　地块城市设计鸟瞰图和平面图

资料来源：笔者根据相关材料整理

改变地块内部的公共绿地形态，在不增加公共绿地面积的情况下，形成了联系松涛路的通道，加强了与新的轨道交通站点的联系，使地块受站点位置变化的影响最小化，仍旧保持了“TOD 社区”的活力。同时，企业利用城市更新的机会，将原控规中的部分商业用地，调整成为办公用地，并落实了已批控规中未落地的近 9 万平方米经营性建筑量。周边居民通过城市更新，获得了地区现状较为紧缺的文化和体育设施资源，同时，通过城市设计获得的良好的城市品质和建筑形态，也成为周边居民获得的无形资产。

3.4　地区中心：浦东金杨中国远洋海运地块

3.4.1　项目背景

2016 年，中国航运业两大巨头中国远洋运输（集团）总公司与中国海运（集团）总公司完成重组，在上海正式宣告成立中国远洋海运集团有限公司，公司下属的上海远洋运输公司海事培训中心（图 8 中的 4、图 9 中的 02-07 地块），经过三十年的发展，需要通过城市更新，盘活存量土地、优化资源配置。

3.4.2　公共利益界定和协商过程

根据城市更新要求，开展了城市更新评估，提出了城市更新中需要保障的公共利益：一是地块所在的浦东新区金杨社区的建成时间早，周边临近沪东新村、浦兴路街道、金桥碧云、花木联洋、洋泾街道等多个以居住功能为主导的单元，是浦东新区居住社区建设最为成熟的地区之一，根据对既有控规的评估，金杨社区行政、医疗卫生、养老福利和商业设施的规模已超出规划技术准则的要求，最缺文化设施和体育设施，需要通过城市更新，补充整个金杨社区最缺的文化设施

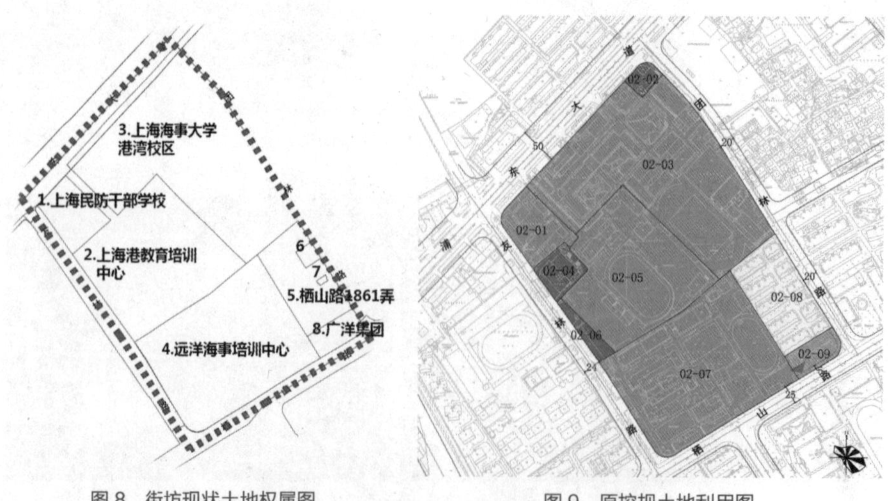

图 8　街坊现状土地权属图　　图 9　原控规土地利用图

资料来源：上海市浦东新区金杨社区 Y001003 单元 02 街坊局部调整（实施深化）

和体育设施，由中远海运集团向政府无偿提供 10% 的建设用地用于公益性设施的建设。二是新增公共绿化应满足 24 小时对外开放要求，同时新建建筑应符合绿色建筑等相关标准与要求。三是该片区应与现有金桥国际商业广场互为补充，完善地区的公共中心体系，为航运科技创新园区，积极发展航运科技技术创新以及高端航运服务产业，满足区域航运企业的多层次需求。

根据上述情况，企业提出了以下城市更新诉求：调整现状远洋运输公司海事培训中心用地，通过城市更新，建设职工宿舍解决航运人才引进问题，建设一定比例的商业配套设施。同时，根据城市更新要求，就街坊城市功能、环境提升等民生诉求征集了公众意见。公众参与的对象主要为金杨新村街道管理者，他们与街坊及其周边居住街坊的居民的联系密切，充分了解街道的现状情况，可以有效代表街道居民对地区发展的诉求。此外，还通过与远洋集团的工作人员的不断沟通，了解物业权力人的转型诉求，以保障项目的可实施性。

3.4.3　小结

通过城市更新，政府进一步服务于中国远洋海运集团有限公司企业发展，提升了上海国际航运中心功能，通过增加东西向的城市支路，将原来相对封闭的地块打开，增加了整个街坊的开放性。企业将不符合发展需求的现状教育培训用地进行调整，增加了亟需的人才公寓和商务办公楼。同时，在满足企业利益诉求的基础上，企业通过城市更新增加的一处社区文化中心和一块公共绿地，可以服务周边居民，为创新人才提供了商务休闲娱乐、商务餐饮等多样的配套设施（图 10、图 11）。

3.5　居住社区：塘桥社区公共空间微更新

3.5.1　项目背景

塘桥街道（社区）处于浦东新区内城西南部，西临黄浦江，总面积 3.86 平方公里，是现今浦东最为成熟的居住社区之一。在城市快速生长更替过程中，社区

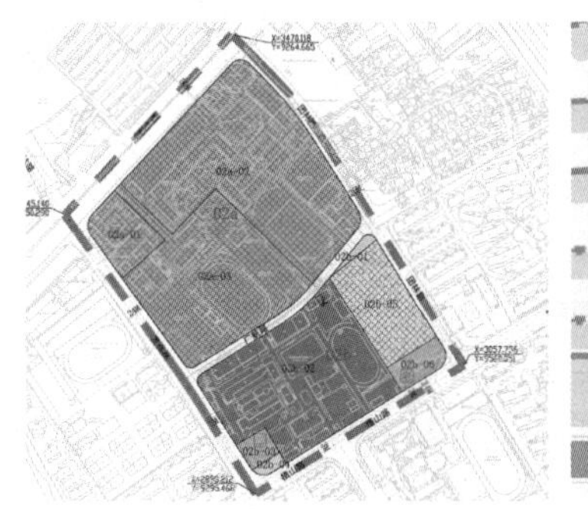

图 10　规划调整后土地利用图

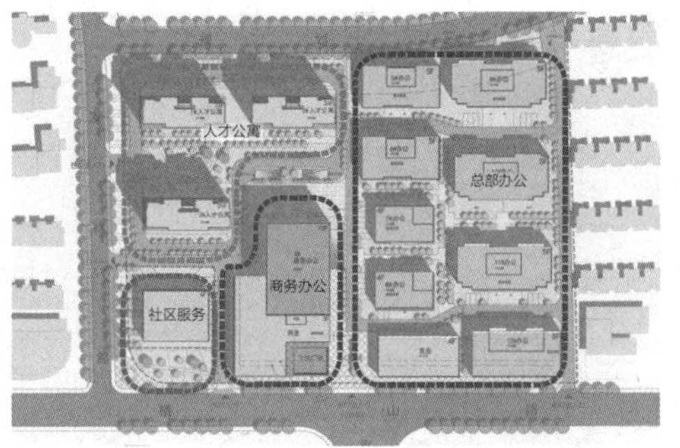

图 11　规划功能布局图

资料来源：上海市浦东新区金杨社区 Y001003 单元 02 街坊局部调整（实施深化）

中不少公共空间出现了功能混乱、品质不佳、效率低下的问题，社区民众普遍反映室外的文化活动和交流空间极度缺乏。结合问题和诉求，聚焦民生、聚焦改造动作小而见效快的小微空间，开展城市微更新工作。

3.5.2 公共利益界定和协商过程

在微更新项目的选点环节，首先由浦东新区规划院组成的社区规划师队伍对整个社区进行了现场踏勘，并结合社区意见，列出微更新选点清单，共 28 处（图 12）。在此基础上，再通过社区民众投票方式确定两处近期亟需更新的项目，即南泉休闲广场和东方路—浦建路街角。其中，南泉休闲广场位于南泉路 / 塘桥路丁字路口对面，面积约 2000 平方米。地块处于多个老旧小区的共同出入通道处，是居民日常生活、活动的主要场所，既是买菜、购物的必经之地，又是老年人休闲活动的地方，也是居民广场舞和小学生接送等候场地，还承载居民节假日的集会活动（图 13）。东方路—浦建路街角位于塘桥社区中心位置，是两条城市干路——东方路和浦建路公共绿带的交会节点，面积约 5000 平方米。该处过往人流量大，

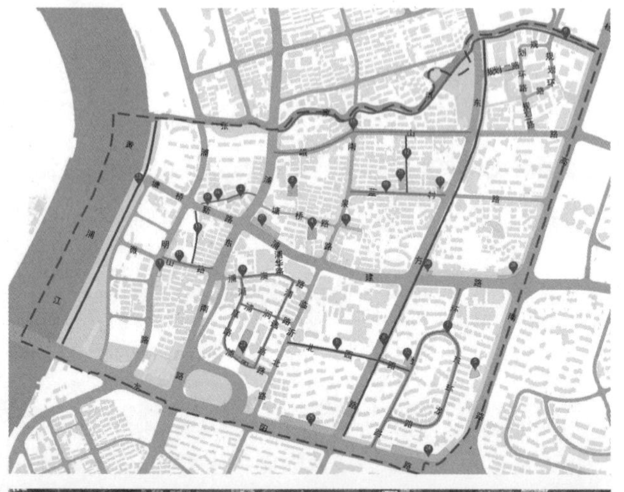

图 12 供社区居民选择的 28 处改造项目分布图
资料来源：笔者根据相关材料整理

图 13（左）、图 14（右）：南泉休闲广场、东方路—浦建路街角位置示意图
资料来源：笔者根据相关材料整理

周边医院、大型商场、轨交站点等设施集聚，是社区形象的展示窗口（图 14）。

在项目具体推进过程中，两个更新项目的设计方案的着眼点便落在“民意收集”上，设计团队与塘桥街道进行筹划讨论，走访塘桥码头号子队，与金浦小区居委会、居民代表进行交流。此外，团队还进行了多种多样的现场居民交互活动，包括现场模型 + 图板展示、居民意见栏、方案投票、居民会议、塑料板作画、文化衫涂鸦、码头折返跑等，提高了居民对广场更新的知晓度和主人翁意识，营造了良好的“民策民智”氛围。

3.5.3 小结

该项目在公众参与和社会治理层面做了积极尝试，取得了很好的效果。从项目产生到项目建成、养护，均实现了全过程的公众参与，需求公众提出，设计公众商议，管理公众参与，将社会治理和社区建设融为一体，相辅相成，同心协力，取得了很好的效果。

3.6 公共空间区域：陆家嘴福山路跑步道

3.6.1 项目背景

该项目的源起是福山路上商户（一家健身房）向陆家嘴街道提出利用门口的街道和建筑后退空间建设健身步道。街道认为项目的实施能够提升小区域范围内的公共空间品质，激活社区活力，因此，委托陆家嘴社区基金会具体操作。

3.6.2 公共利益界定和协商过程

陆家嘴社区基金会把健身跑道的建设放大到整个区域层面进行整体考虑，提出环梅园公园“翡翠指环”的概念（图 15）。基金会组织召开了翡翠指环概念方案发布会，邀请居民、设计师、专家、政府齐商共议，在资金筹措上，提出了“政府出一点、众筹一点、基金会筹一点”的资金筹措思路。

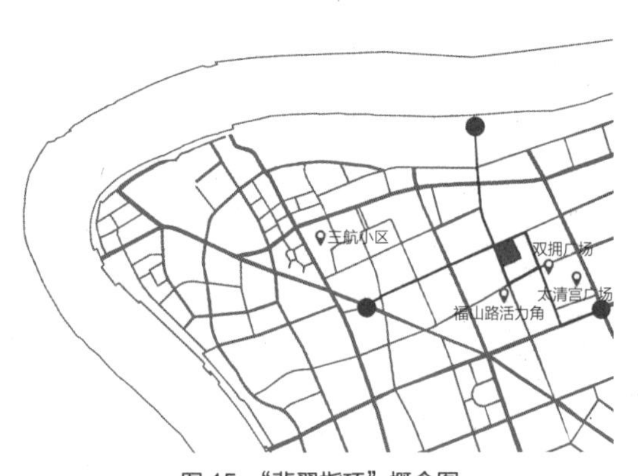

图 15 “翡翠指环”概念图

资料来源：笔者根据相关资料整理

图 16 建成后的跑步道实景照片
资料来源：笔者根据相关资料整理

在项目推进过程中，基金会到翡翠指环项目相关的几个居民区（梅园公园周边林山、市新、隧成、福沈、松山和光辉）开展协商式规划，与社区居民、社区企业、政府官员以及规划专家一起探讨社区规划和社区营造，听取居民对社区的建言。同时，基金会邀请长期居住并工作在福山路 400 米半径区域内的居民参与问卷调查，采取头脑风暴、分组讨论的方式，邀请居民、设计师和专家对方案进行讨论。根据前期基金会和商户达成的契约，商户将承担部分跑步道管理维护的责任，并组织一些健身主题活动，实现室内健身空间和室外健身空间的互动（图 16）。

3.6.3 小结

在这一套利益博弈、多方协作的系统里，市场组织（基金会）体现了其统筹作用与长远眼光。跑道花园只是试验田，相继的梅园公园改造、翡翠指环计划等将打通周边 400 米服务半径，可以为居民营造更多促进健康的社区环境。基金会用其具备的自身独特的协调多方角色的优势，完成了居民、政府、规划师、建筑师或者景观师很难以独立的身份完成的实际项目。

4 结论与讨论

城市更新的过程中，需要政府的决心与执行力，更需要来自社会方方面面的配合和主动性。城市更新涉及的公共空间、公共设施、交通规划、文化生活、风貌保护等每一个领域，并非高高在上地存在于图纸，而是与每一个人的生活都休戚相关。协商式规划，强调规划要充分反映不同利益群体的社会诉求，平衡各方利益，通过充分的沟通和协商达成一致的认识。本文通过对 6 个不同地区城市更新案例，对城市更新中的公共利益内涵进行了剖析，对公共利益的形成过程进行了分析，通过对案例的比较研究，有以下三个方面的思考。

4.1 公共利益的内涵范畴包括普适性利益和特定利益

城市更新中的普适性公共利益较为抽象，受益主体最为宽泛，其本质基础，可以认为是整个城市的长远发展愿景，通过全市层面的战略规划或总体规划予以明确。例如，在上海市新一轮城市总体规划，提出了建设“创新之城、生态之城、人文之城”的发展愿景，总体规划作为城市未来发展的行动纲领，相当于在全市层面提出了出于“公共目的”的“公共利益”，形成了统一的价值导向和认识。在实施“上海 2035”的过程中，通过各层次下位规划将全市层面提出的“公共利益”以指标分解、空间落地等措施予以逐级分解落实，是一个将抽象的“公共利益”逐步具象化的过程。在具体的城市更新案例中，在符合普适性公共利益基础上，针对特定地区、特定人群，形成“特定公共利益”，其外在的表现形式丰富多元，可以是功能性的，也可以是涉及产权的公益性设施，还可以是不涉及特定产权主体的公共空间。例如，金杨中远海运地块城市更新中的提升上海国际航运中心功能、完善金杨地区中心体系这类相对抽象的公共利益；徐汇西亚宾馆、张江传奇广场以及由由工业园区等这类涉及具体产权的城市更新，增加了停车场、文化、养老、体育等物质性设施的公共利益；塘桥社区微更新和福山路跑步道建设这类不涉及具体的产权主体的城市更新，增加了公共空间、绿化广场等公共利益。

4.2 公共利益的形成过程是“力量相对均衡”的各方协商的结果

造成城市内、外空间变化的动力机制实质是相同的，即所谓“政策力”、“经济力”和“社会力”三者的共同作用（张庭伟，1990）。城市更新中面对多元的利益主体，在公共利益形成过程中，面临多种价值观的冲突。在我国的制度语境下，“政府推动”无疑是公共参与“自上而下”形成的主导力量，是“政策力”的主导者。由于我国的公民社会体系还处于发育阶段，市民“自下而上”完整而准确表达意见的基础条件尚未完全成熟，“经济力”，尤其是“社会力”，往往需要通过“团体形式”的公众参与来实现，通过制度化的保障，构建政府、企业、市民之间力量相对均衡平等、更为有效沟通的平台，增加与政府之间进行面对面的沟通和交流，提升政府采纳公众意见的机会。在本文金杨中远海运地块、由由工业园区、张江传奇广场等几个案例中，居民通过居委会、街道或者基金会的形式，参与到具体的城市更新项目中。在不涉及具体产权的浦东塘桥以及福山路跑步道的微更新中，更是形成了居民主导的城市更新模式，通过公益性组织、基金会或者社区，来全过程地组织推进。

4.3 公共利益的最终落地需要通过市场机制来保障

只有建立与市场机制相对应的开发控制机制，才能够实现对开发利益分配结构的有效调节，城市规划制度才能够得到社会公众的认同，制度的权威才能得以树立（王郁，2008）。政府在制定城市更新的“游戏规则”之后，为激发产权人释放更多的公共设施和公共空间，需通过与市场主体的“协商”，由市场主体提出的城市更新需求，在符合区域发展导向和更新目标并增加公共要素的基础上，可以通过城市更新项目，在规划用地性质、用地边界、容量、高度上进行调整，社会也因获得了新增的公共要素资源而最终受益，本文中的前 4 个城市更新案例，均是通过建立相应的市场机制来保障项目的推进。需要指出的是，社区微更新虽然与居民关系最为密切，但由于涉及的是公共产权，由于缺少“有利益诉求”的市场主体，政府的年度财政资金又有限，导致在落实项目资金保障上，存在一定的压力，无法满足全部更新项目的实施需求，这也是社区微更新行动推动过程中的最实质性障碍。关于项目的资金运作，或许可以从陆家嘴街道的街区更新改造项目的资金筹措方式上得到一些启示：由社会公益组织——陆家嘴社区基金会发起，在实施经费上将采取政府出一点、众筹一点、基金会想办法筹措一点的“三点合一”方式获得，其中社区居民众筹的经费比例虽然是最少的，但将是基金会最大力推广的筹款方式，希望通过众筹让每个居民都能参与到社区的营造过程中来，一起共建、一起自治社区家园。

参考文献

[1] 沈桥林．公共利益的界定与识别 [J]. 行政与法（吉林省行政学院学报），2006，(01) .

[2] 胡锦光，王锴．论公共利益概念的界定 [J]. 法学论坛，2005，(01)：10.

[3] 胥明明，杨保军．城市规划中的公共利益探讨——以玉树灾后重建中的“公摊”问题为例 [J]. 城市规划学刊，2013，(05)：38.

[4] 何明俊．城市规划中的公共利益：美国司法案例解释中的逻辑与含义 [J]. 国际城市规划，2017，(01)：47.

[5] 田莉．城市规划的“公共利益”之辩——《物权法》实施的影响与启示 [J]. 城市规划，2010，(01)：29.

[6] 石楠．试论城市规划中的公共利益 [J]. 城市规划，2004 (06)：20.

[7] 王郁．开发利益公共还原理论与制度实践的发展——基于美英日三国城市规划管理制度的比较研究 [J]. 城市规划学刊，2008 (06)：40.

[8] 约翰·利维．现代城市规划 [M]. 张景秋，等译．5 版．北京：中国人民大学出版社，2003.

[9] 杨帆．让更多的人参与城市规划——倡导规划的启示 [J]. 规划师，2000 (05)：62-65.

[10] 于泓．Davidoff 的倡导性城市规划理论 [J]. 国外城市规划，2000 (01)：30-33.

[11] 温雅．基于市民社会的协商式规划体系的构建 [C]// 中国城市规划学会．规划创新——2010 中国城市规划年会论文集．重庆：重庆出版社，2010.

[12] 沈娉，张尚武．从单一主体到多元参与：公共空间微更新模式探析 [J]. 城市规划学刊，2019 (03)：103.

[13] 张庭伟．1990 年代中国城市空间结构的变化及其动力机制 [J]. 城市规划，2001 (07)：7.

[14] 胥明明．沟通式规划研究综述及其在中国的适应性思考 [J]. 国际城市规划，2017 (03)：100.

张凡
段德罡

张凡，西安建筑科技大学建筑学院讲师，博士研究生
段德罡，中国城市规划学会理事、学术工作委员会委员、乡村规划与建设学术委员会委员，西安建筑科技大学建筑学院教授、副院长，陕西省村镇建设研究中心主任

从空间塑造到活力培育
——杨陵[1]乡村规划建设实践

乡村振兴战略二十字方针，产业兴旺、生态宜居、乡风文明、治理有效为发展路径，生活富裕为最终目标，乡村振兴现实工作展开中，由于不同的地域环境、不同的社会经济发展特征及诉求，乡村振兴面临的挑战不同，老百姓亟待解决的问题也不尽相同，各条路径很难齐头并进。本文就西安建筑科技大学北斗乡建团队（以下简称团队），在陕西省杨陵区展开的乡村建设活动中，深入挖掘地方乡村活力缺失现状和机理，基于活力培育进行的乡村规划建设路径展开研究，以合理选择乡村振兴的抓手，因时、因地、因村培育杨陵乡村规划活力路径。

1　杨陵乡村概况

1.1　杨陵概况

杨陵区位于陕西省咸阳市，区位交通条件优良，乡村与城市联系紧密。在自然资源方面，该地区属于关中传统的大田农业种植区，不具备独特的自然景观资源。在经济产业方面，依托杨凌示范区——中国首个农业高新技术产业示范区，全域乡村的农业现代化基础良好，整体农业发展水平较高，全区人均 GDP 达到近 6 万元。在设施建设方面，杨陵区城镇化发展速度较快，但城乡基础设施和公共服务设施尚存在较大的差距。

[1] 杨陵区是由陕西省直辖的地级行政区——杨凌农业高新技术产业示范区代咸阳市政府管辖的县级政府。

1.2 杨陵乡建

整体来看，杨陵区农业产业经济发达，区内村民生活水平较高，但村内无其他特色资源，吸引村民回乡创业、发展乡村产业成本高、难度大。同时，借助国家农业示范区这一发展平台，各种政策均向该地区倾斜，使得村民已习惯于享受各种政策支持和帮扶，乡村凝聚力逐步缺失。对于杨陵区乡村发展来说，第一要务是要让离散的村民有回归家园的动力。因此，近年来，杨陵区政府邀请西安建筑科技大学北斗乡建团队，展开乡村空间规划建设，旨在打造现代乡村人居环境典范，让村民有获得感、自豪感，进而促使其逐步回归家园。杨陵区先后推动了《杨陵区美丽乡村建设三年行动（2014—2016）》、《杨陵区美丽乡村建设提升工程实施方案（2016—2018）》、《杨陵区美丽乡村文明家园建设工作实施方案》、《杨陵区乡村振兴示范村规划设计》等村庄规划建设项目。经过多年的建设、投资，乡村面貌发生了巨大变化，"乡村旅游示范村"、"美丽宜居示范村"等各种名誉称号接踵而至，社会关注度不断提升、前往参观的人流络绎不绝。据不完全统计，近半年来，几个示范村已接待来自不同地区百余个团队、数千人前来参观、学习、交流。同时，随着乡村建设的持续推进，先后有 CCTV、央广网、人民网、新华网、凤凰网和大秦之声等二十余家中央和地方新闻媒体进行相关报道。可见，杨陵区的乡村建设已取得了较为卓越的成效。

2 杨陵区乡村活力评析

杨陵区乡村经过三年集中建设，村庄空间品质不断提升、环境不断改善、服务设施趋于完善，初步实现了生态宜居的建设目标。对于农业现代化水平和乡村空间建设均已处于领先水平的杨陵区乡村来说，分析该地区乡村活力现状、探析活力缺失机理，有助于判断乡村在下一发展阶段所要面临的核心问题，为更好地推进乡村振兴铺平道路。

2.1 乡村活力现状

2.1.1 村民主体缺位

我国乡村社会在很长一段历史时期处于相对稳定状态，传统的乡土社会讲究合乎礼治的行为规范，在村落内部形成了人们普遍认同并共同遵守的乡规民约，具有很强的向心力和凝聚力。新文化运动以来，随着传统乡村封闭性被打破，乡村原有内敛性文化所滋养的共同归属感逐渐淡化，乡土文明日渐凋敝，导致了村民对于家园文化的不自信，滋生了小农思想的局限和传统价值取向的异化，使村民呈现出一种较为离散的状态，乡村也逐渐由过去“责、权、利统一”的实体结构变成“权小、责大、利微”❶的虚体结构[1]，村民难以形成强大的社会共同体意识，此为村民的意识缺失。表现在当前以政府为主导的乡建活动中，“靠着墙根晒太阳、等着政府送小康”、“政府干、农民看”等现象明显。出现了村民主动放弃建设家园的责任，为了自身经济利益开始想方设法占取政府便宜；村民通常将自己当作旁观者，由建设家园的主体变为客体，造成大量乡村建设成果荒置、无人维护；不愿意付出体力或脑力，倾向于坐享其成，往往依赖于国家红利而不努力提高自己的生活水平等现象，此为村民的行为缺失。总体来看，杨陵乡村发展与建设中，无论是意识上还是行为上，村民主体是缺位的，使得乡村整体呈现出一种无人关心、无人建设状态。

2.1.2 集体活力消弭

中国自古是一个乡土社会[2]，然而改革开放后成千上万的乡村聚落在村镇合并中逐步消失，宣告着乡村的衰落。进入 21 世纪之后，2005 年至 2015 年十年间中国消失了 90 多万个乡村聚落[3]。这意味着更多的乡村人口将离开乡村，城镇化进程下的乡村衰退将成为一种客观的必然[4]。同时，伴随着工业化、城镇化进程的加快，农村各种可流动资源或要素单向地流向城市，致使城市“膨胀化”和农村“凋敝化”问题突出[5]，乡村内部各子系统及其构成要素失衡，出现了乡村传统文化丧失、生态环境污染、“三留守”人口增多、主体老弱化和土地弃之化的乡村地域空心化等一系列问题，使得乡村地区活力逐渐涣散。针对杨陵区来说，近年来随着城镇空间的扩张，部分乡村进行拆迁撤并，杨陵乡村整体呈现衰减的趋势；另一方面由于该区域内乡村距离城市较近，村民具备外出打工的区位优势，村民自主选择离乡就业。劳动力在城乡间取得了就业平衡，村民个体经济发展水平较好，而集体意识淡漠，乡村总体呈现凋敝状态。

2.2 活力缺失机理

2.2.1 农业产出低下

农村经济发展乏力及农民经济收入低是影响村民离乡的主要因素。这其中主要包括：一是由于乡村的人均土地资源拥有量较少。通过对杨陵八个村庄的耕地面积和总人口进行统计，人均耕地面积均小于全国人均耕地水平。村民通过传统

---

❶ 权小指村干部的权力被上收，缺少执法权，村庄未来的建设发展均由上级部门制定；责大指村庄一旦出现问题，村干部便要承担直接责任；利微指村干部工资较低，且即便能做出决策，推动乡村建设发展，但对村干部自身利益却没有太大帮助。

耕种难以满足其产业发展期望，现代农业发展乏力，城乡二元经济结构转化滞后，个人劳动力价值无法得到预期回报而产生离乡动机。二是由于教育、医疗等公共服务供给长期不足，农业劳动力人力资本水平长期较低，农民增收难度加大。通过对杨陵八个村庄受教育水平进行统计，村庄居民多为初高中及以下文化水平，村民文化素质一般。综合以上两种因素，经济产业作为乡村发展的重点，未能与村民需求、能力相匹配，而村民日益增长的对美好生活需求和村庄不充分的发展之间的矛盾，导致村民主观上有自我实现的需求但客观条件并不成熟，这在很大程度上导致村民离乡，乡村的发展动力不足。

2.2.2 公服配套不均

长期以来，农业农村基础设施和公共服务建设对农村经济社会发展产生了巨大的直接效应和间接效应，是推动农业农村发展的动力引擎[6]。随着经济水平的提高，大部分村民摆脱贫困，成功实现了从温饱不足到总体小康，村民对于生活配套设施的要求也逐步提高。然而，当前一个基本的事实是，对于同种类的基本公共服务，乡村的质量较差，城市的质量较高[7]，村内供给质量无法满足村民需求加重了村民离乡的动机，其中直接影响村民是否选择离乡的是教育设施的城乡不均等。主要表现在乡村地区为了解决资源浪费、学校布点分散、设施水平和教育质量低下、师资难以保障等问题，部分地区采取中小学撤并的方式进行解决，但是这又引发一系列新的问题，比如为了照顾子女上学，很多人离开村庄进城陪读；或由于学校离家过远，孩子住校导致从小离开父母，缺少应有的关爱，对其价值观的构建产生影响等问题。目前，杨陵大部分乡村村民温饱问题已经得到了解决，村民经济水平进一步提高，具备了选择诸如教育、医疗等服务设施的经济基础。而村内无法满足村民更高层次的生产生活需求时，那么，劳动力、资本等生产要素大量流向城市，造成乡村严重“失血”。

2.2.3 村民身份“自卑”

传统乡村文化的产生和发展有其特定的社会背景，乡村社会环境、农民生产生活方式是传统乡村文化发展的决定性因素。自中华人民共和国成立以来，乡村社会经历了土地改革、农业集体化、社会主义教育运动、家庭联产承包责任制等各类改革，带来了乡村社会制度环境的变化，从制度层面曾对乡村文化中传统习俗、信仰等方面进行改造，很大程度上影响了乡村社会的内生动力机制，进而导致传统乡村文化价值被改变，传统乡村文化陷入无根可循的境况。同时，随着商品经济时代的到来，因个人能力与资源的差异，村民对个人财富的无度追逐使乡村内部开始出现阶级分化，维系乡村秩序的集体意识逐渐被瓦解[8]。其次，随着农村生产力的发展，新的经营方式和角色分化影响了乡村社会结构和运行机理，进而影响了村民的价值取向，村民的日常生产生活行为日益商品化、市场化和社会化，全民功利化对乡村社会文化也产生了巨大冲击。再者，乡土中国的社会秩序主要依靠社会中的礼俗文化构建并维系，而在新的生产经营方式下，乡村独有的礼俗治理方式逐渐无力，乡村自治体系走向瓦解。乡村文化由于受外部众多因素和自身发展缺陷影响，出现众多不良的表征。因此，当下杨陵乡村社会各种问题的根源，归根究底在于人，核心问题就在于村民信仰的缺失，它造成乡村社会内核引力不足，导致了乡村社会秩序的瓦解，难以形成有序的活力。

3 基于活力培育的乡村规划建设路径构建

杨陵区乡村物质环境建设基本完成，接下来乡村发展的重心将向产业发展、乡村治理、文化建设等方面转移。面对当前农业产出低下、公服配套不均、农民身份自卑等问题，如何通过适宜的规划路径，解决村民主体缺位、集体活力缺失的现状，激发乡村发展的内生力量，是目前亟需解决的问题。

3.1 指导思想

3.1.1 以培育内生动力为要义

李克强总理曾强调“西部地区要依靠改革、开放和创新增强内生动力”。在快速发展的城镇化背景下，作为乡村建设发展主体的村民，自身家园意识缺失，部分养成了“懒私油赖”的生活陋习，不愿去作乡村的建设者，只想充当成果的享受者，乡村建设更是步入了建设容易，管护难的困境。因此，当下需要注重强化村民的民主意识、提升村民创新意识、促进村民对品质生活的追求，引导村民从“有利可图”到“应当如此”价值观念的重塑，使之能够更好地作为价值主体去接收、认可乡村发展过程中先进的物质、精神文明成果，激发乡村发展的内部活力。

3.1.2 以因村制宜发展为原则

《乡村振兴战略规划（2018—2022 年）》中明确提出，根据不同村庄的发展现状、区位条件等，按照集聚提升、融入城镇、特色保护、搬迁撤并的思路，推进乡村分类发展。因此，乡村要实现振兴，须明确不同类型乡村发展趋势，并结合不同乡村资源禀赋、区位条件、劳动力素质、产业基础等内容判定乡村发展特征，明确乡村发展方向，有序引导乡村发展进程。实现乡村振兴还需要人才、资金等发展要素的支持和“回流”，需要统筹推进新型城镇化与乡村振兴协调发展，有效消解农村的剩余人口，实现因地制宜的乡村发展。

3.1.3　以优化参与路径为保障

中央一号文件《关于坚持农业农村优先发展做好“三农”工作的若干意见》中指出要发挥农民主体作用，充分尊重农民意愿。这意味着乡村建设应当充分听取村民意愿，优化村民参与路径。首先，制定规划时充分考虑村民参与路径，通过设定适宜的参与途径提升村民参与规划、建设的积极性。其次，充分发挥村内基层组织的功能，探索乡村自治、法治、德治相结合的有益路径，构建畅通的村民利益表达机制、参与机制、决策机制等，促进村民由参与规划建设向自主规划建设方向转变，进而从根本上保障村民权益。最后，结合村民参与意愿和参与能力，设定不同层次的参与目标，明确不同类型村民的参与方式和参与内容。

3.2　路径构建

3.2.1　明问题，判方向，聚焦活力缺失根源

不同乡村因其所处地域、发展阶段、自然经济条件等的差异，所拥有的发展机遇、挑战不尽相同。在国家宏观战略的指引下，乡村发展方向与目标应具有针对性，同时依据不同乡村地区的经济、社会、文化和生态环境条件，充分考虑乡村发展的阶段性特征，明确乡村发展的瓶颈问题和制约因素，构建符合乡村发展阶段特征的发展策略。在村民信仰缺失、乡村发展空间不足的背景下，针对农业产业低下、公服配套不均、村民身份“自卑”等导致的乡村建设主体缺位，需要针对性提高乡村发展引力。从乡村物质空间环境和软性空间同时入手，提升乡村生活品质，提高乡村引力；结合因村制宜、因村民个体能力制宜的乡村产业设置，提升村民的获得感和职业自豪感；完善体制机制保障，调动村民发展积极性和主动性，由内生动力和外部推力同时发力，促进乡村活力提升。

3.2.2　重民智，扶民志，确保村民当家做主

村民是乡村发展的主体。其本身的劳动技能、可投入资金及闲置空间等都是乡村发展过程中的资源，乡村建设应重视村民主体作用，注重整合村民资源，增强村民的参与感，提升村民发展的信心和动力，让村民成为家园建设的主导者和谋划者。依据村民个体资源在参与乡村发展过程中所呈现的参与特征，可将个体资源划分为三类：一为村内积极分子，该类个体资源特征为对于乡村发展具有主动性、积极性，对乡村发展起到正面推动作用，应在乡村的产业发展过程中对其进行政策保障，增加其带动作用；二为中间分子，该类个体资源占乡村个体的大多数，在乡村发展过程中往往持观望态度，应通过基层组织的治理、带动作用，促进该类个体资源向积极分子转变；三为消极分子，该类个体资源由于主观、客观等原因，对乡村发展起着负面作用，应加大对其教育、帮扶力度，对其

思想进行感化、对其能力进行提高，减小乡村发展阻力。因村制宜整合盘活村民个体资源，集民智、聚民力，使乡村与村民共同发展，促进村庄内生发展动力的形成。

3.2.3 强教育，重管理，构建现代乡村治理体系

目前，大多数乡村自治组织因为压力型体制、自身的逐利性及对村民无制度化的制约能力，在治理时效率低下，是影响乡村活力的重要因素。针对村民家园意识薄弱、凝聚力不足、治理效率低下的问题，应当探索建构现代化乡村治理体系。在村民日常活动组织的基础上，可以由村党组织直接领导各教育、文化、经济等自治组；也可在家族文化基础上，建立家族组织。成立的自治组织应当类型多样，并各司其职。对自治组织力量较强的乡村来说，要充分发挥村民的主观能动性，促进村民与组织合作互动，形成多元社会力量共存下的基层自治主体。充分利用外部资金、人力优势，协调内、外部资源，共同推动乡村发展。同时建立“以政府为主导、村民为主体、社会参与”的机制，充分发挥村民主体作用，建立民主决策机制，真正实现村民自主决策、自建自管的村庄发展机制，引导和调动社会各方力量，为乡村治理提供人才支撑。

4 基于活力培育的杨陵乡村规划建设实践

4.1 建设发展新路径

4.1.1 因地施策提升乡村生活品质

目前，团队在杨陵区进行的一系列乡村建设活动侧重于乡村物质空间范畴，力求通过一定的空间设计手法，积极培养村民的现代意识与文化自信，带动乡村社会文化建设，最终实现乡村全面振兴。面对当前乡建陷入简单施工的泥沼，未能充分展现材料本身的美感问题，团队挖掘常见的建筑材料如红砖、清水砖、卵石等的设计多样性，通过建造工艺上的组合，挖掘并发挥材料固有价值，使之呈现多样、创新的砖瓦等乡土材料的现代砌筑样式（图 1）；针对当下乡村建设废料闲置浪费问题，团队利用红砖、青砖、小青瓦、混凝土块等乡土建筑废料进行乡村设计，探索建筑废料、弃置物品的回收利用可能性，将废旧材料应用于门前统建、景墙、道路硬化等项目，使随处可见的废旧材料得以合理利用（图 2）；在乡村振兴战略中，为了补齐农村生活品质低这一短板，团队从基础设施改造入手，重点关注乡村厕所问题，自方案设计至施工主导了乡村旅游厕所、村民生活厕所及村庄示范厕所等三类乡村公共厕所的建设，并结合村庄基础设施改造，通过现代物理性能的提升及技术改善来提高乡村现代化（图 3）；针对当前不少乡建出现

图 1 姜嫄村门前统建

图 2 黎陈村后粪道、王上村门前统建

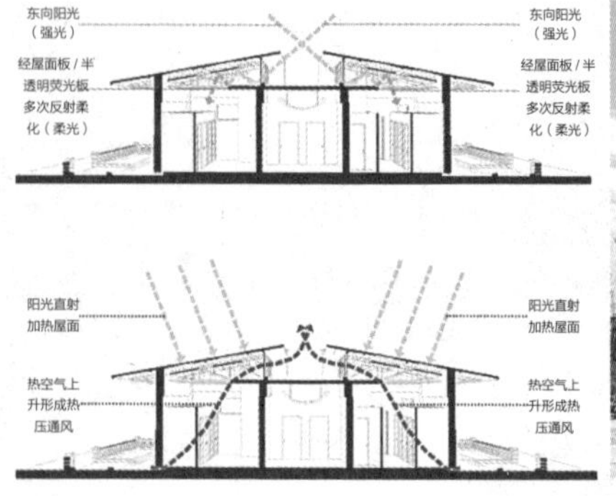

图 3 王上村公共厕所

“千村一面”的现象，又或采用城市设计手法导致乡土气息缺失等问题，团队根据毕公村汉文化特色浓厚，利用现代材料设计了具有汉文化特质的现代化构筑物（图 4），受到村民、村领导的一致好评。

4.1.2 乡村产业匹配村民个体能力

针对乡村经济产业发展，挖掘村民劳动技能、提供就业岗位、促进村民增收是基础，结合劳动力资源（包括能力、资金、闲置房屋等），将村民个体资源系统化利用是通过发展乡村经济产业吸纳和留住乡村劳动力的有力保障。在杨陵区，各个乡村产业都具有发展潜力，如王上村以猕猴桃种植为主导产业、上川口村以锣鼓制作售卖为主进行产业发展、崔西沟村依托较好区位形成了以农家乐为主的第三产业等。团队秉持着因村制宜、因人施策的理念，旨在以乡村产业发展为抓手，真正意义上推动“人”的振兴。

以王上村产业发展为例，该村猕猴桃种植经济发展态势良好，但是村庄资源碎片化、村民整体的离散化都使得村庄产业发展遇到瓶颈，距离产业兴旺仍有一定距离。对于该村来说，产业发展的目的不仅是为了增加村民经济收入，更是吸引村民返乡、增加村民凝聚力的重要手段。因此，团队首先对王上村的土地、空

图4 毕公村大门

间等现状进行梳理，总结出该村资源利用方式、利用内容等方面的问题。其次，通过入户走访、村民大会、电话调研等形式全面了解村民能力、深入挖掘村民意愿，包括发展意向、个人技能、投资预算以及资金用途等，以村民视角整合乡村未来可能的发展内容。进而结合村庄本身经济发展水平、建设基础、资源禀赋及社会特征等方面，为其构建符合村民发展诉求、匹配村民发展能力的产业体系。主要包括升级一产，在王上村现有的农业产业基础上，选取闲置的、产能落后的设施农用地培育新品种促进资源盘活，选取经营状况良好的设施农用地及农田，严格以有机的方式进行培育并进行推广，并对物质空间环境进行提升；发展二产，利用村庄的闲置集体用地，通过产品加工及产业链延伸，培育“小而美”的农特产品；培育三产，以培训基地、研学品牌、自由行“打卡”圣地为目标，通过发展“庭院经济”带动村民经营，通过外部投资项目拓展村民就业，通过开发村内公益性活动带动村民参与。基于村内资源与劳动力特征，统筹考虑乡村产业发展与村民发展，将内部资源与外部力量整合利用，使政府、社会资本、村民在乡村振兴的过程中，都有自己的责任与义务。

4.1.3 村规民约强化乡村社会秩序

坚持自治为基，深化基层自治实践，要加强村民群众性自治组织建设。在加强基层自治力量方面，相比“自上而下”的完善基层协商格局、完善基层监督机制、健全民主决策程序，“自下而上”的实践更容易开展。自治章程或村规民约与法律条文、规章制度相比，在实现农村基层自治过程中具有内容通俗易懂、流程操作简单的优势，受到村民的积极拥护。在杨陵乡村建设实践中，团队以“食尚·共享——现代田园生活馆”为村庄发展定位的崔西沟村作为试点，签订“崔西契约”，进行崔西实验。该实验是以群众参与为思想核心，以培育精神为根本，以奖励优秀为动力，以项目带动为载体，以促进多元主体共同缔造，共同参与到乡村振兴建设为目的而提出的一项参与机制。它由设计方与村三委、杨陵街办政府人员、村民代表等共商共论提出，阐明了各方的行动范围，宣传了共同缔造的必要性和重要性，这是调动村民自治积极性的第一步。“崔西民规”的形成是以促进崔西沟村民共同发展，提高服务质量，改善村庄环境等为目的，是以“温良恭”等自省精神构建修养的自我提升标准，以“俭让”等生活态度及人际关系形成良好的行为标准，以“孝恕悌”等德治精神构建起“长幼有差”的社会秩序，旨在引导村民自建自营，推动村庄转型发展，是为实验第二步。“崔西民规”通俗易懂，朗朗上口，并在每年一度的农民丰收节上组织村民采用按“诚信手印”的做法参与“崔西契约”的签订，承诺在村上合作社中遵守诚信经营、俭以养德的契约精神。崔西民规在促进中华民族的精神传承与现代思想品质相结合，推动乡村精神建设，强化基层自治力量等方面都起到了积极作用。

4.1.4 乡村教育培育村民文化自信

相对于西方发达国家来说，我国进入现代化社会的时间较晚，鉴于村民整体思想观念落后的现实情况，要实现村民的自我身份认同需要时间，乡村教育任重道远。当前，在杨陵乡村建设过程中，部分村民家园责任意识缺失或个人能力不足以支撑其参与乡村建设发展。这就需要结合乡村教育对村民素质和能力进行综合提升，使其跟上新时代发展节奏，并在乡村发展中真正发挥主体作用。第一，团队以乡村建设实践为契机，践行驻村规划师与村民在“规划 – 设计 – 建设 – 运营”全过程中的陪伴式乡建，从点滴小事做起，逐步引导村民的思想意识朝着现代化方向转变。同时，在建设过程中团队积极组织课堂交流等活动，多次邀请乡村建设与发展方面的专家、企业家等各类人才到乡村振兴课堂，针对乡村发展为村民提供产业、服务、空间等各个方面的培训与讲座，拓展村民思路、发散村民思维。第二，团队也积极促进、配合政府为村民提供类型多样的再培训渠道，组织有意向的村民以振兴乡村为目的走出去开阔眼界，借助城市各方资源学习可带动村庄发展的知识和技术，培养主体意识和劳动技能。通过实践与理论相结合的培育方式，逐步引导村民从“坐、等、靠、要”的被动求助逐渐转向“自己当家做主”的主动有为，唤醒村民的参与意识和责任意识，培育工匠精神。

4.2 体制机制新模式

4.2.1 构建组织运营模式

杨陵经过三年的乡村集中建设，村庄物质环境趋于完善，建设重点逐步向乡村发展转变，前者以乡村空间为载体，后者则以人的发展为目标。为了适时推动杨陵区的乡村发展，团队有针对性地构建了“村民自组织为动力、外部力量为推力”的村民自组织与外部公司合作，共同发展运营的合作参股经营模式。该模式，以村党支部为领导，村民监督委员会主要对乡村的建设、运营各个方面行使监督权；

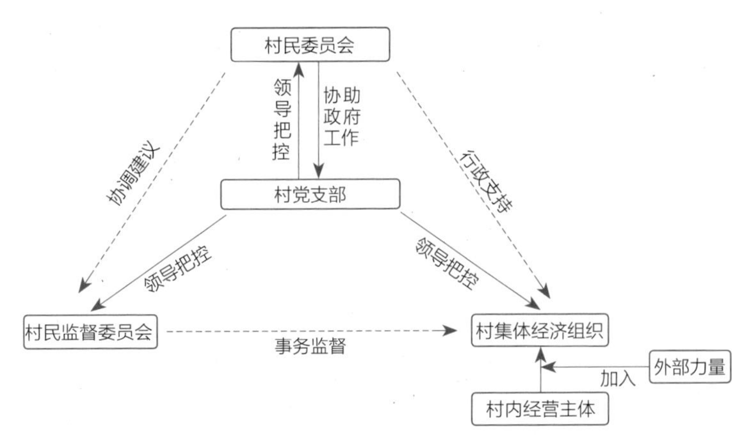

图 5　合作参股经营模式

村民委员会主要对乡村运营提供行政方面的支持；本村经营主体及外部经营主体共同构成村集体经济组织；由村集体、个人、外部主体采取多种形式入股成立村股份经济合作社，将乡村发展需要经营的项目按不同类型分由不同主体进行经营（图 5）。该经营模式有效结合了外部资源力量，使乡村资源得到高效盘活，打响乡村现有品牌。同时，充分带动村民参与积极性，有效促进村民由“被动”向“主动”、由“离散”向“凝聚”、由“单飞”向“共生”的转变。

4.2.2　完善奖励保障机制

当前，杨陵区采用的是“村民自组织为动力、外部力量为推力”的多方共建发展模式。因此，在各方共同促进乡村发展的过程中，不仅需要站在村民角度考虑以机制激发其参与动力，也要站在乡村角度以机制确保其有益发展。首先，针对村民来说，探索“以奖代补”激励机制，通过打造空间精致、服务优质、特色突出、极具乡土情怀的十家“最美庭院”，充分发挥其示范引领作用，以此为契机推动庭院经济的发展；其次，完善村民投资制度，通过贴息贷款、以奖代补和担保资金等方式，培育并支持乡村六大新型经营主体，降低村民投资风险、保障村民利益，激励较为积极的村民投身到乡村建设发展中；再次，杨陵区较好的乡村建设成果吸引了大量外部力量的关注，由此划定外部企业准入门槛保障体制，从发展源头确保乡村的发展质量，避免外部主体乱入对乡村产业发展、乡风治理等方面带来负面影响。

5　总结与展望

针对杨陵区乡村来说，空间环境的建设本身并不会彻底改变乡村活力消弭的状态，只是为活力的产生奠定了基础。乡村活力的回归，根本上要从人的回归做起，以培育村民内生动力为目标，不仅要安居，还要乐业。在此基础上，乡村治理作为维系乡村活力的重要保证，就需要适时推动乡风文明建设，引导村民追求有品质的生活，提升乡村的精神文明水平。针对各乡村不同的发展背景与条件，结合现实情况，合理选择乡村振兴的抓手，因时、因地、因村制宜推动生态宜居、乡村产业、乡风文明和乡村治理等建设内容的展开。在乡村发展运营的过程中，还要注重各个主体、层级间的对接与协调，避免因内容冲突或不匹配导致资源浪费。切忌以偏概全进行激进式培育，而应当以全面促进整体发展的视角差异性对待个体，明晰个体间能力、水平差距，分批、分类帮助村民投身乡村发展的过程中，以长远眼光实现由政府主动投入、村民被动接受向政府辅助发展、村民带头发力的转型。

（感谢陈丛笑、王蕾蕾、许入丹等同学对本文参与及付出。）

参考文献

[1] 杨山．乡村规划：理想与行动 [M]. 南京：南京师范大学出版社，2008.
[2] 费孝通．乡土中国 [M]. 北京：人民出版社，2008.
[3] 许家伟．乡村聚落空间结构的演变与驱动机理 [D]. 郑州：河南大学，2013.
[4] 赵民，游猎，陈晨．论农村人居空间的“精明收缩”导向和规划策略 [J]. 城市规划，2015，39（07）：9-18.
[5] 刘彦随，严镔，王艳飞．新时期中国城乡发展的主要问题与转型对策 [J]. 经济地理，2016，36（07）：1-8.
[6] 李阿萌，张京祥．城乡基本公共服务设施均等化研究评述及展望 [J]. 规划师，2011，27（11）：5-11.
[7] 李曼音，王宁．城乡基本公共服务均等化的现实困境与纾解 [J]. 人民论坛，2018（07）：68-69.
[8] 赵霞．传统乡村文化的秩序危机与价值重建 [J]. 中国农村观察，2011（03）：80-86.

王世福
黎子铭

王世福，中国城市规划学会理事、学术工作委员会副主任委员、城市设计学术委员会副主任委员，华南理工大学建筑学院教授、博士生导师

黎子铭，华南理工大学建筑学院在读博士研究生，注册城乡规划师

从外部激活到动力内生

——南粤古驿道活化利用的规划思考

1 引言

健康的活力，源于事物在发展中形成的强韧生命力和保持这种生命力的自发性。通过规划引领和建立机制，促使城乡保持健康的内在活力，是规划学科营建美好人居的重要任务。从公共政策的制定执行到社会公众的自发参与，从自上而下的规划建设到上下联动的产业运营，广东省南粤古驿道活化利用的历程和未来的走向，将是城乡活力从外部激活到动力内生的一个鲜明实践。

2 南粤古驿道活化利用概况

2.1 南粤古驿道概念

古驿道是指中国古代国家为政治、军事、财政需要，从中央向各地传递谕令、公文、官员往来、运输物资而开辟的道路，并在沿途设有驿站，配备驿卒、驿马、驿船等设施，提供易换马匹、暂住服务的地方。

南粤古驿道专指 1913 年以前广东境内用于传递文书、运输物资、人员往来的通路，包括水路和陆路，官道和民间古道，是经济交流和文化传播的重要通道（广东省住房和城乡建设厅，2017）。它们是历史上岭南地区对外经济往来、文化交流的通道，除了承担军事和商旅功能，更承担了民族迁徙、融合的作用，是广东历史发展的重要缩影和文化脉络的延续[1]。从国家记忆的层面上，南粤古驿道是诸多国际、中国和区域层面重大历史事件的历史见证，推动民族融合和国家大一统思想的形成[2]。

2.2　南粤古驿道活化利用的政策行动

2.2.1　规划编制及政策配套

2016 年，为贯彻落实习近平总书记关于文化自信和“让陈列在广阔大地上的遗产活起来”、“留住历史根脉”等重要讲话精神，响应“一带一路”与广东省创建“文化强省”的重要举措，广东省政府部署了南粤古驿道保护利用工作，通过挖掘修复古驿道，串联沿线的历史遗存、历史文化城镇村以及自然景观资源等节点，打造展现岭南历史文化和地域风貌的华夏文明传承之路；推动广东户外体育、乡村旅游的健康之路；促进粤东西北城乡经济互动发展、实现精准扶贫的经济之路[3]。

2017 年印发的《广东省南粤古驿道线路保护与利用总体规划》梳理提出了涵盖全省 21 个地级市、103 个区县，串联 1100 多个人文及自然发展节点的 6 条南粤古驿道文化线路网络（图 1），提出了“两年试点，五年成形，十年成网”的阶段目标。广东省财政按照实施计划安排建设经费，广东省住房和城乡建设厅组织编制和下发了多项相关技术规划指引，用于指导各地具体的详细设计和建设工作，例如《广东省南粤古驿道保护与修复指引（修编）》《广东省南粤古驿道保护与修复费用计价指引（试行）》《南粤古驿道标识系统规划建设技术规范（送审稿）》等。截至 2018 年底，8 条示范段已投入使用，总长约 780 公里的 11 条重点线路也已接近修复完成。

2.2.2　建设实施的综合效益

活化利用的工作从供给侧挖掘出乡村地区积极有效的经济增长点，如相关基础设施和公共设施建设，本体修缮与连接线建设也直接拉动了沿线一批古村落的

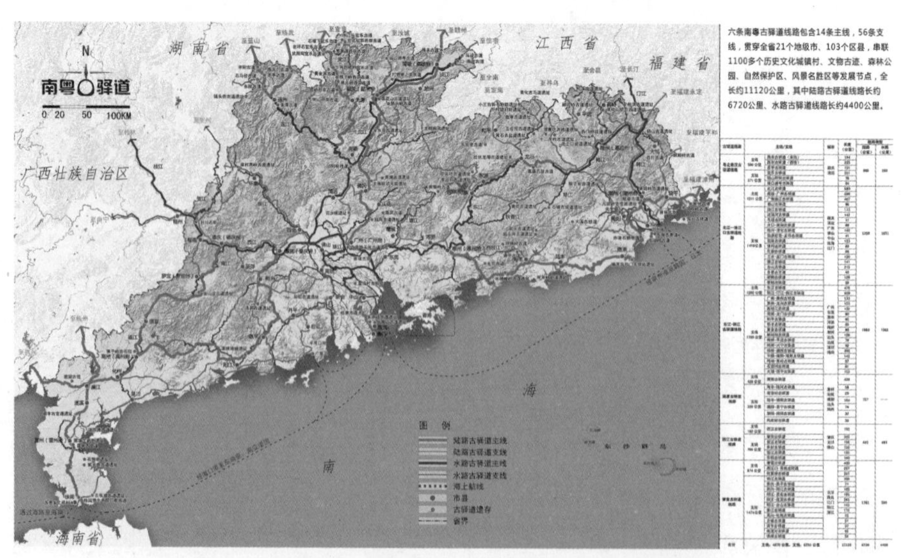

图 1　广东省南粤古驿道线路保护与利用总体规划线路布局图

资料来源：《广东省南粤古驿道线路保护与利用总体规划》

公共空间与传统建筑修缮，并已初显乡村旅游的价值，沿线占全省总量约 60% 的贫困村庄将因此进一步受益。通过南粤古驿道本体的价值呈现和空间串联作用，活化利用工作直接启蒙并拉动了沿线城镇、乡村对于公共开敞空间和乡村旅游产业相结合的供给侧创新，同时也积极地引导部分城镇居民进入乡村，促进乡村旅游观光、生态农业、文体竞赛等产业的发展与结合，产生经济增长效益[4-6]。

南粤古驿道作为岭南历史文化和国家记忆的承载，通过活化利用举办了大量红色教育、青少年游学、主题研讨、现场营造、越野赛事活动，如“三师”下乡、定向大赛、文创大赛、艺道游学等，成为历史文化教育、生态文明教育、爱国教育的“研学游”场所[7]，为受教育者提供岭南历史文化实地场景的体会、联想与认知，产生在场的教育效应。省政府及专业志愿者对地方建设部门具体实施中的技术指导，在有关如何对历史遗产进行保护、修缮、活化方面，大大提高了地方建设部门、地方工匠的专业认识，增加了地方知识。

南粤古驿道活化利用，除了历史遗产本体的工作之外，政策目标更关注促进乡村振兴和城乡共享发展，引导城镇反哺乡野、改善乡村环境、增加乡村收入，吸引本地人才回流，吸引外地人才创业[8, 9]。例如河源市东源县双江镇借此机遇，发挥遗存本底、政策与财政的叠加效应，促进各项资源整合，开展村落连片整治提升，农业提质增效的工作，培养新型职业农民、培育特色农产品牌、发展农业产业园、开发休闲农业旅游等，实现了农民持续增收，2018 年吸纳就业人口同比增长 34%，农民人均收入同比增长 28%，全镇贫困户 228 户中 211 户实现脱贫的效果[10]。

2.3 遗存发掘记录及相关研究

自南粤古驿道的概念形成并作为广东省政府工作任务公布后，沿线古迹遗存的挖掘普查得到快速推进，已经初步掌握的 233 条古驿道本体中，135 条古驿道是新近发现的，截至 2016 年，906 处遗存得到记录[11]，测绘建档的工作也及时跟进，大量南粤古驿道上发生的历史往事更是随着沿线遗存的考据和修复，从尘封之中重回公众视野。比如南雄市珠玑镇虎踞桥，形式奇异，半为拱桥，半为梁桥，耐人寻味，朱雪梅教授团队深入勘察考据后，发现了其为塘东村、聪辈村两村合修而成的历史渊源，塘东村用木梁木板，聪辈村段则用石拱岩条，修复活化的工作将乡村协作的历史和风俗文化的内涵再次呈现于当代[12]。

与此同时，规划研究工作也得到推动，以收录于 CNKI 期刊论文数据库中南粤古驿道为规划研究对象的文献为例，从 1984 年至 2019 年 5 月一共有 75 篇，其中南粤古驿道活化利用工作开展后发表的达 51 篇（图 2）。这些文献研究的主要方面

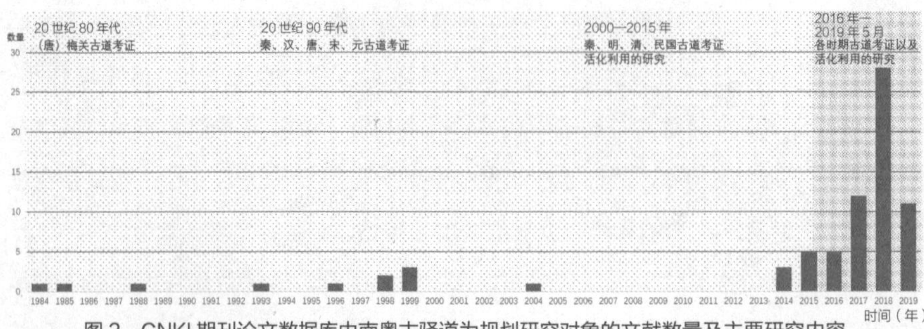

图 2　CNKI 期刊论文数据库中南粤古驿道为规划研究对象的文献数量及主要研究内容

75篇论文的研究分布统计

史料研究 34%

开发策略 34%

现状评估 15%

实施评价 14%

案例借鉴 3%

序号	研究方面	研究内容	研究成果
1	史料研究	多个时期的古驿道史料记录、遗存现状等	2017年8条示范段：南雄梅关古道、乳源西京古道、饶平西片古道、樟林古港驿道、从化钱岗古道、珠海岐澳古道、台山梅家大院—海口埠古驿道和郁南南江古水道；岭南五岭和五岭通道地理位置考证史料；秦汉古道史料；唐宋南粤古驿道走向和兴衰变化；肇庆市羚羊峡古道；香山古驿道（岐澳古道、长南径古道、凤凰山古道、金星门水道及沿线文物）；革命史考如南粤红色根据地（寻乌）与南粤古驿道的历史地理关系；广州市马驿和水驿演变史料和遗存；南粤古驿道与传统村落分布关联；赣闽粤边区古道盐米运历史等；
2	案例借鉴	国内外的规划设计、开发运营借鉴	美国历史游径系统的开发运营、标识系统和体制保障；中国大运河申遗案例
3	现状评估	现有资源的遗存价值评估和周边城乡资源的关系、产业发展情况	南粤古驿道沿线遗产构成及类型（人文景观要素的现状）；部分示范段（乳源西京古道、岐澳古道）的活化利用前现状评价；已举办的活动现状
4	开发策略	保护开发原则与策略	遗产保护的原则和策略；规划设计和建设的原则和重点；活动组织的原则和重点；
5	实施评价	定性或量化的实施效益分析	赛事带来的经济效益，文化发展，体育发展作用；乡村振兴：带旺人气，促进地方旅游、文化产业兴旺，从而使农民增收，汇聚当地规划、建设、旅游、体育和教育等资金和政策，产生叠加效应，并吸引各方投入，改善人居环境，完善配套设施，引领一种绿色健康的生活方式，倡导"不留痕迹的旅程"，成为优质的公共生态产品，"以道兴村"；以"文"兴村、以"农"兴村、以"旅"兴村和以"居"兴村 4 种模式等

图 3　CNKI 收录的 75 篇南粤古驿道文献涵盖的研究统计（部分文献包含了多个研究方面）

资料来源：根据 CNKI 数据库梳理

为史料研究、案例借鉴、现状评估、开发策略和实施评价（图 3），以史料研究和开发策略的占比较多，也显示出历史人文钩沉与乡村振兴并重的古驿道行动观。

2.4　活化利用的主要理念

2.4.1　保护文化遗产的原真性

以修旧如故为导向，南粤古驿道遗存的抢救、保存、修复要求保持其原真性，最大限度地保留原貌。尤其是路面的保护，修缮应尽量选择与遗存相一致的形制、结构、材料和施工工艺等，若要使用新材料、新工艺，需要经过文物专家和相关部门论证，防止造成建设性破坏 [13]。一些专家学者认为，已被现代建设所覆盖的古驿道线路，可在建筑物、构筑物和道路上进行标记和历史信息图示和描述。对于驿亭、驿站等历史遗存的设施，原型可考或形制清晰的采取修复性复建，废墟遗存则采用可逆化建造的修补方式。

2.4.2　突出岭南文化的地域性

南粤古驿道活化利用的目标包括打造具有岭南文化特色的旅游文化精品。基于民俗传统、历史知识、艺术传承、文化研究等内容，活化利用突出古驿道在国家发展中沟通中原并联系世界和地区的文化交流和习俗积淀等历史作用，通过文化教育场地的设计、解说教育标识的设立和文化体验活动策划的举办等工作，展现南粤古驿道的岭南文化内涵。

2.4.3 加强公众参与的开放性

南粤古驿道活化利用具有较强的开放性特征，通过组织“三师”（建筑师、规划师、工程师）专业志愿者下乡，招募本地乡贤能人村民参与乡土营造，举办定向越野大赛、文创大赛、旅游观光、乡村体验等丰富活动，借助网络、微信公众号、手机 APP 等广泛的新媒体宣传，积极探索多元开放的公众参与途径与模式。

3 外部激活：作为区域发展政策的遗产再生与激活行动

3.1 省政府持续督导并执行

南粤古驿道活化利用工作自 2016 年起连续四年写入《广东省政府工作报告》，通过规划先行和政策配套，自上而下地制定计划并执行，以点带面地推动实施（表 1）。通过规划和指引的制定，规定了本体、附属设施、安全防护、空间环境、配套设施、标识系统的建设内容，制定了相应的财政计划，建立了各条线路的技术指导专家组。

2016—2019 年广东省政府开展的南粤古驿道活化利用工作 表 1

序号	年份	省政府工作报告要求	具体工作
1	2016	修复南粤古驿道，提升绿道网管理和利用水平	摸家底、编规划、出指引： 全省古驿道普查； 编制《广东省南粤古驿道线路保护与利用总体规划》； 出台《南粤古驿道保护与修复指引》《南粤古驿道标识系统设计指引》等系列指导文件
2	2017	深入挖掘南粤古驿道内涵，强化保护传承和合理利用	8 处古驿道示范段打造： 古驿道本体保护修复； 标识系统安装； 品牌活动策划等工作
3	2018	加大梅关古道、西京古道等南粤古驿道、古村落活化利用力度	11 条全长 780 多公里南粤古驿道重点线路： 古驿道本体保护修复； 连接线建设； 标识系统安装； 历史遗存修缮； 配套设施建设； 品牌活动策划 编制与修编相关技术规范指引： 《广东省南粤古驿道保护与修复指引（修编）》 《广东省南粤古驿道保护与修复费用计价指引（试行）》 《南粤古驿道标识系统规划建设技术规范（送审稿）》

续表

序号	年份	省政府工作报告要求	具体工作
4	2019	加强南粤古驿道、古村落、红色革命遗址、少数民族传统文化保护和连线开发，提升岭南特色乡村风貌	13 条重点线路巩固提升： 沿线文化设施提升、主题文化挖掘； 生态复原及科普教育展示； 沿线节点及服务设施提升； 部分延长线路保护修复 5 条新增重点线路保护修复： 本体保护修复； 详细梳理和修复相关历史遗存； 标识系统的设计安装； 做好沿线服务设施建设

资料来源：2019 年广东省自然资源厅南粤古驿道重点线路工作部署

3.2　外部资源的全面投入（图 4）

3.2.1　高位统筹，多部门联动

在广东省委、省政府的高度重视和统筹下，南粤古驿道的规划建设运作建立了牵头部门联动其他部门的工作机制，牵头部门为省住建厅（机构改革后转为省自然资源厅），联动省体育局、文化和旅游厅、教育厅、生态环境厅、档案局、地方志办等多个部门。由于是高位统筹，机构改革后牵头部门的转变未见工作停滞。具体组织上，由牵头部门成立南粤古驿道保护利用工作领导小组，与多部门协商开展规划方案编制、配套政策研究、资金扶持和监督管理等工作。

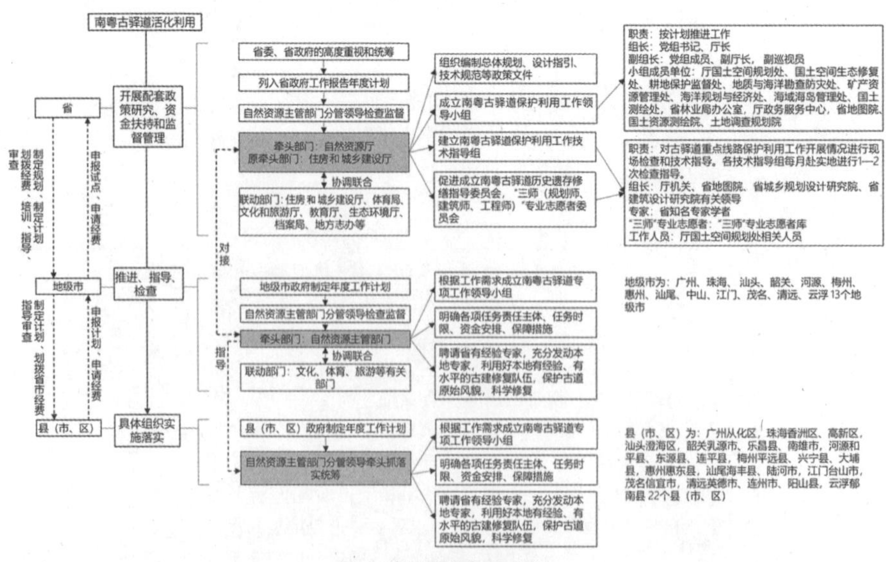

图 4　规划建设运作机制

资料来源：根据 2019 年广东省自然资源厅南粤古驿道重点线路工作部署梳理

3.2.2 上下协作，试点式传导

通过试点先行的方式，自2017年开始逐年推动示范段、重点线路的建设和提升，对南粤古驿道规划的实施建设进行经验积累与传导。具体实施上，各级政府部门形成上下协作的规划实施机制。省政府成立自然资源厅牵头的南粤古驿道专项工作领导小组，各有关地级以上市自然资源主管部门负责对接。省政府制定规划、计划并下发地级市，划拨经费、开展培训、进行指导和监督审查。市级职责部门负责推进和督促，县级（市、区）部门根据地方实际，向上申报计划、申请专项资金，并负责具体落实实施。

3.2.3 专家领衔，志愿者支撑

自2014年9月广东省“规划师、建筑师、工程师”专业志愿者下乡活动启动至今，“三师”专业志愿者委员会已囊括设计大师、专家学者、专业设计人员和地方能人乡贤等，“三师”志愿者人数发展至今也已近千人，涵盖规划、建筑、考古、旅游、景观、美术、音乐、视觉传达、历史、人类学研究等专业，为南粤古驿道提供大量自愿、无偿的发掘研究和技术指导。在古驿道规划建设开始时即同步成立的南粤古驿道保护利用工作技术指导组，由“三师”志愿者担任技术专家，每月开赴实地，为地方提供督导或指导工作。

4 动力内生：作为地方规划实践的活力触发与瓶颈挑战

在强大的自上而下外力激活过程中，作为古驿道载体的地方政府，尤其是县一级政府，在规划和实施中触发了公众参与增强、地方知识增进、产业活力增长的积极效果，但也遭遇各类瓶颈约束。

4.1 活化利用中的公众参与增强

从2016年开始，为激活公众参与的热情，广东省住房和城乡建设厅、广东省体育局、广东省户外运动协会等政府职能机构陆续开设“南粤古驿道网”、“中国南粤古驿道”微信公众号和“南粤古驿道”APP等新媒体互动平台，配合出台相关规划与政策，将自上而下的南粤古驿道活化利用工作推到阳光下，使其成为社会全体上下联动的公益性活动。新媒体的宣传集结，推动了大批“三师”专业志愿者、企业组织、本地居民、院校师生、岭南历史文化爱好者等参与到南粤古驿道活化的各项环节（表2）。例如自2016年起，“三师”专业志愿者通过大量的“下乡结对”“大师小筑”志愿服务，为遗存发掘、修复设计、理念传播、活动组织做出贡献。在遗存的发现、清理、考据、修复和维护中，本地居民的参与也受到触发，出现主动提供线索、自主看顾维护的行动。

公众主体在南粤古驿道活化利用中的各参与环节及作用　　表 2

公众主体＼参与环节	遗存发掘	修复设计	修复工程	活动策划	场地维护	理念传播
专业志愿者	考察与研究	提供技术支撑	进行技术指导	组织志愿活动	参与策划、运营与维护	通过下乡结对、技术指导传播理念
企业组织	—	规划设计	参与修复	协办公益活动，组织经营活动	建设与运营	通过承建传播理念、反馈市场需求
本地居民	提供遗存本体及文化历史线索	参与设计	参与挖掘与修复、活化	参与相关活动	参与场地建设与维护	获取理念、反馈生活需求
院校师生	考察与研究	提供技术支撑	参与挖掘与修复	游学研活动	参与场地维护	获取理念
岭南历史文化爱好者	参与遗存本体及文化内涵挖掘	—	—	参与相关活动	参与场地策划运营	宣传和获取理念

资料来源：作者梳理

4.2　文化培育中的地方知识增进

活化利用过程中开展的岭南历史文化遗产的挖掘、整理和修复利用，以及进一步的活化与展示工作，为沿线带来了地方知识的修正和增进，而在省专家组、志愿者参与而广泛开展的各项设计建造指导、场地活动筹办过程中，历史遗产保护的意识和国家记忆的文化自信开始进入到公众心中。例如河源市东源县双江镇政府敏锐地意识到本地古驿道遗存作为文旅产业发展的机遇，在全镇营造古驿道挖掘、清理、保护和研究的浓厚氛围，通过举办历史人文素材采集、交流与展示活动，挖掘并梳理地方知识体系[10]（图 5、图 6）。以南粤“左联”之旅标识设计

图 5　双江镇居民现场挖掘古驿道

图 6　双江镇人文故事素材收集

资料来源：双江镇人民政府

图 7 “左联”之旅标识设计中地方红色文化历史挖掘和最终展示

资料来源：广东省规划院

工作为例，项目组与本地热心人士一起，以数个月的案头工作和实地考察，收集研读该段古驿道沿线周边的文化资料，实地拜访并佐证细节，建立了古驿道历史文化标识内容资料库，对冗长的资料进行概括选取，制定简明、准确的信息进行解说，为游客迅速了解和吸收相关红色文化知识提供条件 [14]（图 7）。

4.3 产业运营中的效益复合增长

依托南粤古驿道的主题，各地因地制宜构筑复合产业，形成“以道兴业”模式。例如以“古驿道 + 新型农业”的模式，促进农业产业升级、延展产业链，打造沿线农业主题活动、吸引游客，鼓励村民经营民宿、回乡创业等；以“古驿道 + 体育”、“古驿道 + 游学”的模式，依托古驿道承办定向越野大赛、驿道游学、红色教育等活动，发展健康与文化教育产业；以“古驿道 + 文创”的模式，在南粤古驿道上举办“文创大赛”，形成了以政府为支撑、大赛为平台、文创为主题、协会为组织、院校为基础、乡村为对象、宣传为导向、产品转化为目标的文化创意平台 [15] 等。近年来，南粤古驿道活化利用很大程度刺激着沿线的旅客到访增长，以 2019 年纳入监测的 14 段古驿道重点区域接待游客量为例，春节期间同比增长 8.2%，清明节期间同比增长 3.6%，“五一”期间同比增长 26.3%，端午节期间同比增长 22.4%[16-19]。

4.4 内生动力逐渐遭遇瓶颈

在规划建设的逐层落实和日益提高的多元需求下，南粤古驿道活化利用的内生动力发展也逐渐面临挑战，出现了理念传导偏离、使用运营困难、参与机制约束等问题，一定程度上导致了价值偏差、利用不当、动力减退的负面影响，极大地阻碍了南粤古驿道活化利用的活力延续。

4.4.1 理念传导偏离

规划理念传导在实施中的偏离导致了一系列的不协调、不适用问题[20]。例如，一些路段因分段实施，遗存修复、材料采用、施工方式等出现了形式不协调，感受连续性差；一些乡村生搬硬套城市公园的做法，导致郊野特色丧失、建造工艺不当、维护成本过高等问题（图8、图9）。

4.4.2 使用运营困难

游人持续增长，对南粤古驿道的需求也日益多元，对线路建设质量和趣味性的要求也在同步提高，不同的使用需求对路线长度和体验要求也有所不同。例如，尽管古驿道可作为定向越野活动的场地，但专业赛事的举办需要更符合体育科学的场地和活动后勤配套，尤其在承办更有影响力的高级别赛事时，当前不少古驿道的场地并不匹配其需求[21]；另外，当前开发的乡村旅游模式仍比较单一，活动

图8 同一路段因缺乏整合机制的设计范围切分造成的不协调问题

资料来源：张嘉睿、黎子铭摄

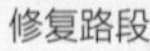

修复路段 遗存路段

图9 没有按照修旧如故、工法复原、形制复原等要求进行铺设的不适用问题

资料来源：黎映宇摄

趣味性不足、旅游产品开发不多，也不利于提升游客的体验和形成持续的吸引力[22]；对于普通民众而言，一些路线由于选线设计或建造工艺的问题，或全程崎岖难行，或延绵十数公里观感单调，也并未在使用者进入线路前明确提示预计耗时和难度，不利于游览康乐等休闲活动的进行。

4.4.3 参与机制约束

南粤古驿道活化利用的工作自开展以来，获得越来越多的社会关注，一些社会主体希望主动参与到活化利用和后续管理当中，但由于当前民间资本投入受到一定约束，规划建设与管理运维的衔接尚存脱节。例如，汕尾市海丰段的宋存庵遗存得到活化修复后，信众自发购买佛像供奉并计划集资维护管养，然而因缺乏制度途径，该遗存的管理权限、管养要求均不清晰，导致信众的参与并不顺畅。

5 培育提升内生活力的规划思考

5.1 以粤港澳大湾区文化线路的新视野提升活化策略

建设粤港澳大湾区是中央赋予粤港澳三地的重大战略任务，以历史为纽带，将粤港澳三地的历史文化遗产有效地串联沟通是广东省的重要工作方向。为此，广东省文化和旅游厅在 2019 年提出将香港文物径、澳门世界遗产旧城区和广东南粤古驿道形成“古道游”的新旅游产品，构建形成一个极富特色和历史底蕴的“粤港澳大湾区文化遗产游径”系统的工作设想，已列入全国文物系统 2019 年重大工作任务之一。

南粤古驿道作为“粤港澳大湾区文化遗产游径”的重要部分，承载着岭南地区文化史、贸易史、航运史、对外交流史的大量史实遗存，串联着粤港澳乃至海外华侨华人的历史文化脉络，承担着唤醒民族记忆和文化自信的责任和使命，具有国际语境中作为文化线路的意义与价值。为此，应进一步挖掘粤港澳大湾区各地古驿道的历史底蕴与相互关联，提升其活化利用的定位与策略，突出整体历史文化主题和代表性的历史遗存显示，构建具有层次的精细化解说与展示系统。

5.2 以规划设计理念的创新显示当代价值

南粤古驿道本体由于历史改道、水路淹没、原路覆盖等原因，存在一定的本体灭失、位置难考问题。在有限的史料和遗存情况下，规划建设的线路往往面临内涵发掘不深，吸引力不足等实际问题。为此，以满足当代需求，提升线路活力为目标，当本体缺陷较大、文物价值较低时，宜采取创新性的当代设计，在修复

图 10 海丰驿道西关遗址想象性设计

和利用过程中充分尊重遗存本体，同时探索如何让这些古老的事物情景走进当代人的审美，重获新生并继续传承。从国际实践来看，欧洲的“文化线路”给我们最大的启发是不强调道路的实体空间，而强调特定文化主题的线路概念，体现历史文化要基于旅行、基于文化、人物和背后的故事。文化自信本质上是不断在传承中创新。例如在保持路段原真性的基础上，面向使用者的真实感受，营造符合当代活动需求的户外活动场地与体验路线；在处置驿站、驿亭、关口等具有历史价值但遗存本体非常片段局部时，可以大胆开展想象性设计，运用可逆的创新性建构筑物，以及结合科技互动技术增强体验感和教育意义，将历史遗存带入当代人可体验、易感知的情境之中（图 10）。

5.3 以适宜多元共享的导向探索持续运营

南粤古驿道的活化利用被赋予了多元的功能与价值，在试点实践中也因沿线居民、公众的参与拓展了很多潜在的活动可能性和场所价值。其中既包含了作为设施的公共服务价值，也包含了开发运营的市场经济价值，这就意味着它可以承担多元主体的赋能与诉求。为适应这些多元共享的需求，下一步应加强项目策划，积极引入当地社团、各类公益组织以及参与意愿强的开发机构，通过规划理念和实施策略的引导，将南粤古驿道活化利用工作推向更多的自下而上、多元共享的状态。例如面向多元主体，进一步拓宽公众参与途径，包括开放资金投入来源，开放社会力量介入设计、营建及策划的机制，引入社会组织的维护资格认证，建立维护指引监督机制等；面向运营者，制定明确可行的保养工作指引，完善在地运营和管理机制等，为进一步巩固提升已有路线，为连线成网提供更坚实的支撑。

6 结语

南粤古驿道活化利用是广东省积极响应“让陈列在广阔大地上的遗产活起来”的中央号召，发挥省政府制度执行力的一项重要举措，促进了沿线历史文化挖掘、本体遗存修复、乡村环境改善和经济收入增长。但政策的推动仅是外部激活，前期试点实施虽促进了地方实践，增长了地方知识，形成了内生动力的萌芽，但面临发展中的各种挑战，如何进一步形成可持续的机制，培育出健康持续发展的活力，仍需规划进行更加深刻的思考与行动，也需要社会各界继续共同探索。

参考文献

[1] 广东省住房和城乡建设厅，广东省文化厅，广东省体育局，广东省旅游局 . 广东省南粤古驿道线路保护与利用总体规划（粤建规〔2017〕233 号）[R]. 广东省，2017.

[2] 沈斌，张捷，骆文 . “南粤古驿道”文化线路的突出普遍价值与保护利用实践 [J]. 城市住宅，2019，26（01）：88-92.

[3] 广东省住房和城乡建设厅 . 南粤古驿道保护修复与活化利用 [J]. 南方建筑，2017（06）：4-4.

[4] 许瑞生 . 线性遗产空间的再利用——以中国大运河京津冀段和南粤古驿道为例 [J]. 中国文化遗产，2016（05）：76-87.

[5] 郭壮狮，张子健 . 以线性文化遗产保育活化带动沿线村庄经济发展——浅谈广东省南粤古驿道保护利用工作 [J]. 中国勘察设计，2018（11）：22-27.

[6] 马向明，杨庆东 . 广东绿道的两个走向——南粤古驿道的活化利用对广东绿道发展的意义 [J]. 南方建筑，2017（06）：44-48.

[7] 邢照华 . 南粤“古驿道”与“研学游”融合发展 [J]. 广东经济，2018（09）：46-51.

[8] 吴晓松，王珏晗，吴虑 . 南粤古驿道驱动乡村转型发展研究——以西京古道韶关乳源 - 乐昌段为例 [J]. 南方建筑，2017（06）：25-30.

[9] 何爱 . 以古驿道复兴带动乡村振兴——基于广州市增城区古驿道保护与开发的思考 [J]. 城乡建设，2018（07）：63-65.

[10] 陈飞燕 . 以道兴村，焕发双江发展新活力（双江镇）[R]. 广东省南雄市：广东省自然资源厅，2019.

[11] 冯善书 . 南粤古驿道：永不落幕的自然历史博物馆 [J]. 同舟共进，2019（05）：4-6.

[12] 朱雪梅 . 南雄市梅关乌迳古驿道保护及活化利用实践 [R]. 南雄：广东省自然资源厅，2019.

[13] 潘裕娟，潘泽瑞，黎映宇 . 基于文化传承视角的南粤古驿道保护与利用策略探究——以珠海香山古驿道为例 [J]. 城乡规划，2018（05）：71-78.

[14] 徐涵 . 南粤古驿道标识解说系统设计与实践——以南粤“左联”之旅标识为例 [R]. 南雄：广东省自然资源厅，2019.

[15] 曾宪川，李鹏，吕明 . “跨界大设计”模式推动历史文化遗产的活化利用——以中国南粤古驿道“文创大赛”台山站为例 [J]. 南方建筑，2017（06）：13-17.

[16] 广东省文化和旅游厅 . 关于 2019 年全省春节假期文化活动和旅游市场情况的总结报告 [R]. 广州：广东省文化和旅游厅，2019.

[17] 广东省文化和旅游厅 . 关于 2019 年全省清明节假期文化活动和旅游市场情况的总结报告 [R]. 广州：广东省文化和旅游厅，2019.

[18] 广东省文化和旅游厅 . 关于 2019 年全省端午节假期文化活动和旅游市场情况的总结报告 [R]. 广州：广东省文化和旅游厅，2019.

[19] 广东省文化和旅游厅 . 关于 2019 年全省“五一”假期文化活动和旅游市场情况的总结报告 [R]. 广州：广东省文化和旅游厅，2019.

[20] 黎映宇 . 南粤古驿道的修复方法与案例 [R]. 南雄：广东省自然资源厅，2019.

[21] 王长在 . 南粤古驿道定向大赛发展定位研究 [J]. 广州体育学院学报，2018，38（05）：61-63.

[22] 包希哲，曾玲玲，陶燕 . “一带一路”背景下线性文化遗产带乡村体育旅游开发研究——以南粤古驿道为例 [J]. 体育科技文献通报，2019，27（01）：109-111.

邹兵
周奕汐

邹兵，中国城市规划学会理事、城乡规划实施学术委员会副主任委员、学术工作委员会委员、城市总体规划学术委员会委员，深圳市规划国土发展研究中心总规划师，教授级高级规划师

周奕汐，中国城市规划学会会员，深圳市城市规划学会秘书处规划师

基于人本思想和活力视角的城市街道空间规划设计
——以深圳若干规划实践为例

1 引言

从现代城市规划的本源看，以人为本的思想一直是城市规划坚持的根本理念和基本原则。街道是与城市居民关系最为密切的公共活动场所，既是城市规划设计中反映人本主义思想的重要对象和内容，也是反映城市活力和魅力的重要物质空间载体。新形势下的街道空间设计要从主要重视机动车通行转向全面关注人的交流和生活方式，更加注重对空间多样性、功能混合性、文化地方性等多因素的综合考量。营造怡人的街道空间，培育舒适的街道氛围，展现丰富多样的街道生活，激发内在的街道活力，是城市发展进入精细化阶段的必然需求，也是“以人民为中心”的规划理念的具体落实。

2 相关概念和理论解析

2.1 人本主义的内涵及其在城市规划中的反映

“人本主义”是指以“人”作为出发点和落脚点，对人的本质、人与人的关系、人与自然、人与社会进行研究的理论[1]。具体来说，是指以对人的关怀为主要出发点和主要思考内容的思想，如对人性、人的价值、人的自由和尊严给予肯定和尊重，关心人的生存、发展和福祉等[2]。其内涵基本包括三个方面：其一，它是对人在社会发展中的主体作用和首要地位的肯定；其二，它是一种强调并肯定人充分享有权利、多元化、个性化的价值取向；其三，它是在规划实践

中分析、思考和解决问题时，运用历史和人的尺度去关注不同人群需求的思维方式[3]。

在城市规划的发展历程中，霍华德、芒福德、盖迪斯等诸多规划思想家都将关注人的需要、解决社会现实问题作为城市规划的出发点，人本主义思想也成为城市规划遵循的基本价值观。从宏观层面看，人本主义的城市规划体现为人文关怀、历史文化艺术的继承和发扬、城市特色构建、城市环境保护和可持续发展等内涵；从中观尺度来讲，人本主义的城市规划要满足人对于物质空间和精神空间的双重需求，如塑造丰富宜人的公共空间，尊重城市的山水文脉，构建完善的旧城历史风貌保护体系等；而微观角度的人本规划，则更加聚焦于人与人、人与建筑、人与自然界之间相互影响互动的设计细节，如开敞空间的形态、人行通道的比例、标识系统的规划等。

2.2 城市活力的内涵及其影响要素

诸多学者从多方面对城市活力的内涵进行了探讨。凯文·林奇（Kevin Lynch）认为“活力”是一个聚落形态对于生命机能、生态要求和人类能力的支持程度，其重点在于保护物种的延续[4]。该描述可理解为活力的基础标准，即具备可持续发展的条件和能力。蒋涤非提出城市活力应由经济活力、社会活力、文化活力三者构成[5]，三大活力相互交织、支持、从而使城市获得健康、良性、持续的发展。其中，城市空间的社会活力是城市活力的核心内容和具体表现形式。城市活力可以理解为城市中社会公共活动频繁、丰富和持续的程度，以及为人们所感知的丰富性和吸引力，是城市与人之间的一种正面、良性互动关系的表现。

关于城市活力的影响因素，简·雅各布斯（Jane Jacobs）认为，城市活力源自人与人的活动，源自生活场所相互交织的过程以及这种城市生活带来的多样性和复杂性[6]。只有城市环境的多样性得到保证，城市才能繁荣而充满活力。保持多样性需具备四个必要条件：首先，具备两种以上以吸引不同目的人群前来的基本功能；其二，小尺度街区规划，以创造密集的交叉路口，给行人更多的便利环境和步行条件；其三，具备多类型且不同历史时期的建筑物，以满足不同用户的多种需求；其四，要有足够大密度的人口和建筑。笔者认为，城市活力与人的活动密不可分。城市充满活力意味着人的活动具有极高的多样性和丰富度，不同人的活动和谐共存于同一空间，并且以一定的形式混合、交织在一起。通常表现为，以街道、街区等构成的公共空间在各种时间段中都充满着各种不同出行目的人群而引发的丰富多彩的城市活动。

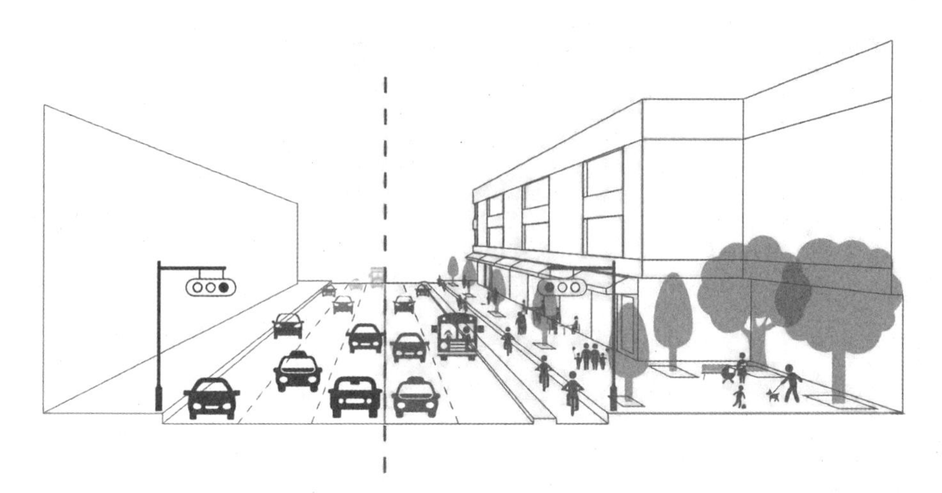

图 1 城市道路与城市街道对比示意图（左：城市道路；右：城市街道）
资料来源：上海市街道设计导则（Efchina.org，2019）[8]

2.3 城市道路和街道空间

街道与道路两者在含义和功能上有诸多不同。“道路”是在城市范围内供车辆及行人通行的基础设施；“街道”是两列相邻建筑之间，设有人行道及各种市政公用设施的通道。不难看出，与较为强调交通功能的“道路”相比，街道更加注重空间界面围合、功能多样以及人的活动行为（图 1）。

街道是城市骨架形成的最基本要素。街道除了应该满足最基本的交通功能外，更应被看作是具有多重社会属性的共享空间，承载着多样的城市活动，包含着空间载体所蕴含丰富的、地方的文化信息，反映着城市特有的属性。正如简·雅各布斯所言：“当我们想到一个城市时，首先出现在脑海里的就是街道。街道有生气，城市就有生气；街道沉闷，城市也就沉闷。”[6] 窥斑见豹，一叶知秋，街道作为城市的结构骨架和文化的传播媒介，深刻反映了城市的历史和特色，体现了市民鲜活的生活方式。街道是城市的缩影，也是城市活力的孵化器。

3 人本主义视角的街道空间设计要素

著名心理学家马斯洛（Abraham Maslow）认为，人的内在需求是一个多层次的主动追求系统；第一、二层次基本上是对物质、生理的满足和对安全的追求，第三层次上升到对归属、合群与爱等精神价值的要求[9]。街道空间作为具备精神功能的人本场所，主要就是用于满足第三层次的人性化需求。人本化的城市街道空间不但给人们以物质载体方面的支持，同时也给市民以充分的交往自由，以及对于人需求的全方位满足[10]。人性化的城市街道应具备以下特征：

3.1 适宜的空间尺度

如布莱恩·劳森（Bryan Lawson）所说："尺度不是什么抽象的建筑概念，而是一个含义丰富，具有人性和社会性的概念。[11]"尺度解决的不仅是物理空间的尺寸问题，更关系到人与人之间的社会交往行为。尺度适宜的街道空间，为人们提供了一种近距离观察、联系和交往的理想场所，并为大量自发性和社会性活动提供支持。丰富的街道活动吸引着不同出行目的的人群来到这里停留与闲谈，并从中获得愉悦、安全、尊重等心理感受，产生强烈的认同感与归属感。

基于以往城市建设中空间尺度普遍趋大问题的反思，近年来"小尺度"的设计得到普遍推崇，成为具有活力的城市街道空间的一个重要评判标准。"小尺度"是以人体尺度、人体感官来建立衡量单位，使城市空间、建筑、环境与人的比例及感受相协调，表现为友好、多样、鼓励步行，并支持不同类型的社会交往活动的高品质城市空间。

3.2 多样性与个性化

丰富的社会生活以及各类社会群体要求城市空间具有多样化的特征和形态，承载不同层次和类型的社会活动，并实现不同人群之间的交往。而街道空间的个性化除了指在街道设计中尊重历史文脉，突出地域特征外，还要尊重不同人群的个性化需求，对人的生理、心理和精神等各方面的多样化需求予以理解、重视与关怀。特别是在当前中国大城市贫富分异现象日趋明显的情况下，作为社会行为主要载体之一的街道在某种程度上充当着缓解社会矛盾的调节器，使不同收入阶层借助这一共有和共享的载体，相互交流、理解、协调，尽可能地消除彼此间的隔阂与冲突。

3.3 认同感和方向感

诺伯舒兹认为，"方向感"与"认同感"是所有街道都应具备的场所精神。方向感是了解自己身在何处与辨别方向的能力，认同感则意味着"与特殊环境为友"[13]，是利用建筑、环境给予场所的特质和人产生亲密的关系。方向感和认同感同属精神层面的感受，但仍需依托城市历史积淀所形成的空间序列、建筑界面、街道景观等物质层面的载体来表达，表达的结果与主体的生长环境、人生经历、历史记忆密切相关。

4 创造城市活力的街道空间设计要素

4.1 街道活力的产生及其影响要素

街道作为物质场所，其本身并不会带来活力。它的作用在于通过特定地段的空间形态、肌理特征，塑造特有的功能和活动，满足人们的活动和行为需求，从而激发产生街道活力。街道功能的多样性吸引着不同出行目的的人群，不同的人群带来丰富的街道活动，多样、频繁的活动促使了街道活力的产生。

在城市街道的发展史中，曾有过将街道从城市生活中剥离出去作为一种专门性的交通通道而存在的现象。到20世纪后期，紧凑型、高密度、功能混合的街道规划模式重新得到推崇，多样性、充满活力的街道空间重新被发现，产生了众多旨在营造空间活力的设计理论。扬・盖尔（Jan Gehl）提出关于街道空间活力的建议：①完善自行车和步行道体系，保证便捷出行；②完善街道公共设施，提高空间品质；③建立统一的标识系统，有效引导使街道更具活力；④混合功能有利于城市的可持续发展，吸引更多人群；⑤提倡人性化的维度，鼓励营造视平层面的小尺度空间[17]等。盖兹（Peter Katz）认为，步行友好、功能混合以及紧凑、适宜的建筑密度是活力街道需具备的重要因素。蒙哥马利（John Montgomery）认为，良好的活力空间应具有细密的肌理、人性化的尺度、混合的功能和街道连通性等特质[19]。

综上所述，街道空间活力的设计原则大致可以被归纳为三个关键要素：小尺度、高复合、场所感。以下分别展开讨论。

4.2 街道空间的小尺度

街道由众多实体按照各自不同的规律组成，其形态不能被单一的尺度所评价；需要从尺度的多重性这一角度出发，结合建筑、街道与环境等尺度共同分析。

街道空间所研究的主要内容是地面与侧界面——两侧的建筑物，两者共同从整体形态上表达了街道整体空间界面。地面尺度在实体中主要体现为街道的长度、宽度，街道自身与两侧建筑的比例关系，以及半开放空间与周围建筑高度的比例等。侧界面由于建筑立面高宽比关系，以及建筑布置疏密不同，会形成封闭、次封闭的感觉。街道的水平尺寸决定了它的功能划分，如步行道与车道、休息与活动场所的空间限定等；而其与周边建筑、环境的比例关系则能直观地表达出整体街道的形态，如封闭、狭窄、开敞等特征，很大程度上体现出人们对建筑环境中开敞与封闭空间等外部环境的感受。芦原义信（Yoshinobu Ashihara）针对不同的人体心理感知加以量化分析，提出了街道宽高比的论述，并认为“当空间宽度（D）与围合界面的高度（H）之比在1—2是比较适宜的。”[20]国内学者夏祖华提出，

“我们对若干城市道路空间的亲身体验说明 20 米左右是一个令人感到舒适亲切的尺度。当然 10 米或小于 10 米会感到更加亲切，但如果再增大距离就有被疏远排斥的感觉 [22]。”凯文·林奇也认为 20—25 米的道路基面尺度较为适宜 [23]。换言之，许多幅宽在 30 米以上被称为“大街”的道路，在空间上已经超出了对人友好、适宜人居的尺度。《伟大的街道》中，阿兰・B・雅各布斯对世界上数条著名的街道进行比较分析，发现 30 米以下道路的宽高比在 0.3—1.8 之间，主要集中在 1.5 左右。而 30 米以上道路则从 1.3 到 5.1 不等，主要集中在 2—3 之间 [24]。此外，日本土木学会编制的《道路景观设计》[25] 也对日本具有代表性的以步行为主的街道进行了探讨，大部分步行街的 D/H 数值多处于 0.5—1.5 之间，该尺度的街道较之其他国家更为亲切宜人 [21]。

4.3 街道空间的高复合

街道功能的“高复合”是指在街道空间中，多种城市功能在一定空间和时间范围内的兼容状态，是不同土地使用方式、功能布局、经营业态、空间形态的综合表现 [27]。在城市街区中聚集了风格各异的新旧建筑，功能复合的公共设施，包罗万象的城市景观以及多种类型的人群。正是这样的混合聚集带来了城市的多样性，从而使之具有了充分的活力。

韦恩・奥图（Wayne Attoe）和唐・洛干（Donn Logan）提出了“城市触媒”理论 [26]。他们认为，某些城市构成要素的引入会给要素所在的空间形态带来一系列积极和连锁的变化，以促进设计目标的实现，从而激发带动城市空间的活力。激发与维系城市发生化学反应的“触媒体”多为那些自身能够吸引人们到某个特定地点来的城市功能，例如办公、工厂、居住、娱乐和教育等。其表现形式在空间中颇具多样性，可能为某大城市发展项目，如金融中心综合体；也可能是某处场所或其中的一部分，比如酒店、购物中心等。触媒并非单一的产品，而是一个可以刺激与引导后续开发的元素。随着街道空间中触媒元素间相互作用力的力量传递，当原有的元素被改变或新的元素被吸引过来后，原始的“触媒点”与新元素共振、整合，进而形成更大规模的触媒点，最终产生某种联动反应，带动整个区域的活力和氛围。

时间维度上的“高复合”是另一种实现城市多样性的物质空间策略，具体表现为传统风貌保护与现代功能开发的混合，带来街道中建筑类型和景观的混合多样以及与既有城市街道网络的融合。在城市的发展过程中，不同时期的文化、不同的材料、不同的建设技术对营造城市的人和营造城市的方式带来很大影响。也正是不同时期的设计者、建造者及使用者共同营造了建筑、空间、景观的组合，才形成了街道空间的可识别性和丰富性。

4.4 街道空间的场所感

街道所展现的场所精神就是对城市生活的写照，是对城市人文特征的记录，其本质在于物质空间的人文理解，即通过稳定的场所系统展现自我，建立社会生活和创造文化。空间场所感的形成得益于两点，一是街道历史要素的保留和恢复，尤其是在历史的进程中被赋予了意义和浓缩了人类情感的片段进行有选择性地保留；二是对传统形式的继承和发展，将传统形式作为一种符号或是母题结合到设计中；挖掘其内在的价值和历史内涵，实现对城市生活变迁的记录。

通过优化地方资源，强化特色空间的“主题性”表达是营造其场所感的一个手段，具体表现为保持街道的可识别性和可意向性。凯文·林奇把城市看作一个系统，其中包含了路径、边界、片区、节点和地标等一系列对居民有心理意义的组织结构，为人们体验和心理的指向提供了重要指示。而基于需求行为学出发的街道“微更新”是构筑其场所感的另一手段，主要思路是从主体行为者的个人需求出发，在研究其当下生活需求的同时，关注地方的风土习俗；理解在历史进程中的人文特质，以适应生活的持续演进特征，形成针对不同时序的发展目标和相应阶段的技术路线，让既有的街道空间延续历史文脉和生活秩序，保持空间持续“生长”的动力。

5 深圳营造活力街道空间的实践案例

深圳街道空间是城市经济、社会发展的重要表征。在城市发展进程中，深圳街道建设紧跟城市空间发展的足迹，以罗湖老中心作为发展原点，逐渐扩展到华强北商业、福田中心区，再到西部的南山后海中心区，及原关外的宝安中心区和龙岗中心城等。以不同的方式营造了各种类型的街区街道空间，有延续传统特征的东门老街，有工业街区自发更新形成的华强北，也有快速城市化进程中夹生的“古城城中村”——南头古城。深圳的街道类型丰富且各具典型性，并且都被完整地保存下来；历经实践和考验，成为既带有特殊时空背景下历史基因又具有现代特征的混合体。

以下选取深圳市最具时代特性的三个地区——东门商业步行街、华强北路、南头古城城中村作为研究对象，展开关于街道上人的行为和空间构成要素以及营造街道活力的对策的讨论。

5.1 东门商业步行街——通过尺度设计重塑“深圳源点”的城市记忆

深圳东门商业步行街是深圳最悠久的商业街区，其历史可追溯至四百年前的晚明时期，现代深圳便是以东门老街墟市为基点发展而来。如今的东门老街既是深圳商铺最密集、客流最集中的重要商业活力街区，又是老深圳人心中的城市名片。

5.1.1 主街小巷点空间的进化模式

东门商业步行街区建立在旧城空间的肌理上，逐步细化演进至今。从骨架结构上看（图 2），整个街区依托原有南北向人民路和东西向解放路为空间组织的主轴。同时结合商业类型的集聚效应依次向两侧进行拓展，逐步成为大小十五条街道，纵横交织的主街小巷结构。随着后期街区的改造设计，一方面优化特色街区尺度，注重适应人本需求的界面塑造。修葺完善沿街商业建筑，部分区域采用连续骑楼的空间手法，在街道和店铺之间形成一个连续的有遮蔽的线性半室内空间。街道剖面比（D/H）控制在 0.8—1.5，立面围合比率宜人，空间宽度与高度之间存在着一种均衡、匀称的关系（图 3）。另一方面，以复合化的业态模式，打造节点化街道空间，与原有的建筑、空间产生共振，形成触媒点，吸引人流，促进公共空间的多样性，带动周围街区的商业活动，从而提升该街区的城市活力。

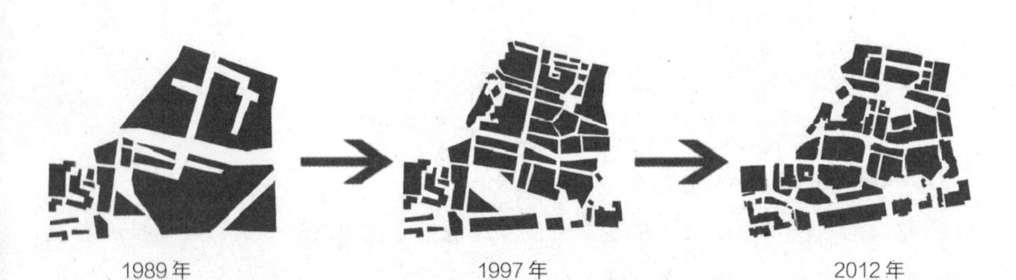

图 2　东门片区空间肌理演进 [29]

图 3　东门商业步行街街道

资料来源：ZOL 论坛，2019[30]

图 4 “东门墟市图”浮雕
资料来源：You.ctrip.com, 2019[31]

5.1.2 地域文化和商业业态结合的场所设计

东门步行街的改造保留了传统建筑形式与肌理，如青瓦、灰砖、骑楼、女儿墙等原有风貌；但对待新建筑立面形式持多元开放的态度，以达到传统文化与现代设计手法相结合，形成富有深港特色设计风格的目的。重要空间节点的设计上，在拥有文化遗存的场地设置尺度不一的纪念场所和地标，如：代表罗湖商业集市文化象征的思月书院和岭南传统的老街文化广场，以及由青铜铸造的“东门墟市图”浮雕（图 4）等。在突出文化场所的历史风貌与特征的同时，也为舞狮唱戏等传统活动提供展示空间。

东门商业街在业态的空间布局上也呈现出多样化的特征。街区业态丰富，以服装、鞋帽、皮具零售为主，兼有大型百货、服装市场以及综合性商厦写字楼等；形成了以步行街为核心，若干独立性与影响力较强的经营空间并存的“点线结合”的商业模式。丰富多样的功能产品和低廉的价格满足了普通大众的消费习惯与需求，差异化的经营模式提升了更大区域的整体空间价值，使之成为一个富有活力的城市公共空间。

5.2 华强北路——功能复合方式营造的共享空间

华强北路经历了工业生产基地向电子贸易市场的转变。于 2013 年进行街道空间和功能综合改造，目标在于将华强北路由单一的电子商业街转变成为城市功能高度复合的立体商业街区（图 5）。

5.2.1 人性化的街道空间改造带动功能更迭

华强北早期空间形态具有明显的工业区特征。随着城市功能的变迁，由原来以工业、办公与居住混杂为主的形态演变为以商业零售设施、商业居住与办公、娱乐休闲空间为主的高度融合的形态。

就街区而言，华强北是典型的生产性空间模式转向综合服务性空间模式的地

图 5　华强北路改造前后

资料来源：Sohu.com，2019[32]；Tc.sinaimg.cn, 2019[33]

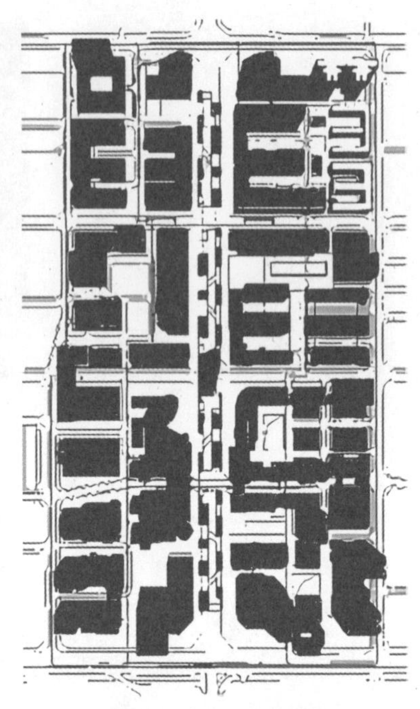

图 6　华强北街道肌理图

资料来源：毋少辉，黄卫东 . 2009[35]

区，电子工业制造时期留下的大量标准厂房使得片区图底关系整体呈现出规正统一的空间形态（图 6）。厂房建筑为多层框架结构，能够灵活处理不同功能的组合关系，为多元业态的商业、办公提供了空间载体。就街道而言，空间的重新划分是塑造街道功能的核心内容。华强北步行街呈南北向，长约 970 米，宽约 60 米，中轴步行街由原本的机动车道改造而来。一方面，摒弃车行的步行通廊改变了华强北原有厂区化的空间特征，通过疏导分流、重建区域交通秩序，为机动车和人流提供更多的交通选择机会；另一方面，响应空间使用上的转型要求，从服务于扎货、集散等销售生产行为，转向更多服务于游憩和体验式消费等活动，增加通行与公共空间（图 6），以吸引不同目的的使用者，达到多样性发展的结果。通过街区和街道的改造，华强北从原来的工业区大空间尺度逐步优化为小型街区和人性化街道的空间组织，为新型产业和功能的入驻提供了载体，也搭建了自我迭代与新生功能融合的生长机制。

5.2.2　通过环境品质的综合提升塑造场所感

功能复合推动了街道环境的升级，成为共享活力场所。在公共界面上，华强北改造规划通过对原建筑进行局部新建与加建，使原本分割的沿街界面通过新建建筑的拼合与连接，实现界面的延续和立面的节奏变化，形成完整统一的商业空间。在特征塑造上，从城市空间和天际轮廓线出发考虑，在华强北路的入口布局高层

图 7　华强北街道上丰富的市民活动

资料来源：Sohu.com, 2019[38]；Bbs.qn.img-space.com, 2019[34]

建筑凸显商业街特色，起到标识作用。从地下商业空间抬升起来的出入口及风亭冷却塔，有着较为统一的形式，配合街道小品，增强地区的特征感。在场所营建上，华强北步行街由地上、地下的立体交通设施分割成数个遮阴避雨、尺度宜人、大小不等的场景空间，营造出多个在商业建筑群围合下的小尺度功能广场，承担着日常通行、购物集散、游憩观赏、产品展示等职能的公共交往空间。来往的人群或行色匆匆或悠然自得；家长带着孩子在花坛旁玩耍打闹享受天伦之乐，市民在街头摆放的钢琴旁弹奏，"板友"们利用花坛、斜坡、台阶等练习滑板；跑货员用小拖车拉着元器件步履鲜活地穿梭在各个商厦之间。不同时间显现着不同的城市功能，吸引着不同的人群，展现着不同的城市活动（图 7）。在此地交替融合，共同塑造了华强北开放、包容、独特的魅力。

5.3　南头古城——通过空间微更新塑造场所精神

南头古城（图 8）是深圳最具规模的千年古城遗址所在地，也是最有名的"城中村"之一。作为历史古城与当代城中村的共生体，南头古城背负着保护与发展两个相互掣肘的命题。在平衡传承历史和改善民生的过程中，南头古城通过精细化的"微更新"，实现传统风貌与现代功能的融合提升。一方面以居民日常生活需求为切入点，恢复和发展古城的空间脉络和特色；另一方面将新的生活内容注入，建构古城空间与新生活的积极关系，并以此激活整个旧城区域，将老旧场所变为更多集体性、共享性的生活空间，在提升公共生活品质的同时，也激活了居民对古城的归属感，进而促进交往活动的发生。

5.3.1　修复原有古城脉络，激活街道活力

在街区梳理上，通过打通部分道路节点、增加道路可达性的同时，修复原有的古城街巷尺度；清理街道杂物，统一设置场地以放置机动车与非机动车，以提

高现有开发空间的利用率；改善及增设垃圾箱和公共厕所等市政设施，达到全面管理街道环境的作用。

在沿街立面的利用上，一方面将商业铺面退后，恢复沿街檐廊复合空间，形成檐廊公共系统。增强界面延续性的同时，强化岭南民居中独特的文化特征。另一方面利用旧建筑改造出的弹性空间，增加活动座椅和沿街界面的立体绿化，为多种活动的开展创造积极空间，例如街头快闪、文艺演出、展览等，引入新业态，产生触媒效应，引发周边自主更新（图 9）。

5.3.2　通过资源整合打造城中村创意空间

在恢复古城的空间脉络和特色后，融合新的城市功能，使古城肌理与城市文化发生碰撞，打造历史与现代生活结合的特色街区。首先，整合并连接场地内的历史资源、公共空间、公共服务设施和旅游资源，将城内东莞会馆、信国公文氏祠、解放内伶仃岛纪念碑、南头村碉堡等保护历史建筑串联，改变历史建筑的碎片化

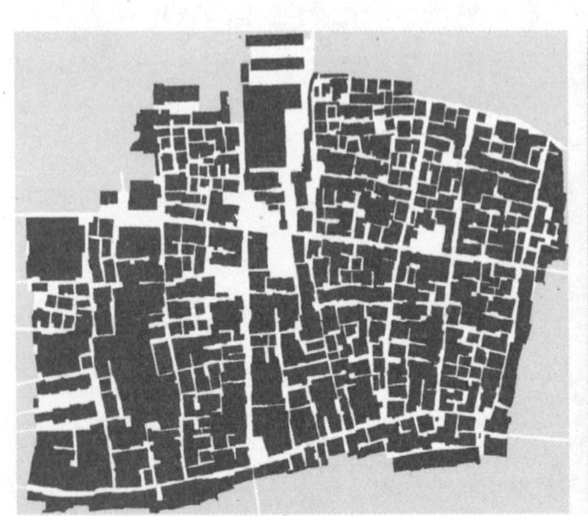

图 8　南头古城空间肌理图

资料来源：陆润东 . 2017[39]

图 10　南头古城街道一角

资料来源：Archcollege.com, 2019[40]

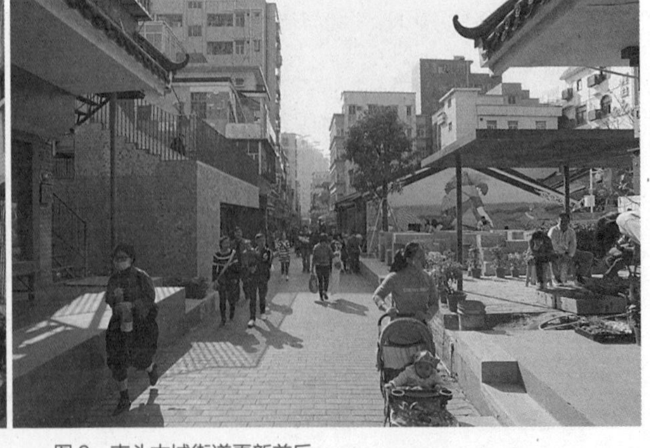

图 9　南头古城街道更新前后

资料来源：Archcollege.com, 2019[40]；Urbanus.com.cm，2019[41]

现状，实现节点的相互渗透。其次，挖掘古城内的招牌特色，运用不一样的拼贴手法统一协调沿街店铺广告牌的尺度、色彩与位置街面，以增加人们的停留时间。商业的均质化释放了主街空间，转化后的公共空间与古建形成公共系统，承载新旧交织的多样生活，成为古城新特色，反过来又吸引了更多新业态的植入与生长。如此循环发展，通过调整功能结构实现功能复合，激发片区活力，延续城市肌理，营造“小街区”形式的便捷生活环境。

南头古城借助承办深港双城双年展的契机，注入论坛讲座、趣味游戏、创意市集等时尚活动，让艺术家、设计师入街，对南头古城进行多处、局部的微更新改造，有策略、有步骤地完成产业、文化、商业、环境和居住五个维度的升级，最终将南头古城打造成为一个集合创意设计、特色商业等多种元素的设计小镇和创意空间（图 10），成功吸引外界对城中村的关注。

相比空间改造而言，古城更新更需要的是居民生活品质的提升以及它所承载的本土文化的复兴。只有尊重历史原真性，且珍视各个时代的文化层积和历史印记，才能塑造一个本土文化历久弥新，永远鲜活的城市历史文化街区。

6 基于深圳案例的思考

东门老街的活力来自于“深圳源点”历史背景下的城市经济活动；华强北步行街的活力源于“共享精神”空间场景营造下激发出的一系列社会活动；南头古城城中村来自于在异质空间组织中衍生出的高密度、混合性的社会组织关系，以及空间微更新激发出的街区活力与文化底蕴。显而易见，不同类型的物质空间促进了相应城市活动的产生；而有了城市活动，也才可能体现出良好的城市品质与文化，其中实体场所中蕴含的精神文化才是孕育空间活力的源泉和根基。

城市活力由人的活动、物质环境及社会活动组成，其核心是人的活动，人的活动是创造城市活力的最直接来源。要形成一定的社会活力首先要有一定数量和密度的人群作为保证。在深圳城市发展从“速度”转向“质量”的过程中，“效率—秩序”与“慢行—趣味”等街道设计要求很大程度上是相互冲突的。物质环境是为人的活动服务的，好的环境不一定能激发出空间活力，而“脏乱差”就一定意味着没有活力。如南头古城城中村中，尽管楼房造型各异，街道铺设不一，店铺装修也较为简陋，但其给人的整体感觉仍是一个非常繁荣的空间所在。原因在于，它提供了档次不高但较为齐全的商业形态和内部设施，很好地满足了居民多层次的需求。这里的居民不局限于农民工等群体，也覆盖许多白领。城中村聚合了一个城市从上到下各个阶层的生活形态，保留了传统乡村社区的强人情关系，有着浓烈的街坊归属感。正是这归属感，才最终营造出独有的“来了就是深圳人”的魅力与活力。

城市活动是创造城市空间活力的关键要素，并且更多地体现在社会微观层面。由我们设身所处的城市公共空间所支持，由街道边、商场里、群楼外的日常交往活动所产生。例如华强北步行街中通过创造小尺度空间，营造多方面城市生活场景，从满足人们日常基本公共活动的行为需求出发，将非连续、片段的生活行为拼接，形成更线性和有效率的城市叙事，形成更富吸引力和趣味性的城市生活场景氛围，激发不同区域之间人与人更多的社会交流，形成更多的社会活动，产生联动式的触媒效应。能激发出街道空间活力的触媒点不计其数，但其出发点和共同点不外乎于从满足人的需求出发的“以人为本”的设计理念。社会由不同的人组成，具有多样性；不同的阶层群体拥有不同的追求和收入，就要求城市提供不同类型、不同成本的居住空间、消费模式、环境质量、休闲方式、文化娱乐，满足不同人群需要。这样的城市才能永葆其生命活力，实现可持续地健康发展。

参考文献

[1] 刘昌顶．以人为本的哲学视角研究 [D]. 哈尔滨：哈尔滨工程大学，2010.

[2] 秦红岭．理想主义与人本主义：近现代西方城市规划理论的价值诉求 [J]. 现代城市研究，2009，24（11）：36-41.

[3] 韩庆祥．关于以人为本的若干重要问题 [J]. 哲学研究，2005（02）：101-104.

[4] Lynch，K.（2001）. Good City Form. Cambridge，Mass.：The MIT Press,1984.

[5] 蒋涤非．城市形态活力论 [M]. 南京：东南大学出版社，2007.

[6] 简・雅各布斯．美国大城市的死与生 [M]. 金衡山，译 .2 版．南京：译林出版社，2006.

[7] 龙瀛．街道城市主义 新数据环境下城市研究与规划设计的新思路 [J]. 时代建筑，2016（02）：128-132.

[8] Efchina.org.（2019）. 上海市街道设计导则—. [EB/OL]. [2019-06-02]. http：//www.efchina.org/Reports ~ zh/report ~ 20170714 ~ 2 ~ zh.

[9] Simons J A，Irwin D B，Drinnien B A . Maslow's Hierarchy of Needs[J]. Retrieved October，2001(2001).

[10] 秦红岭．城市公共空间的伦理意蕴 [J]. 现代城市研究，2008（04）：13-19.

[11] 布莱恩・劳森．空间的语言 [M]. 杨青娟，韩效，卢芳，等译．北京：中国建筑工业出版社，2003.

[12] 克莱尔・库珀・马库斯，卡罗琳・弗朗西斯．人性场所——城市开放空间设计导则 [M]. 俞孔坚，孙鹏，王志芳，等译 .2 版．北京：中国建筑工业出版社，2001：3-4.

[13] 诺伯舒兹．场所精神：迈向建筑现象学：towards a phenomenology of architecture[M]. 施植明，译．武汉：华中科技大学出版社，2010.

[14] 布莱恩・劳森．空间的语言 [M]. 杨青娟，等译．北京：中国建筑工业出版社，2003：53.

[15] 扬・盖尔．交往与空间 [M]. 何人可，译．北京：中国建筑工业出版社，2002.

[16] 叶宇，庄宇，张灵珠，等．城市设计中活力营造的形态学探究——基于城市空间形态特征量化分析与居民活动检验 [J]. 国际城市规划，2016（01）：26-33.

[17] Gehl，Jan. "Public Spaces for a Changing Public Life." Open Space：People Space. Taylor & Francis，2007：23-30.

[18] 彼德・盖兹．社区建筑：新城市主义 .[M]. 张振虹，译．天津：天津科学技术出版社，2003.

[19] Montgomery J. Making a City: Urbanity, Vitality and Urban Design[J]. Journal of Urban Design, 1998, 3（01）：93-116.

[20] 芦原义信．街道的美学 [M]. 尹培桐，译．天津：百花文艺出版社，2006.

[21] 张诚，陆遥．宜人空间尺度的街道建筑高度和面宽研究——以北京市部分街道为例 [J]. 北京规划建设，2017（04）：112-117.

[22] 夏祖华，黄伟康．城市空间设计 [M]. 2 版．南京：东南大学出版社，2002.

[23] Lynch K. Reconsidering the image of the city[M]//Cities of the Mind. Springer，Boston，MA，1984：151-161.

[24] 阿兰・B・雅各布斯 . 伟大的街道 [M]. 金秋野，王又佳，译 . 北京：中国建筑工业出版社，2009.

[25] 土木学会 . 道路景观设计 [M]. 章俊华，陆伟，雷芸，译 . 北京：中国建筑工业出版社，2003.

[26] Attoe，Wayne. American urban architecture：catalysts in the design of cities[M]. University of California Press，1989.

[27] 黄莉 . 城市功能复合：模式与策略 [J]. 热带地理，2012，32（04）：402-408.

[28] Tjupdi.com.（2019）. 周俭——城市街区与生活品质 . 上海同济城市规划设计研究院有限公司 . [EB/OL]. [2019-06-04]. http：//www.tjupdi.com/new/?classid=9164&newsid=16826&t=show.

[29] 王金灿 . 基于空间句法的深圳东门商业步行街区空间解读 [D]. 哈尔滨：哈尔滨工业大学，2012.

[30] ZOL 论坛（2019）. 深圳东门商业区 . [Z/OL].[2019-06-09]. http：//bbs.zol.com.cn/dcbbs/gallery_d34019_114128.html https：//bbs-fd.zol-img.com.cn/t_s1200x5000/g5/M00/06/09/ChMkJ1szQt6IS_U7ABE3fXY2RSQAApUyQENheMAETeV283.jpg.

[31] You.ctrip.com.（2019）. 深圳行・深度遊 - 深圳游记攻略【携程攻略】. [EB/OL].[2019-06-09]. https：//you.ctrip.com/travels/shenzhen26/1669230.html.

[32] Sohu.com.（2019）. 倒计时 2 天！华强北步行街动图抢先看！自带空中观景台！. [EB/OL].[2019-08-30]. http：//www.sohu.com/a/124161319_355809.

[33] Tc.sinaimg.cn.（2019）. 封街近四年“中国电子第一街”华强北今日重新开街 .[Z/OL].[2019-06-09]. http：//tc.sinaimg.cn/maxwidth.800/tc.service.weibo.com/www_szfps_com/c59d7cb05a21d7e7b8ab3cb8e155ea42.jpg.

[34] Bbs.qn.img-space.com.（2019）. 深圳华强北摄：华强北商业一条街 . [EB/OL].[2019-06-09]. https：//bbs.qn.img-space.com/201805/31/00ddc72f596169c5825bd20f5d59d21e.jpg?imageView2/2/w/1024/q/100/ignore-error/1/.

[35] 毋少辉，黄卫东 . 华强北街道 . 生活 . 延续——地方特征语境下的城市更新探索与实践 [C]. 中国城市规划年会，2009.

[36] Michael R. Gallagher. 追求精细化的街道设计——《伦敦街道设计导则》解读 [J]. 王紫瑜，编译 . 城市交通，2015（04）：56-64.

[37] Tpic.home.news.cn.（2019）. 中国电子第一街——华强北步行街今天开街了 . [EB/OL]. [2019-06-06]. http：//tpic.home.news.cn/xhForum/xhdisk003/M00/4E/3C/wKhJCVh52JcEAAAAAAAAAAAAAAA756.jpg.

[38] Sohu.com.（2019）. 暖心！华强北街头的神秘角落，每天晚上都挤满了人…_ 钢琴 . [EB/OL].[2019-08-30]. http：//www.sohu.com/a/326232095_355785.

[39] 陆润东 . 基于图底关系理论的深圳城中村公共空间研究 [D]. 深圳：深圳大学，2017.

[40] Archcollege.com.（2019）. 用设计唤醒一个城市 — 南头古城改造 I URBANUS 都市实践 . [EB/OL]. [2019-06-09]. http：//www.archcollege.com/archcollege/2018/08/41304.html?preview=true&preview_id=41304.

[41] Urbanus.com.cn.（2019）. 南头古城改造 2017 I URBANUS 都市实践 .[EB/OL]. [2019-08-30]. http：//www.urbanus.com.cn/projects/nantou-oid-town/.

图书在版编目（CIP）数据

活力规划／孙施文等著；中国城市规划学会学术工作委员会编．—北京：中国建筑工业出版社，2019.9
ISBN 978-7-112-24239-9

Ⅰ．①活…　Ⅱ．①孙…②中…　Ⅲ．①城市规划－建筑设计　Ⅳ．①TU984

中国版本图书馆CIP数据核字（2019）第202753号

责任编辑：杨　虹　尤凯曦　周　觅
书籍设计：付金红
责任校对：李欣慰

活力规划
孙施文　等　著
中国城市规划学会学术工作委员会　编
中国城市规划学会学术成果
*
中国建筑工业出版社出版、发行（北京海淀三里河路9号）
各地新华书店、建筑书店经销
北京雅盈中佳图文设计公司制版
北京雅昌艺术印刷有限公司印刷
*
开本：787×1092毫米　1/16　印张：22　字数：415千字
2019年9月第一版　2019年9月第一次印刷
定价：98.00元
ISBN 978-7-112-24239-9
（34757）